Philippe Clérin **Die Stahlplastik**

Philippe Clérin

Die Stahlplastik

Ein Theorie- und Anleitungsbuch zum plastischen Arbeiten mit Metallen

Verlag Paul Haupt
Bern · Stuttgart · Wien

Meinen Eltern gewidmet

Ich danke den zahlreichen Künstlern und den Familien von verstorbenen Künstlern, die mir ihre Erfahrungen mitgeteilt und Fotos ihrer Werke zur Verfügung gestellt haben, herzlich. Ich bedanke mich gleichermassen bei den folgenden Institutionen für ihre Unterstützung:
- der französischen und spanischen Botschaft in Brüssel
- dem belgisch-luxemburgischen Informationszentrum für Stahl
- dem französischen Forschungsinstitut für Eisenhüttenkunde
- Usinor Sacilor
- Ugine-Gueugnon
- dem Freilichtmuseum für Plastik in Middelheim

1. Umschlagseite: Angela Gurria. *Reflexión sobre eclipse.* 1992 (Mexiko).
4. Umschlagseite: Werner Pokorny (Deutschland). Der Künstler in seinem Atelier beim Schleifen.

Titel der französischen Originalausgabe: «La sculpture an acier»
von Philippe Clérin
Copyright © 1993 by Dessain et Tolra, Paris
Aus dem Französischen übersetzt von Alfred Schneider, CH-Winterthur
Satz der deutschsprachigen Ausgabe: Atelier N. Mühlberg, CH-Basel

Die Deutsche Bibliothek – CIP-Einheitsaufnahme

Clérin, Philippe:
Die Stahlplastik: ein Theorie und Anleitungsbuch
zum plastischen Arbeiten mit Metallen / Philippe Clérin.
[Aus dem Franz. übers. von Alfred Schneider]. –
Bern; Stuttgart; Wien: Haupt, 1995
    Einheitssacht.: La sculptur en acier <dt.>
    ISBN 3-258-05171-2

Inhaltverzeichnis

Caroline Lee. *Hommage à la résistance* (Detail). 1982 (USA). Gehämmerter rostfreier Stahl.
Croix-de-Chavaux, Montreuil-sous-Bois.

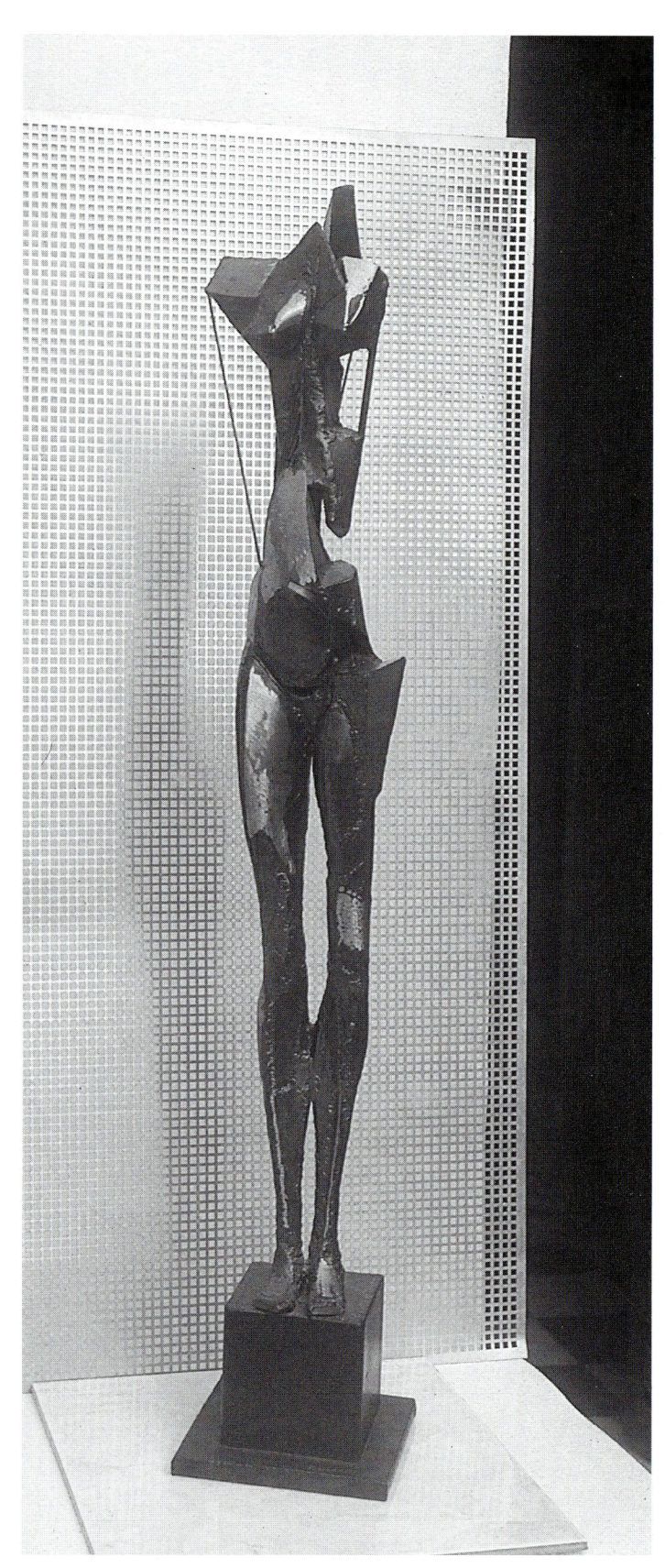

Philippe Clérin.
Venus II. 1991.
Geschweisster Stahl.
90 x 15 x 15 cm.

Einführung

«In meinen Augen stellt sich dem Künstler keine dringendere Aufgabe als die Zurücker-
oberung des Reellen, des Bleibenden. Nicht nur der Realität, sondern des Bleibenden, das
in einer sich verändernden Wirklichkeit dem Sinn des menschlichen Strebens entspricht.
Für jeden von seiner Mission erfüllten Künstler hat die Stunde geschlagen, auf sterile
Spiele, auf die Verleumdung und Negation des Lustempfindens zu verzichten; die Stunde
hat geschlagen, in sich zu kehren, dem elitären Hochmut zu entsagen, um wieder eine
schöpferische Demut zu entdecken, eine neue und begeisterte Sicht zu gewinnen und die
Brüderlichkeit, gepaart mit Hoffnung, zu erneuern. Die Zeit ist gekommen, die Künste von
einem käuflichen Intellektualismus zu befreien. Überall muss die Hoffnung wieder aufle-
ben; es ist ein noch verschwommener Aufruf wie eine noch unbestimmte Bewegung hin
zum Licht: Licht, oh Licht! Wer, wenn nicht der Künstler, vermag auf diese Suche nach dem
Licht zu antworten? Übersättigt von Systemen und Theorien, verlangt es den Menschen
nach Mythen.»
Michel del Castillo, La Guitare (1973)

Kurzer Abriss der Geschichte

Die kleine Geschichte der Eisenmetalle am Anfang des Buches dient dazu, der Leserin und
dem Leser die fortschreitende Entwicklung der Industrie des Eisens und seiner Nebenpro-
dukte verständlich zu machen. Im Kontext mit der Geschichte des Menschen gesehen,
kann diese Entwicklung als eine Explosion bezeichnet werden. Eine Explosion nach einer
sehr langen Phase der Stille. In der Tat ist zu bedenken, dass der Mensch 90 bis 95 % seiner Existenz auf Erden ohne die geringste Ahnung, was ein Metall sein könnte, zugebracht
hat. Für uns, die wir seit Geburt von den verschiedensten Metallen umgeben sind, erscheint dies unbegreiflich. Tatsächlich wäre das Leben auf unserem Planeten ohne Metalle
nicht mehr möglich.

Ich glaube, man kann vernünftigerweise behaupten, dass die Zivilisation mit der Bearbeitung der Metalle durch den primitiven Menschen ihren Anfang genommen hat. Das
geht einige Tausend Jahre zurück. Die industrielle Revolution, welche die Entwicklung der
Stahlproduktion auf breiter Basis erlaubt hat, datiert nur ungefähr 250 Jahre zurück. Seit
etwa 40 Jahren haben die Kunststoffe ihre führende Rolle übernommen und teilweise die
gewöhnlichen Metalle ersetzt; trotzdem ist deren Produktion nicht zurückgegangen.

Woher stammt die Faszination für das Metall? Es sind zweifellos praktische und ästhetische Gründe, die dafür sprechen. Das Metall weist gewichtige Vorteile auf im Vergleich
zu anderen traditionellen Werkstoffen wie Keramik, Holz, Stein, Knochen, Fasern. An erster
Stelle steht die Festigkeit: man kann sich auf diesen Werkstoff verlassen. Er hat die Fabrikation von den verschiedensten Werkzeugen ermöglicht, die ihrerseits zur Entwicklung
neuer Arbeitsverfahren geführt haben. Einmal zur Form gebracht, verändert sich dieses
Material wenig und erfordert nur einen minimalen Unterhalt. Die Gewinnung des Metalls
aus dem Erz ist, das sei zugegeben, aufwendig, aber sobald der Gussbarren zur Verfügung
steht, lässt er sich auf verschiedene Weise und nach Wunsch formen. Kein anderes Mate-

rial weist eine solche Dehnbarkeit, gepaart mit einer ausgeprägten Festigkeit, auf. Der Kunsthandwerker kann das Metall zu irgendeiner gewünschten Form giessen. Das Objekt lässt sich anschliessend durch Hämmern kalt oder warm bearbeiten. Zahlreiche Metalle lassen sich zu Blechen abplatten, zu Draht auswalzen, zusammenschweissen oder mechanisch zusammenmontieren. Die Vielfalt der Metalle und ihrer Legierungen und die Vielzahl der Verarbeitungsverfahren führen zu fast unbegrenzten Möglichkeiten.

Zweifellos hat auch das äussere Erscheinungsbild des Metalls zu seinem Erfolg beigetragen: frühzeitliches, primitives Geschmeide legt davon Zeugnis ab. Seine Farbe, sein Glanz und seine Brillanz ziehen den Blick auf sich und vermögen eine Faszination auszuüben. Was uns Menschen gefällt, müsste auch den Göttern gefallen; Metall wurde denn früh schon für Götzenabbilder und Gott geweihten Objekten verwendet. Das dürfte der Ursprung gewesen sein für die «künstlerische» Verwendung von Metallen. Schon im 4. Jahrtausend v. Chr. sind in den Ländern des fruchtbaren Halbmonds, wo die Zivilisation ihren Anfang genommen hat, Darstellungen des menschlichen Körpers aus Kupfer, Blei und Bronze aufgetaucht.

Gegen 1300 v. Chr. beginnt das härtere und widerstandsfähigere Eisen der Bronze (für Waffen und Werkzeuge) den Rang abzulaufen. Seither sind die Kupferlegierungen, die sich leicht in Formen giessen lassen, vorwiegend dem Künstler vorbehalten, wogegen die Eisenlegierungen, der Guss und der Stahl vor allem industrielle und militärische Anwendungen finden.

Das schon in der Antike meisterhaft beherrschte Schmiedeeisen löst sich nur sehr zögernd von den ursprünglichen Anwendungsmöglichkeiten, selbst bei den unverändert hohen ästhetischen Ansprüchen.

Wenn auch die Bearbeitung des Eisens zum Erbe der Gilde der Schlosser und Eisenschmiede gehört, ist sie zuerst der Sicherheit[1] und der Aufrechterhaltung der Eigenschaften verbunden. Vom 11. bis in unser Jahrhundert sprechen grossartige Werke der Eisenschmiedekunst ein beredtes Zeugnis: Schlüssel und Schlösser, Riegel, Klinken, Türbänder, Türklopfer, Türhämmer, Gitter, Brunnenarmaturen, Treppengeländer, Balkonbalustraden usw. Mobiliar und Dekorationselemente (Aushängeschilder, Wetterhähne, Beleuchtungskörper, Uhren, Sessel usw.), sowie bestimmte Teile der Bekleidung (Gurtschnallen, Beschläge von Gehstöcken, Verschlüsse von Geldkatzen usw.) machen sich in bescheidenem Ausmass dieses Material zu Nutzen. Trotzdem sind die wirklich künstlerischen Anwendungsbeispiele von Eisen sehr selten, wie wenn dieses Material als zu ordinär und zu wenig nobel eingestuft worden wäre!

Der Eisenguss wird in China ab dem 4. Jahrhundert v. Chr. vorerst nur für nützliche Zwecke (Pflugscharen, Glocken, Behälter) verwendet. Nach dem 6. Jahrhundert n. Chr. werden zahlreiche Statuen in Guss gegossen, und das Metall findet sogar in der Architektur Anwendung (Pagoden aus Guss).

In Europa wird die Gussproduktion nicht ernsthaft vor dem 15. Jahrhundert betrieben. Man beobachtet danach erste künstlerische Kreationen oder zum mindesten dekorative Elemente (reliefartige Kaminplatten). Nach 1830 finden sich mit bescheidenem Erfolg Gartenstatuen, dekorative Becken und Springbrunnen aus Guss. Auch bekannte Künstler (Bildhauer) zögern nicht, ihre Statuen in Guss zu giessen, zum Beispiel Canova, J. B. Carpeaux, Jean Houdon, François Rude, Jean-Jacques Pradier oder Carrier-Belleuse. In dieser Epoche werden eine Reihe von Reproduktionen bekannter Künstler in Guss gegos-

---

1 Die Devise der Schlosser war «Securitas Publica».

Pat Payne. *Sun Bird.*
1992 (USA). Oxidierter Stahl.
232 x 150 x 105 cm.

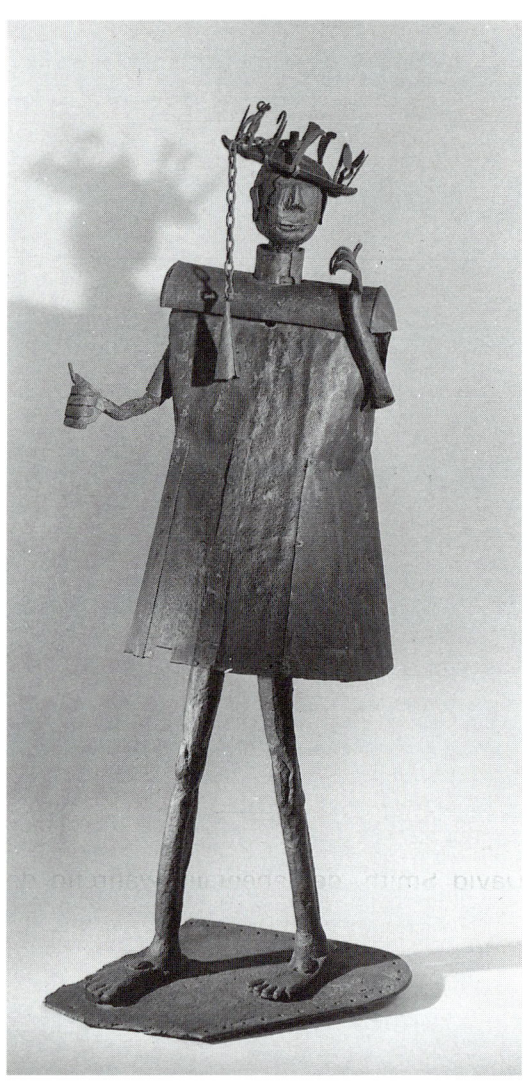

Statue des Gottes Gou. Kunst der Fon (Untergruppe des Volkes Ewe in Benin). Aus Eisenabfällen. Höhe 165 cm.

Gou, Gott bei dem Volk der Fon, ist der Gott des Krieges, der Metalle und all derjenigen, die das Eisen verwenden. Die Insignien sind im Kopfputz sichtbar: ein Haken (der Donner), ein Dolch und eine Lanze (Attribute des Soldaten), eine Schlange (Regenbogengott), ein Messer, eine Hacke (Attribute des Bauern und des Schmieds). Musée de l'Homme, Paris.

sen und anschliessend elektrolytisch bronziert. Aber dieses mehr auf Profit ausgerichtete Unternehmen, das vor allem dem Geschmack des Bürgertums schmeichelt, ist vor Entgleisungen nicht gefeit. Auf diese Weise «werden Werke von den Giessern aus Profitstreben und gegen den Willen des Urhebers ausgebeutet (wie Barye)»[1]

In Afrika wird das Schmiedeeisen bei den Dogon und Bambara in Mali, den Senufo an der Elfenbeinküste und den Fon in Benin zu ästhetischen und symbolischen Zwecken angewendet. Gerade bei den Fon findet man Beispiele einer erstaunlichen bis an die Grenzen getriebener Schmiedekunst. Die Statue des Kriegsgottes Gou, ausgestellt im Musée de líHomme in Paris, ist zweifellos die grösste Statue afrikanischer Herkunft in Schmiedeeisen. Sie überrascht durch ihre Modernität.

In Asien ist die Verwendung von Eisen zu künstlerischen Zwecken eher selten. Man trifft einige isolierte Beispiele im Iran und in Japan an.

Im Iran, zur Zeit der Kadjaren, gelingen den Kunsthandwerkern Objekte aus getriebenem und geschweisstem Stahlblech wie zum Beispiel Vögel, Hirsche, Früchte; oft ist die

---

1   Jean-Claude Renard, *L'âge de la fonte: un art, une industrie.*

12

Oberfläche zusätzlich durch Gravur oder Damaszierung dekoriert. Auch in Japan sind es Tiere, die in dieser Technik dargestellt werden: Insekten, Schalentiere, Schlangen, Drachen. Diese Objekte zeugen von einer aussergewöhnlichen Geschicklichkeit in der Ausführung und sind in der Regel mit dem Hammer zusammengefügt und ausgeführt, ohne irgendwelche Schweissarbeit.

In Europa ist die ästhetische Revolution, die mit dem Erscheinen des Stahls in der Kunst einhergeht, die Folge von zahlreichen Umwälzungen, die den Beginn des 20. Jahrhunderts geprägt haben. Das Ergebnis der industriellen Revolution, die Massenproduktion von Werkzeugen, Maschinen und Objekten des täglichen Gebrauchs, machen das Bürgertum zunehmend mit dem neuen Werkstoff vertraut, der je länger je weniger zu übersehen ist, weil er sich auf allen Gebieten aufdrängt. Die Eisenmetalle erobern die Kunstszene in der Architektur und den dekorativen Künsten.

Ende des 19. Jahrhunderts eröffnen die grossen Ausstellungen (Crystal Palace in London, Weltausstellungen in New York und Paris) den Architekten die Gelegenheit, dem grossen Publikum die spektakulären Resultate vorzuführen, die die neuen Werkstoffe, insbesondere der Stahl, möglich machen. Die Ausstellung der dekorativen Künste (Exposition des Arts déco) von 1925 gibt gleichermassen die Gelegenheit, neue Formen einzuführen: diese (Art nouveau) bereits im Abstieg begriffen, jene (Art déco) in voller Expansion.

Solange die Behandlung und die Umwandlung des Metalls ausschliesslich in den Händen der Industrie lag, kam eine rein künstlerische Anwendung kaum in Frage. Es galt abzuwarten, bis die weit verbreiteten Schweissprozesse weiterentwickelt waren, bevor die ersten Stahlplastiker in Erscheinung treten konnten. Es ist in dieser Beziehung kennzeichnend, dass die ersten Pioniere dieser Kunstrichtung zuerst in der Industrie ihre Lehre absolviert haben, so wie Julio Gonzalez, der während des Ersten Weltkrieges die Schweisstechnik in den Renault Werken erlernt, oder David Smith, der ebenfalls während des Krieges in den Studebaker Werken als Vernieter tätig ist.

Die sich von den akademischen Fesseln lösende Kunst, zuerst dank dem Impressionismus, dann dank dem Kubismus und der abstrakten Kunst, ist die Voraussetzung für die Entwicklung der Eisenkunst, die sich im Gegensatz zur fotografischen Nachahmung der Formen Ende des 19. Jahrhunderts an die Vergangenheit und archaische Ausdrucksweise anlehnt.

Gargallo, Gonzalez und Picasso gelten als die Initianten der neuen Kunst. Der erste neigt noch dazu, die europäischen Künstlern eigene Verbundenheit mit der Vergangenheit und der ausgeprägten Linienführung auszudrücken, während Picasso mit seinem Interesse für die afrikanische Kunst und die Formen des Kubismus zur Kreation von aggressiven und abstrakten Linien getrieben wird. Gonzalez seinerseits versucht, die beiden Richtungen zu vereinen, indem er den poetischen Gehalt in seinen Werken voranstellt. Mit diesen drei Persönlichkeiten lässt sich vielleicht die Zukunft der Stahlkunst bereits voraussehen: die kompromisslose Suche nach synthetischen Formen, Einbeziehen der Kräfte der Natur, der Ausdruck der menschlichen Seele.

Seit den Fünfzigerjahren erobert der Stahl die Skulptur, und die Zahl der Künstler, die ihn schmieden, biegen, ziselieren, nieten oder löten ist bereits Legion. Der Stahl lässt sich in der Tat einer Vielzahl von Ausdrucksmöglichkeiten anpassen. Die Stahlplastik müsste eigentlich die markanteste Ausdrucksform der letzten Jahrzehnte werden. Seine grosse Geschmeidigkeit in der Anwendung gestattet ihm die Anpassung an die meisten ästhetischen Prototypen dieses Jahrhunderts: an Kubismus, Konstruktivismus, geometrische und lyrische Abstraktion, Minimalismus usw.

Links: Pablo Picasso. *La femme au jardin.*
1929-1930. Geschweisstes Eisen, bemalt.
206 x 117 x 85 cm. Musée Picasso, Paris.

Rechts: Julio Gonzalez. *Femme à la corbeille.*
1935. Eisen. 180 x 63 x 3 cm.
Musée national d'art moderne, Paris.

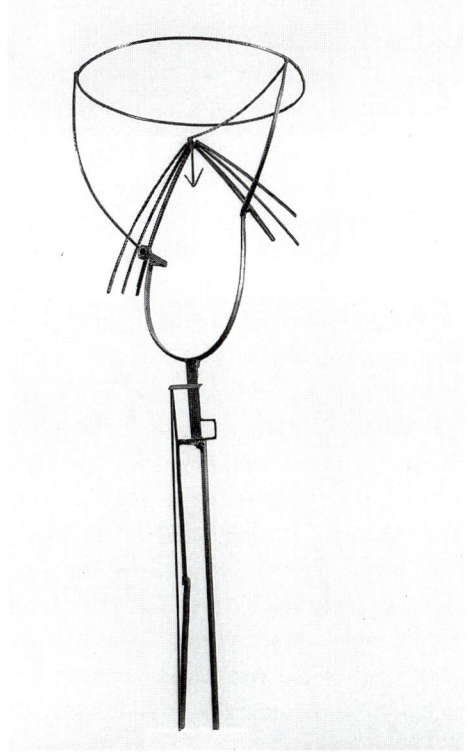

Vorteile und Nachteile des Stahls

«Die Möglichkeiten, die sich dem Plastiker im Bearbeiten des Metalls mit neuen Methoden
und Techniken bieten, sind praktisch unbegrenzt. Er ist weder von Seiten der Blockgrösse
begrenzt, noch ist er abhängig von der Giesserei hinsichtlich Qualitätskonstanz seiner
Werke. Er kann sich ganz auf die kreative Arbeit konzentrieren und muss sich nicht in über-
triebenem Mass um das Material selber kümmern.» Diese Aussage von Jaun Nickford
drückt sehr schön die Vorteile des Stahls gegenüber traditionellen Materialien der Bildhauerei aus.

Von allen Werkstoffen, die dem Plastiker zur Zeit zur Verfügung stehen, ist der Stahl
wahrscheinlich derjenige, dessen plastisches Potential am grössten ist. Einverstanden, er
verfügt nicht über die Geschmeidigkeit von Ton oder Wachs, aber man kann ihm leicht
gleiches Material zufügen oder wegnehmen (Material lässt sich tropfenweise mit Hilfe des
Lötrohrs zufügen bzw. mittels Schleifscheiben abarbeiten, beides in dünnen Schichten).

Erhitztes Metall lässt sich vielseitig umwandeln (falten, drehen, verwinden, ausdehnen,
schmieden, pressen); nach dem Abkühlen bleibt die Umwandlung definitiv erhalten. Diese
Modifikationen sind dank der Dehnbarkeit des Metalls möglich. Diese ist schon bei Normaltemperatur in bescheidenem Ausmass vorhanden; sie wird aber erst beim Erhitzen
des Metalls auf Rotglut (zwischen 800 und 1000° C) interessant. Bei den Schmiedeverfahren kommt diese Eigenschaft zum Tragen. Die schnelle Abkühlung (Abschreckung) von auf
hohe Temperatur gebrachtem Metall verleiht ihm ausserdem eine grosse Härte. Es ist dies
der Vorgang des Härtens, der schon – auf Intuition beruhend – in der Antike bekannt war.

Der grösste Trumpf des Stahls ist seine wichtige Zugfestigkeit, die Plastiken mit Ausla-
dungen oder Ausdehnungen in Bezug auf die Hauptachse zu kreieren gestattet. Anderseits
lässt sich eine Stahlplastik dank der guten Druckfestigkeit von Stahl mit einer nur dünnen

Basis aufstellen, ohne Risiko eines Ein- oder Umsturzes einzugehen. Die Verbindung dieser zwei Eigenschaften hat Ende des letzten Jahrhunderts zur Architektur mit Stahlskelett geführt. Die während dieser Epoche und seither konstruierten riesigen Bauwerke legen Zeugnis ab von den ungeahnten Möglichkeiten des Stahls (Beispiele: Eiffelturm, Pont de Garabit, Empire State Building, Atomium usw.).

Als Zusatz zum Vorangegangenen sei das geringe Gewicht der Stahlobjekte unterstrichen. Dieses resultiert aus der geringen Wandstärke (1 bis 3 mm bei einer mittelgrossen Skulptur, 5 bis 50 mm bei einer monumentalen Plastik) und der Möglichkeit, Löcher zu bohren. Ein Gitter kann beispielsweise ein Stahlblech vorteilhaft ersetzen: die Skulptur wird dann leichter und luftiger. Um sich die relative Leichtigkeit von Stahl vorstellen zu können, genügt es zu wissen, dass der Eiffelturm nicht mehr wiegt als ein Luftprisma mit derselben Grundfläche und Höhe!

Wegen der verhältnismässig geringen Menge des benötigten Stahls (im Vergleich zu dem resultierenden Volumen) und den eher einfachen Herstellverfahren kommt die Stahlplastik relativ günstig zu stehen. Eine Bronzeplastik ist etwa zehnmal teurer als eine in der Grösse und Komplexität vergleichbare Stahlplastik.

Stahl lässt sich auf verschiedene Weise behandeln, um das Aussehen der Oberfläche zu variieren: man kann ihn roh belassen, oder er lässt sich polieren und firnissen, patinieren, bemalen, schleifen, färben, sandstrahlen usw.

Je nach Zusammensetzung weist der Stahl verschiedene Färbungen auf. Der gewöhnliche, nicht polierte Stahl ist dunkelgrau bis schwarz, die patinierbaren Stähle nehmen eine Gelb-, Orange- oder Dunkelbraunfärbung an. Nur die hellen rostfreien Stähle haben ein eher kaltes Aussehen, besonders wenn sie auf «Spiegelglanz» poliert sind. Anderseits lässt sich der Stahl mit matten, satinierten oder brillanten Farben bemalen oder lackieren.

Die kunsthandwerkliche Bearbeitung des Stahls ist nicht besonders schwierig. Die hauptsächlich angewendeten Schweisstechniken lassen sich ziemlich schnell erlernen. Ein guter Schweisser sollte, so scheint es mir, über Konzentration, kontrollierte Bewegungsausübung und Sehschärfe verfügen, Eigenschaften, die jeder gesunde Mensch von Natur aus hat. Somit ist das Schweissen eine Disziplin für alle.

Das benötigte Material für Anfängerinnen und Anfänger ist folgendes: Gasflaschen (die man in der Regel mietet), ein Schweissbrenner und ein Schneidbrenner, Schweissstäbchen (Schweissdraht), Eisenschrott, ein mit feuerfesten Matten abgedeckter Arbeitstisch. Das wäre das wichtigste Material. Bei weiterführenden Schweissarbeiten ist das folgende Zusatzmaterial zu empfehlen: Blechscheren, eine elektrische Schleifmaschine (Winkelschleifer), verschiedene Zangen, ein Amboss, verschiedene Hämmer, Stahlbleche von guter Qualität usw.

Wie wir bereits ausgeführt haben, ist es in jedem Arbeitsstadium möglich, Korrekturen anzubringen, indem man Material zufügt oder wegnimmt. Das Risiko, durch Pfuscharbeit Ausschuss zu produzieren, ist aus diesem Grund kleiner als bei der Holz- oder Steinbearbeitung.

Man unterbricht oder nimmt die Arbeit dann auf, wenn man Lust hat: man verdirbt die Arbeit nicht, wenn man sie für längere Zeit beiseitelegt. Man ist daher in der Arbeit mit Stahl sehr beweglich. Zudem ist sie weniger schmutzig als andere Arbeiten wie zum Beispiel die Arbeit mit Gips, Stein oder Erde (Ton).

Als Hauptnachteil ist die mögliche Veränderung des Stahls in feuchter Atmosphäre zu vermerken. Die Korrosionsprobleme besonders in Städten oder in der Nähe vom Meer müssen sorgfältig geprüft werden. Gewöhnlicher Stahl ist mit einer Antirostbehandlung

Wander Bertoni. *Vertikaler Klang.*
1956-1967 (Österreich).
Rostfreier Stahl. Höhe 800 cm.

zu versehen, die immer wieder erneuert werden muss. Die beste Lösung für eine Stahl-plastik im Freien ist die Verwendung von rostfreien oder «patinierten» Stählen[1].

Ein wichtiger Aspekt bei der Arbeit mit Stahl ist die ungeteilte Verantwortung des Künstlers für sein Werk; es stellen sich keinerlei äussere Zwänge zwischen seine künstlerische Idee und deren Verwirklichung.

Zu diesem Thema äussert sich David Smith wie folgt: «In der fortschreitenden Arbeit kontrolliere ich den ganzen Prozess, von Anfang bis zum Ende. Es braucht keine hand-werkliche Hilfen von aussen, es gibt keine Distorsion im Herstellprozess. Man kann von der vollständigsten Formgebung eines Kunsthandwerkes sprechen. Was den Aufwand an-belangt, bietet diese einen grossen Vorteil gegenüber allen anderen Verfahren der Metall-umformung».

Ohne Zweifel hatte diese Auffassung ihre Richtigkeit für die Epoche von David Smith. Heute beschäftigen sich mehr und mehr Plastikerinnen und Plastiker mit riesigen Projek-ten, bei denen sich der Ingenieur einschalten muss. Die Arbeiten werden zudem vermehrt in der Fabrik ausgeführt, wo leistungsfähige Maschinen mit hochqualifiziertem Personal zur Verfügung stehen. Kunstschaffende sind ist je länger je weniger «Handwerker», die ihr Material selber bearbeiten. Sie sind nur noch der Kopf, der das Konzept erarbeitet und vor-bereitende Zeichnungen, Pläne und Maquetten macht. Die eigentliche Arbeit erfolgt durch Techniker. Die Konsequenz ist eine weltweite Gleichschaltung der Produktion von Werken aus Stahl, die, nach unserer Meinung, einem Missbrauch gleichkommt und langweilig ist.

Unser Wunsch wäre es, die kreative Flamme wieder zu beleben und Künstlerinnen und Künstler zu animieren, wieder individuelle Werke zu schaffen.

Das Buchkonzept

Es schien uns zweckmässig, das Buch in vier unabhängige, aber sich ergänzende Haupt-abschnitte zu unterteilen. Der erste Abschnitt behandelt hauptsächlich theoretische Fra-gen. Die Verwendung von Eisenmetallen wird vorerst in den historischen Kontext gestellt. Dann erörtern wir die unentbehrlichen wissenschaftlichen Gegebenheiten zum besseren Verständnis der Struktur der Metalle und der Legierungen und ihrer Eigenschaften. Die Struktur des Stahls wird ausführlicher behandelt. Wir treten sodann auf die Spezial-behandlungen (die chemischen und die thermischen) ein, denen der Stahl unterworfen wird, um dessen Charakteristik zu modifizieren, und erörtern anschliessend Korrosions-probleme. Dieser erste Abschnitt müsste eigentlich alle Leserinnen und Leser interessie-ren, und ich hoffe, dass darauf Bezug genommen wird, sei es auch nur von Fall zu Fall, um eigene Vorstellung zu vertiefen. Trotzdem ist dieser Abschnitt für diejenigen, die sich «im Sturm» die Kunst der Eisenbearbeitung aneignen wollen, nicht unentbehrlich.

Der zweite Abschnitt beschäftigt sich mit der Umgebung des Plastikers: der Organisati-on seiner Werkstatt, den unbedingt erforderlichen Werkzeugen und den handelsüblichen Formen der verwendeten Materialien. Wir haben einen kleinen Führer zusammengestellt, mit dem sich die gebräuchlichen Metalle sowie die Eisenmetalle leicht voneinander unter-scheiden lassen.

---

1   Unter Berücksichtigung von deren begrenzter Anwendung.

David Smith. *Hudson River Landscape.* 1951 (USA). Geschweisster Stahl.
127,7 x 190,5 x 42,6 cm. Sammlung des Whitney Museum of American Art, New York.

Der dritte Abschnitt tritt auf die verschiedenen Techniken der Formgebung und des Zusammenfügens (Montage) der Eisenmetalle ein. Wir lassen zuerst die Technik der Montage und der Formgebung Revue passieren. Am Anfang werden die mechanischen Kaltverfahren zur Verformung des Metalls vorgestellt: Schneiden, Bohren, Falten, Biegen, Treiben. Dann werden die Akzente auf das Schweissen und Löten gesetzt, da diese Verfahren mehr und mehr vom Plastiker angewendet werden, in Annäherung an das Schmiedeverfahren. Wir erörtern weniger gebräuchliche Montageverfahren wie das Löten, das mechanische Zusammenfügen und das Kleben. Schliesslich berichten wir von den Möglichkeiten, die Korrosion zu vermeiden, und behandeln die Probleme des Färbens und der Fertigbearbeitung (Finish) der Werkstücke.

Der vierte Abschnitt ist den ästhetischen Fragen in Bezug auf die behandelten Materialien gewidmet. Am Schluss des Buches finden Sie im Anhang: chronologische Übersichten, ein alphabetisches Verzeichnis und die Literaturangaben.

Philippe Clérin. *Tête II.* 1992.
Mit dem Schweissbrenner geschweisster und teilweise mit Öl behandelter Stahl.
Kugel aus Messing. Metall lackiert. 31 x 10 x 13 cm.

Die Theorie

«Die Verwendung von ungewöhnlichen Metallen führt zu neuen Problemen, indem jedes neue Werk ein Schritt ins Unbekannte darstellt – ausgeprägter als bei jeder anderen Kreation. Der moderne Künstler unserer Zeit ist der Gegenpart des früheren Alchimisten-Philosophen, der sich mit seinen Öfen, Retorten und Tiegeln herumschlug, um Gold zu gewinnen, der aber unbewusst in viel tiefere Schichten des Seins eindrang, durch Meditation über den Schmelz- und Mischvorgang von den verschiedensten Ingredienzen.»

Ibram Lassaw

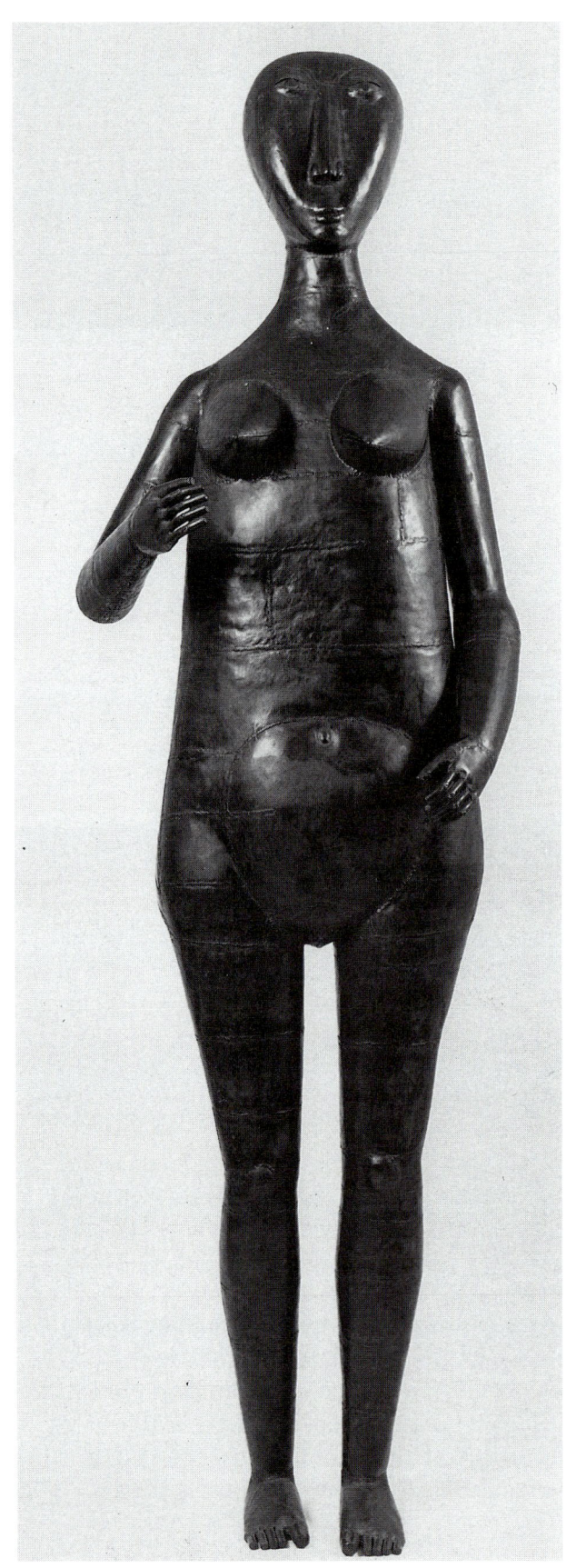

Philippe Hiquily. *African Queen.*
1953 (Frankreich). Blau angelaufener Stahl.
176 x 53 cm.

Kleine Geschichte vom Eisen

Die Ursprünge

Die Verwendung von Metall ist vorgeschichtlichen Ursprungs. Die ersten von Menschen bearbeiteten Metalle sind unbestritten gediegene Metalle[1]. Das trifft auch auf Eisen zu. Das gediegene terrestrische Eisen ist selten; es findet sich in einigen vulkanischen Vorkommen. Trotzdem fehlen Beweise von seiner prähistorischen Verwendung. Hingegen wurde das Eisen von Meteoriten aus dem Weltraum[2] überall auf der Erde verwendet. Dieses Eisen ist am Fehlen von Schlacke und am hohen Nickelgehalt (4-10 %) erkennbar. Ein im Naturhistorischen Museum von New York aufbewahrter Meteorit zeigt auf seinen Seitenflächen Spuren einer Bearbeitung. Kleine Fragmente wurden mittels Steinwerkzeugen vom Block abgesprengt und anschliessend durch Kalthämmern zusammengeschweisst.

Seit 3500 v. Chr. waren die Ägypter in der Lage, das Eisen aus seinen Erzen (Magnetit oder Hämatit) zu extrahieren, wie aus einem Text von Faijum hervorgeht[3]. So ausserordentlich diese Tatsache ist, handelt es sich noch nicht um ein eigentliches Forschungsergebnis. Die Verwendung von Hämatit als Flussmittel für die Extraktion von Kupfer hat wahrscheinlich zur zufälligen Produktion von Eisenklümpchen geführt.

Erst gegen 1300 v. Chr. entwickeln die Hethiter im Kaukasus eine eigentliche Eisenkultur, die sich langsam gegen Osten und Westen ausdehnt. Die Metallurgie des Eisens wird als sehr schwierig taxiert, was das verhältnismässig späte Auftreten des Eisens im Vergleich zu anderen Metallen erklärt.

Ganz am Anfang bestand das Produkt dieser ersten «Siderurgisten» aus einer schwammähnlichen Masse, die man schmieden und in der Folge wiederholt erhitzen musste, um die Gangart von Verunreinigungen zu befreien. Auf diese Weise erhielten sie geschmiedete Eisenluppen, die sie nach Wunsch formen konnten. Dieses Material war freilich nicht hart genug für Waffen und Schneidwerkzeuge. Die Erfahrung lehrte sie, dass beim Wiedererhitzen des geschmiedeten Eisens bis zur Rotglut und in Anwesenheit von Holzkohle ein härteres Material zu erzeugen war: Stahl. Die ersten Schmiede lernten auch ihre rudimentären Stähle zu «härten»[4] und durch Anlassen weichzumachen. Eine solche Stahlproduktion war natürlich nicht unter Kontrolle und in der Qualität schwankend. Diese hing von den Erzstätten, den Ofentypen und den verwendeten Brennstoffen, vor allem aber vom individuellen Know how des Handwerkers ab. Nichtsdestotrotz entwickelt sich im Luristan (Westiran) eine eigentliche Industrie, die wohlverstanden zahlreiche Schwerter erzeugt.

---

1   Es findet sich natürlich nicht in Verbindungen
2   Dieser Typ Eisen, griechisch Sideros, «kommt vom Himmel». Von hier kommt der Ausdruck Siderurgie, Eisenhüttenkunde.
3   A. R. Weill, in: *Encyclopédie universelle, Métallurgie, histoire.*
4   Homer beschreibt die Technik des Härtens im 7. bis 8. Jh. v. Chr.; das Ausglühen war dem 4. Jh. v. Chr. bekannt.

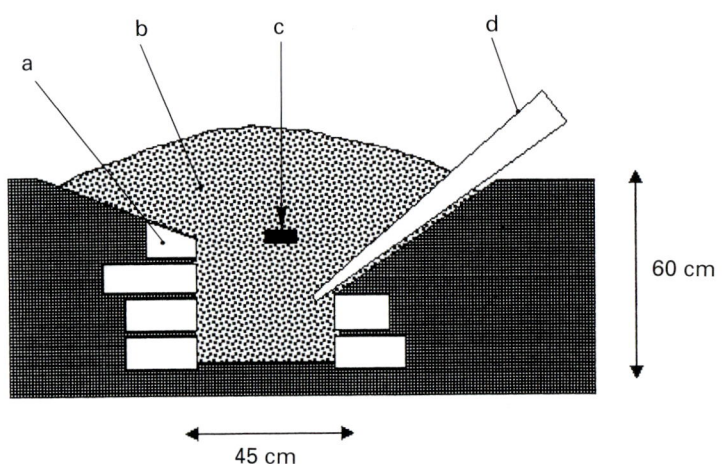

Primitive Feldschmiede
in Bodengrube (nach Forbes)
a   Ziegelsteine
b   Kohle
c   Objekt zum Schmieden
d   Blasbalgrohr

60 cm

45 cm

Aufgrund des grossen Eisenerzvorkommens, ersetzt das Eisen fortschreitend die Bronze, sowohl für Waffen als auch für Gebrauchsgegenstände. Aus diesem Grund wird die dem 1. Jahrhundert folgende Periode traditionsgemäss als Eisenzeitalter bezeichnet[1].

Von Zypern aus hat scheinbar die Verbreitung des Eisens in Europa ihren Ausgang genommen. Gegen 900 v. Chr. ist das Eisen in Zentraleuropa bekannt (Hallstattzeit[2]), und die Kunst der Eisenerzeugung überquert den Ärmelkanal 500 v. Chr. Zu dieser Zeit besteht in Waschenberg, Österreich, ein wichtiges Forschungszentrum für Eisen. Die Formgebung des Metalls erfolgt am Standort der Erzförderung; die Schmiedetechniken werden bereits beherrscht. Das zweite Eisenzeitalter in Westeuropa wird die Latènekultur[3] (vorgeschichtlicher Standort am Neuenburgersee) genannt.

Verlassen wir für einen Augenblick die Gegend des fruchtbaren Halbmonds und des Kaukasus und wenden wir uns dem Fernen Osten zu, wo sich völlig eigenständige Techniken entwickelt hatten. Deutlich vor den Europäern gelingt es den Chinesen Guss unter Verwendung von Steinkohle als Brennstoff zu produzieren. Ab dem 4. Jh. v. Chr. gossen sie Pflugscharen, Kochkessel, Glocken usw.[4] Das Schmelzen wurde durch den Zusatz von Eisenphosphat erleichtert (was die Reduktion des Minerals bewirkt).[5]

Überreste einer weitläufigen Giesserei wurden in Gongxian, in der Provinz Henan, entdeckt. Es gab dort 18 Öfen, 1 Tiegelofen, eine Schmiede und Mischbecken. Gewisse Öfen waren für die Herstellung von schwammartigen Eisenluppen, andere für die Erzeugung von Guss bestimmt. Man hat ausserdem riesige Öfen aufgefunden, die zum Auskochen der Gussformen dienten. Zur Zeit der Hankultur wurde in den Giessereien 1/2 bis 1 Tonne Guss pro Tag erzeugt; die Gebläse wurden mit hydraulischer Kraft betrieben (eine Weiterentwicklung, die in Europa erst im 15. Jh. eingeführt wurde).

---

1   Die Verhältnisse sind möglicherweise nicht ganz so einfach. Die Nachfolge des Zeitalters der Bronze durch das Zeitalter des Eisens vollzieht sich nur in den Ländern des Mittleren Orients und in Zentraleuropa so bestimmt. Es scheint, dass Afrika sein Eisen vor dem Bronzezeitalter gekannt hat.
2   Hallstatt-Kultur vom 10. bis zum 5. Jh. v. Chr.
3   vom 3. bis 1. Jh. v. Chr.
4   (A. G. Haudricourt, «La fonte en Chine», in: *Techniques et Civilisations, II, 2* (Der Guss in China).
5   A. R. Weill, in: *Encyclopédie universelle, Métallurgie, histoire.*

Säule aus Eisen in Kutab Minar in Delhi.
Indien, 3. Jh.

Seit dem 2. Jh. v. Chr. gelingt es den Chinesen, nach verschiedenen Verfahren Stahl zu pro-duzieren. Eine der angewandten Techniken bestand darin, Guss und Schmiedeeisen zu-sammen zu schmelzen[1], was nichts Geringeres heisst, als dass die Chinesen den Siemens-Martin-Prozess, der in Europa erst 1800 Jahre später entdeckt wurde, vorwegnahmen. Der so erhaltene Stahl zeigt nach einer bestimmten Zeit eine Härtung auf und diente nament-lich zur Herstellung von Säbeln aus Gerbstahl. Der andere Prozess läuft mit der Entkoh-lung des anfänglich halbflüssigen Gusses ab, indem das Metall auf dem Amboss, unter Zufuhr eines starken Kaltluftzugs, geschmiedet wird (diese Methode nennt man «wiederhol-tes Frischen»), eine Technik, die dem Bessemer-Verfahren gleicht. Im 6. Jh. n. Chr. werden zahlreiche Buddha-Statuen aus Guss[2] gegossen, ebenfalls Pagoden und Hängebrücken.

Um 500 v. Chr. entwickelt sich eine eigenständige Stahlproduktion in Indien mit Stahl hohen Kohlenstoffgehalts, der als «Wootz»-Stahl bezeichnet wird. Dieser Stahl war wäh-rend Jahrhunderten berühmt: die bekannten Damaszenerklingen, welche die Kreuzfahrer so bewunderten, waren daraus gemacht. Seine Aufbereitung erfolgte folgendermassen: Die unreinen «Eisenschwämme» wurden erhitzt und geschmiedet, um die Schlacken los-zuwerden. Dann zerkleinerte man sie in Stücke und schloss diese zusammen mit Holz und Blättern in Tiegeln aus Ton ein. Diese wurden nun während 24 Stunden in Holzkohleöfen erhitzt. Sobald das Metall genügend Kohlenstoff (von den karbonisierten organischen Stoffen herrührend) aufgenommen hatte, liess man es zur Auskristallisation langsam ab-kühlen. Die aus den Tiegeln entfernten «Tonkuchen» wurden nochmals in Anwesenheit von Holzkohle erhitzt. Daraus resultierte der Wootz-Stahl[2], der erste Tiegelstahl.

---

1   Nach diesem Verfahren wird reines, pastenförmiges Eisen mit flüssigem
         Guss erhitzt, um es in Kohlenstoffstahl umzuwandeln
         (wobei der Kohlenstoffgehalt etwa in der Mitte der beiden Metalle lag).

2   In: *Materials & Technology,* Kapitel 3: Eisen und Stahl, Geschichte

a   Charge: Mischung von Holzkohle und Erz.
b   Aufbau aus Feuerfestmaterial.
c   Weissglutzone.
d   Rohr, in dem Luft mit einem Gebläse
     eingeführt wird.
e   Schlackenpfropfen.
f   Schwammartige Luppe, bestehend
     aus Eisen und Schlacke.

Hochofen eines Schmieds in Kamerun.

Später, im 3. Jh. unserer Zeitrechnung, werden die berühmten Säulen von Delhi und von Dhar errichtet. Die erste, 7,20 m hoch, wiegt 6 Tonnen, die zweite, 12,50 m hoch, hat ein Gewicht von 7 Tonnen. Beide Monumente sind ein Zeugnis der indischen Schmiedekunst.

In Afrika setzt sich das Eisen nur zögernd durch, obschon es vor der Bronze bekannt war. Es dauert bis zum 3. Jh. v. Chr., bis es auf dem Kontinent allgemeine Verbreitung findet.

Es existieren verschiedene metallurgische Zentren unterschiedlicher Tradition. Im Königreich von Axoum, im nördlichen Äthiopien, kannte man die Metallurgie des Eisens seit dem 10. Jh. v. Chr. Im Königreich von Kusch (Region Hoher Nil) entwickelt sich eine fast industrielle Produktionsphase anfangs des römischen Imperiums.

Von Karthago in Nordafrika verbreitet sich die Technologie den Küsten entlang bis Mauretanien und quer durch die Wüste bis an den Niger. In Äquatorialafrika ist das Eisen seit dem 7. Jh. v. Chr. vor allen anderen Metallen bekannt. Von hier verbreitet sich das Wissen um das Eisen gegen Süden aus.

Die Bewohner anderer Kontinente (Nord- und Südamerika, Australien, Ozeanien) kennen das Eisen erst viel später. Das Wissen ist auf Kontakte mit Europäern zurückzuführen.

Schmied. Chorstuhlstütze,
Kirche St. Lucien in Beauvais, Ende 14. Jh.
Musée de Cluny, Paris.

80-90 cm

a
b
c
d
e
f

Das Mittelalter

Am Anfang der christlichen Zeitrechnung ist die Vorliebe für die Alchimie der Entwicklung der Metallurgie förderlich; sie führt auch zum Basiswissen der Chemie, die aber erst viel später Fuss fasst. Die Esoterik, die die Alchimie umgibt, ist nicht weit entfernt von der Geheimlehre, die die Umwandlung der Erze begleitet. Der Handwerker, der mit dem Feuer hantiert, ist der Verbündete von Mächten, die Furcht und Respekt einflössen. Das ist der Grund – immer und überall –, weshalb die Kaste der Schmiede isoliert ist: manchmal werden sie von der Gesellschaft mit einem Bann belegt oder dann mit Privilegien überhäuft.

Religiöse Tabus hemmen hier und dort die Formgebung von Eisen. So hat G. Carayon[1] über die Bearbeitung in Algerien folgendes gesagt: «Die arabische Bevölkerung betrachtet die Bearbeitung von Eisen als Entwürdigung. Einzelne Bevölkerungsgruppen erklären sogar, sie sei vom Koran verboten. Im Gegensatz dazu ist diese Arbeit bei den Kabylen eine grosse Ehre. Auch die Eisenarbeiter und Damaszierer waren vorwiegend kabylischer oder jüdischer Herkunft. Kabylien, mit seinen grossen Eisenerzvorkommen, war das grosse Zentrum der Eisenproduktion).

Der katalanische Ofen spanischer Herkunft ersetzt schrittweise den primitiven Ofen und verbreitet sich so ziemlich überall. Dieser aus Stein gebaute Ofen wird mit Eisenerz, Flussmittel (eine Substanz, die das Schmelzen begünstigt) und Holzkohle beschickt, und zwar alternierend in Schichten bis zum Plafond des Ofens. An der Basis der Glühzone wird mittels eines Gebläses Luft eingeblasen, um die Verbrennung der Holzkohle aufrechtzuerhalten. Der Eisenschwamm wird dann zur Veredelung in der Wanne aufgefangen, mehrere Male geschmiedet und wiedererhitzt.

---

1   G. Carayon, *Le Travail artistique du fer et du cuivre en Algérie.*

Ab dem 6. Jh. gibt es mehrere Produktionszentren in Europa. In Sheffield, England, entwickelt ein wallonischer Arbeiter eine ausgeklügelte Technik der Verfestigung vom Eisen, die Ausgangspunkt für eine sehr hohe Stahlqualität war. Eisenbarren aus Schweden werden mit Kohle in Kasten aus gebranntem Ton eingeschlossen. Das Ganze wird sodann während einer Woche stark erhitzt und anschliessend gleich lang abgekühlt. Der mit Blasen überzogene Stahl muss noch in zahlreichen Behandlungen überarbeitet werden, bevor er die renommierte Messerstahlqualität aufweist.

Gegen Ende des 13. Jhs. werden in der Steiermark (Österreich) die viel grösseren Stückofen (etwa 5 m hoch) konstruiert. Wenig später entdeckt man die Verwendungsmöglichkeit der hydraulischen Energie für das Schmieden der Eisenstücke und die Energieversorgung der Gebläse in Eisenwerken. Da auf diese Weise bedeutend höhere Temperaturen erreichbar sind und das Eisen länger mit Kohlenstoff der Holzkohle in Kontakt bleibt, bildet sich Guss, den man an der Basis des Hochofens abzieht und in Formen giesst. In der Tat handelte es sich um einen Vorläufer des Hochofens. Dieser Gusstyp lässt sich zur teilweisen Reduktion des Kohlenstoffgehalts nachbehandeln, so dass je nach Bedarf ein Stahl in Breiform oder als schmierbares Eisen resultiert. Die Ausbeute kann im Vergleich zum katalanischen Ofen um etwa das Sechsfache gesteigert werden.

Die industrielle Revolution kündigt sich an

Der in der Gegend von Lüttich und im Norden verbreitete Hochofen tritt anfangs des 16. Jhs. in England, etwas später in Schweden, auf. Mit dem zunehmenden Abholzen der Wälder gehen jedoch Bürger und Politiker auf die Barrikaden[1]. Anderseits ist die Holzkohle zu wenig stabil, um die immer schwereren Beschickungschargen von Erz zu tragen. Diese Nachteile führen die Eisenhüttentechniker dazu, einen andern Brennstofftyp zu suchen. Nach 1709 schlägt Abraham Darby vor, anstelle von Holzkohle Koks zu verwenden. Seine Söhne perfektionieren alsdann dieses Verfahren[2]. Seither finden sich die Giessereien in der Nähe der Kohlengruben.

Ein anderer genialer Erfinder ist Benjamin Hunsman. Er wendet Jahre zur Erforschung der idealen Zusammensetzung des Feuerfestmaterials für die Tiegel auf. Die Lösung gelingt ihm 1740: er kann im Tiegel Schmelzstahl herstellen, der sich in Barren giessen lässt. Dieser Stahl ist wesentlich homogener als derjenige nach dem bisherigen Verfestigungsverfahren.

Mit der Erfindung des Puddelns (Frischen im Schlammofen) im Jahre 1784 durch Henry Cort (das Wort stammt aus dem Englischen: to puddle, umwälzen) wird die Herstellung von grossen Tonnagen von Schmiedeeisen ermöglicht. In seinen Öfen mit Rückstrahlung wird der Guss der ersten Schmelze wiedergeschmolzen, ohne mit der Kohle in Berührung zu kommen, und in Anwesenheit von Oxidiermitteln umgewälzt. Der überschüssige Kohlenstoff oxidiert mit dem Sauerstoff zu Kohlenmonoxid und führt zu einem mit Schlacke vermischten Eisen von breiiger Konsistenz. Die Schlacke wird sodann durch Zängeln entfernt.

---

1   Eine obrigkeitliche Verfügung von Franz dem Ersten verbietet der Eisenindustrie das Schlagen von Holz; ähnliche Verfügungen wiederholen sich (1543 und 1584).
Siehe Bertrand Gille, «Notes d'histoire de la technique métallurgique», in: *Métaux et Civilisation*.
2   Sein ältester Sohn konstruiert 1779 zusammen mit John Wilkinson die erste Gussbrücke in Europa (Gussbrücken gab es in China schon lange)

Hochofen

a Beschickung (Erz, Kohle, Flussmittel)
b Hochofengicht
c Wanne
d Ausbauchung
e Rohr, durch welches Luft in den Hochofen geblasen wird
f Tiegel (1600° C)
g Hochofenschlacke
h Guss

1. Austrocknung: 300° C
   Reduktion der Oxide: 500-1000° C
2. Kohlung des Eisens: 1000-1200° C

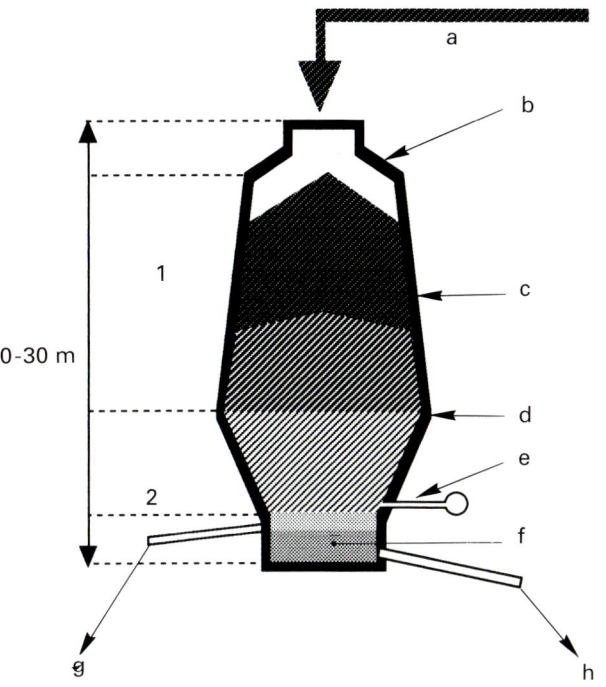

Le Creusot. Der Fallbär (Dampfhammer) beim Giessen von grossen Stücken. Das riesige Werkstück kommt glühend aus dem Ofen zum Schmieden; die Arbeiter manövrieren es unter den Fallbär. Stich aus «Tour de monde» von Charles Laplante, 1867. Zeichnung nach der Natur von F. Bonhomme. Bibliothèque nationale, Paris.

1778 wird in Rouen das Verfahren der Warmgalvanisation erfunden. Nach diesem Verfahren werden Gegenstände aus Eisen mit einer Schicht geschmolzenen Zinks überzogen. Man spricht dann von galvanisiertem Eisen.

Ende des 18. Jhs. perfektionieren die Engländer die Walzwerke, was die Grosslieferung von Eisenbarren kalibrierten Querschnitts und von absolut planen Eisenblechen erleichtert. Die Techniken der Autogenschweissung, wie wir sie heute kennen, wird ebenfalls in dieser Epoche vervollkommnet. Der Wasserstoff-Sauerstoff-Schweissbrenner wird 1802 vom Amerikaner Robert Hare erfunden und Schritt für Schritt von Broke, Berzélius und Sainte-Claire-Deville verbessert. Der Sauerstoff-Acetylen-Schweissbrenner kommt Ende des vorigen Jahrhunderts auf: genauer datieren ihn die ersten schlüssigen Versuche von Ch. Picard ins Jahr 1901. Die Bogenverschweissung schliesslich geht auf das Jahr 1885 zurück.

Der Bedarf an Stahl in zunehmender Tonnage und in besserer Qualität hat anfangs des 19. Jhs. die Forschung nach neuen Verfahren stimuliert. Die neuen Erkenntnisse in der Chemie, der Elektrizität und der Thermodynamik bewirken auch Fortschritte im Eisenhüttenwesen.

Einen grossen Fortschritt in der Massenproduktion von Stahl bedeutet die Vervollkommnung des Bessemer Hochofens durch Bessemer im Jahre 1856. Bei diesem Verfahren wird unter Druck ein Luftstrahl in den flüssigen Guss eingeführt, was eine schnelle (etwa 20 Minuten) Umwandlung von 5 bis 30 t Metall erlaubt. Dadurch lassen sich die Gestehungskosten stark senken.

Anfangs sind die Wände des Konverters mit einer kieselsäurehaltigen Auskleidung versehen, die mit dem Kalk, den man dem phosphorhaltigen Guss zusetzt, reagiert[1]. Das Problem löst sich 1878, indem Sidney Gilchrist Thomas und sein Vetter Percy Carlyle Gilchrist Dolomit[2] als Auskleidung der Retorte empfehlen. Das «basische Verfahren» erlaubt die Verwendung von Guss minderer Qualität mit hohem Phosphorgehalt. Was von diesem Prozess zurückbleibt, die phosphorreichen Schlacken, lässt sich als Dünger weiterverwenden.

Indessen gestattet das schnelle Bessemer Verfahren für die Massenproduktion von Stahl keine präzise Qualitätskontrolle.

In England sind es die Gebrüder Siemens und in Frankreich die Gebrüder Martin, die das Verfahren, das ihre Namen trägt, perfektionieren. Der Ofen wird mit Schrott, Kalk und Guss beschickt. Die Charge wird von einer Flamme, die sich zwischen Gewölbe und Feuerplatte entwickelt, erhitzt. Auf diese Weise lassen sich Kohlenstoff und Verunreinigungen langsam und kalkuliert entfernen. Der Prozess dauert 10 bis 18 Stunden.

Anfangs des 20. Jhs. treten die elektrischen Lichtbogen- und Industrieöfen in Erscheinung. Diese neuen Schmelzverfahren gestatten die Massenproduktion von einer Vielzahl legierter Stähle, von denen einige bereits im vorhergehenden Jahrhundert entdeckt worden waren. 1886 beobachtet Robert Mushet das Phänomen der Selbsthärtung des Wolframstahls. Robert Hadfieldd entdeckt 1888 den Manganstahl und Harry Brearley kreiert 1913 den chromhaltigen rostfreien Stahl (Chromstahl). Seither ist die Forschung nicht stillgestanden: jedes Jahr entstehen neu Legierungen für spezielle Anwendungen: legierte Stühle, Spezialstähle, Werkzeugstähle, Feuerfeststähle usw.

---

1 Man versucht den für den Stahl schädlichen Phosphor mit Kalkzusatz zu eliminieren.
2 Calcium-Magnesium-Karbonat.

Schmieden einer Skulptur von Richard Serra im Werk Creusot-Loire.

Die Struktur der Metalle

Was ist ein Metall?

Auf den ersten Blick erscheint diese Frage überflüssig. Alle wissen oder glauben zu wissen, was Metalle sind, mit denen sie im Laufe ihres Lebens öfters zu tun haben.

Ein Metall hat nach der gängigen Erfahrung eine Vielzahl von Eigenschaften, die andere Stoffe nicht aufweisen: es ist fest und hart, kalt beim Berühren, sein Aspekt ist glänzend, es ist ziemlich schwer (in der physikalischen Terminologie spricht man von erhöhter Dichte), es ist ein guter Wärmeleiter und Elektrizitätsleiter. Auf relativ hohe Temperaturen erhitzt, schmilzt das Metall und erhärtet wieder beim Abkühlen.

Man kennt mehr als sechzig Metalle und Halbmetalle, aber nicht alle entsprechen gesamthaft den obigen Kriterien. Trotzdem entsprechen die üblichen Metalle – diejenigen, die den Plastiker interessieren – der summarischen Definition ziemlich gut.

Die Metalle zeigen eine erhöhte chemische Affinität zum Sauerstoff, mit dem sie Oxide bilden. Unter dieser Form finden sie sich in der Regel in der Natur im Erz. Anderseits mischen sie sich leicht im flüssigen Zustand untereinander, um Verbindungen mit neuen aber immer noch metallischen Eigenschaften einzugehen.

Die Atomstruktur

Zum besseren Verständnis der Natur des Metalls müssen wir in seine Struktur eindringen und sie auf der atomaren Ebene verstehen lernen.

Man weiss heute, dass das Atom aus einem Kern, der von einer Elektronenwolke umgeben ist, besteht; die Elektronen sind negativ geladen. Der Kern ist ein Verband von elektrisch neutralen Neutronen und von positiv geladenen Protonen (diese Ladung entspricht derjenigen der Elektronen, die um den Kern kreisen). Die Elektronen befinden sich auf Umlaufbahnen, die genau definierten Energiestufen entsprechen. Jeder Umlaufbahn entspricht auch eine maximale Anzahl von Elektronen. Auf diese Weise kreisen auf der tiefsten Umlaufbahn (diejenige, die dem Kern am nächsten liegt) nicht mehr als zwei Elektronen. Im Fall von Wasserstoff findet sich nur ein Elektron, wogegen Helium über zwei Elektronen verfügt; man spricht von einer gesättigten Umlaufbahn. Es ist die stabilste Elektronenkonfiguration, die alle chemischen Kombinationen anstreben. Die folgenden Hüllen enthalten 8, 18, 36 Elektronen, wenn sie gesättigt sind.

Die Anzahl Elektronen (Valenzelektronen) hängen von den chemischen Eigenschaften der Elemente ab. Es sind drei Konfigurationen möglich:

– die externe Umlaufbahn des Elements ist besetzt:
  das ist der Fall der Edelgase (Helium, Neon, Argon) mit ihrem inerten Charakter;

– die zwei externen Umlaufbahnen sind teilweise besetzt:
  das ist der Fall bei den «Übergangselementen»;

Angel Duarte. *E.4 A.l.* 1963-1973 (Schweiz).
Rostfreier Stahl. 500 x 500 x 500 cm. Ouchy-Lausanne.

Schematische Zeichnung
vom Heliumatom

a   Kern
b   Elektron (negativ geladen)
c   Proton (positiv geladen)
d   Neutron

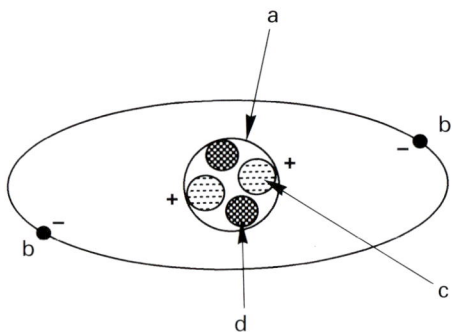

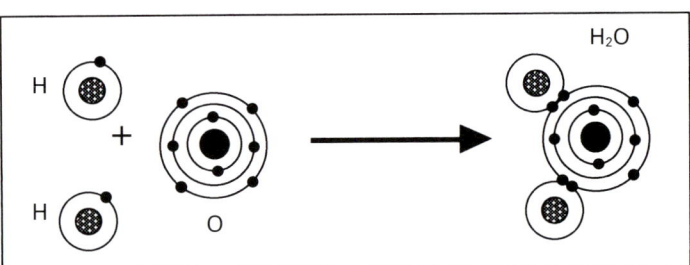

Kovalente Bindung
Kovalente Bindung zwischen zwei Atomen Wasserstoff und einem Atom Sauerstoff im Molekül Wasser. Die Atome vereinigen ihre Valenzelektronen zu einer gesättigten und stabilen Elektronenkonfiguration.

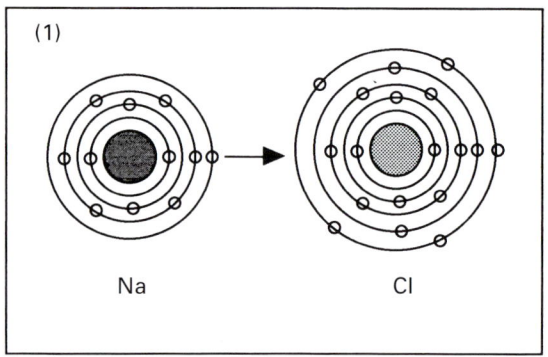

Ionenbindung
Ionenbindung zwischen einem Natriumion und einem Chlorion in einem Natriumchloridkristall. Das Elektron der äusseren Hülle vom Natrium wird an das Chloratom (1) angelagert. Es resultieren zwei Ionen (2) gegenteiliger elektrischer Ladung, die sich anziehen.

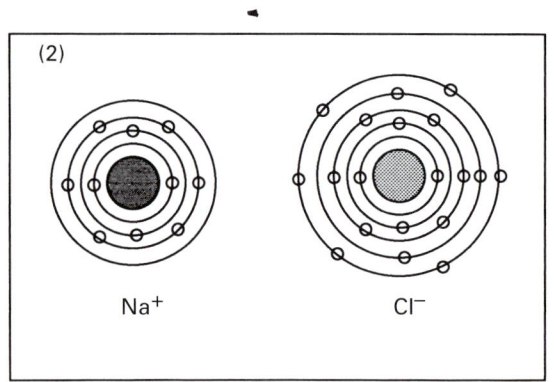

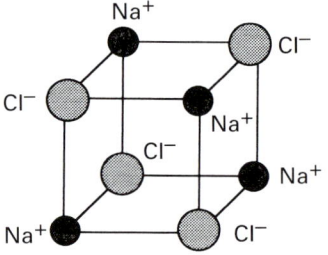

Natriumchloridkristall
Ionenanordnung im Kristall

– die externe Umlaufbahn ist teilweise besetzt. In diesem Fall ergeben sich zwei Möglichkeiten: entweder hat das Element die Tendenz, zusätzliche Elektronen aufzunehmen, um seine externe Bahn voll zu ersetzen (man sagt dann, es sei elektronegativ), oder es tendiert dazu, seine überzähligen Elektronen abzugeben, um Eingang in der vorhergehenden und gesättigten Hülle zu finden (in diesem Fall hat man es mit einem elektropositiven Element zu tun). Die Metalle sind elektropositiv, die Nichtmetalle elektronegativ.

Die Metalle und die Nichtmetalle haben die Tendenz, sich untereinander zu vereinigen, indem sie sich in elektrische Ladungen aufweisende Ionen umwandeln, die sich gegenseitig anziehen. Man nennt diese Art Bindung Ionenbindung.

Die Atome der Alkalimetalle (Lithium, Natrium, Kalium usw.) enthalten jedes ein labiles[1] Elektron auf der äusseren Hülle. Bei der Verbindung dieser Elemente mit nichtmetallischen Elementen wird dieses äussere Elektron an ein Atom oder mehrere Atome abgegeben, die zusätzlicher Elektronen bedürfen, um ihre äussere Hülle aufzufüllen. Das klassische Beispiel ist der Natriumchlorid-Kristall (NaCl). Er besteht aus Na^+ Ionen (Natriumatome, die ein Elektron verloren haben) und Cl^- Ionen (Chloratome mit einem zusätzlichen Elektron).

In gleicher Weise tendieren Metalle, die zwei Valenzelektronen besitzen (wie Magnesium und Zink), dazu, diese zwei Elektronen abzugeben, um Zusammensetzungen mit nichtmetallischen Elementen zu bilden.

Die Widerstandskraft eines Ionenkristalls hängt von der Gleichmässigkeit der alternierenden positiven und negativen Ionen ab. Falls in einem Natriumchlorid-Kristall ein Na^+ Ion fehlt, stossen sich die benachbarten sechs Cl^- Ionen ab, weil sie dasselbe Kennzeichen aufweisen. Es resultiert an dieser Stelle eine Schwächung des Kristalls, was der Ausgangspunkt von potentiellen Verschiebungen ist.

Die Metallbindung

Die metallischen Elemente haben im Schoss der kristallinen Netzstruktur ebenfalls die Möglichkeit, sich untereinander zu vereinigen. Ein Metallkristall ist eine Vereinigung von regelmässigen Atomen, die ihrer externen Elektronen oder Valenzelektronen beraubt sind. Die Atome sind demnach positive Ionen geworden, so dicht wie möglich geschichtet. Dieser Widerspruch an sich erklärt sich durch die Tatsache, dass die Valenzelektronen in den Zwischenräumen zwischen den Ionen frei zirkulieren. Im Natriummetall beispielsweise sind die Valenzelektronen aller Atome verfügbar und bestreichen die Zwischenräume zwischen benachbarten Atomen.

Die Metalle besitzen 1 bis 4 Valenzelektronen und vereinigen sich kraft der sogenannten Metallbindung, wo jedes Atom aufgrund seiner Valenzelektronen zur Bildung einer Elektronenwolke, die den ganzen Kristall durchdringt, beiträgt. Jedes Atom wird zum positiv geladenen Ion. Die Elektronen dieser Wolke sind frei; aus ihrem Verhalten leitet sich die Mehrzahl der Metalleigenschaften ab. Man bezeichnet sie als Leitelektronen.

Die nicht fest an ein bestimmtes Ion im metallischen Netz gebunden Elektronenwolke provoziert durch die Anwesenheit eines elektrischen Feldes die Verschiebung dieser Elektronen quer durch den Kristall (elektrische Leitfähigkeit). Dieses Verschieben wird nur durch die Kollisionen mit den Ionen (Phänomen der elektrischen Leitfähigkeit) gebremst.

---

1 Es tendiert zum Verlassen der Umlaufbahn.

Die erhöhte thermische Leitfähigkeit der Metalle erklärt sich in gleicher Weise durch die grosse Labilität der Elektronenwolke. Die Kristallstruktur der Metalle ist eher kompakt und ist ein Zeugnis ihrer allgemein erhöhten Dichte. Ihre Formbarkeit geht darauf zurück, dass sich die Ionen relativ leicht voneinander losmachen und wieder binden. Die Elektronenwolke bildet eine Art Bindemittel zwischen den Ionen, ohne dieses die Ionen sich wechselseitig abstossen würden (weil sie alle positiv geladen sind).

Die Transitionsmetalle (wie Eisen) treten bei der Bildung von Mischkörpern eine variable Zahl von Elektronen an die Kovalenzbindung ab. Das Verhalten der Leitelektronen im Schosse des Metallkristalls ist komplexer (es scheint, dass der Ferromagnetismus mit dieser komplexen Elektronenstruktur zu erklären ist).

Die kristallische Struktur

Wir haben schon zu mehreren Malen festgehalten, dass die Metallionen im Metall eine kristalline Gitteranordnung aufweisen. Was ist nun aber ein Kristall?

Zahlreiche Feststoffe – und dazu zählen auch die Metalle – haben ihre Atome oder ihre Ionen in einer regelmässigen Form, im dreidimensionalen Raum, angeordnet. Das Ganze bildet ein netzartiges Gitter, bestehend aus identischen Einheiten, die sich wiederholen. Ausgehend von einem Atom von irgendeinem Kristall ergibt sich eine Grundmasche, indem es sich mit den nächsten benachbarten Atomen verbindet. Eine Repetition dieser Masche führt zum kristallinen Netz. Die Form der Masche hängt von der Distanz zwischen den Atomen und von den Winkeln ab, welche die Nachbaratome gegenüber dem Zentralatom bilden. Die Geometrie einer Masche ist somit durch drei lineare Konstanten und durch drei Winkelkonstanten definiert; das Ganze bestimmt die Symmetrieeigenschaften des Kristallgitters. Die Kristallographie charakterisiert sieben Kristallsysteme durch die besonderen Symmetrieeigenschaften.

Die Mehrzahl der Metalle besitzt komplexe kubische Strukturen; man nennt sie: zentriert kubische oder seitenzentriert kubische Systeme.

Im zentriert kubischen System (trifft für Eisen und Chrom zu) sind die Atome in den Ecken und im Zentrum des Würfels angeordnet, wobei jedes Atom von 8 direkten Nachbarn umgeben ist. Im seitenzentrierten kubischen System (trifft für Kupfer, Nickel und Aluminium zu) sind die Atome in den Ecken und im Zentrum jeder Seitenfläche des Würfels angeordnet. Diese Konfiguration ist dichter als die vorhergehende; jeder Würfel umfasst 12 Atome gegenüber 9 im zentriert kubischen System.

Je nach Temperatur und Verbindung kann ein gleiches Metall unter verschiedenen Formen kristallisieren. Das trifft auch auf Eisen zu.

Eine weitere dichte Konfiguration ergibt sich beispielsweise bei den Elementen Zink, Magnesium und Nickel, die einem anderen Kristallsystem gehorchen: dem hexagonalen System. In diesem System sind die Atome ungleichmässig in den drei Dimensionen angeordnet; es ist eine Folge der Anisotropie dieser Elemente. Üblicherweise sind die Metalle von polykristalliner Form, in der zahlreiche kleine Kristalle oder Kügelchen aneinander geklammert sind. Manchmal sind die Kügelchen von blossem Auge sichtbar wie zum Beispiel beim Zink auf galvanisiertem Blech. Aber in den meisten Fällen ist die Kornstruktur nur unter dem Mikroskop erkennbar.

Wenn ein Metall sehr stark erhitzt wird, zerfällt die Regelmässigkeit des Kristallgitters zunehmend. Die Festigkeit des Metalls nimmt ab, es wird «pappig» und weich, und schliess-

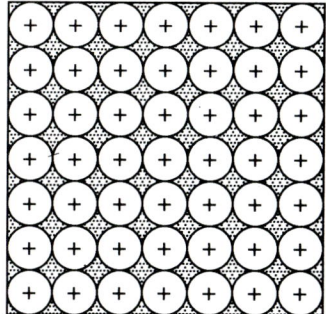

Schema eines Metallkristalls
In diesem Schema sind die positiven Ionen
im Kristallgitter regelmässig verteilt,
wobei die Elektronen die Zwischenräume
zwischen den Atomen besetzen und sich frei
im Gitter verschieben können.

Dimensionen
Die Dimensionen der elementaren Masche
eines Kristallgitters: drei lineare Konstanten (a, b, c)
und drei konstante Winkel (α, β, δ)

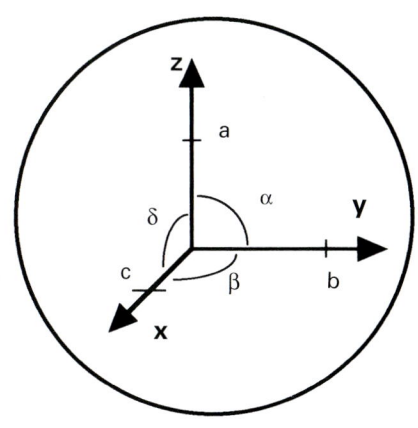

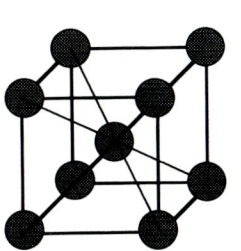

α – Eisenkristall γ – Eisenkristall

Schema von zwei kubischen Systemen:
zentriert (α – Eisenkristall),
seitenzentriert (γ – Eisenkristall)

lich verflüssigt es sich vollständig. Im geschmolzenen Zustand besteht das Kristallgitter
nicht mehr, die Atome bewegen sich frei zueinander, das flüssige Metall ist weniger dicht.

Die Kristallstruktur der Metalle erklärt zu einem guten Teil deren Formbarkeit. Die Kristallgitter weisen in der Tat bevorzugte Spaltflächen auf. Entlang dieser Flächen finden die Gleitbewegungen statt. Die Atome verändern ihre Position zueinander, aber die Struktur des Kristallgitters bleibt bestehen. Die Gleitflächen variieren je nach Kristallsystem.

Im hexagonalen System gibt es nur eine Gleitfläche (die Gleitbewegung erfolgt in drei Richtungen). Die kleine Zahl von leichten Gleitebenen ist verantwortlich für die schwache Dehnbarkeit der Metalle und Legierungen mit dieser Struktur.

Die kubischen Kristalle mit Seitenzentrierung haben vier Gleitebenen (jede Ebene mit drei möglichen Richtungen, was zu zwölf Spaltsystemen führt). Das erklärt die gute Verformbarkeit von Kupfer, Silber und Gold, die diesen Symmetrietyp repräsentieren, und die Schmiedbarkeit von auf 910° bis 1390° C erhitztem Eisen (beta-Eisen).

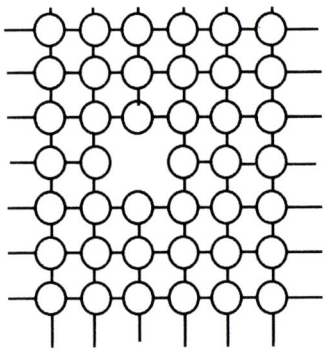

Lücke

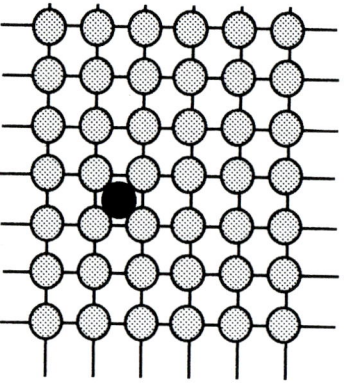

Zwischenräumlicher Fehler

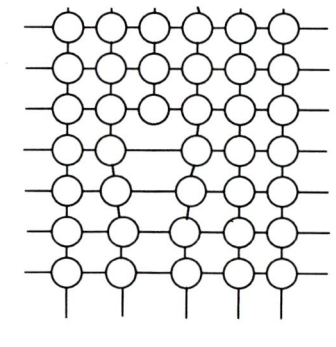

Verschiebung

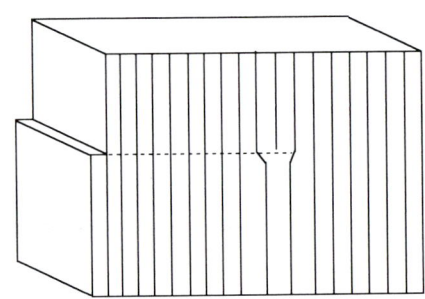

Verschiebung in der Ecke

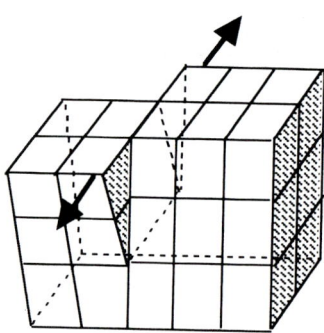

Verschiebung durch Verwindung

Die Eigenschaft des Metalls, Deformationen auszuhalten, macht es weniger bruchempfind-
lich. Wird ein Metall an einer bestimmten Stelle einer Belastung unterworfen, verschieben
sich die Atome im Kristallgitter: die Belastung wird so aufgefangen.

Die Elastizität der Metalle erklärt sich folgendermassen: die Position der Atome im
Metallgitter stellt einen Gleichgewichtszustand zwischen den Kräften der Anziehung und
der Abstossung zwischen den Ionen dar. Wird das Metall keiner Spannung ausgesetzt, besetzen die Atome minimale «Energieplätze». Unter einer Krafteinwirkung dagegen zeigt
das Metall eine Tendenz zum Deformieren: Die Atome werden aus den minimalen Energie-
lagen vertrieben und werden zur Verschiebung gezwungen. Falls diese Kraft die Grenze
der Elastizität nicht überschreitet, ist der Vorgang nicht irreversibel: die Atome nehmen
nach der Aufhebung der Belastung wieder die ursprüngliche Position ein. Wird jedoch die
Grenze der elastischen Deformation des Metalls überschritten, werden die Atome definitiv
verschoben; es treten trennende Entwicklungen auf.

Die Gleitbewegungen der Atome im Maschengitter werden in Gegenwart von Fehlbe-
setzungen erleichtert. Es kann sich um ein fehlendes Ion im Gitter handeln; man spricht
von einer *Lücke*. Umgekehrt kann ein zusätzliches, zwischen zwei Reihen des Gitters zufällig positioniertes Ion auftreten; man spricht dann von einem *zwischenräumlichen Fehler*.
Diese Fehler gehen ursprünglich auf die Verschiebungen zurück, die sich im Schosse des
Kristalls festsetzen und deren Häufigkeit für die relative Verformbarkeit verantwortlich ist.
Die Metalle, die nur kleine Verschiebungen aufweisen, sind verformbar; die Deformatio-

Werner Witschi. *Moiré-Kuboktaeder.*
1992 (Schweiz). Kristallstrukturen.
40 x 38 x 47 cm.

Werner Witschi. *Moiré-Dodekaeder.*
1992 (Schweiz). Kristallstrukturen.
48 x 46 x 50 cm.

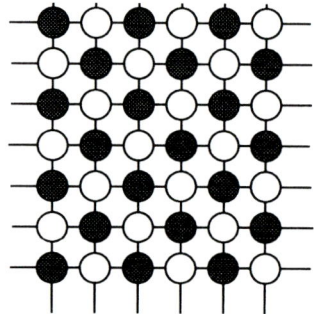

Legierung zwischen zwei mischbaren Metallen
Die Atome haben ähnliche Grössen und kristallisieren
nach demselben System.

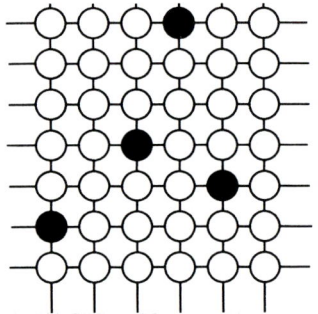

Substitutionslegierung
Die Zusatzionen, die eine mit den Ionen des Grundmetalls
vergleichbare Grösse aufweisen, setzen sich im Gitter fest.

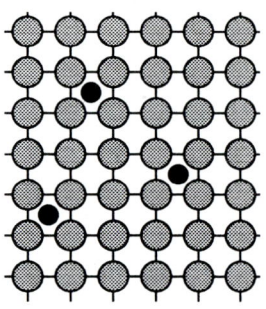

Zwischenräumliche Legierung
Die kleinen Zusatzionen setzen sich zwischen den
Maschen des Gitters fest.

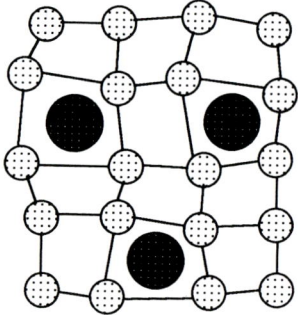

Festlösung
Schematische Zeichnung einer sich einlagernden Festlösung:
Die Zusatzionen positionieren sich zwischen den Maschen,
indem sie das Gitter deformieren.

nen können sich leicht auf einer grösseren Strecke fortpflanzen. Sind dagegen die Verschiebungen zahlreich, stellen sie grosse Barrieren dar, die die Fortpflanzung der Deformation verhindern: das Metall ist dann weniger verformbar und brüchiger.

Die Abdichtungsstellen zwischen den Metallkörnern sind auch Barrieren und stellen sich der Verschiebung infolge von Dislokationen entgegen. Im allgemeinen gilt: je grösser die Körner, desto dehnbarer ist das Metall. Das Härten (durch Kalthämmern oder wiederholtes Biegen erzielt) bewirkt eine Aufspaltung der Metallkörner in andere, kleinere, was das Metall hart und spröde macht. Will man dem Metall seine Geschmeidigkeit zurückgeben, muss man es erhitzen, wobei die Körner wieder grösser werden.

Die Legierungen

Eine Legierung ist ein Material mit charakteristischen Metalleigenschaften und setzt sich aus mindestens zwei chemischen Elementen zusammen: einem oder mehreren Metallen.

In der Praxis erhält man die Metallegierungen, indem ein Metallelement im Flüssigzustand im andern gelöst und die Mischung dann abgekühlt wird. Die feste Legierung weist auch eine kristalline Struktur auf. Die Legierungen sind entstanden, um die charakteristischen physikalischen und mechanischen Eigenschaften eines Metalls zu verändern oder zu verbessern.

Eine binäre Legierung setzt sich aus einem Basismetall, dem Lösungsmittel, in welchem die Atome eines andern Metalls, dem gelösten Stoff, verteilt sind. Es können dem lösenden Metall mehrere Metalle zugesetzt werden: man erhält auf diese Weise ternäre und quaternäre usw. Legierungen. Neben den Metallen lassen sich auch Nichtmetalle in einem Metall auflösen. Das ist häufig bei Kohlenstoff, Stickstoff, Phosphor und Silizium der Fall. Diese nicht metallischen Stoffe bilden oft Verbindungen, die sich von denjenigen des Metallnetzes deutlich unterscheiden.

Die Dispersion der Atome des gelösten Stoffes im Innern der Atompopulation des Lösungsmittels wird als Festlösung bezeichnet, in Analogie zu den üblichen Flüssiglösungen. Der Grad der Festlöslichkeit von Legierungen wird vom Vermögen des Kristalls gesteuert, die metallischen Bindungskräfte zu erhalten. Dieser Grad lässt sich reduzieren, zum Beispiel wenn die vorhandenen Metalle nicht nach derselben Bauart kristallisieren.

Es sind drei Möglichkeiten offen:
- zum ersten, wenn die zwei Elemente der Legierung sich innig vermischen (bei irgendeinem Verhältnis vom gelösten Stoff im Lösungsmittel): man hat es mit zwei mischbaren Metallen zu tun
- zum zweiten, wenn der Gehalt vom gelösten Stoff im Lösungsmittel einen gewissen Grad übersteigt, hat man es nicht mit einer Lösung des ersten Elements zu tun: die Metalle sind nur teilweise mischbar. Es tritt eine zweite ausgeprägte «Phase» des Lösungsmittels auf.
- zum dritten und letzten, wenn die vorhandenen Metalle (in welchem Verhältnis sie in der Legierung auch sind) überhaupt nicht mischbar sind. Dieser Fall ist recht selten.

Die Lösung von einem Metall im andern ist nie perfekt, immer stellen sich Lücken im Kristallnetz ein, was oft zu dessen Verzerrung führen kann.

Die Art und Weise wie die Atome des gelösten Stoffs sich im Metallgitter des Lösungsmittels einrichten, hängt zu einem grossen Teil von der Grösse dieser Atome ab. Ist sie

Einfluss der Elemente einer Legierung auf die Eigenschaften des Stahls (nach «Précis de l'acier»)

Eigenschaften \ Elemente	Kohlenstoff	Mangan	Silizium	Aluminium	Nickel	Chrom	Molybdän	Vanadium	Wolfram	Kobalt	Kupfer	Schwefel	Phosphor	Titan	Tantal	Niob
Elastizitätsgrenze																
Zugfestigkeit																
Streckvermögen																
Zugfestigkeit bei hohem Gehalt																
Kriechfestigkeit																
Ermüdungsfestigkeit																
Steigerung der Leistung (Ausbeute)																
Überhitzungsanfälligkeit																
Widerstandsfähigk. gegen Oxidation																
Warmsprödigkeit																
Härtungsvermögen																
Härte																
Stabilität nach dem Anlassen																

■ Das Element übt eine sehr positive Wirkung aus ▨ Das Element übt eine negative Wirkung aus

▨ Das Element übt eine positive Wirkung aus ▨ Das Element übt eine sehr negative Wirkung aus

nahe bei derjenigen des Lösungsmittels, können sie in regelmässigem Abstand ihren Platz einnehmen (Substitutionsverbindung), besonders wenn sie nach demselben System wie das Basismetall kristallisieren. Die Substitutionsfestlösungen verhalten sich praktisch wie reine Metalle. Ist jedoch die Atomgrösse des gelösten Stoffs kleiner als die des Lösungsmittels, können sich die kleinsten Atome in den Zwischenräumen zwischen den Atomen des Lösungsmittels einnisten (Zwischenräumliche Legierungen). Es handelt sich oft um Nichtmetallionen in geringem Ausmass im Innern des Basismetalls.

Die Mischbarkeit von Metallen in einer Legierung hängt von der Temperatur ab, seien sie nun flüssig oder fest. Sinkt die Temperatur in einer festen Legierung im Laufe der Abkühlung beispielsweise, vermindert sich die Löslichkeit eines der Metalle der Legierung. Seine überschüssigen Ionen, denen es nicht mehr gelingt, sich im Innern des Netzes zu positionieren, vereinigen sich und bilden dann in der Masse der Legierung unabhängige Kristalle. Diese Anhäufungen sind unter dem Mikroskop erkennbar und bilden verteilte und mehr oder weniger homogene Knoten. Zahlreiche Legierungen richten sich nach der Temperatur auch nur bei geringer Erhöhung; die verschiedenen Atome ordnen sich nach einer regelmässigen Sequenz. Überschreitet die Temperatur einen gewissen Schwellenwert, geraten die Atome in Unordnung. Viele Metalle und Legierungen kennen bei Temperaturveränderungen solche Übergangsphasen. Bei dieser Gelegenheit setzen sich neue Kristallstrukturen fest. Das trifft auf Stahl zu, der im nächsten Kapitel behandelt wird.

Die gegenüberliegende Tabelle gibt Auskunft über die Veränderung der Eigenschaften von Eisen, wenn es mit einer Anzahl von Elementen Legierungen eingeht.

Die Eigenschaften der Metalle

Die Haupteigenschaften der Metalle sind untenstehend definiert. Zum Vergleich der Charakteristiken von Eisen mit andern Metallen dient die gegenüberstehende Tabelle.

Klassierung der Metalle mit abnehmender Wertung							
Dehn-barkeit	Schmied-barkeit	Streck-barkeit	Zähigkeit	Härte	Unverän-derlichkeit	Dichte	Schmelz-barkeit
Zink	Gold	Gold	Eisen	Nickel	Platin	Platin	Platin
Blei	Silber	Silber	Kupfer	Eisen	Gold	Gold	Eisen
Zinn	Kupfer	Platin	Platin	Zink	Silber	Blei	Nickel
Aluminium	Aluminium	Eisen	Silber	Platin	Nickel	Silber	Kupfer
Nickel	Zinn	Nickel	Gold	Aluminium	Kupfer	Kupfer	Gold
Silber	Platin	Kupfer	Aluminium	Kupfer	Zinn	Nickel	Silber
Kupfer	Blei	Zink	Zink	Gold	Eisen	Eisen	Aluminium
Gold	Zink	Aluminium	Nickel	Silber	Zink	Zinn	Zink
Eisen	Eisen	Zinn	Zinn	Zinn	Aluminium	Zink	Blei
Platin	Nickel	Blei	Blei	Blei	Blei	Aluminium	Zinn

Die Farbe: Wenn auch die meisten Metalle in der Regel grau sind, sind doch einige gefärbt (Rot vom Kupfer, Gelb vom Gold oder Messing). Das Eisen und seine Legierungen sind oft dunkelgrau.

Die Härte ist die Eigenschaft der Metalle, dem Eindringen eines definierten, sehr harten Testgegenstands zu widerstehen. Die Eindringtiefe auf der Metalloberfläche durch einen Stahlstempel von 1 cm im Durchmesser wird bei einem Druck von 3 Tonnen[1] gemessen. Die Eisenmetalle sind hart (Brinellhärte von Eisen = 100) und nicht schockempfindlich, was sie von andern harten Werkstoffen wie Glas und Keramik unterscheidet.

Die Streckbarkeit: Gewisse Metalle lassen sich zu sehr feinen Drähten ausziehen, ohne dabei zu brechen. Die Eisenmetalle sind mittelmässig streckbar.

Die Schmiedbarkeit: Einige Metalle haben die Eigenschaft, dass sie in alle Richtungen dehnbar sind, ohne zu zerreissen. Die Schmiedbarkeit ist verschieden, je nachdem ob man die Metalle hämmert oder walzt (zum Beispiel Gold ist sehr gut schmiedbar durch Hämmern, aber viel weniger durch Walzen). Je höher der Kohlenstoffgehalt bei Eisenmetallen ist, desto schlechter kaltschmiedbar sind sie.

Die Zähigkeit oder Streckfestigkeit: Sie wird gemessen, indem an einem definierten Metalldraht von 1 mm² Querschnitt zunehmende Gewichte angehängt werden. Der Draht zieht sich vorerst in die Länge und bricht dann entzwei, wenn die angehängte Masse den Punkt der Bruchbelastung erreicht hat (in kg). Die Eisenmetalle sind sehr zäh.

---

1   Es handelt sich um die Brinellhärte; es gibt aber noch andere Tests: Vickers, Shore, Rockwell.

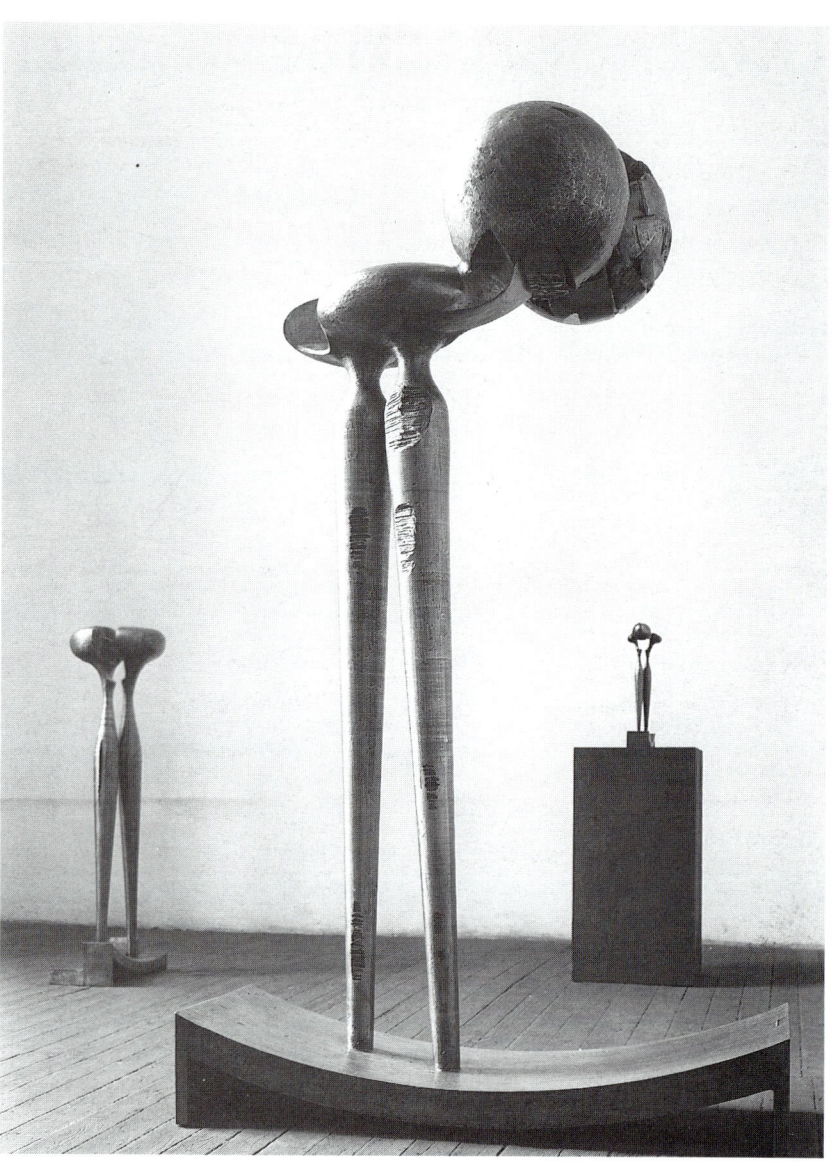

Rudolf Hoflehner,
Objekte in seinem Atelier,
1964 (Österreich).
Massiver Stahl,
geschweisst.

Die Korrosionswiderstandsfähigkeit: Diese variiert sehr stark je nach der Natur des Metalls und der Umgebung (städtisches oder ländliches Milieu, trockenes oder feuchtes Klima, Nähe des Meers). Die rostfreien Stähle sind sehr widerstandsfest und können im Freien, einige sogar korrosiven Atmosphären ausgesetzt werden. Dagegen oxidieren Eisen und gewöhnlicher Stahl schnell und überziehen sich mit einer Rostschicht in feuchter Umgebung. Die patinierten Stähle (Corten) überziehen sich mit einer oberflächlichen Rostschicht, die das Metall vor einem tiefer gehenden Angriff schützt. Allgemein widerstehen die Legierungen der Korrosion besser als die Metalle, aus denen sie bestehen.

Die Schmelztemperatur der Metalle: Es ist die Temperatur, bei der das Metall vom festen in den flüssigen Zustand übergeht. Beim Erhitzen des Metalls dehnt es sich zuerst aus, erweicht dann und schliesslich fällt die Kristallstruktur völlig auseinander, bevor es schmilzt. In diesem Zustand ist das Metall verhältnismässig flüssig oder viskos und kann in eine Form gegossen werden. Wird das Metall unterhalb seines Schmelzpunktes abgekühlt, nimmt es seine ursprüngliche Struktur wieder an und meistens zieht es sich beim

Jean-Claude Hug. *Connexion.* 1983 (Frankreich). Rostfreier Stahl, satiniert. Höhe 120 cm.

Erhärten gleichzeitig zusammen. Handelt es sich um ein reines Metall, geht es in einem engen Temperaturbereich vom festen in den flüssigen Zustand über und umgekehrt –; der Schmelzvorgang ist ziemlich brüsk. Bei Legierungen ist diese Temperaturbandbreite viel grösser, und das Schmelzen geht allmählich vor sich.

Die Atomzahl: Es ist die Ordnungszahl, die die Position eines Elements in der Mendelejew'schen Tabelle spezifiziert. Die Atomzahl ist identisch mit der Zahl der Protonen im Kern und damit auch gleich der Zahl der Elektronen, die um diesen kreisen. Der Wert dieser Atomzahl bestimmt somit alle chemischen Eigenschaften des Elements. Im Falle des Eisens beträgt die Atomzahl 26.

Das Atomgewicht: Relative Masse der Atome eines Elements im Vergleich zu Sauerstoff, dessen Atomgewicht willkürlich auf 16 festgelegt wurde.

Die spezifische Wärme: Wärmemenge, die nötig ist, um 1 g Metall von einer bestimmten Temperatur um 1° C zu erwärmen.

Die Dichte: Es ist das Verhältnis der Masse eines bestimmten Volumens eines Körpers zur Masse desselben Volumens reinen Wassers bei einer gegebenen Temperatur.

Die Kristallstruktur: Sie definiert die Form des Kristallgitters. Je nach Temperatur besitzt Eisen eine zentrierte kubische oder eine flächenzentrierte Kristallstruktur.

Die thermische und elektrische Leitfähigkeit: Sie misst die Fähigkeit des Materials, die Wärme und die Elektrizität von einem Punkt des Materials auf einen andern zu übertragen.

Der lineare Ausdehnungskoeffizient: Es ist die Längenzunahme eines Metallbarrens von 1 m Länge bei einer Temperaturerhöhung von 1° C.

Der Elastizitätskoeffizient: Er misst die Fähigkeit eines Metalls, seine ursprüngliche Form wiederzugewinnen, wenn die applizierte Kraft nicht mehr einwirkt. Wenn die Kräfte einen Schwellenwert übersteigen, gewinnt das Metall beim Aufheben der Krafteinwirkung seine ursprüngliche Form nicht wieder zurück: es bleibt irreversibel verzogen, verlängert, zusammengepresst; es hat die Elastizitätsgrenze erreicht. Sind die Kräfte noch nachhaltiger, kommt es zum Bruch des Materials (Bruchfestigkeit): das Stück bricht in sich zusammen (siehe Tabelle Seite 88). Die Materialien sind ausserdem durch die Koeffizienten der Zug-, Druck-, Scher-, Biege- und Torsionsfestigkeit charakterisiert.

Ermüdung: Es ist die Abnahme der Widerstandsfähigkeit eines Metalls bei der Applikation einer wiederholten Kraft nahe an der Elastizitätsgrenze.

Kriechfestigkeit: Widerstandsfähigkeit eines Materials bei einer längeren Krafteinwirkung unterhalb der Grenze der Zugfestigkeit. Beim Stahl besteht keine deutliche Differenz zwischen diesen beiden Typen der Krafteinwirkung, es sei denn bei Temperaturen von 400° C oder mehr.

Magnetische Eigenschaften: Eisen und Stahl erfreuen sich wichtiger magnetischer Eigenschaften. Gewisse Metalle von diesem Typ behalten die magnetischen Eigenschaften, wogegen andere ihre magnetischen Eigenschaften beim Aufheben der Magnetfeldeinwirkung verlieren.

Die Schweissbarkeit: Es ist die Fähigkeit eines Metalls, durch Schmelzen mit sich selber verschweisst zu werden. Bei leichten Abweichungen im Stahl von weniger als 0,2 % im Kohlenstoffgehalt ist das Schweissen ohne Schwierigkeiten realisierbar. Über 0,2 % sind die Stähle wohl schweissbar, benötigen aber besondere Vorsichtsmassnahmen (vorheizen, langsames Abkühlen). Beim Schweissen von rostfreien Stählen ist es empfehlenswert, stabilisierte Typen oder solche mit niedrigem Kohlenstoffgehalt zu verwenden.

Gerald Westgerdes. *Touching* (USA). Nazareth College.
Höhe 510 cm. Rostfreier Stahl 316 L, geschweisst nach den Verfahren T.I.G. und M.I.G.
Hergestellt durch K. & M. Machine-Fabricating Inc. Cassopolis, Michigan.

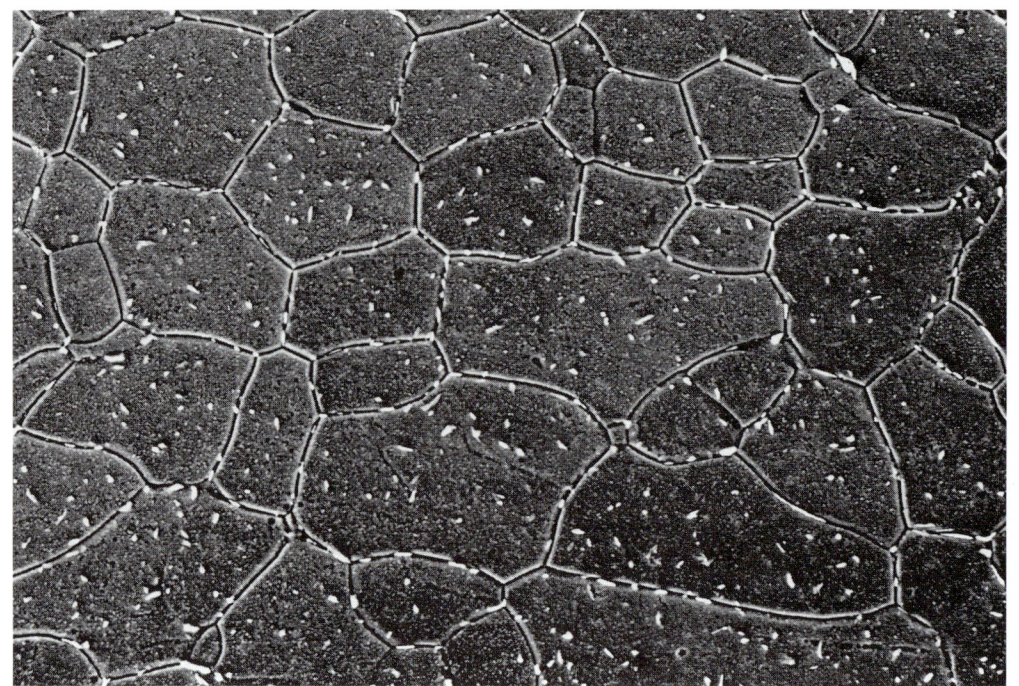

Photographie eines extra weichen Stahls unter dem abtastenden Elektronenmikroskop (x 1715). Sie zeigt Ferritkörner (Schwarz), in deren Innern kleine, helle Niederschlagspartikel aus Eisenkarbonat (Cementit) verteilt sind.

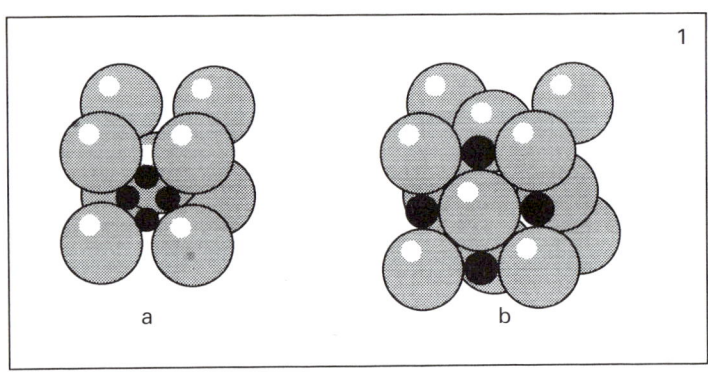

1

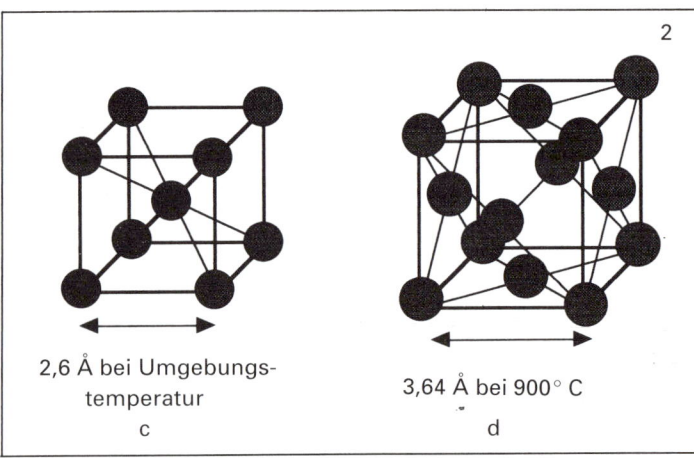

2,6 Å bei Umgebungstemperatur

c

3,64 Å bei 900° C

d

2

Atommodell
Ferritisches und austenitisches Gitter

a α-Eisen
b γ-Eisen
c   Primärkristall α-Eisen
d   Primärkristall γ-Eisen

Im Fall vom ferritischen Gitter (α-Eisen) ist die Zahl der Atome pro Masche kleiner als beim γ-Eisen. Dagegen ist die Grösse der Masche kleiner (siehe 2). In der Tat lässt das ferritische Gitter keine Einlagerung von ebenso voluminösen Atomen wie im austenitischen Gitter zu, was die unterschiedliche Löslichkeit von Kohlenstoff in diesen beiden Stahltypen erklärt.

Die Struktur von Eisen, Stahl und Guss

Nach dieser allgemeinen Übersicht über die Metalle schlage ich Ihnen vor, die innere Struktur der Metalle, die uns interessieren, genauer zu studieren: das Eisen, der Stahl und der Guss. Es ist eine Tatsache, dass zahlreiche Generationen von Schmieden Meisterwerke hervorgebracht haben, indem sie sich auf empirische Rezepte und Verfahren von ihren Vorgängern gestützt haben, ohne indessen das Material, das sie bearbeiten, wissenschaftlich zu kennen. Dennoch ist es von Interesse, diese traditionellen Verfahren im Lichte des heutigen Wissensstands zu sehen und ihre Fundiertheit anzuerkennen.

Das Eisen

Das Eisen präsentiert sich je nach Temperaturbedingungen unter zwei ausgeprägten Kristallformen. Bei gewöhnlicher Temperatur findet sich die α-Form (mit einem *kubisch zentrierten Kristallgitter*), das heisst bis zu einer Temperatur von 910° C.

Zwischen 910 und 1390° C verändert sich das Kristallgitter zum *kubisch seitenzentrierten Gitter,* mit grösserer Dichte: es weist darum ein reduziertes Volumen auf. Unter dieser Form nennt man das Eisen γ-Eisen. Wir haben im vorhergehenden Kapitel gesehen, dass diese Kristallform besonders Deformationen durch Spalten (entlang der Spaltflächen) unterworfen ist: das ist denn auch der Grund für die grosse Schmiedbarkeit des Eisens beim Erhitzen, bis es orange-hellgelb wird.

Zwischen 1390 und 1536° C (Schmelzpunkt) findet sich eine kubisch zentrierte Struktur wieder, die man als δ-Eisen bezeichnet. Es gibt demnach zwei *allotropische Zustände,* die durch brüske Veränderung der physikalischen Eigenschaften gekennzeichnet sind: spezifische Wärme, Ausdehnung, elektrische Widerstandsfähigkeit, magnetische Empfänglichkeit usw. α-Eisen und γ-Eisen unterscheiden sich auch durch ihre Fähigkeit, im Innern ihres Gitters Kohlenstoff zu absorbieren, was sich für die Eigenschaften des Stahls als günstig erweist.

Der Stahl

Im Stahl[1] (siehe auch Diagramm Eisen-Kohlenstoff auf Seite 50) ist bei Normaltemperatur ein Kohlenstoffverhältnis in zwei ausgeprägten Formen vorhanden: eine Form, bei der der Kohlenstoff chemisch mit dem Eisen als Eisenkarbonat (Fe_3C) reagiert – es handelt sich um Cementit. Der Cementit und der Ferrit bilden ein Aggregat (Zusammenlagerung), in dem

---

1   In den weichen Stählen sind 99 % der Atome Eisenatome.
     Im Falle der legierten Stähle kann diese Prozentzahl bis auf 75 % sinken)

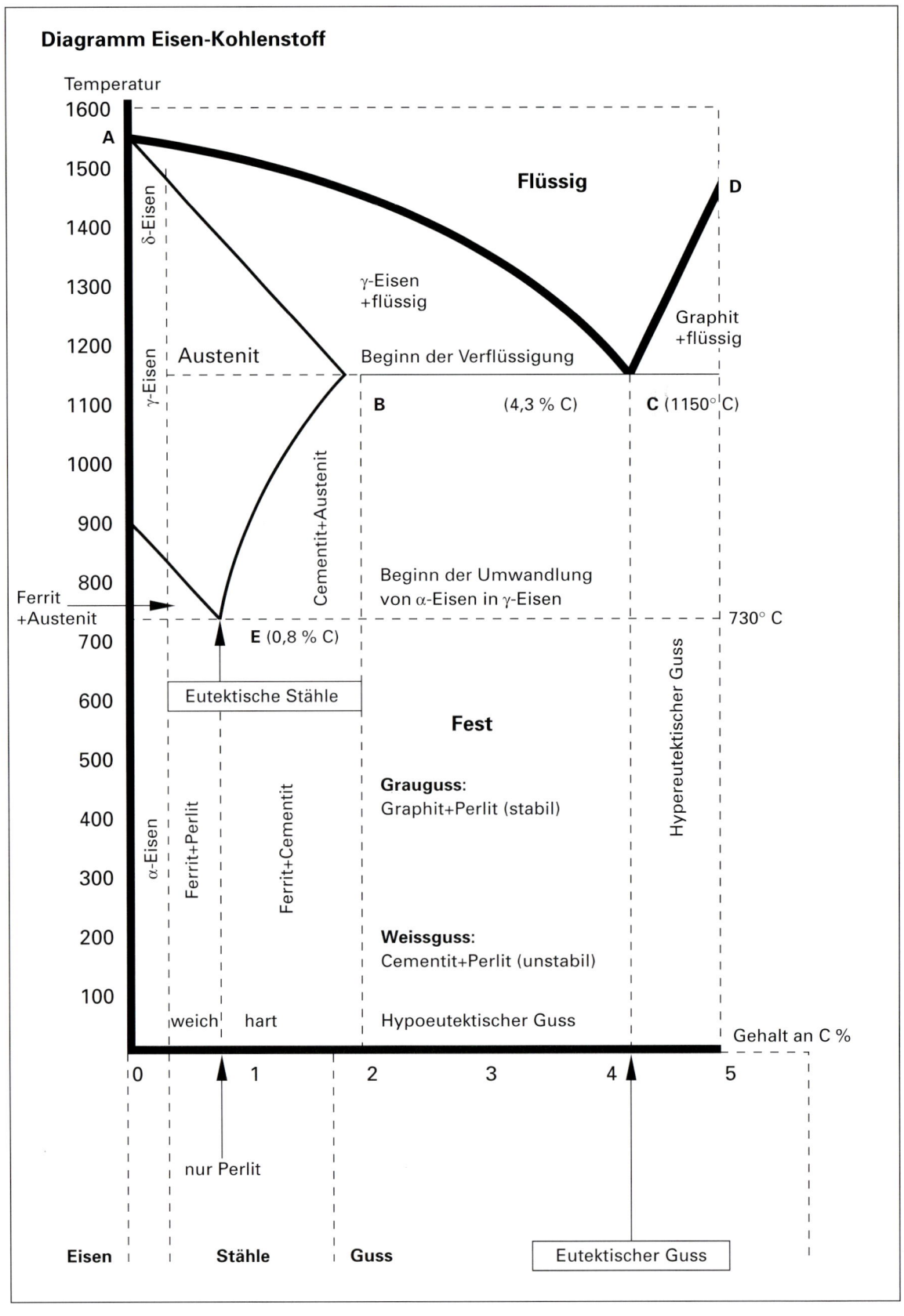

Diagramm Eisen-Kohlenstoff

Temperatur

Flüssig

A

D

δ-Eisen

γ-Eisen
+flüssig

Graphit
+flüssig

γ-Eisen

Austenit

Beginn der Verflüssigung

B

(4,3 % C)

C (1150° C)

Cementit+Austenit

Beginn der Umwandlung
von α-Eisen in γ-Eisen

Ferrit
+Austenit

730° C

E (0,8 % C)

Eutektische Stähle

Hypereutektischer Guss

Fest

Grauguss:
Graphit+Perlit (stabil)

α-Eisen

Ferrit+Perlit

Ferrit+Cementit

Weissguss:
Cementit+Perlit (unstabil)

weich hart

Hypoeutektischer Guss

Gehalt an C %

nur Perlit

Eisen

Stähle

Guss

Eutektischer Guss

die Eisenkarbonatpartikel im Ferrit verteilt sind. Das Aussehen dieses Aggregats variiert je nach den vorherrschenden Bedingungen bei seinem Auftreten.

Die Löslichkeit von Kohlenstoff im Eisen nimmt brüsk zu, wenn das α-Eisen vom γ-Eisen abgelöst wird. In den Stählen beginnt der Übergang vom α-Eisen zum γ-Eisen ab 730° C und setzt sich während eines variablen Temperaturintervalls fort, je nach Kohlenstoffgehalt. Beträgt dieser 0,8 % erfolgt der Übergang vollständig bei 730° C: man erhält direkt ein Gemisch von Ferrit + Cementit, das als Austenit bezeichnet wird (Festlösung zu γ-Eisen/Kohlenstoff). Dieser Stahl trägt die Bezeichnung «eutektisch». Im Falle der kohlenstoffarmen Stähle (hypoeutektische Stähle) durchläuft man zuerst ein Gemisch von Ferrit und Austenit. Im Falle von kohlenstoffreichen Stählen (hypereutektische Stähle) erhält man ein Gemisch Austenit + Cementit. Oberhalb von 1200° C ist der Stahl, in welcher Zusammensetzung auch immer, stets austenitisch[1]. Je nach Kohlenstoffgehalt variiert der Schmelzpunkt zwischen 1380° C und 1500° C.

Die Abkühlbedingungen vom Austenit hängen von der Struktur des Stahls ab, den man bei gewöhnlicher Temperatur erhält. Wenn der Stahl sehr langsam abkühlt, ergibt sich eine Verteilung von grossen Cementitpartikeln im Ferrit, die als kugelförmiges Perlit bezeichnet werden. Die Dichte der Cementitkügelchen ist umso grösser, je höher der Kohlenstoffgehalt ist. Dies ist der normale Gleichgewichtszustand zwischen Ferrit und Cementit, den man im vollkommen gehärteten Stahl antrifft und der mit der geringsten Härte übereinstimmt.

Martin Chirino. *Paisaje.* 1974-75 (Gran Canaria). Geschmiedetes Eisen. 35 x 98 x 46 cm.

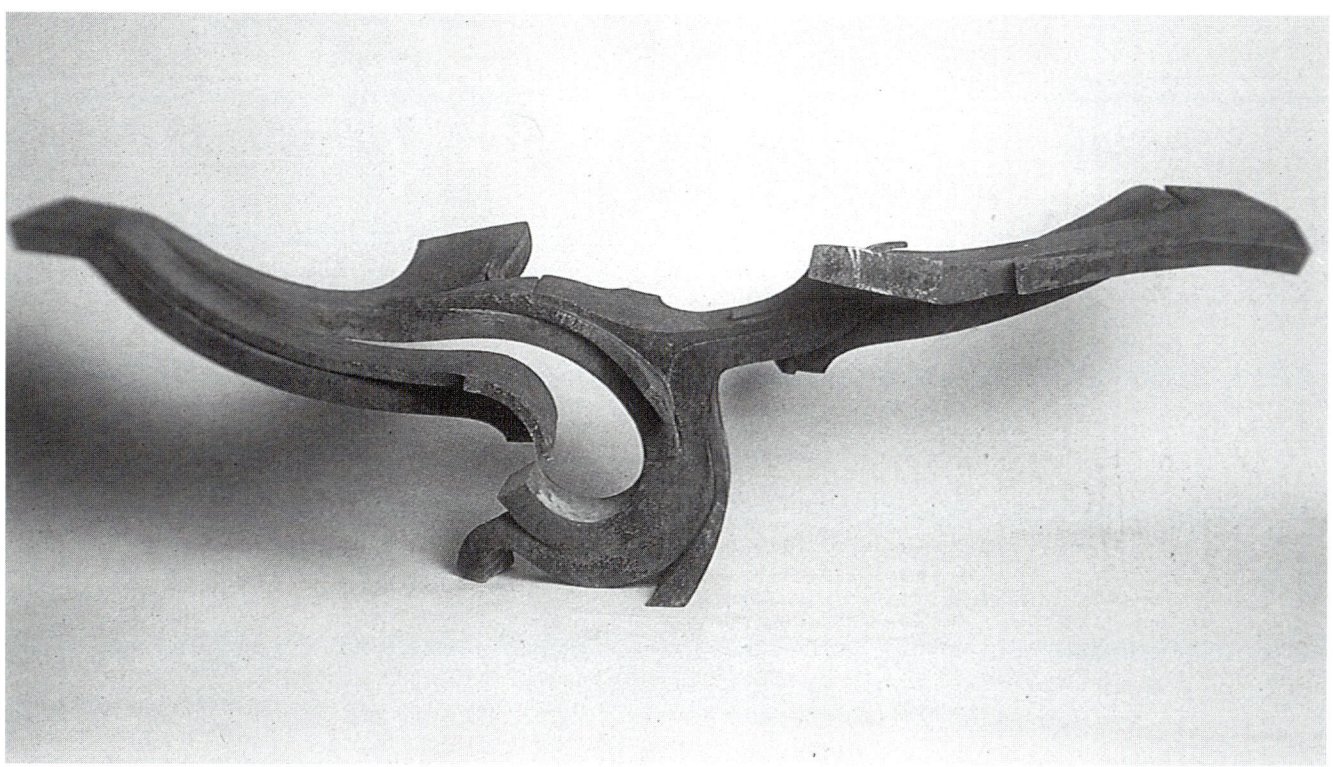

---

1 Das ist übrigens die Basis der Definition von Stahl: «Eisen-Kohlenstofflegierung, die ganz austenitisch sein kann, wenn man sie genügend erhitzt.» Oberhalb von 2 % Kohlenstoff erhält man keinen reinen Austenit mehr; man hat es mit Guss zu tun.

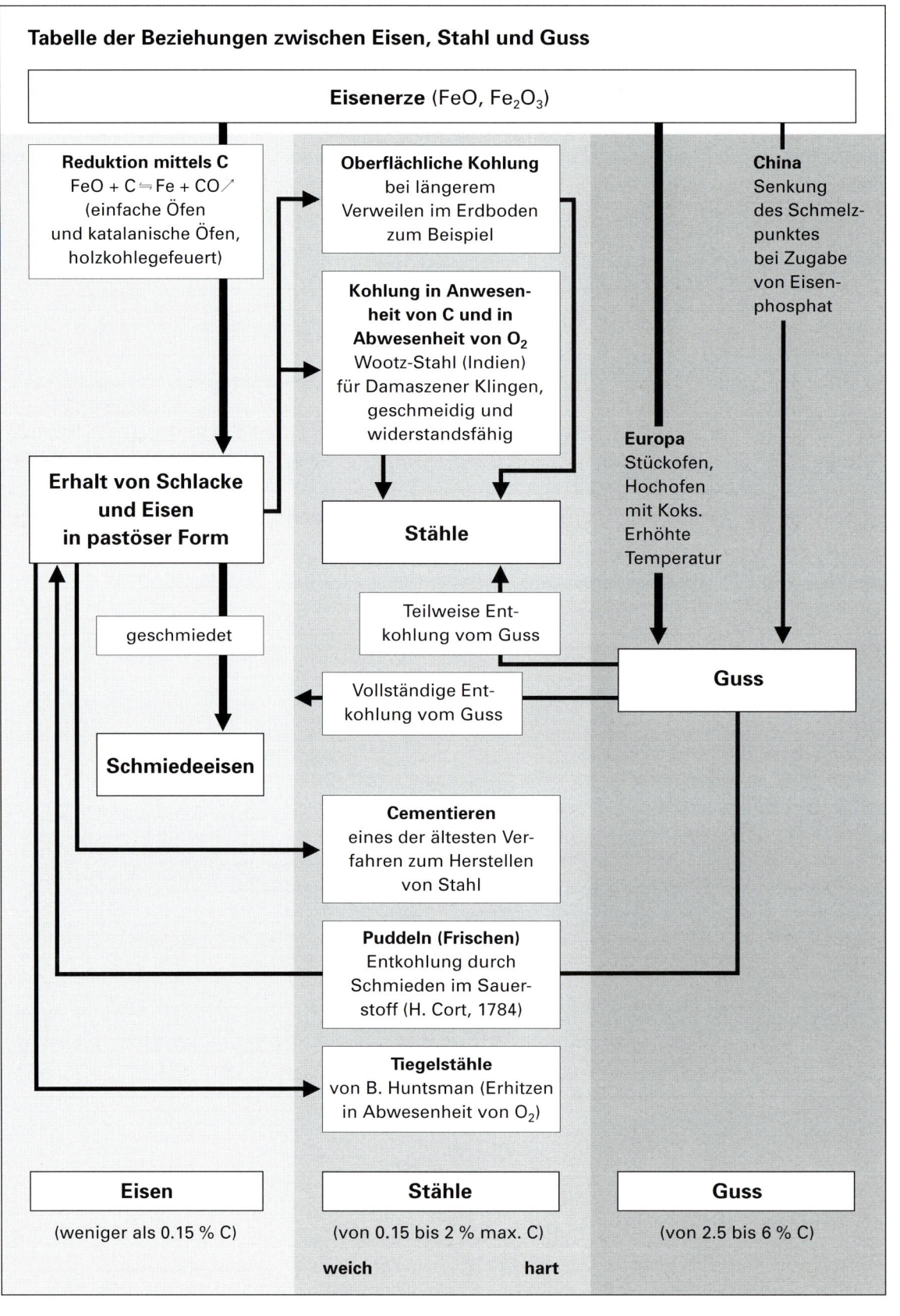

Tabelle der Beziehungen zwischen Eisen, Stahl und Guss

Eisenerze (FeO, Fe_2O_3)

Reduktion mittels C
$FeO + C \leftrightharpoons Fe + CO\nearrow$
(einfache Öfen
und katalanische Öfen,
holzkohlegefeuert)

Oberflächliche Kohlung
bei längerem
Verweilen im Erdboden
zum Beispiel

China
Senkung
des Schmelz-
punktes
bei Zugabe
von Eisen-
phosphat

**Kohlung in Anwesen-
heit von C und in
Abwesenheit von O_2**
Wootz-Stahl (Indien)
für Damaszener Klingen,
geschmeidig und
widerstandsfähig

**Erhalt von Schlacke
und Eisen
in pastöser Form**

Europa
Stückofen,
Hochofen
mit Koks.
Erhöhte
Temperatur

Stähle

geschmiedet

Teilweise Ent-
kohlung vom Guss

Vollständige Ent-
kohlung vom Guss

Guss

Schmiedeeisen

Cementieren
eines der ältesten Ver-
fahren zum Herstellen
von Stahl

Puddeln (Frischen)
Entkohlung durch
Schmieden im Sauer-
stoff (H. Cort, 1784)

Tiegelstähle
von B. Huntsman (Erhitzen
in Abwesenheit von O_2)

Eisen

(weniger als 0.15 % C)

Stähle

(von 0.15 bis 2 % max. C)

weich　　　　　**hart**

Guss

(von 2.5 bis 6 % C)

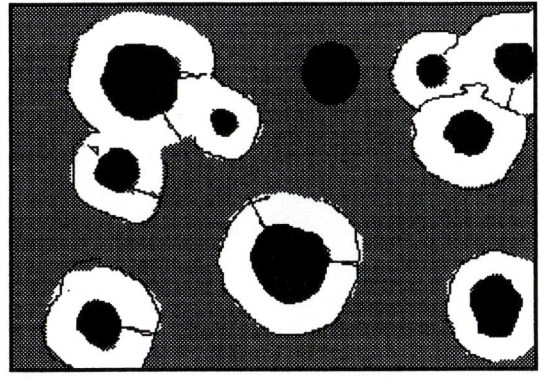

Bild von Grauguss (250fache Vergrösserung). Der graue Grund ist Eisen mit einem geringen Kohlenstoffanteil; die weissen Zonen setzen sich aus Eisenkarbonat zusammen; die schwarzen Knoten bestehen aus Graphit (Kohlenstoff).

Nimmt die Abkühlgeschwindigkeit zu, erhält man einen feineren Perlit, den man Troostit nennt (zusammengesetzt aus feinen, unter dem Mikroskop nicht erkennbaren Lamellen). Die Härte des Stahls nimmt mit der Feinheit dieser Struktur zu. Wenn die Abkühlgeschwindigkeit noch weiter wächst (im Falle des Härtens), wird eine neue, sehr harte Komponente erzeugt: der Martensit (metastabile Lösung von Kohlenstoff im Ferrit, dessen kubisches Gitter deformiert ist). Der Martensit ist umso härter, je grösser der Kohlenstoffgehalt ist. Bei einer gewissen Abkühlgeschwindigkeit – man nennt sie kritische Härtungsgeschwindigkeit – ergibt sich eine vollständig martensitische Struktur. Andernfalls verbindet sich der Martensit mit einer gewissen übrigbleibenden Menge von Austenit. Es genügt beim an sich unstabilen Martensit eine stetige Erwärmung bei etwa 100° C, damit er einen grossen Teil des in Lösung zurückgehaltenen Kohlenstoffs abstösst und sich sukzessive im kubisch zentrierten Ferritgitter zurückfindet.

Der Guss

Im Guss ist der Kohlenstoffgehalt höher als 1,7 %. Man bezeichnet die Gusstypen mit 4,27 % Kohlenstoff als eutektisch. Sie gehen ohne Übergang bei 1150° C vom festen in flüssigen Zustand über. Der Guss mit weniger als 4,27 % Kohlenstoff nennt sich hypoeutektisch; er durchläuft bei Temperaturen von mehr als 1150° C zuerst eine Phase, in der sich der flüssige Guss mit γ-Eisen verbindet. Die hypereutektischen Gusstypen (mit mehr als 4,27 % Kohlenstoff) durchlaufen zuerst eine Phase in der sie sich mit Graphit vereinigen.

Bei gewöhnlicher Temperatur ist die Struktur vom Guss eine Funktion der anderen Elemente der Legierung (Silizium, Mangan, Schwefel) und der thermischen Behandlungen denen er unterworfen wird.

Man unterscheidet die stabilen Gleichgewichtszustände, wo sich der Kohlenstoff im isolierten Zustand als Graphit findet (es handelt sich um den *Grauguss*) und die unstabilen Gleichgewichtszustände[1], wo sich der Kohlenstoff mit Eisen in der Form von Cementit (Fe_3C) verbindet: es handelt sich um den *Weissguss*. Es existieren zahlreiche Zwischenstrukturen je nach dem Vorhandensein von irgendeinem Element der Legierung[2].

---

1 Der stabile Zustand lässt sich manchmal durch eine angemessene thermische Behandlung wieder erreichen. Es handelt sich um *schmiedbaren Guss,* den man beim Wiedererhitzen von weissem Guss unter Ausschluss von Luft, zwischen 800° und 1000° C erhält. Der Cementit zerfällt und der freie Kohlenstoff bildet Graphitkügelchen, die in der ganzen Masse verteilt sind.
2 Silizium begünstigt das Ausfällen von Graphit, Mangan begünstigt die Bildung von Cementit.

Philippe Clérin.
Homme assis. 1984
(Belgien).
Geschweisster
und mit der Flamme
gebläuter Stahl.
51 x 18 x 25 cm.

54

Thermische und chemische Behandlung der Eisenmetalle

«Wenn ein Schmied eine grosse Hacke oder ein Beil im kalten Wasser tränkt, um sie zu härten, zischt das Metall laut; aber ebenso gross ist die Festigkeit des Eisens. Also zischte das Auge des Ungetüms um die feurige Spitze des Ölpfahls» sang einst Homer (Odyssee IX/390). Die Bedeutung der Metalle in unserer Zivilisation rührt zum Teil daher, dass die meisten Metalle Eigenschaften aufweisen, die sich je nach bestimmten Bedürfnissen modifizieren lassen. Dank einer Anzahl von chemischen und physikalischen Verfahren lassen sich diese simultan applizieren. Das war schon in der Antike bekannt, wie es die Verse von Homer bezeugen.

Die Schmiedbarkeit eines Metalls oder, im Gegensatz, die Härte lassen sich verbessern. Seine Korrosionsfestigkeit und die Festigkeit gegen Wettereinflüsse lassen sich wie die Ermüdungsfestigkeit steigern. Diese verschiedenen Behandlungen verändern Grösse und Form der Metallkörner je nach den Modifikationen der Materialeigenschaft. Das Mikroskop enthüllt im Innern von komplexen Legierungen zwei oder mehr Komponenten, die in der Masse des gelösten Metalls als Kügelchen, Knötchen, Lamellen[1] usw. verteilt sind.

Sind die in der Legierung enthaltenen Metalle vollständig mischbar, kann die resultierende homogene Festlösung nicht von einem reinen Metall unterschieden werden.

Öfters noch existieren geringe Abweichungen in der Zusammensetzung (zum Beispiel wenn ein spezifisch schwereres Metall dazu neigt, auf dem Boden des Tiegels konzentrierter zu sein). Ein solcher Mangel an Homogenität lässt sich durch starkes Erhitzen der Legierung beheben, indem die Atome diffundieren und eine homogene Verteilung[2] einnehmen. Die thermische Energie vergrössert den Schwingungszustand der Atome; sie können ihren Platz verlassen, um beispielsweise eine benachbarte Lücke zu besetzen. Es entsteht eine Ausbreitungsbewegung (vergleichbar mit der bei Flüssigkeiten beobachteten Konvektionsbewegung). Nach einer bestimmten Zeit stellt sich eine zufällige Dispersion der Legierungsatome ein; das Gemisch wird dann abgekühlt.

Sind die Komponenten einer Legierung nicht oder nur teilweise mischbar, bildet sich oberhalb des Sättigungspunkts ein Abscheiden der Atome des gelösten Stoffs, die im Gitter des Lösungsmittels keinen Platz mehr finden. Diese Atome bilden, statt sich am Boden des Behälters aufzuhalten (wie das bei den Flüssiglösungen der Fall ist), gleichmässig in der Metallmasse verteilte Agglomerate. Die Gruppierung der Atome im Innern dieser Agglomerate erfolgt durch Diffusion. Ist die Abkühlung der Legierung langsam, hat die Diffusion alle Zeit vor sich zu gehen, was zu voluminösen und wenig zahlreichen Agglomeraten führt. Wenn dagegen das Metall brüsk abgekühlt wird, ergeben sich viele kleine Kügelchen.

---

1   Diese Strukturen sind unter dem Mikroskop erkennbar,
    wenn das Präparat fein poliert und mit Salpetersäure versetzt ist.
2   Es handelt sich um das Ausglühen zur Homogenisierung.

Es ist auch in Betracht zu ziehen, dass der Sättigungspunkt des gelösten Stoffs in einem gegebenen Lösungsmittel je nach Temperatur variiert (in gleicher Weise löst sich mehr Zucker im heissen Wasser auf als im kalten Wasser). Es gilt die Regel: je höher die Temperatur desto grösser ist die Löslichkeit. Beim Abkühlen der Legierung, bei abnehmender Löslichkeit, treten daher Niederschläge in der Form von Aggregaten auf[1].

Zudem können gewisse Metalle unter verschiedenen Kristallformen existieren, je nach Temperatur. Wir haben gesehen, dass das Eisen bei etwa 900° C von der α-Form in die γ-Form übergeht[2]. Man spricht von einem Phasenwechsel, der mit einer Volumenveränderung einhergeht. Die γ-Form des Eisens beansprucht weniger Platz als die α-Form. Beim Abkühlen durchläuft das Metall eine Phase der Ausdehnung, bevor es sich zusammenzieht.

Die thermischen Behandlungen

Unter den thermischen Behandlungen versteht sich die Gesamtheit der Anwendungen, denen ein Metall unterworfen wird, in einem oder mehreren thermischen Zyklen. Im Laufe dieser Zyklen wird das Metall zuerst einmal erhitzt, dann während einer gewissen Zeit bei dieser Temperatur gehalten, um dann mehr oder weniger schnell abzukühlen.

Die Abkühlgeschwindigkeit ist ein wichtiges Kriterium, um die gesuchte Wirkung zu erreichen. Wünscht man die Gleichgewichtsstrukturen, wird der Abkühlvorgang maximal verzögert (Fall des Ausglühens).

Das Härten (Tränken) des Stahls

Das Verfahren besteht darin, dass der Stahl bis zur austenitischen Phase erhitzt, dann bei einer höheren Geschwindigkeit als der kritischen Geschwindigkeit abgekühlt wird, um besondere Strukturen herbeizuführen, die manchmal ausserhalb des Gleichgewichts liegen. Die eingetretene Wirkung variiert je nach Zusammensetzung des Metalls. Eisen und weicher Stahl (mit einem Kohlenstoffgehalt von weniger als 0,1 %) erhärten nicht beim Eintauchen in Wasser. Der halbweiche Stahl ist bereits leicht ansprechbar. Die Legierung erreicht eine umso grössere Härte je höher der Kohlenstoffgehalt ist, wird aber anderseits um das spröder. Dagegen ist die Wirkung beim rostfreien Stahl 10/18 umgekehrt, und man erhält durch die Wässerung eine Erweichung des Stahls (Hyperhärtung).

In der Praxis wird der Stahl bis zum vollständigen Phasenwechsel $\alpha > \gamma$ erhitzt (diese Temperatur hängt von der Kohlenstoffkonzentration ab, siehe Diagramm vom Gleichgewicht Fe/C[3]). Anschliessend wird er rasch abgekühlt. Auf diese Weise wird die γ-Form oder der Austenit bis zu einer Temperatur von 300° C oder weniger in einem metastabilen Zustand gehalten. Unterhalb dieser kritischen Temperatur geht der übersättigte Austenit augenblicklich in Martensit über, einer Form mit verzerrter Atomstruktur, in welcher die Kohlenstoffatome zurückgehalten sind. Unter dem Mikroskop ist Martensit an seiner nadelförmigen Struktur erkennbar.

---

1   Da der Niederschlag Zeit benötigt, kann ein zu schnelles Abkühlen dazu führen, dass er gar nicht stattfindet. In diesem Fall findet man sich in der metastabilen Situation einer «übersättigten» Lösung.
2   Im Falle eines Stahls mit 0,1 % Kohlenstoff.
3   Bei einem Stahl mit 0,1 % Kohlenstoff beträgt diese Temperatur 900° C; bei einem Stahl mit 0,8 % Kohlenstoff ist sie nur noch 760° C.

Der gesamte Austenit verwandelt sich unterhalb einer bestimmten Temperatur, die von der Zusammensetzung abhängt, in Martensit.

Das Abkühlen vermindert die Diffusion des Kohlenstoffs sowie die Nukleations- und Wachstumsprozesse, die normalerweise zur Gleichgewichtsstruktur α-Eisen + Eisenkarbonat führen. Der Diffusionsgrad variiert von einem Stahl zum andern. Die hochlegierten Stähle, die sich durch einen langsamen Diffusionsgrad auszeichnen, können an der Luft langsamer abgekühlt werden. Dagegen müssen die kohlenstoffarmen und niedriglegierten Stähle im Wasser schnell abgekühlt werden.

Praktisch bezweckt das Härten eine Anordnung des Stahls auf künstliche Weise, die er normalerweise, im Kaltzustand, oberhalb des Umwandlungspunktes hat. Das brüske Abkühlen soll die Zustandsveränderung verhindern. Daraus ergibt sich eine Modifikation der mechanischen Eigenschaften des Metalls: das Metall wird kompakter, sein Korn ist feiner und homogener[1], seine Härte und Bruchfestigkeit nehmen zu, aber auch seine Sprödigkeit.

Die mittlere Temperatur, auf die das Stück vor dem Härten gebracht werden muss, variiert je nach der Zusammensetzung des Stahls: sie ist umso tiefer je härter der Stahl ist. Die Temperatur, bei der die Härtung stattfindet, soll 50°C höher liegen als jene des Umwandlungspunkts A3. Man tränkt mit Wasser oder Öl.

Das Anlassen des Stahls

Es ist eine thermische Behandlung, der gehärtete Stähle unterzogen werden. Dabei verwandelt sich die harte und zerbrechliche Martensitstruktur in eine dem Gleichgewichtszustand nähere Struktur (angelassener Martensit ist bruchfest, aber besser dehnbar)[2]. Das Anlassen vermindert die durch das schnelle Abkühlen beim Tränken erzeugten internen Spannungen.

Der mittels Tränken gehärtete Stahl wird auf eine Temperatur erhitzt, die unterhalb derjenigen für die Umwandlung von Perlit[3] in Austenit liegt (Temperatur zwischen 100 und 675°C, je nach Kohlenstoffgehalt). Die Temperatur wird während einer genügenden Zeit, die zur Bildung der gewünschten Struktur notwendig ist, auf diesem Niveau gehalten, dann wird der Stahl mehr oder weniger rasch abgekühlt. Je höher die Anlasstemperatur ist, desto mehr wird die Wirkung des Härtens verwischt. Beim Anlassen bei erhöhter Temperatur (700°C) verschwindet die Härte, bringt aber eine Verbesserung der Eigenschaften, die dem feinen Korn und der sehr feinen Verteilung vom Cementit zu verdanken ist. Ein Anlassen bei 400-450°C erhöht die Streckfähigkeit deutlich, ohne Einbusse in der Zugfestigkeit und der Elastizitätsgrenze.

Beim Anlassen von kleinen, polierten Stücken schätzt man die Anlasstemperatur nach der Färbung der dünnen Oxidschicht, die das Stück überzieht (siehe Tabelle Seite 58). Diese Temperatur schwankt zwischen 200 und 320°C.

Üblicherweise geht die Abkühlung nach dem Anlassen langsam vor sich, ausser bei Schneidwerkzeugen. Bei diesen erfolgt das Abkühlen brüsk, damit sich das Anlassen nicht hinauszieht.

---

1   Der Kohlenstoff bleibt zum grössten Teil im Zustand der homogenen Festlösung.
2   Beispiel: Ein gehärteter Stahl mit einer Bruchfestigkeit von 90 kg und 4% Streckung hat nach dem Anlassen nur noch eine Bruchfestigkeit von 80 kg und 12% Streckung. Die Sprödigkeit dagegen wird durch das Anlassen bemerkenswert reduziert.
3   Umwandlungspunkt A3.

Anlasstemperaturen von gehärteten Stählen (nach R. Champly)

Temperatur	Färbung	Verwendung
220°C	sehr blasses Gelb	Anlassen von sehr harten Objekten
232°C	blasses Gelb	Anlassen von Metallbohrern, feinen Meisseln
243°C	Goldgelb	Anlassen von Meisseln, Locheisen, Federmessern
254°C	Braun	Anlassen von Scherenklingen
265°C	Purpurbraun	Anlassen von Holzäxten
277°C	Purpur	Anlassen von Tafelmessern
288°C	blasses Blau	Anlassen von Federn
293°C	gewöhnliches Blau	Anlassen von feinen Sägen
316°C	Dunkelblau	Anlassen von gewöhnlichen Sägen
325°C	Dunkelgrün	
520°C	frisches Rot	
700°C	Dunkelrot	Temperatur beim Tränken von Stahl
800°C	frisches Kirschrot	

Das Ausglühen

Wenn ein Metall über längere Zeit im kalten Zustand mechanischen Kräften ausgesetzt ist, bleibt es gehärtet zurück: man spricht vom federharten Metall. Zum Beispiel wird das unterhalb von der dunkelroten Färbung geschmiedete Metall spröde, es hat seine Dehnbarkeit verloren, und es ist von da an nicht mehr möglich, es ohne Bruchrisiko in eine Form zu bringen. Damit die Arbeit fortgeführt werden kann, muss man es einem Glühprozess unterziehen, der ihm die Streckfähigkeit zurückgibt, indem die internen Spannungen verschwinden. In der Regel homogenisiert das Glühen das Metall und führt seine Struktur in einen stabilen Gleichgewichtszustand. Beim Stahl findet sich eine Struktur von Cementit wieder: oft sind es im Ferrit verteilte Kügelchen.

Die Behandlung umfasst ein progressives Erhitzen[1] bis zu einer festgesetzten Temperatur[2], bei der die Zustandsänderung eintritt, ein Halten dieser Temperatur für eine gewisse Zeit und schliesslich ein langsames Abkühlen. Das langsame Ablaufen des Prozesses erlaubt den Atomen ins Innere der Struktur zu diffundieren. Das Glühen versteht sich immer auf das ganze Stück; es kann an das Härten durch Tränken angeschlossen werden.

Das Glühen zur Wiederherstellung (Restauration) geschieht zwischen 500 und 600°C. Es unterdrückt die vom Härten im kalten Zustand verursachten Deformationen.

Wenn die gegossenen Metalle an Heterogenität leiden (das heisst wenn ihre Zusammensetzung nicht ganz identisch ist, wegen eines ungleichmässigen Abkühlens des Stückes, zum Beispiel) ist manchmal das Ausglühen zur Homogenisierung angezeigt, wobei sich die Atome zufällig, das heisst gleichmässig in der Masse verteilen.

---

1 In einem öl- und gasbeheizten Ofen.
2 Höhere Temperatur als diejenige beim Übergangspunkt A3.

Die chemischen Behandlungen

Sie bezwecken die Modifikation der oberflächlichen chemischen Zusammensetzung eines metallischen Werkstoffs, um eine grössere Härte, eine bessere Verschleissbarkeit oder Widerstandsfähigkeit gegen chemische Einflüsse zu erzielen. Die häufigsten Behandlungen sind das Aufkohlen und das Nitrieren.

Die Aufkohlung

Die Cementation ist eine oberflächliche Aufkohlung von Eisen oder weichen Stählen zur Vorbereitung vor dem Härten. Beispielsweise erhöht sich der Kohlenstoffgehalt an der Oberfläche eines weichen Stahls bis zu 0,8 %, wenn er der Kohlung unterworfen wird. Nach dem Härten ist das Äussere des Stückes hart, während der Kern immer noch die mittelmässige Härte eines kohlenstoffarmen Stahls aufweist. Dieser Cementierprozess wurde in vergangenen Zeiten zum Härten der Schwertklingen auf rein empirischem Weg angewendet. In der Praxis wurde das Metall über längere Zeit[1] mit glühender Holzkohle und Salz in Kontakt gebracht. Anschliessend wurde es der Härtung (Abschreckung) unterworfen.

Wendet man diesen Prozess beim Eisen an, so entsteht Stahl (der Wootz-Stahl entstand auf diese Weise einst in Indien).

Die Aufkohlung geht so vor sich, dass die zu cementierenden Stücke in dichte Metallkasten, die den Cementierstoff enthalten, gebracht, dann im Ofen bei etwa 900° C während maximal zwei Stunden erhitzt werden[2]. Das Cementiermittel, ein kohlenstoffreiches Material, kann ein Feststoff sein (pulverisierte Holzkohle, organische Abfälle, Natriumcarbonat) oder eine Flüssigkeit (geschmolzenes Kaliumcyanat) oder ein Gas (CO, CO_2).

Das Nitrieren

Im Falle der Nitrierung bevorzugt man die Anwendung von Stickstoff, der in das Metall diffundiert und sich dort festsetzt. Das Metall wird in einer Stickstoffatmosphäre auf etwa 500° C erhitzt: es bilden sich in der oberflächlichen Schicht der behandelten Stähle komplexe Nitratverbindungen. Diese schlagen sich nieder und verstärken die Struktur betreffs Härte bzw. vermindern die Anfälligkeit gegenüber bestimmten korrosiven Chemikalien. Nur die Spezialstähle (Cr-Al oder Mo-Al) eignen sich für die Nitrierung. Es scheint, dass die Vorfahren, die eine intuitive Nitrierung praktizierten, von einer falschen Auffassung ausgegangen sind, denn zu ihrer Zeit kannte man ja noch keine Spezialstähle!

---

1   Man benötigt eine Stunde, um 0,02 % Kohlenstoff in einem Eisenbarren von 1,5 mm Dicke und bei 920° C einzubauen.
2   Die Geschwindigkeit des Eindringens beträgt im Mittel 0,1 mm pro Stunde.

Die Korrosion

«Die Korrosion ist die Hautkrankheit der Metalle» sagte Professor Portevin.

Wie wir bereits gesehen haben, hat das Metall im Kontakt mit der Luft die Tendenz zu oxidieren, was nichts anderes heisst, als dass es wieder in den ursprünglichen Zustand, das heisst in die Form des Eisenerzes zurückgeführt wird. C. Salnikoff hat die Problematik in einem treffenden Satz formuliert: «Die Korrosion eines Metalls ist im entgegengesetzten Phänomen seiner Förderung begründet».

Noblesse verpflichtet: das Metall ist ein Material, das grosse Opfer fordert – das heisst einen grossen Energieaufwand – beginnend mit der Förderung, dann mit der Reinigung und der Formgebung und schliesslich mit der Konservierung und dem Unterhalt.

Das Problem der Korrosion ist für den Eisen- und Stahlplastiker von Wichtigkeit. Er muss die Zukunft seiner Werke voraussehen können, besonders wenn sie im Freien ausgestellt werden sollen, manchmal in aggressiven Milieus (grossstädtische Verhältnisse, in der Nähe von Fabriken, in Meeresnähe usw.). Im Falle von patinierbaren Plastiken verändert sich die Farbe des Metalls im Laufe der Zeit, bis sich die definitive Patina einstellt.

Was versteht man unter Korrosion?
Es ist «ein allgemeines Phänomenphysikalisch-chemischer Natur, das die Alterung und den schrittweisen Zerfall eines Festkörpers durch die Reaktion mit dem Milieu, das ihn umgibt, bewirkt»[1]. Der Akzent liegt unmissverständlich auf der Wichtigkeit des Milieus, was die Problematik der Korrosion anbelangt; dies ist der wichtigste Faktor.

Wir begnügen uns mit dem Studium der atmosphärischen Korrosion. Diese hängt vom Klima ab (gemässigt, kalt, trocken, tropisch, …) ferner von klimatischen Faktoren (Geschwindigkeit und Richtung des Windes, Sonneneinstrahlung, Wolkenbedeckung), vom Standort (im Freien, im Innern), vom Typ der Atmosphäre (ländlich, städtisch, industriell, küstennah). Von den Komponenten der Atmosphäre ist Sauerstoff die wichtigste. In der Tat ist Sauerstoff verantwortlich für die Metalloxidation. Anderseits kann er den Korrosionsgrad herabsetzen, indem sich auf der Metalloberfläche eine Schutzschicht bildet.

Der Sauerstoff vermag nichts ohne die begleitende Wirkung von Wasser. Dieses ermöglicht die elektrochemische Reaktion und löst ausserdem bestimmte in der Atmosphäre vorhandene Gase auf. Die Wirkung des Wassers ist ebenso mehrdeutig wie diejenige des Sauerstoffs; längere Regenperioden lassen den Korrosionsgrad ansteigen, haben aber anderseits den Vorteil, dass sie die Oberfläche von korrosiven Komponenten abwaschen können. Der Wassergehalt in der Atmosphäre variiert sehr stark. Ist der Feuchtigkeitsgrad unterhalb von 60% (relative Feuchtigkeit)[2], ist die Korrosion vernachlässigbar, sogar bei Eisenmetallen und in ländlichen Milieus sowie im Innern von Häusern und Wohnungen. Der Rost bildet sich dann, wenn die relative Feuchtigkeit steigt und wenn die Luft mit industriellen Schadstoffen oder (in Meeresnähe) mit Chlorverbindungen beladen ist (siehe Tabelle Seite 62).

---

1   *Encyclopédie internationale des sciences et des techniques.*
2   Die relative Feuchtigkeit übersteigt in den Hauptgebieten Europas 60%.

Bjorn Erling
Evensen.
The Wall. 1992
(Schweden).
Korrodierter
Stahl.
100 x 45 cm.

Korrosion von Stahl

Korrosionsgrad für Stahlbarren, die verschiedenen Umweltbedingungen ausgesetzt sind

Umwelt	Standort	Korrosionsgrad (in μm/Jahr)
ländlich, sehr trocken und sauber	Karthoum (Sudan)	3
ländlich/städtisch, sehr trocken	Delhi (Indien)	8
ländlich gemässigt	Godalming (USA)	48
vorstädtisch	Berlin (Deutschland)	53
städtisch	Teddington (England)	70
industriell	Motherwell (England)	97
industriell	Pittsburgh (USA)	109
sehr industriell	Sheffield (England)	135
Am Meer, ländlich	Sandy Hook (USA)	84
Am Meer, industriell	Corgella (Südafrika)	114
Am Meer, tropisch	Lagos (Nigeria)	619

Die Angriffsmittel der Korrosion

Die wichtigsten, in der Atmosphäre vorhandenen Angriffsmittel sind: das Schwefeldioxid (SO_2), der Schwefelwasserstoff (H_2S), das Ammoniumsulfat, die Nitrate und Chlorverbindungen. Das Schwefeldioxid wirkt als stärkstes Korrosionsmittel auf Stahl. Es gehört zu den typischen Schadstoffen in städtischen und industriellen Atmosphären (wo man es in Konzentrationen von 0,01 bis 5 ppm findet). Seine Löslichkeit in Wasser ist grösser als diejenige von Sauerstoff, und es führt zu verdünnten Lösungen von schwefliger und Schwefelsäure. Salzpartikel wie Ammoniumsulfat, Nitrate und Chlorverbindungen, die hygroskopisch sind (sie nehmen Feuchtigkeit auf), stimulieren die Korrosion ebenfalls. Sogar bei geringer relativer Feuchtigkeit greifen sie Metall an. Ausserdem sind die Chlorverbindungen gute Leiter, die die elektrochemischen Reaktionen begünstigen.

Festpartikel, die in der Atmosphäre verfrachtet werden, können die Phänomene der Korrosion verstärken. Das ist zum Beispiel der Fall bei Russ und Kohle. Diese Partikel wirken als Kondensationskerne von Elektrolyten, um die sich galvanische Zellen bilden.

Es sind auch noch andere Faktoren in Betracht zu ziehen: der Zustand der Oberfläche der Plastik (glatt oder rauh), die Form der Objekte (ev. Vorhandensein von Taschen, in denen sich Wasser ablagern kann), das Vorhandensein von Schweissnähten, Lötstellen, Nieten, ferner der Unterhaltszustand. Je nach Ausmass der Korrosion unterscheidet man die gleichmässige grossflächige Korrosion und die lokale Korrosion (in diesem Fall handelt es sich um punktuelle oder zwischenkörnige Korrosion).

Wie man leicht beurteilen kann, handelt es sich bei der Korrosion um ein komplexes Phänomen, das von zahlreichen Faktoren abhängt. Unter ihnen ist die bisher nicht in Betracht gezogene Natur des Metalls oder der Legierung. Auch sie ist zweifellos von allergrösster Bedeutung wie auch deren Reinheitsgrad, die angewendeten Verfahren für die Bearbeitung und die thermischen Behandlungen, denen sie ev. unterzogen werden.

Die Eisenmetalle reagieren ganz besonders empfindlich auf Korrosion. Das ist denn auch der Grund, weshalb wir nun die Mechanismen studieren wollen, nach denen Stahl in feuchtem Milieu korrodiert.

Angriffsmechanismen der Korrosion bei Eisen und Stahl

In trockenem Milieu hat man es in der Regel mit der chemischen Korrosion zu tun. Beim Vorhandensein von (elektrisch leitendem) Wasser ist es die elektrochemische Korrosion, die vor sich geht.

Die chemische Korrosion
Die chemische Korrosion betrifft Metalle im Kontakt mit Gasen, einer Atmosphäre oder einer nicht ionisierten Flüssigkeit, Nichtleiter von Elektrizität.

Das Kohlendioxid der Atmosphäre reagiert mit dem Eisen unter Bildung von Karbonaten, die im Kontakt mit Sauerstoff und Wasser Kohlensäure und Rost erzeugen. Der Sauerstoff, der auf Eisen einwirkt, bildet Eisenoxid (zweiwertig), das im trockenen Milieu eine Schutzwirkung hat, beim Vorhandensein von Wasser aber sauerstoffreiches Wasser und Rost bildet. Bei Umgebungstemperatur und -druck reagiert das Metall mit Sauerstoff und erzeugt auf der Grenzfläche einen Oxidfilm. Die Oxidationsgeschwindigkeit wird von kinetischen Prozessen und insbesondere durch die Diffusion, quer durch den festen, schon gebildeten Oxidfilm bestimmt. Für ein gegebenes Metall hängt die Angriffsgeschwindigkeit von der Temperatur, der Zusammensetzung, dem Partialdruck des reagierenden Gases, der Reinheit des Metalls und seiner Oberflächenbeschaffenheit ab.

Im Falle von Eisen diffundieren die Metallionen, und die Oxidationsreaktion findet in der Zwischenphase Oxid/Sauerstoff statt; weil das Metall verschiedene Oxidationsstufen kennt, setzt sich das Oxid aus mehreren übereinandergelagerten Schichten zusammen.

Die elektrochemische Korrosion
Die elektrochemische Korrosion betrifft Metalle, die im Kontakt mit wässrigen Lösungen, Elektrizitätsleitern, stehen. Diese Lösungen mit einem Metall, das irgendeine Heterogenität in der Oberfläche aufweist (und solche gibt es immer), in Kontakt kommend, sind der Ausgangspunkt von Oxidations- und Reduktionsreaktionen, verbunden mit einem Elektronenstrom im Metall. Die Korrosion findet bei den Anoden (die Elektronen ausstrahlen) statt: das Metall löst sich nach folgendem Reaktionsschema auf:
$$Fe > Fe^{++} + 2e^-$$

Es ist die anodische Auflösung.
Auf der Ebene der Kathode (sie empfängt Elektronen) bildet die folgende Reaktion:
$$O_2 + 2H_2O + 4e^- > 4OH^-$$

Sie zeigt klar, dass bei der elektrochemischen Korrosion Sauerstoff und Wasser unabdingbar sind.

In der Regel verbinden sich die (zweiwertigen) Eisenionen mit den Hydroxylionen und bilden das Eisen-II-Hydroxid.
$$2Fe^{++} + 4OH^- > 2 Fe(OH)_2$$

das dann zum dreiwertigen Eisenhydroxid oxidiert. Das letztere ist der Hauptbestandteil des hydratisierten Rosts. Dabei können auch andere Metalloxide und Salze (wie Sulfate) vorhanden sein. Die meisten Rostarten haben Schichtstruktur. Der in einer mit Schwefel oder Chlorverbindungen verunreinigten Atmosphäre gebildete Rost ist besonders gefährlich, denn er enthält Salze, die die Korrosion begünstigen. Der Rost ist leicht, spröde, zerbrechlich und schlecht haftend, so dass er sich sukzessive vom Metall löst. Dadurch bietet sich das Metall erneut der fortschreitenden Korrosion an.

Die Bedingungen, die eine anodische Auflösung ermöglichen, sind verschiedenartig, aber sie beinhalten stets eine von einer Heterogenität hervorgerufenen Potentialdifferenz, sei es in der Zusammensetzung des Milieus (Konzentrationsschwankungen im Sauerstoff oder im Elektrolyten) oder sei es in der Metalloberfläche (Vereinigung verschiedener Metalle, Verunreinigungen, Kornfugen ...).

Die Korrosion von rostfreien Stählen
Dieser Titel ist eigentlich zum Lachen, aber die schockierende Formulierung wurde nicht grundlos gewählt! Es ist wichtig zu wissen, dass der rostfreie Stahl unter bestimmten Temperaturbedingungen seine antikorrosiven Eigenschaften verliert. Das kann in der nächsten Umgebung von Schweissraupen eintreten, wo das Metall auf eine Temperatur von 400-800°C gebracht worden ist. Es bildet sich dort eine Korrosion zwischen den Körnern, die zu einem Zerfall des Metalls führen kann. Um dies zu vermeiden, muss es rasch abgekühlt werden, nachdem es eine Höchsttemperatur bis zu 1100°C (Abschreckung beim Härten) durchlaufen hat. Eine andere Möglichkeit besteht darin, stabilisierte rostfreie Stähle zu verwenden, mit einem Zusatz von Niob, Titan oder Molybdän.

Franz Bernhard. *Grosse Braunschweiger Figur.* 1987 (Deutschland).
Corten Stahl. 500 x 1250 x 450 cm.

Schutz gegen Korrosion

Will man eine Stahlplastik verwirklichen, die längere Zeit im Freien aufgestellt wird, ist es zwingend, ein rostfreies Material oder mindestens eines mit verzögerter Oxidation zu wählen. Im Innern von in der Regel beheizten Gebäuden sind keine Korrosionsprobleme zu befürchten, ausser beim Auftreten von Kondensationsphänomenen.

Unter den gegen Oxidation geschützten Stählen sind zu nennen:
– Die patinierbaren Stähle (Corten): Es handelt sich um leicht legierte Stähle, die sich mit einer Rotschicht bedecken, die gegen weitere Korrosion schützt.
– Die legierten Chromstähle schützen gegen nicht allzu starke Korrosionsmilieus. Der am häufigsten verwendete rostfreie Stahl ist der Stahl 18-8 (18 % Cr, 8 % Ni). Er widersteht der Korrosion gut, ausser beim Vorhandensein von konzentrierten Chlorverbindungen (Chlorionen in Meeresnähe). In solchen Fällen ist es zweckmässig, rostfreie Stähle mit Chrom, Nickel und Molybdän zu verwenden.
– Die behandelten Bleche: Behandlung mittels Galvanisierung, Aluminisierung, Vorlackierung und Plastifizierung.

Thomas Lindsey. Ohne Titel. 1982 (USA). Weicher, mit Brillantemail bemalter Stahl.
300 x 240 x 225 cm. Longview Community College, Lower Columbia C.C.

Martin Chirino. *Mediterranea.*
1971 (Gran Canaria).
Bemalter Stahl. 80 x 260 x 60 cm.

Verwendet man nicht diese Stahltypen, gibt es grundsätzlich vier Möglichkeiten, um das Metall gegen externe korrosive Medien zu schützen.

a) Man kann versuchen, Modifikationen des äusseren Milieus zu bewirken, um den Korrosionsangriff zu reduzieren. Für den Fall, der uns beschäftigt, sollte die Stahlplastik, vor den Wetterunbilden geschützt, an einem trockenen Ort aufgestellt werden. Ausserdem sollte die Oberfläche der Plastik so sauber wie möglich gehalten werden, um das Entstehen von punktuellen hygroskopischen Kernen zu vermeiden. Indessen muss klar gesagt werden, dass diese Vorsichtsmassnahmen bei einer permanent im Freien aufgestellten Plastik nichts bringen.

b) Der Stahl lässt sich vollständig gegen äussere Einflüsse abisolieren, ohne die Chemie der Metalloberfläche zu verändern: das Metall wird mit einer Haut eines oxidierbaren Metalls überzogen, durch Emaillieren, Anstreichen, Lackieren, Plastifizieren usw.

c) Es ist möglich, die Bildung eines nicht attackierbaren Schutzfilms mit chemischen oder physikalisch-chemischen Methoden zu begünstigen.

d) Der Korrosionsprozess bei Stahl wird durch das Vorhandensein von Materialien mit höherem Potential (Kupfer, Zunder, Rost) beschleunigt und von Materialien mit tieferem Potential (Zink, Aluminium, Cadmium) verzögert. Man richtet sich so ein, dass der Stahl die Rolle der Kathode übernimmt und eine galvanische Säule erzeugt: Eisen-Zink oder Eisen-Magnesium (Kathodischer Schutz). Das ist das Prinzip der Aluminisierung, der Galvanisierung, der Verzinkung (Metallisation) und der Sherardisation (Cementierung auf Zinkbasis).

Vorbereitung der zu behandelnden Oberflächen
Die mechanische Vorbereitung ist bei den meisten Antikorrosionsbehandlungen unabdingbar. Sie besteht in einem Beiz- oder Abtragsvorgang, bei dem die verschiedenen Oxidschichten beseitigt werden.

Dieser Vorgang kann auf mechanischem Weg (Sandstrahlen, Abschaben, Abkratzen, Erwärmen, Schleifen …) oder auf chemischem Weg (mittels Lösungsmitteln, alkalischen oder sauren Lösungen, zum Beispiel Ortophosphorsäure) oder mittels Reduziermitteln erfolgen (für Details siehe das Kapitel über Metallschutz auf Seite 253).

Cyril Lixenberg. *Out of Symmetry* (Holland). Bemalter Stahl. 300 x 300 x 270 cm.

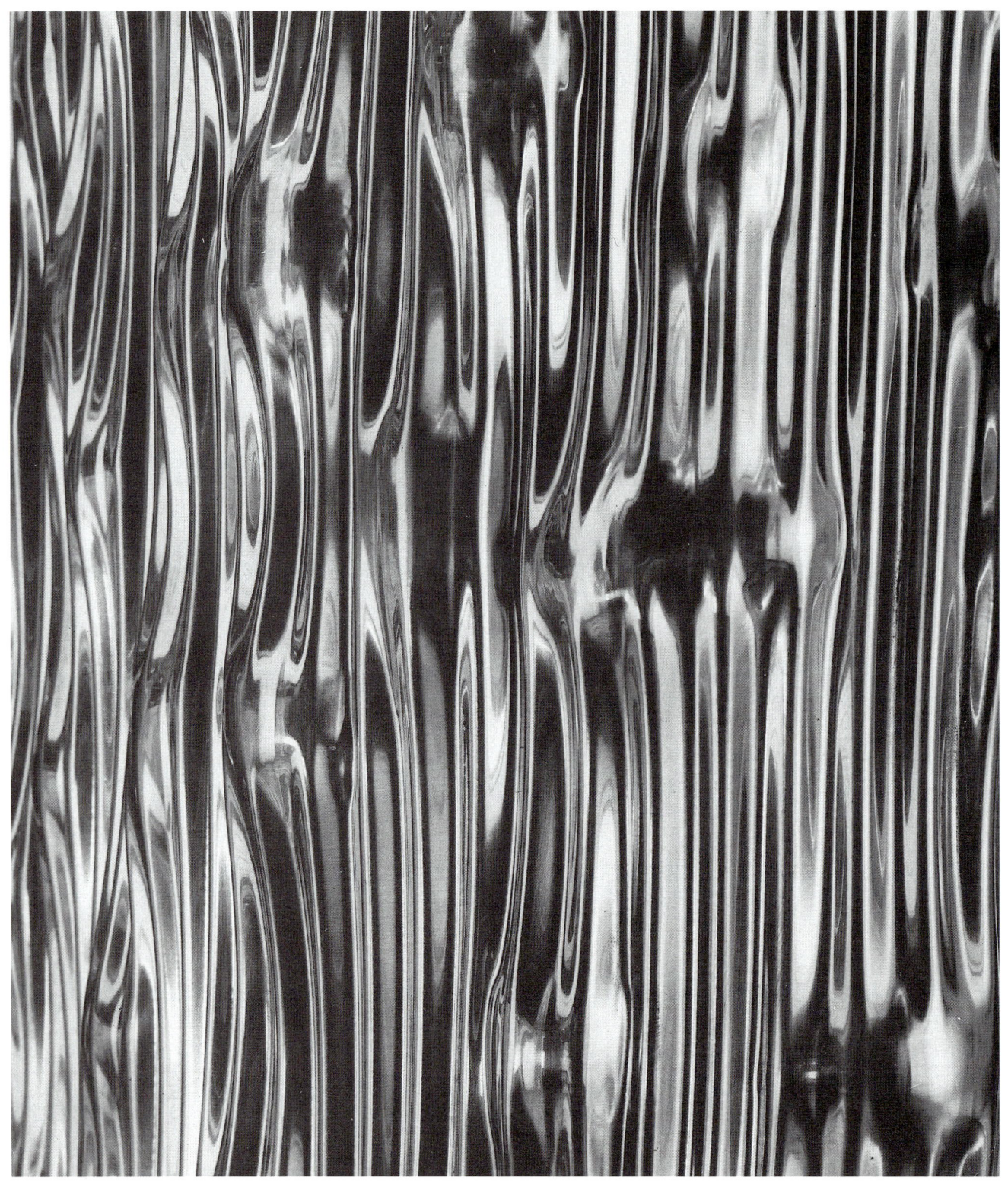

Marcel Gili (Frankreich). Rostfreier, gehämmerter Stahl (Detail). 1963.

Die Grundlagen

«Ich habe Lust gehabt, mit Stahl zu arbeiten, weil es das Material ist, das von Millionen von meinen Zeitgenossen bearbeitet wird.»

Berto Lardera

Werner Pokorny (Deutschland). Der Künstler in seinem Atelier beim Schleifen.

Das Atelier

Bei der Suche eines geeigneten Lokals, das als Atelier dienen könnte, gibt es ein grundsätzliches Kriterium, nämlich: welche Werkgrössen haben Sie im Auge? Sind es kleine Objekte, sagen wir etwa 1 m in der Höhe/Breite, können Sie sich mit weniger Raum begnügen, ungefähr mit 16 m² Grundfläche. Darüber hinaus ist der Raumbedarf abhängig von der Grösse und dem Gewicht der Plastiken; er zwingt sie, ein angemessenes Lokal zu finden, das heisst genügend gross in der Höhe und in der Ausdehnung, im Parterre, ebenerdig gelegen, mit mindestens einer grossen Öffnung und ausgerüstet mit einer Hebe- und Verschiebevorrichtung für grosse Gewichte. Wir wollen diese drei Punkte genauer betrachten.

Ein genügend grosser Raum ist unabdingbar. Je nach den vorgesehenen Werken grösser oder kleiner in der Ausdehnung. Eine Plastik muss man von weitem betrachten können. Es ist nicht möglich, eine gute Arbeit zu machen, wenn man sie dauernd unmittelbar vor der Nase hat. Man muss Abstand haben und sich – physisch und psychisch – zurückziehen können. In diesem Fall braucht es einen Schuppen.

Das Lokal im Parterre soll ebenerdig gelegen sein, damit schwere Gewichte leicht hinein und heraus verschoben werden können. Anderseits soll der Boden sehr solid sein – aus Zement, beispielsweise – und muss grosse Gewichte ertragen können, ohne deformiert zu werden. Es muss mindestens eine wichtige Öffnung vorhanden sein, damit grosse Plastiken herausgeschafft werden können. Ausserdem muss das Atelier mit einer Hebevorrichtung (Flaschenzüge) ausgerüstet sein, um schwere Objekte handhaben und verschieben zu können. Die Zugwinde ist an einem Metallbalken, der über den Halleneingang hinausreicht und bis in die Hallenmitte geht, aufgehängt. Hier befindet sich ein Drehtisch, auf dem die Plastik aufgebaut und von allen Seiten eingesehen werden kann.

Tageslicht von einem Dachglasfenster oder Oberlichter sind empfehlenswert. Falls Sie schweissen oder schmieden, richten Sie den entsprechenden Arbeitsplatz in der finstersten Atelierecke ein, wo Sie die Färbung des Metalls als Grad der Erhitzung besser beurteilen können.

Zur Unterstützung oder Ablösung des Tageslichts drängt sich eine Neon- oder Indirektbeleuchtung auf. Für minutiöse Arbeiten eignet sich eine bewegliche Lampe mit Lupe.

Wie gross auch immer Ihr Atelier ist, es braucht eine genügende Lüftung. Die Mehrzahl der Verfahrenstechniken erfordern ein Erhitzen oder Schmelzen der Metalle, dabei werden Dämpfe, die giftig sein können, frei. Solche müssen rasch entfernt werden, sei es mittels Rauchfängen, Kapellen, Ventilatoren oder indem man einen starken Luftzug nach aussen erzeugt. Vielleicht steht Ihnen ein Hof oder ein Platz im Freien in unmittelbarer Nähe des Ateliers zur Verfügung. Wenn dies der Fall ist, sollten Sie nicht zögern, im Freien zu arbeiten. Sie profitieren dabei sowohl vom guten Tageslicht als auch von der erstklassigen Durchlüftung.

Die Stromversorgung muss ausreichend sein für die elektrischen Werkzeuge, die Sie benutzen. Die Steckdosen sollten idealerweise in der Nähe der Arbeitsplätze montiert sein (Werkbank, Drehtisch). Trotzdem benötigen Sie immer wieder ein rollbares Verlängerungskabel, insbesondere in einem grossen Atelier. Vermeiden Sie es, das Kabel nach Gebrauch liegen zu lassen; es stellt ein Gefahrenherd dar.

Die Versorgung mit fliessendem Wasser ist eine Bedingung; Heisswasser ist fakultativ.

Ein Amboss ist oft nützlich, selbst wenn man keine Schmiedearbeiten ausführt. Allerdings können schwere Stahlobjekte (grosse Masse!) den traditionellen Amboss ersetzen, wenn sich kein solcher finden lässt.

Der traditionelle Werktisch hat ungefähr folgende Dimensionen: 2 m Länge, 65 cm Breite. Das Tischblatt soll eine Höhe ab Boden von 78 bis 82 cm aufweisen. Der Tisch ist schwer und robust, seine Beine sollen im Boden eingegossen sein. Die Beleuchtung kommt von vorn oder von rechts (vom Benutzer aus gesehen). Für die Schweissarbeiten empfehle ich Ihnen, selber einen Tisch aus Stahl zu bauen, dessen Arbeitsfläche mit 6 bis 11 cm dicken Feuerfestplatten belegt ist. Die Masse des Stahltisches entsprechen etwa denjenigen des oben erwähnten Werktisches.

Die Werkzeuge des täglichen Gebrauchs sind an in der Wand befestigten Rechen aufgehängt, so dass sie in Griffnähe sind. Die Präzisionsinstrumente werden, geschützt vor Feuchtigkeit und Staub, in Schubladen aufbewahrt. Die rostanfälligen Werkzeuge werden vor dem Versorgen eingefettet oder -geölt.

Ansicht des Ateliers von H. Hesselius: das Tor, die Hebe- und Transportvorrichtung für die Werke.
Im Hintergrund links ein Werktisch mit zahlreichen an der Wand aufgehängten Werkzeugen (Zangen, Schlüssel, Sägen). Vorne ein Tisch mit Blechschere, ferner ein Flaschenzug mit Kette.
Elektrische Werkzeuge, Winkelschleifer, Gasflaschen, Schweissapparate. Beispiel eines Ateliertyps.

Das Material

Der erste Teil dieses Kapitels behandelt die Eisenmetalle, wie man sie im Handel findet. Im zweiten Teil werden die Materialien selber besprochen, ihre physikalischen oder chemischen Eigenschaften, ihre Verschiedenheiten. Der dritte Abschnitt vermittelt praktische Rezepte, wie man sie mittels einfachen Ateliertests identifizieren kann.

Die Handelsformen

Unter welchen Formen finden sich in der Praxis die Metalle, die uns interessieren, insbesondere das Eisen und der Stahl? Diese Formen und Qualitäten hängen von den Herstellverfahren ab, was der Grund für einen kurzen Abriss ist. Die Tabelle auf Seite 52 gibt einen Überblick über die engen Beziehungen zwischen Guss, Eisen und Stahl. Die zweite Tabelle auf Seite 75 fasst die Verarbeitungsschritte dieser Metalle zusammen.

Das Eisen

Ein wachsender Teil des modernen Stahls wird durch Wiederschmelzen von Alteisen in elektrischen Öfen gewonnen. Trotzdem basiert das Verfahren zur Erzeugung des Eisenmetalls auch heute noch auf der Aufbereitung des Eisens aus seinem Erz. Diese erfordert einen grossen Energieaufwand. In frühen Zeiten reduzierte man das Eisenerz in Anwesenheit von Holzkohle in einem rudimentären Ofen (katalanischer Ofen, Niedrigofen). Man «erntete» das Eisen[1] breiförmig in der Form von Luppen, die man behauen musste, um sie von der Schlacke zu befreien.

Später dann wurde (und wird) die Reduktion in Gegenwart von Koks und Schmelzmittel im Hochofen bei hohen Temperaturen praktiziert. Das Produkt ist ein kohlenstoffreicher Guss. Dieses muss durch Oxidation gereinigt und entkohlt werden. Man erhält auf diese Weise weichen Stahl, der sich zu Barren[2] giessen lässt.

Die erste Technik zur Entkohlung (Dekarburation) von Guss war das Puddeln, das heisst das Umrühren der Masse in einem zurückstrahlenden Haubenofen[3]. Die Masse bestand aus Guss und Schlacke. Das nach diesem Verfahren erzeugte Eisen ermangelte der Homogenität; zudem war die Ausbeute nicht zufriedenstellend.

Das Eisen wurde darauf in elektrolytischen und chemischen Verfahren oder im basischen Martinofen (Armcoeisen) hergestellt. Das so gewonnene Eisen war sehr rein. Die Bezeichnungen des Produktes variieren: Holzeisen, Schwedeneisen, Lancashireeisen.

Das geschweisste Eisen besteht aus zusammengefügten Eisenbarren, die, auf Rotglut erhitzt, ein oder mehrere Male durch das Walzwerk laufen.

---

1   Es trägt den Namen «Holzeisen».
2   Mittels diesem Verfahren erhielt man auch früher Eisen, das man «Kokseisen» nannte.
3   Wo das Gemisch im Flammenkontakt, aber getrennt vom Brennstoff, entstand.

Je nach dem Kohlenstoffgehalt im Metall spricht man vom weichen Eisen (arm an Kohlenstoff), dem halbharten Eisen oder dem harten Eisen (oder Eisen mit Stahlcharakteristik). Das geschmolzene Eisen (Armcoeisen) ist das im Siemens-Martin-Ofen erzeugte Eisen.

Der Stahl

Der Stahl lässt sich nach verschiedenen Verfahren herstellen:

a) *Durch Oxidation vom Guss*
- In den Konvertern (Bessemer-Thomas): der auf diese Weise erzeugte Stahl war dereinst von mittelmässiger Qualität. Die modernen Konverter verwenden anstelle von Luft reinen Sauerstoff und führen zu Stahl jeglicher Qualität, mit einer hohen Produktivität.
- Im Siemens-Martin-Herdofen: Dieser Stahl ist mit weniger Sauerstoff von besserer Qualität, aber der teure und wenig produktive Prozess ist praktisch von der Bildfläche der modernen Siderurgie verschwunden.

b) *Mittels Karburierung des Eisens oder durch Cementieren (Aufkohlen)*
   Man erhält den sogenannten cementierten Stahl. Er ist sehr heterogen und muss nach dem Schweissverfahren homogenisiert werden.

c) *Durch Wiederschmelzen von Alteisen im Elektroofen, mit Reinigung und Abstufung*
   Man fabriziert nach diesem Verfahren zum Beispiel die legierten Stähle, insbesondere die rostfreien Stähle.
   Der flüssige Stahl wird in der Giesserei in die Giessformen gegossen zur Herstellung der Barren, die sodann gewalzt oder geschmiedet werden. Dies ist der klassische Giessvorgang. Beim kontinuierlichen Giessverfahren erzeugt man kontinuierlich Halbfabrikate (Barren[1], Vorblöcke, Brammen) ab dem flüssigen Stahl. Das geschmolzene Metall wird in eine abgekühlte Giessform gegossen, aus der es in sehr langen Profilen (10-15 m) abgezogen wird. Diese werden mittels Leitrollen transportiert, zugeschnitten, gewalzt und abgekühlt, bis die gewünschte Form vorliegt.

Zur Form bringen

Die Eisenmetalle, die im warmen Zustand sehr gut hämmerbar[2], also geschmeidig sind, lassen sich durch Walzen, Schmieden, Strecken, Treiben, Prägen, Drahtziehen, Stanzen usw. deformieren. Diese Formarbeiten erfolgen auf dem Walzwerk, unter dem Eisenhammer, der Presse, dem Dampfhammer und benötigen viel Energie.
   Bei Umgebungstemperatur tritt bei der Deformation des Metalls das Phänomen der Kaltverfestigung auf, die sich in einer grösseren Widerstandsfestigkeit gegen eine Verformung, eine Erhöhung der Elastizitätsgrenze und eine Zunahme der Bruchfestigkeit auswirkt. Um die Verformungsarbeit weiterführen zu können, ist ein Ausglühen des Metalls

---

1   Geschmiedete, gepresste oder gewalzte Barren (Knüppel):
    Produkte mit quadratischem oder rundem Querschnitt.
2   Die Hämmerbarkeit hängt unter anderem von der Form einzelner in der Masse
    verteilten Komponenten ab: so ist der schmiedbare Guss mit gerundeten Graphitknötchen
    deformierbar, während der Grauguss mit Graphit in Plättchenform es nicht ist

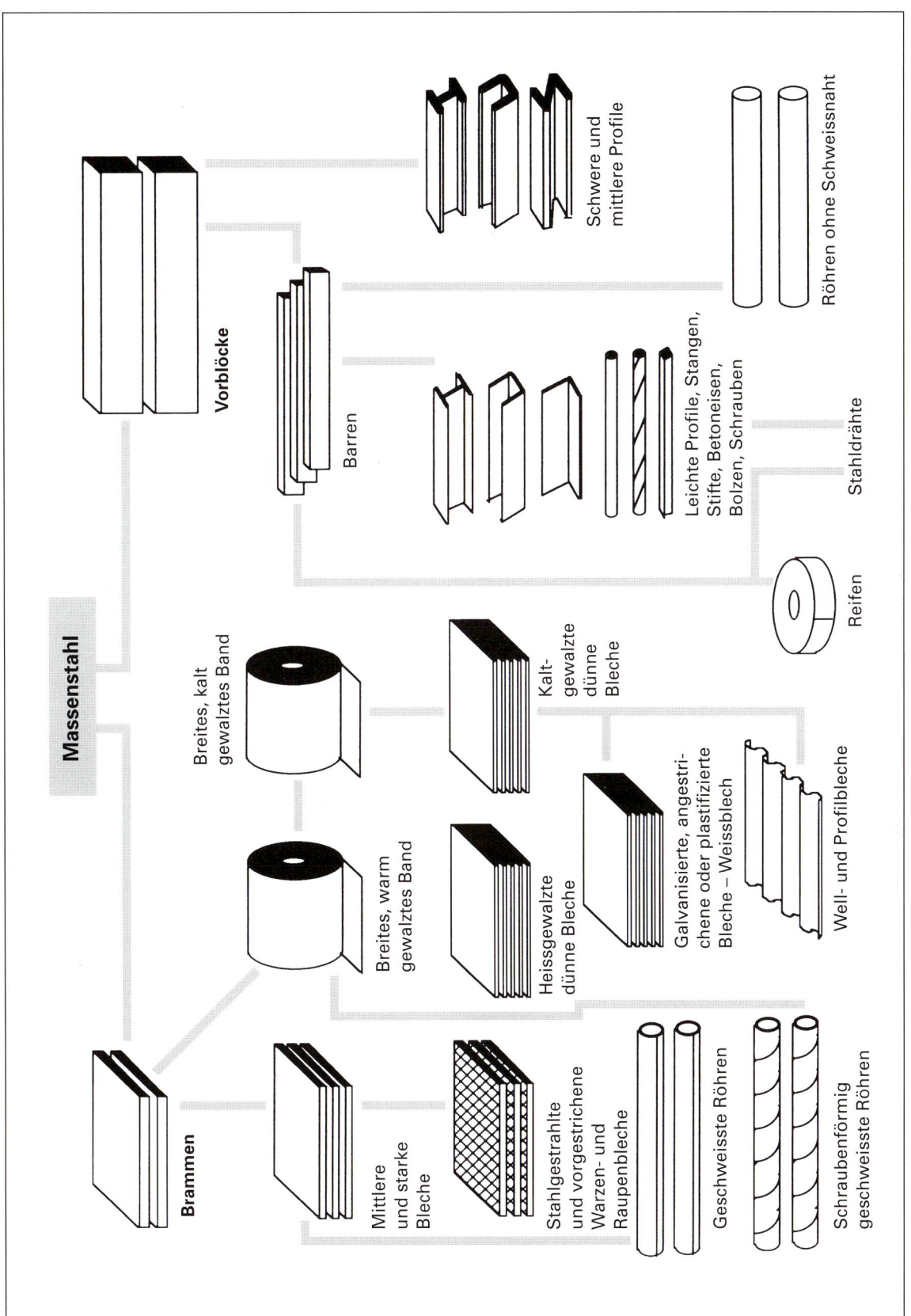

75

erforderlich, damit die inneren Spannungen zum Verschwinden gebracht werden und die Rekristallisation möglich gemacht wird.

Bei erhöhter Temperatur führt die Deformation zum Schweissphänomen, das heisst die Deformation und Rekristallisation erfolgen gleichzeitig. Die deformierten Kristalle rekristallisieren, aber die Einschlüsse richten sich gemäss der auferlegten Verformung aus. Man hat es in diesem Fall mit dem Faserungsphänomen zu tun, das auf der makroskopischen Ebene als Zeilenstruktur auftritt. Das Metall wird anisotrop: seine Längs- und Quercharakteristik verändert sich.

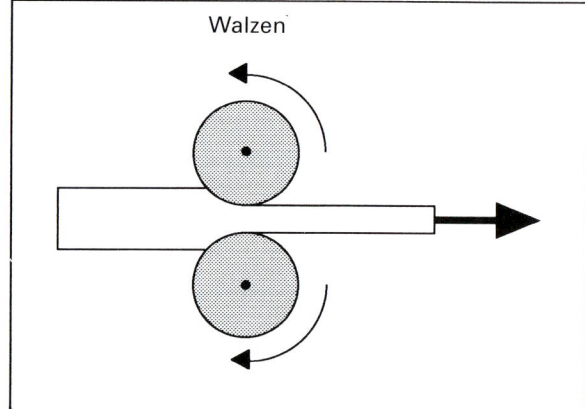

Walzen

Die erste Bearbeitung, der ein Rohblock unterworfen wird, besteht des öfteren im Walzvorgang. Dabei wird das erwärmte Metall zwischen zwei gegenläufig laufenden Zylindern in der Länge (mehr als in der Breite) ausgezogen. Der erste Walzvorgang verwandelt die Rohblöcke in folgende Zwischenprodukte: Vorblöcke, Barren, Brammen und Platinen (parallelepipedische Formen unterschiedlicher Grösse[1], die durch erneutes Walzen oder Schmieden zu Endprodukten verarbeitet werden. Die Brammen werden zu Blechen oder Bändern, die Vorblöcke zu schweren Profilen oder Barren umgewalzt, die ihrerseits in Stangen oder Drähte weiterverarbeitet werden.

---

1   Die Vorblöcke weisen einen quadratischen Querschnitt von 12 bis 30 cm auf; die Barren haben ebenfalls einen quadratischen Querschnitt von 5 bis 12 cm; die Platinen haben einen rechteckigen Querschnitt von 15 bis 25 cm Länge auf 1 bis 4 cm Dicke; die Brammen weisen einen rechteckigen Querschnitt auf von 20 bis 50 cm Länge auf 4 bis 15 cm Dicke.

Stangen
Stangen mit rundem, quadratischem, hexagonalem, rechteckigem und halbrundem Querschnitt.

 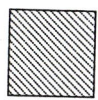 

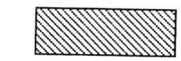 

Profile
a   ausgenutztes Eisen
b   Kreuzeisen
c   Z-Eisen

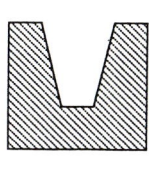 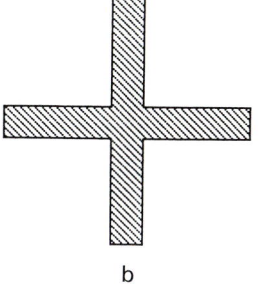 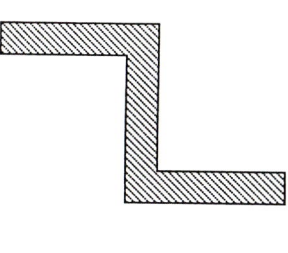

a   b   c

Die Fertigprodukte ab der Walzstrasse oder beim Stahlhändler lassen sich in zwei Kategorien unterteilen:

a)   *Die flachen Produkte*
–   Die Bleche: je nach Dicke in drei Kategorien unterteilt: dünne Bleche (0,25-0,3 mm), mittlere Bleche (3-10 mm) und dicke Bleche (10-50 mm).
     Die Bleche sind in grosser Vielfalt in verschiedenen Dimensionen erhältlich: als Raupenblech, als planiertes, mustergewalztes, perforiertes, gebläutes, geglühtes, verzinntes, verzinktes Blech, als Weissblech usw.
–   Das Streckmetall: zu verschiedenen Drahtgeflechten verarbeitet.
–   Die Metallbänder: kurze, dünne Bleche (1-5 mm Dicke und max. 25 cm Länge)
–   Die grossen Flacheisen: Flacheisen grosser Länge (etwa 80 cm)
–   Die Rohre: geschweisst

b)   *Die langen, kalibrierten oder profilierten Produkte*
–   Die Stangen: mit quadratischem, rechteckigem, flachem, rundem, halbrundem, hexagonalem Querschnitt, Armierungseisen, Gitterstäbe …
–   Die Profile: gleichschenkliger oder ungleichschenkliger Winkelstahl, Eisenteile in T-, I- oder U-Form, Eisen in Kreuz- und Z-Form, verschiedene Formleisten usw.
–   Die Träger: mit Doppel-T, mit grossen oder gewöhnlichen Schenkeln, in U-Form (für Decken, Böden, Brücken) usw.
–   Die Schienen, die Federblätter usw.

Einige geläufige Stahlformen.
Gewöhnliche Stahlbleche (rechts), Bleche
aus rostfreiem und verzinktem Stahl
(links). In der Mitte: Rohre, Stangen,
Stäbe. Links: Träger, Streckmetall.
Rechts: Winkeleisen, quadratische Profile,
geschweisste Rohre.

Andere Bearbeitungsverfahren

Statt Walzen, lässt sich der Barren mittels anderer Verfahren bearbeiten, um aus ihm komplexere Formen zu fabrizieren.

Zum Beispiel durch *Schmieden* wird das Metall im pastigen Zustand verwendet und mit Hämmern, Ziehen, Zusammendrücken, Stauchen, Pressen usw. bearbeitet, bis zum Erhalt der gewünschten Form. Das Schmieden bringt eine Qualitätsverbesserung des Metalls mit sich, indem die grobkörnigen Kristalle vom Guss zerstört werden.

Das mechanische Schmieden geschieht in mehreren Schritten: unter dem Schmiedehammer oder der Presse. Der Rohbarren wird durch einen Ziehvorgang gestreckt, dann erhitzt und zwischen zwei Stempeln gepresst, was zur allgemeinen Form des gewünschten Stücks führt: es handelt sich um den Prägedruck[1]. Es resultieren daraus einfache geometrische Formen: Zylinder, Kegel, Kugeln, Würfel, Prismen, die sich anschliessend durch Gesenkschmieden nacharbeiten lassen.

Das Gesenkformen[2] erfolgt im heissen Zustand (gegen 950° C), mit dem Fallhammer (Estampage) oder unter der Presse, durch Drücken des Metalls zwischen zwei Matrizen (eine untere und eine obere Matrix), die sehr getreue Formen erzeugen.

Oft erfolgt das Gesenkformen auf geprägten Rohlingen. Das Prägen und das Gesenkformen geschieht oft in mehreren Schlägen oder mehreren Pressvorgängen, woran sich jeweils ein Entgraten anschliesst. Das Gesenkformen bringt eine Kaltverfestigung mit sich, was ein Ausglühen nötig macht. Das Gesenkformen wird dann angewendet, wenn grosse Serien von identischen Stücken zu fabrizieren sind (Motorenantriebswellen, Pleuelschäfte, gebogene und abgewinkelte Stücke); es lässt sich für alle Stahlformen anwenden.

Mittels *Bohren* lassen sich, ausgehend von einem nicht zu hohen Barren, grossvolumige Stücke mit Vertiefungen erhalten. Dieser wird zuerst mit dem Fallhammer von einer Seite ausgehöhlt, dann umgekehrt auf der andern Seite. Diese Arbeit erfolgt im warmen Zustand.

---

1 Nicht zu verwechseln mit dem Gesenkformen mittels Presse bzw. mittels Fallhammer.

2 Der Ausdruck «Gesenkformen» steht für die Vorgänge, die mittels Presse erfolgen,
   der Ausdruck «Estampage» für diejenigen, die mit Hilfe des Fallhammers erfolgen.

Die Stücke kommen stahlkiesgestrahlt
und vorgestrichen zur weiteren Behandlung.

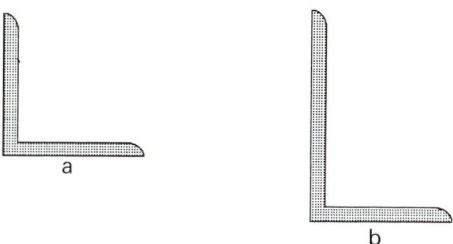

Winkeleisen
a   Winkeleisen, gleichschenklig.
b   Winkeleisen, ungleichschenklig.

Träger
a   Träger mit Doppel-T
b   Grey-Träger mit breiten Parallelschenkeln

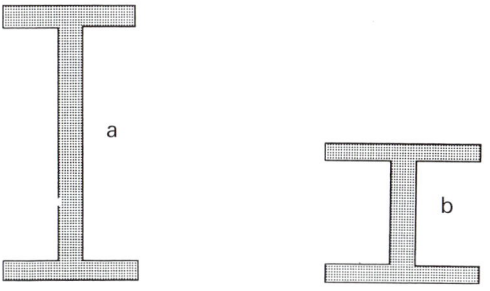

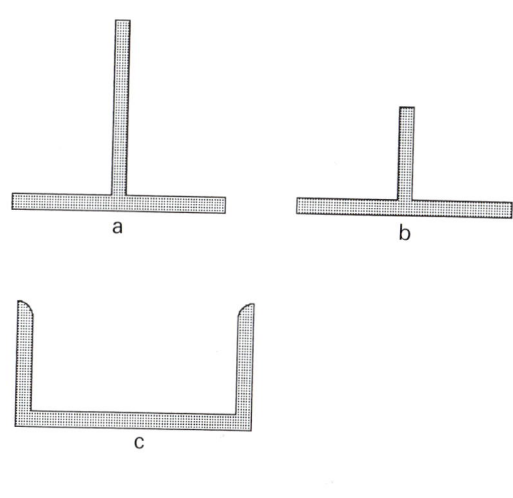

Eisen
a/b T-Eisen
c   U-Eisen

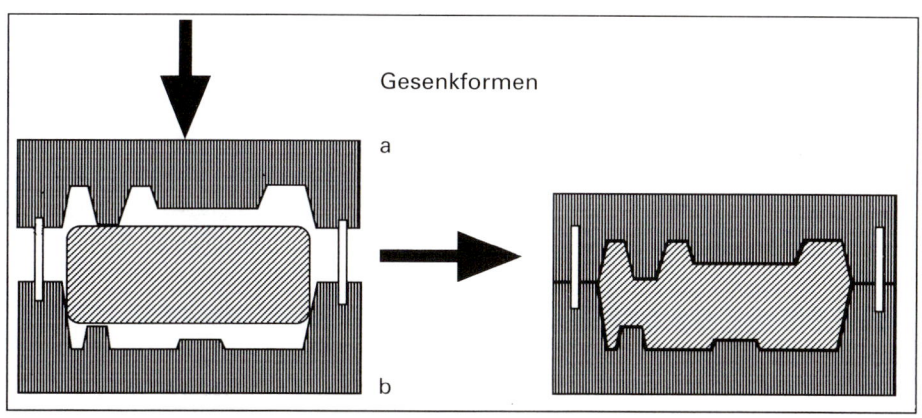

Gesenkformen

Gesenkformen
a   obere Matrix
b   untere Matrix

79

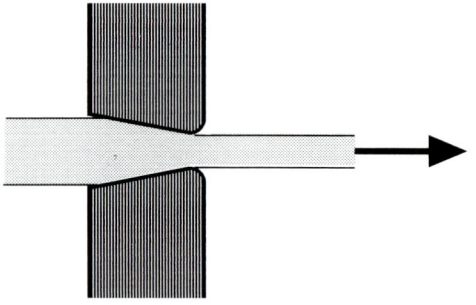

Tiefziehen
a   Stauchstempel
b   Ziehplatine
c   Matrix

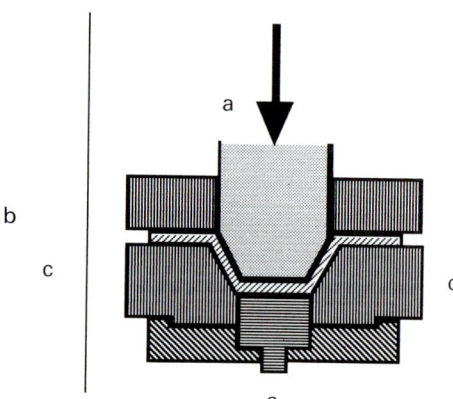

Links: Grosse Hydraulikpresse zum Biegen von relativ dicken Flachprofilen. Die Krümmungsradien lassen sich durch Biegen rund um die Biegeschienen bestimmten Durchmessers, die auf der Maschine montiert sind, erzielen.

Unten links: Biegen eines Blechs auf dem Weg zwischen drei Walzen. Die unteren zwei Walzen sind fest, während sich die dritte fortschreitend nach einer Vertikalen verschiebt, um Schritt für Schritt den gewünschten Krümmungsradius zu erhalten.

Unten rechts: Tafelschere zum Schneiden von grossen Flachprofilen und kleinen Blechen.

80

Das *Kaltziehen (Strecken)* führt zu Stangen mit kalibriertem und konstantem Querschnitt (gezogener Stahl rund oder hexagonal), zu kleinen Profilen oder zu Rohren ohne Schweissung. Die Stange muss eine Reihe von Schneideisen mit abnehmendem Querschnitt durchlaufen. Das Fertigstück wird sodann bei 900° C ausgeglüht. Die weichen und extra weichen Stähle lassen sich am leichtesten kaltziehen.

Das *Drahtziehen* ist nichts anderes als ein Kaltziehen von Stangen kleinen Durchmessers zur Herstellung von Eisen- oder Stahldraht konstanten Querschnitts. Die Drähte werden anschliessend im Satz mit einer Hanfeinlage[1] zu Kabeln umklöppelt.

Das *Tiefziehen* (Drückwalzen) wird in der Regel kalt, seltener warm durchgeführt, die Fertigbearbeitungsgänge erfolgen immer kalt. Dabei wird ein flaches Stück (Platine) in einen Hohlkörper gleicher Dicke umgewandelt. Die kreisrunde Platine wird auf eine Matrix gelegt und mit Hilfe eines Stempels auf einer hydraulischen Presse bearbeitet. Mit fortschreitenden Arbeitsgängen wird eine zunehmend tiefere Mulde erzeugt, bis die definitive Form erreicht ist. Die Bearbeitung bewirkt eine Kaltverfestigung, was nach einem oder mehreren Ausglühvorgängen ruft.

Das *Schneiden* und *Stanzen* eines Blechs geschieht zwischen einer Matrix und einem Stanzstempel. Dieser wird von einer Presse geführt und abgesenkt, so dass im Blech eine der Matrix entsprechende Form ausgestanzt wird. Das auf diese Weise abgetrennte Metallstück wird als Platine oder Blankett bezeichnet. Beim Stanzen ist die Platine kreisförmig, beim Schneiden kann die Form variieren.

Das *Schichten* und *Planieren* bezweckt kompromisslose Planheit und Oberflächen.

Das *Biegen* und *Krümmen* (Falten) erzeugt eine Krümmung des flachen Blechs.

Bei der maschinellen Bearbeitung wird mittels Schneidwerkzeugen Material entfernt – sie ist spanabhebend. In der Regel handelt es sich um eine Fertigbearbeitung (Finish), die dem Werkstück, das nach einem andern Verfahren hergestellt worden ist, genaue Oberflächenmasse bzw. Masshaltigkeit der Form verleiht.

Die Bezeichnungen von Stahlsorten

In der Vergangenheit hat jedes Herstellerland seine eigenen Normen aufgestellt. Mit der Entwicklung der gemeinsamen Märkte gewinnt die Tendenz nach international übergreifenden Normen an Boden. Der Organisation der internationalen Normierung (ISO) gehören 60 Mitgliederländer an, und die EU hat die Euronormen kreiert, die die verschiedenen Normen mit weltweiter Gültigkeit (AFNOR/Frankreich, DIN/Deutschland, BS/England, ASTM/USA) vereinheitlichen bzw. ablösen sollen. Die Vereinheitlichung lässt aber noch lange auf sich warten.

Die Euronorm 20 definiert zwei grosse Kategorien von Stählen: die nicht legierten und die legierten Stähle. Diese zwei Kategorien sind sodann in Verwendungsklassen unterteilt (Basisstähle, Qualitätsstähle, Spezialstähle).

Die Euronorm 27 definiert die Stahlsorten nach zwei Kriterien: nach der mechanischen Charakteristik (für die Basis- und die Qualitätsstähle) und nach der chemischen Zusammensetzung (einzig für die Spezialstähle).

---

1   Diese verleiht dem Kabel eine grössere Flexibilität.

Bemerkung

Die Formen, die der Stahlplastiker anstrebt, sind zum grossen Teil eine Funktion des Basismaterials, über das er verfügt. George Rickey äussert sich zu diesem Thema unmissverständlich: «Es gibt auch Überlegungen des Tages: die Mengen der zur Verfügung stehenden Feinbleche, die Dimensionen der Stangen, der Bleche, der Profile, der Rohre usw. bestimmen, was machbar ist. Sie begrenzen die Grösse der Plastik, beeinflussen die Form und bremsen die Ambitionen. Man neigt mehr und mehr dazu, Bleche von 1-1,5 m Breite und 2-3 m Länge zu verwenden und sie mit anderen Dimensionen in Übereinstimmung zu bringen, wie zum Beispiel die Intervalle der Versteifungsrippen.»

Der Künstler ist nicht unabhängig von industriellen Zwängen. Diese wiederum sind eine Funktion der Marktgesetze.

George Rickey. *Column of four squares exc. gyr. III.*
1990 (USA). Rostfreier Stahl. 467 x 129 cm. Quadratplatten: 91 x 91 cm.

Die Varietäten
der Eisenmetalle

Das Eisen

«Das Eisen ist nützlicher für den Menschen als das Gold. Ohne Eisen hätten sich die Völker nicht gegen ihre Feinde verteidigen können! Jede manuelle Arbeit ist mit der Verwendung von Eisen verbunden; ohne Eisen könnte man die Erde nicht kultivieren und kein Haus bauen», sagte schon im 13. Jh. Pater Barthélemy, L'Anglais.

Das Eisen ist eines der am meisten verbreiteten Metalle auf der Erdoberfläche[1]. Es findet sich in ursprünglicher Form, mit Nickel und Chrom kombiniert, in den Meteoriten. Aber die grösste Masse des Metalls befindet sich im Innern der Erze, die bis zu 70 % Eisenoxide enthalten: *Hämatit* (Fe_2O_3), *Magnetit* (Fe_3O_4), *Goethit* ($Fe_2O_3H_2O$) oder Eisenkarbonate: *Siderit* ($FeCO_3$).

Das Eisen erhält man entweder direkt durch Reduktion bei einer Temperatur, die tiefer ist als der Schmelzpunkt (pastiges Eisen, Holzkohleneisen) oder indirekt durch Entkohlung von Guss, der an der Basis des Hochofens abgezogen wird (Kokseisen).

Das Eisen ist in der Regel mit Kohlenstoff und anderen Elementen (Mangan, Nickel, Chrom usw.) legiert, um Stähle und Guss zu erzeugen. Unter der nichtlegierten Form spielt das Schmiedeeisen eine wichtige Rolle mit interessanten Eigenschaften.

Technische Daten vom Eisen

Chemisches Symbol	Fe
Atomnummer	26
Atomgewicht	55, 847
Wertigkeiten (Valenzen)	2-3
Kristallstruktur	2 kubische Systeme
Dichte (bei 20° C)	7,9 g/ml
Schmelzpunkt	1536° C
Siedetemperatur	2875° C
Linearer Dilatationskoeffizient (von 0 bis 100° C)	0,0000117
Thermische Leitfähigkeit	0,18 cal. cm/cm^2.s.°C (bei 20° C)
Spezifische Wärme	0,11 cal/g/°C (zwischen 0 und 100° C)
Elastizitätsmodul	28,5
Färbung	gräulich
Korrosionsfestigkeit, atmosphärische	schlecht
Dehnbarkeit (Formbarkeit)	sehr gut
Schmiedbarkeit (Hämmerbarkeit)	schwach
Härte (Brinell)	100
Zähigkeit	sehr gut
Paramagnetismus	

---

1   Es macht 5 % der Erdkruste aus. Nur das Aluminium und Silizium sind noch verbreiteter als Eisen. Eisen bildet wahrscheinlich den Hauptteil des zentralen Kerns der Erde

Physikalische Eigenschaften

Das sogenannte «reine Eisen» (weniger als 0,005 % Kohlenstoff enthaltend) ist ein Laborprodukt. Es ist ein dunkelgraues, sehr zähes, schmied- und dehnbares Metall, härter als die Mehrzahl der anderen Metalle[1] und mit wichtigen magnetischen Eigenschaften versehen. Sein Schmelzpunkt ist erhöht (1535° C), doch verflüssigt es sich nicht: es erweicht zunehmend und bleibt im breiförmigen Zustand, dann brennt es, was es für die Giesserei ungeeignet macht. Das weiche Eisen enthält weniger als 0,05 % C.

Erinnern wir uns, dass das Eisen in zwei Kristallformen existiert je nach Temperaturbedingungen. Bei gewöhnlicher Temperatur ist es im kubisch zentrierten System die α-Form. Zwischen 910° und 1390° C ist es das γ-Eisen im kubisch flächenzentrierten System. Oberhalb 1390° C bis zum Schmelzpunkt findet sich wieder die kubisch zentrierte Form, die allerdings die Bezeichnung δ-Form trägt. Die physikalischen Eigenschaften des Metalls (spezifische Wärme, elektrische Widerstandsfähigkeit, Dichte, magnetische Empfindlichkeit usw.) verändern sich bei diesen Umwandlungen: zum Beispiel ist beim Übergang von der α-Form in die γ-Form eine Volumenkontraktion feststellbar. Das α-Eisen ist bis 769° C ferromagnetisch (Curie-Punkt). Darüber wird es paramagnetisch.

Chemische Eigenschaften

Das Eisen besitzt auf seinem vierten und letzten Elektronenmantel zwei Elektronen, die es leicht verliert, um das Eisenion Fe^{2+} zu bilden, das seinerseits leicht zum Eisenion Fe^{3+} oxidiert. Das Eisen wird leicht von Stoffen der Atmosphäre angegriffen; in Gegenwart von Feuchtigkeit bildet sich Rost (Eisenhydroxid). Dieser ist porös und bildet keineswegs eine Barriere gegen einen tiefergehenden Angriff des Metalls; im Gegenteil: Rost begünstigt die Kondensation der Feuchtigkeit. Indessen, im kalten Zustand und in Gegenwart von trockener Luft oder von entlüftetem Wasser reagiert Eisen nicht. Anderseits führt in Gegenwart von Spuren von Kohlensäureanhydrid die vereinte Wirkung von Wasser und Sauerstoff zur Rostbindung.

Das Eisen ist sehr gut löslich in allen Säuren, unter Freiwerden von Wasserstoff. Gleichsam als Revanche widersteht Eisen den Basen. Eisen ist mit Antimon, Gold, Platin und Silber elektropositiv, mit Blei, Zinn und Zink elektronegativ (mit Zink: von da stammt das Prinzip des kathodischen Schutzes).

Das Schmiedeeisen

Das Schmiedeeisen ist das traditionelle Metall, das unter dem Schmiedehammer bearbeitet wird. Es ist ein Eisen mit niedrigem Gehalt an Kohlenstoff und Mangan (weniger als 0,1 % von jedem dieser Elemente). Es enthält 1-4 % Schlacke. Diese verteilt sich im Laufe des Walzvorgangs gleichmässig im Metall.

---

1 Brinellhärte: 60 für sehr reines Eisen, 95-120 für industrielles Eisen
und 50 für wiedergeglühtes Eisen.

Francesco Somaini. *Orizzontale.* 1960 (Italien). Guss. 58 x 132 x 60 cm.

Das gesunde Schmiedeeisen hat ein fasriges Gefüge, was ihm «Nervosität» und Festigkeit
verleiht. Dank dem Schlackengehalt widersteht es der Korrosion gut. Die Schlacke bildet
eine Schranke, die verhindert, dass der Rost tiefer ins Metall eindringt.

Schmiedeeisen lässt sich kalt oder warm bearbeiten. Es ist hämmer- und dehnbar und
zäh (mittlere Zähigkeit 35 kg/mm^2). Wird es bis zur Weissglut erhitzt, lässt es sich leicht an
sich selber schweissen durch einfaches Hämmern. Diese Eigenschaft verdankt es den
kieselsäurehaltigen Schlacken, die als Flussmittel wirken.

Das Eisen lässt sich nicht härten. Wünscht man die Härte eines Schmiedeeisenstückes
zu erhöhen, muss man es vorerst cementieren. Die Cementation bewirkt eine Erhöhung
des Kohlenstoffgehalts auf der Oberfläche des Stücks, so dass es stahlähnlich wird. Erst
dann kann das Abschrecken die gewünschte Härtung bringen.

Härtetabelle für Eisen verschiedener Qualität
(Zugfestigkeit mit Rundstangen von 20 mm im Durchmesser und 200 mm Länge)

Qualität	Festigkeit in kg pro mm² Querschnitt	Streckvermögen in %
Gewöhnliches Eisen im Handel oder Kokseisen	32-34	6-9
Eisen halbhart, wird auch als «Holzeisen» bezeichnet	34-37	9-12
Eisen geschweisst oder hart	37-38	12-15
Eisen doppelt geschweisst oder superhart	38-39	15-20
Eisen fein oder extrahart	39-40	20-25

Das Handelseisen ist nicht immer von guter Qualität (siehe obenstehende Tabelle). Zur Prüfung kerbt der Schmied die Teststange leicht ein und faltet sie auf der Kante vom Amboss, wobei die Kerbe etwas über die Ambosskante hinausgeht. Zerbricht dabei die Stange, handelt es sich um eine schlechte Qualität Eisen. Man stuft es unter der Bezeichnung faulbrüchiges Eisen unter den für die Schmiedearbeit ungeeigneten Eisenqualitäten ein. Die Eisenqualitäten, die im Kaltzustand brechen und eine plättchenförmige, weisse und glänzende Bruchstelle aufweisen, bezeichnet man als *weiche Eisen*. Ist ihre Bruchstelle klingenförmig und von bläulicher Farbe spricht man vom *«gebrannten Eisen»*. Die Zerbrechlichkeit (Sprödigkeit) dieser Materialien ist auf das Vorhandensein verschiedener Verunreinigungen im Kern zurückzuführen (Schwefel, Phosphor, Silizium).

Andere Mängel im Eisen lassen auf eine fehlerhafte mechanische Behandlung bei der Aufbereitung schliessen. Das ist der Fall bei Rissen, kleinen senkrechten Spalten auf der Längsseite des Stücks, besonders gut erkennbar am Stangenquerschnitt. Die Einlagen sind Sprünge im Innern, die auf ein schlechtes Entschlacken des Metall zurückzuführen sind.

Bemerkung
Es wird immer schwieriger, wenn nicht unmöglich, im Handel Schwedeneisen oder eine adäquate Qualität zu finden. Die Schmiede sind aus diesem Grund oft gezwungen, die für ihre Arbeit weniger geeigneten weichen Stähle zu verwenden. Nun ist es leider eine Tatsache, dass der Beruf des Schmieds langsam auszusterben droht, ein gutes Beispiel für den Einfluss der wirtschaftlichen Macht auf unsere Tätigkeiten.

Die Stähle

Es handelt sich um eine Familie der Legierungen von Eisen und Kohlenstoff (weniger als 2% Kohlenstoff enthaltend), in welchen sich auch andere Elemente finden, sei es in kleinsten Mengen (nichtlegierte Stähle) oder in nennenswerten Mengen (legierte Stähle).

Die wichtigsten charakteristischen Merkmale des Stahls sind seine Dehnbarkeit (Duktilität), seine Festigkeit und Rigidität – erhöhtes Elastizitätsmodul E (siehe Tabelle Seite 88).

Die bekannten Stahlvariationen sind sehr zahlreich: man zählt leicht 10'000 verschiedene Feinabstufungen von Stählen.

Tim Scott. *Equilibrum moment.* 1990 (England).
Geschmiedetes und geschweisstes Eisen.

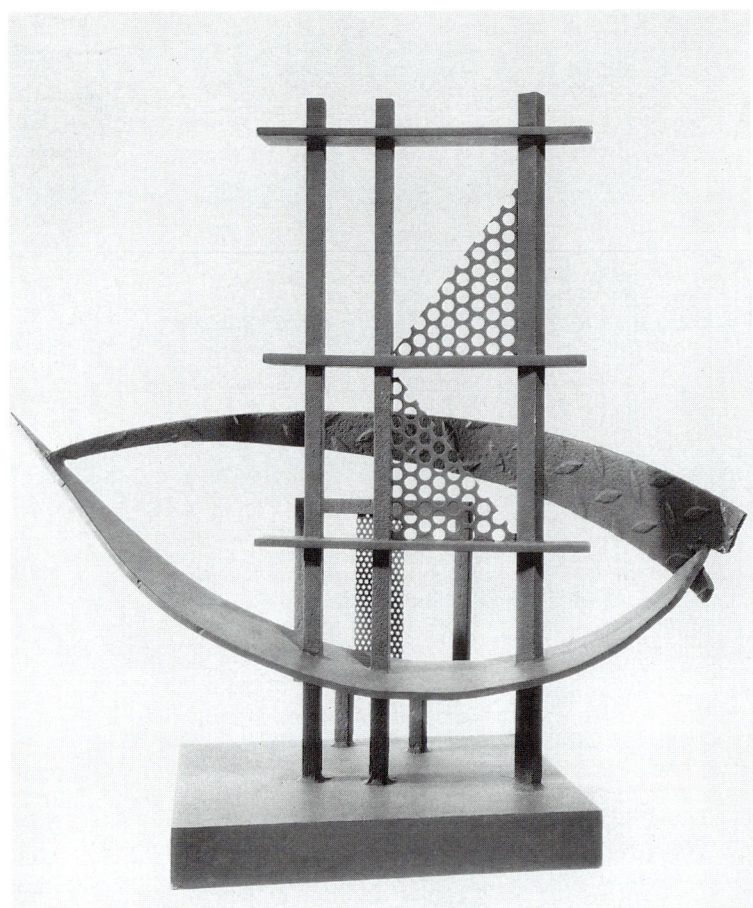

Robert Jacobsen. *Charlie P.* (Dänemark).
Schwarzes Metall. 54,5 x 58 x 30 cm.
Galérie Denise René, Paris.

Elastizitätskoeffizient

Elastizitätsmodul E pro mm²
(nach dem Handbuch Jouret)

Geschmiedetes Eisen guter Qualität	20,000
Gewalztes Eisen	17,500
Eisendraht	20,000
Gewöhnlicher Stahlguss	15,000
Im Tiegel geschmolzener Stahl	22,000
Federstahl	22,000
Geschmiedeter oder gewalzter Stahl	20,000
Stahldraht	28,000
Gewöhnlicher Guss	10,000

Stähle lassen sich nach verschiedenen Kriterien unterscheiden:
- nach deren chemischen Zusammensetzung: gewöhnliche Stähle, legierte Stähle
- nach deren Verwendungszweck: Stähle für den üblichen Gebrauch, Spezialstähle (Bau-, Werkzeugstähle, rostfreie Stähle, Magnetstähle, hitzebeständige Stähle)
- nach deren Härte (das heisst des mehr oder weniger hohen Kohlenstoffgehalts in der chemischen Zusammensetzung): Extra weiche, weiche, halbweiche, halbharte, harte, extra harte Stähle. Von dieser Zusammensetzung hängt die Mehrzahl der praktischen Eigenschaften ab (Schweissbarkeit, Giessbarkeit, gute Bearbeitbarkeit usw.). Die weichen Stähle sind am meisten verbreitet: sie machen 45 % der Produktion aus (siehe nebenstehende Tabelle).
- nach deren Fabrikationsverfahren: Konverterstähle, Martinstähle, Tiegelstähle, Elektrostähle. Die Qualität der Stähle wird zum guten Teil von den Fabrikationsverfahren und vom Vorhandensein von Fremdelementen und Verunreinigungen[1] in der Zusammensetzung bestimmt.

---

1   Phosphor und Schwefel sind für die Qualität der Stähle schädlich: solche Stähle
brechen leichter und vermindern die Schweissarbeit.

Die gewöhnlichen Stähle (oder Kohlenstoffstähle)

Es sind die nichtlegierten Stähle, deren Gehalt an anderen Elementen ausser Kohlenstoff unterhalb von in der Tabelle genannten Grenzwerten liegen muss. Sie enthalten höchstens 0,6 % Kohlenstoff.

Die Mehrzahl der Eigenschaften der Stähle variiert mit dem Kohlenstoffgehalt (Härte). Je höher der Kohlenstoffgehalt, umso schlechter ist die Schweissbarkeit der Stähle. Sie sind bis zu 0,4 % Kohlenstoff schmiedbar. Sie sind umso härter, elastischer und fester, je mehr Kohlenstoff sie enthalten; demgemäss sind sie dehnbarer und hämmerbarer, so wie der Kohlenstoffgehalt abnimmt. Die Stähle lassen sich ab 0,3 % Kohlenstoff härten.

Die Stähle, die dem Eisen am meisten ähneln (die Stähle extra weich und weich), lassen sich schlecht giessen. Die magnetische Permeabilität der Stähle nimmt ab, wenn der Kohlenstoffgehalt steigt. Ihre mittlere Dichte beträgt etwa 7,8 und ihr Schmelzpunkt ist variabel, in der Gegend von 1400° C.

Klassifikation und Verwendung von gewöhnlichen Kohlenstoffstählen (nach S. Berrens)

Bezeichnung	Gehalt an C, Si und Mn in %	Bruchfestigkeit in kg/mm²	Streckvermögen	Eigenschaften	Anwendung
Extra weich	0,05-0,2 % C Si: 0,1 Mn: 0,3	30-40	30 %	Gut hämmerbar, schmiedbar, sehr schweissbar. Nicht härtbar, sehr magnetisch	Nieten, Bleche, Reifen, Elektromagnete, Schmiedearbeit
Weich	0,2-0,4 % C Si: 0,2 Mn: 0,6	40-50	25 %	Wenig schmiedbar, wenig schweissbar Lassen sich ab 0,3 % C härten, lassen sich gut formen	Bolzen, Röhren, Profile, Bleche, Schienen, Drähte, Haken, Formen, Achsen, Kolben
Halbhart	0,4-0,6 % C Si: 0,2 Mn: 0,7	50-60	20 %	Wenig schmiedbar, nicht schweissbar, lassen sich gut härten, lassen sich gut formen	Mechanische Konstruktionen, Kurbelstangen Schraubenpropeller, Granaten, landwirtschaftliche Fahrzeuge
Hart	0,6-0,8 % C Si: 0,4 Mn: 0,6	60-80	15 %	Nicht schweissbar, nicht schmiedbar, lassen sich gut formen und härten	Federn, Werkzeuge, Schraubstöcke, Ambosse, Hämmer, Haken, Meissel, Reissschienen, Messer
Extra hart	0,8-1,5 % C Si: 0,1 Mn: 0,7	80-100	5-10 %	Weder schmiedbar noch schweissbar. Lassen sich sehr gut härten	Feilen, Sägen, Federn, Fräser, Pianosaiten, Spezialwerkzeuge, Matrizen, Kämme, Metallschläge

Die legierten Stähle

Es sind die Stähle, deren andere Elemente als Kohlenstoff in höheren Anteilen vorhanden sind als die in der gegenüberliegenden Tabelle definierten. Wenn kein zusätzliches Element den Gehalt von 5 % erreicht, handelt es sich um schwach legierte Stähle. Wenn dagegen eines der Elemente der Legierung 5 % erreicht oder überschreitet, hat man es mit einem hochlegierten Stahl zu tun.

Es können zahlreiche Elemente im Stahl legiert werden. Die gebräuchlichsten sind: Chrom, Nickel, Silizium, Mangan, Molybdän, Wolfram, Kobalt, Aluminium, Kupfer, Titan und Vanadium. Ihr Kohlenstoffgehalt ist im allgemeinen niedrig.

Unter diesen legierten Stählen finden sich Spezialstähle, die im Hinblick auf eine besondere Anwendung mit ausserordentlichen Qualitäten speziell bearbeitet und behandelt worden sind: mit elektrischen oder magnetischen Eigenschaften, mit hoher Korrosionsfestigkeit, mit guten Härtungseigenschaften, mit hoher Härte und Elastizität usw.

Es gibt hunderte von legierten Stählen. Wir begnügen uns, im Rahmen dieses Buches nur diejenigen Varianten, die für den Plastiker von Interesse sind, zu nennen: diejenigen, die eine gute Korrosionsfestigkeit gegen atmosphärische Einflüsse aufweisen.

Die rostfreien Stähle

Es sind Legierungen von Eisen, Kohlenstoff, Chrom und Nickel. Ihre mechanischen Eigenschaften werden durch das Härten nicht verbessert. Diese Stähle sind schweissbar. Sie sind an ihrer hellen und glänzenden Oberfläche erkennbar und sind nicht immer magnetisch. Die am meisten verwendeten rostfreien Stähle sind:

a) *Die Nickel-Chrom-Stähle*
- Der Stahl 18/10 (18 % Cr + 10 % Ni) in Kombination mit variierendem Gehalt an Kohlenstoff (weniger als 0,12 % oder weniger als 0,05 % oder auch weniger als 0,03 %).
- Der Stahl 18/8 (18 % Cr + 8 % Ni) mit bemerkenswerter Korrosionsfestigkeit. Sein Aussehen ist brillant. Er weist die vergleichbare Festigkeit auf wie der harte Stahl, ist aber dehnbarer und hämmerbarer als der extra weiche Stahl. Er lässt sich leicht schweissen und ist nicht selbsthärtend. Er entwickelt seine Korrosionsfestigkeit durch einen Härteprozess bei 1100° C. Dieser, im Gegensatz zum Härten von gewöhnlichem Stahl, macht das Metall weicher. Wiedererhitzt, zwischen 250 und 750° C und langsam abgekühlt, verliert das Metall seine Korrosionsfestigkeit. Um diesen Nachteil zu umgehen, empfiehlt man die Verwendung von stabilisiertem rostfreien Stahl.
- Der Stahl 18/10/Mo (18 % Cr, 10 % Ni und 2-3 % Molybdän) ist noch korrosionsfester (besonders in sauren oder chlorionenreichen Medien: in industriellen und in Meeresnähe befindlichen Milieus).

Nichtlegierte Stähle

Obere Grenzwerte für Elemente in der Zusammensetzung von nichtlegierten Stählen (in %)
(nach M. Darcy)

Mangan	1,2
Silizium	1
Nickel	0,5
Chrom	0,25
Molybdän	0,1
Vanadium	0,05
Wolfram	0,3
Kobalt	0,3
Titan	0,3
Aluminium	0,3
Kupfer	0,3
Schwefel	0,1
Phosphor	0,12
Schwefel + Phosphor	0,12
Andere Elemente	0,1

Bjorn Erling Evensen: *Spirit.*
1982 (Schweden). Geschweisster rostfreier
Stahl. 800 x 900 cm.
Roosevelt Field, New York.

b) *Die Nickel-Stähle*

Von einer Nickelkonzentration von über 30 % an werden die Nickelstähle rostfrei und nicht magnetisch:

- Elinvar (32 % Ni)
- Invar (36 % Ni)
- Platinit (46 % Ni)

c) *Die Chrom-Stähle*

Sie enthalten 12 bis 14 % Chrom. Resistenter und elastischer als die Nickelstähle sind sie selbsthärtend und müssen oft nach dem Schweissen einem Nachglühen unterworfen werden. Man macht daraus Schneidewerkzeuge (Messerklingen, Rasierklingen usw.).

Die patinierbaren Stähle

Es handelt sich um niedriglegierte Stähle, die kleine Mengen von Kupfer, Phosphor, Nickel und Chrom enthalten. Werden sie einer alternierend feuchten und trockenen Atmosphäre ausgesetzt, entwickelt sich auf der Oberfläche eine Schutzschicht[1], die den Stahl teilweise vor einer tiefer gehenden Oxidation schützt. Diese Stähle sind schweissbar. Cortenstahl ist eine der Handelsbezeichnungen (oder Core Ten-Stahl), ebenso wie Arcorox.

---

1   Sie setzt sich aus einem Gemisch von Oxiden und Salzen zusammen.

Yvonne Kracht. *Grote Ring.* 1974 (Holland).
Cortenstahl. 200 x 80 cm. Sammlung Hilversum.

Rechts: Friederich Werthmann. *Diabolo.* 1972-73
(Deutschland). Cortenstahl. 270 x 270 x 170 cm.

Untenstehend sind einige wichtige Empfehlungen der Fabrikanten:
-   Es ist in allen Fällen zu vermeiden, dass die Oberflächen
    einer permanenten Feuchtigkeit ausgesetzt werden.
-   Man muss verhindern, dass sich Wasser in Taschen ansammeln kann,
    wo es dauernd bleibt; ebenso muss man Staubdepots vermeiden.
-   Diese Stähle dürfen nicht in Meeresnähe oder in der Nähe von Industrien
    mit aggressiven Abwassern und -gasen verwendet werden.
-   Die Dicke der Bleche soll 3 mm nicht unterschreiten.
-   Man muss wissen, dass die auslaufenden Oxide anfänglich
    die umgebenden Materialien färben können.
-   Die Fixierelemente sollen aus patinierbarem Stahl sein.

In Unkenntnis dieser Anwendungseinschränkungen sind eine Anzahl Missgeschicke sowohl auf Seiten der Plastiker als auch auf Seiten der Architekten vorgekommen. Nach einer ersten Zeit der Begeisterung für dieses neue Material, dem man verfrüht alle Vorteile zugestanden hat, haben es die Projektleiter in Bausch und Bogen verdammt, mit dem unguten Gefühl, verraten worden zu sein!

Werner Pokorny. *Zwei Häuser und Rippen*. 1988 (Deutschland). Cortenstahl. 600 x 240 x 165 cm

Was sagt der amerikanische Plastiker Tony Rosenthal zu seinen Plastiken aus Cortenstahl: «Nur zwei meiner Skulpturen aus Cortenstahl sind nicht angestrichen worden. Die eine, die demnächst bemalt wird, befindet sich in New York City (Police Plaza) und die andere ist eine grosse Stahlskulptur von 38 cm Dicke in Philadelphia. Die Teilhaber wollten die natürliche Farbe des Stahls belassen. Persönlich würde ich es vorziehen, wenn man sie ebenfalls bemalte. Die Skulptur vom Police Plaza ‹5 in 1› weist einige Scheiben auf, die unschön korrodiert sind, dort nämlich, wo sich Wasser ansammeln kann. Was wir zur Zeit dagegen unternehmen: Wir machen Öffnungen an der Basis jeder Scheibe, damit das Wasser ablaufen kann. Dann werden wir Sie anstreichen, denn wir wollen sie nicht mehr im Rohzustand belassen. Wir werden eine Farbe verwenden, die sich – wegen der Spray-Sgraffiti – leicht ausbessern lässt (Rustoleum bietet ein Schwarz an, das auch in Sprayform erhältlich ist, was den Unterhalt erleichtert). Ich werde mit Sicherheit keinen Cortenstahl mehr verwenden.»

Anderseits erklärt Tony Rosenthal: «Ich bin der Auffassung, dass man die Konservierung auf einfache Weise verwirklichen kann, indem man das Stück einem guten Unterhalt unterzieht. Mein Stahlkubus auf dem Astor Platz wurde wegen der gesprayten Schmierereien hunderte von Malen neu überstrichen. Beim Ablösen der darauf geklebten Posters haben wir zudem festgestellt, dass das Metall in perfektem Zustand war. Das Geheimnis ist ein regelmässiger Unterhalt. Eine gute Planung bei der Konstruktion eines Stücks ist der beste Schutz vor der Notwendigkeit einer Restauration.»

Die beschichteten siderurgischen Produkte

Es handelt sich um eine ganze Anzahl von Produkten (grundsätzlich sind es dünne Bleche), die in der Fabrikation mit einer oder mehreren Metallschichten (Zink, Aluminium, Zinn usw.) oder mit einem organischen Coating (Anstriche, Lacke, Plastifizierungen) überzogen werden.

Der galvanisierte Stahl
Es ist der mit Zink überzogene Stahl. Dieses Metall lässt sich auf verschiedene Arten ablagern, sei es durch Eintauchen in einem Bad mit geschmolzenem Zink (Heissgalvanisieren im Bad) oder durch Elektroablagerung. Es bildet sich auf beiden Blechoberflächen ein Zinkdepot und eine Zwischenschicht der Legierung Eisen/Zink. Diese Schichten wirken als ausgezeichnete Schutzschicht gegen Korrosion. Im Falle der Elektroverzinkung beträgt die Dicke des Schutzmantels nur einige Mikron, ist also bedeutend dünner als die Schutzschicht beim Heissgalvanisieren. Die auf diese Weise erhaltenen Bleche weisen verschiedene Oberflächenqualitäten auf: mit einem substantiellen, einem dünnen und kaum erkennbaren Belag. Diese Stähle sind schweissbar (vor allem diejenigen mit dünnstem, poliertem Coating) und lassen sich mechanisch oder durch Kleben zusammenbauen.

Das Weissblech
Es handelt sich um einen mit einer sehr dünnen Schicht Zinn versehenen Stahl (durch Elektroablagerung und oberflächliches Verschmelzen). Seine Verwendung in der Fabrikation von Lebensmittelbehältern (Konservenbüchsen usw.) ist wohl bekannt.

Die Aluminiumbleche
Es sind mit einer Schicht Aluminium bedeckte Bleche. Daneben sind Kombinationen von Zink und Aluminium bekannt, als Legierung oder alternierenden Schichten.

Die vorbemalten oder plastifizierten Bleche
Bei den vorbemalten Blechen handelt es sich um galvanisierte Bleche, die heiss verchromt und mit einem Anstrich versehen werden. Dieser Anstrich basiert auf chloriertem Kautschuk; auf Vinyl, Epoxy oder Polyurethan. Die plastifizierten Bleche werden mit einem PVC-Film, mit Acryl oder silikonisiertem Polyester usw. überzogen.

Der Guss

Der Guss, ein Produkt der Reduktion der Eisenoxide durch den Kohlenstoff und dessen Oxid, wird in flüssigem Zustand an der Basis des Hochofens abgezogen. Die Reinigung und Entkohlung vom Guss führt zum Eisen und Stahl.

Die Gusstypen sind Eisenmetalle mit dem höchsten Kohlenstoffgehalt (2,5-6,7 %); sie sind deswegen die am besten schmelzbaren (Schmelzpunkt: 1100 bis 1300° C). Sie sind am wenigsten dicht (mittlere Dichte: 7,3). Guss ist zerbrechlich und nicht schmiedbar. Dagegen weist er eine hohe Druckfestigkeit auf. Sein flüssiger Zustand beim Schmelzen erlaubt die Verwendung in den Giessereien.

Neben Kohlenstoff kann der Guss noch andere Elemente enthalten: am häufigsten sind Mangan und Silizium, beide von Nutzen für den Guss, ferner Schwefel und Phosphor, die sich schädlich auswirken. Chrom, Aluminium, Nickel, Kupfer, Molybdän und Wolfram finden sich im Spezialguss, der zur Aufbereitung von Spezialstählen dient.

Bei der Bearbeitung mittels Werkzeugen bilden sich keine Späne sondern nur Staub (ausser beim schmiedbaren Gusstyp). Der Guss lässt sich verzinnen und emaillieren. Man kann ihn in der Regel schweissen, schweisslöten und schneiden mit Sauerstoff (Oxycoupage). Er ist bearbeitbar, aber nicht deformierbar. Er ist magnetisch.

Klassierung der Gusstypen

Man unterscheidet je nach Zusammensetzung, Aussehen,
Korn und Farbe verschiedene Typen.

Der Weissguss
Er enthält 2,5-3,5 % Kohlenstoff, 1 % Silizium und 1 % Mangan. Die Bruchfläche ist weiss, weil sich der Kohlenstoff mit dem Eisen zu Eisenkarbonat verbindet. Seine mittlere Dichte beträgt 7,5, sein Schmelzpunkt 1130°C. Er ist hart und zerbrechlich, schwierig bearbeitbar und nicht formbar. Er ist zur Umwandlung in Eisen und Stahl vorbestimmt (aus diesem Grund nennt man ihn auch «gereinigter Guss») oder in schmiedbarem Guss. Der Weissguss ist nicht schweissbar.

Der schmiedbare Guss
Es handelt sich um Weissguss, der einer thermischen Behandlung unterworfen wurde und durch diese schmied- und bearbeitbarer wird. Er ist hämmerbar und weist einen schönen Glanz auf. Er lässt sich schweisslöten. Man unterscheidet:
–   Der schmiedbare Guss mit weissem Kern (oder europäischer Guss).
    Man erhält ihn durch Entkohlung von Weissguss in Gegenwart von Hämatit; dieser Behandlung schliesst sich ein Glühprozess bei 900°C an.
–   Der schmiedbare Guss mit schwarzem Kern (oder amerikanischer Guss).
    Man erhält ihn durch Zersetzung des Eisenkarbonats in Gegenwart eines neutralen Stoffs (Erz, Schlacke) bei 900°C. Der verbleibende Kohlenstoff ist als Graphit, im freien Zustand, vorhanden.

Der Grauguss oder Formguss
Er enthält 3,5-6 % Kohlenstoff, als Graphit im neutralen Zustand. Die Bruchfläche ist glanzlos und grau, und der Kohlenstoff hinterlässt eine schwarze Spur auf den Fingern. Neben dem Kohlenstoff enthält er oft 3 % Silizium und 2 % Mangan. Seine mittlere Dichte beträgt 7,1, sein Schmelzpunkt liegt bei 1200°C. Diese Gusstypen sind leicht giessbar – eine Voraussetzung für den Einsatz in Giessereien. Er eignet sich für Gussstücke, die weder Schlag- noch Zugkräften unterworfen werden. Der Grauguss ist gut bearbeitbar und wenig oxidierbar. Er ermangelt jeder Geschmeidigkeit (Schmiedbarkeit). Er lässt sich schweissen, indem man die zu vereinigenden Stücke zunehmend vorwärmt und dann sehr langsam abkalten lässt, um eine Schrumpfung und Querrisse zu vermeiden.

Praktisches Erkennen der Metalle

Wir stellen hier verschiedene Praxistests zusammen, die ein Erkennen der Eisenmetalle und ein Unterscheiden von andern Metallen ermöglichen. Es ist oft für den Plastiker von Nutzen, wenn er mit Hilfe von einfachen und schnellen Tests die genaue Natur des Metalls bestimmen kann. Zum Beispiel im Falle des Zusammenbaus von zusammenstossenden, metallischen Bauteilen muss er wissen, ob er diese Teile miteinander verschweissen kann und wenn ja, auf welche Weise (autogene Schweissung, Lötung).

Es wird indessen nicht immer möglich sein, mit den rudimentären Mitteln, die uns zur Verfügung stehen, die genaue Zusammensetzung der Legierung zu bestimmen. Wir schlagen aber vor, einen kleinen praktischen Führer zu verwirklichen, der es erlaubt, auf der Stelle die wichtigsten Metalle zu bestimmen.

Auf welche Kriterien stützen wir uns?
Zum ersten ziehen wir die Funktion des Objekts in Betracht, dessen Metall uns interessiert. Oft vermittelt die Zweckbestimmung des Objekts Auskunft über seine Zusammensetzung. Zum Beispiel sind die Werkzeuge in der Regel aus Eisen oder Stahl, die Dachrinnen aus Zink, die alten Kanalisationsröhren aus Blei usw.

Dann prüfen wir grundsätzlich die physikalischen Eigenschaften des in Frage stehenden Metalls: seine Farbe, sein Aussehen (matt oder glänzend), seine Dichte, seine Härte, seine relative Geschmeidigkeit.

Erster Test: Abkratzen, Abschaben

Zuerst muss man sich vergewissern, ob das Material homogen ist oder nicht. Es ist recht häufig bei fabrizierten Artikeln, dass das Basismetall mit einer dünnen Schicht eines andern dekorativeren oder weniger alternden Metalls überzogen ist. Anderseits überziehen sich bestimmte Metalle mit einer mehr oder weniger dicken Oxidschicht, die den äusseren Aspekt stark verändern. Es ist darum dienlich, eine bestimmte oberfläche Metallschicht abzutragen, um auf das Grundmetall zu stossen. Zu diesem Zweck wird die Oberfläche mit einer Feile leicht geritzt oder mit einem Messer abgekratzt.

Dieser erste Teil liefert uns verschiedene wichtige Anzeichen, die uns auf die richtige Fährte bringen. Die entsprechenden Auskünfte sind:
– Die Tatsache, dass das Metall mit einem Belag bedeckt ist oder nicht.
– Die Tatsache, dass das Metall mit einer Oxidschicht überzogen ist oder nicht. Beachten Sie deren Farbe.
– Die Färbung des Grundmetalls.
– Das glänzende oder matte Aussehen der Kratzstelle («Wunde»).
– Die relative Leichtigkeit, mit dem sich das Metall hat ritzen lassen.

a) Ist das Metall nicht mit einer Oxidschicht überzogen, ist der Schluss, den man daraus ziehen kann, mehrdeutig: man hat es mit einem Metall zu tun, das nicht oder wenig oxidiert oder noch nicht genügend Zeit hatte, um zu oxidieren, oder das gegen Oxidation geschützt ist.

b) Die Information ist von grösserem Interesse, wenn das Metall deutlich von einer gefärbten Oxidschicht überzogen ist. In diesem Fall kann man die Edelmetalle (Chrom, Nickel, die rostfreien Stähle, Wolfram, Aluminium und seine Legierungen) ausschliessen. Man kann sich im Feld von Eisen, gewöhnlichem Stahl, Kupfer, Bronze, Messing oder anderen Kupferlegierungen befinden. Ist die Oxidschicht *weisslich* oder *gräulich*, kann auf Zink oder Blei getippt werden.

c) Die Färbung des frisch geritzten Metalls kann der weiteren Untersuchung die Richtung weisen. Zum Beispiel, wenn das Metall aufzeigt:

- rote Farbe: man hat es mit Kupfer zu tun (Bestätigung, wenn die Farboxidation auf der Oberfläche ist)

- Goldfarbe: man hat es mit Gold, Messing, Bronze oder einer anderen goldähnlichen Legierung zu tun

- silberfarbig, glänzend, weiss, gräulich: es handelt sich um Weissmetalle, vereinfachend in dieser Rubrik aufgeführt. In der Tat ist es für den Anfänger nicht einfach, zwischen einem «glänzenden weissgräulich» und einem «bläulichen Grau» zu unterscheiden.

Dazu gehören die meisten Metalle: Aluminium, Zink, Eisen, Nickel, Platin, Silber, Chrom, rostfreier Stahl, Neusilber, Zinn, Blei.

Aluminium unterscheidet sich von anderen Metallen durch die ausgesprochen tiefe Dichte, was schon eine Von-Hand-Evaluation möglich macht, ohne präzise Messungen. Das helle aber matte oder satinierte Aussehen der Oberfläche macht es ebenfalls möglich, Aluminium zu erkennen. Im Fall von *Zink, Blei* und *Zinn* erlaubt ihr äusserer Aspekt (gräulich und matt), sie von den vorher genannten Metallen zu unterscheiden.

Das *Zink* (von hellgrauer Farbe und oft mit weissen Oxiden überzogen) lässt sich weniger leicht ritzen als Blei oder Zinn. Zudem entwickelt es eine mittlere Festigkeit gegen Deformationen (Faltung), wo sich die beiden letzten leicht falten lassen. Schliesslich erlaubt die wesentlich höhere Dichte von *Blei,* es von den beiden andern Metallen ohne Schwierigkeiten zu unterscheiden.

Dichtetest

Ein sehr aussagefähiges Mittel, die Natur eines Metalls oder sogar einer Legierung zu bestimmen, ist die Messung seiner Dichte. Je genauer die Messung, umso sicherer ist die Bestimmung der Legierung. Es lohnt sich also, die Fehlerquelle in den Messungen so tief wie möglich zu halten. Hat man die Dichte des Metalls einmal kalkuliert (in g/cm^3), vergleicht man diesen Wert mit den Werten der Dichtetabelle auf Seite 99. Sind aufgrund der Fehlermarge Ihrer Messung mehrere Möglichkeiten in Betracht zu ziehen, müssen chemische Tests oder einfach die Beobachtung der Farbe des Metalls den Ausschlag geben.

Messung des Volumens des Stückes
Es sind verschiedene Methoden möglich.

a) Direkte Berechnung gemäss den Massen des Stücks: Das ist möglich, wenn die Geometrie des Festkörpers einfach ist (Würfel, Zylinder, Parallelogramm, Kugel, Konus usw.)

b) Verdrängung des Volumens einer Flüssigkeit: Das Muster wird in eine Flüssigkeit getaucht, die in einem gradierten Messzylinder ein bestimmtes Volumen einnimmt. Die Messung der Zunahme des von der Flüssigkeit besetzten Volumens gibt das exakte Volumen des eingetauchten Stücks. Die Präzision der Messung ist grösser, wenn die Dimensionen des Stücks nahe dem Durchmesser des Messgefässes sind. Das Stück wird an einem sehr dünnen Draht aufgehängt und so in die Flüssigkeit eingetaucht, dass die Hohlstellen (falls es solche hat) nach oben orientiert sind, damit man Luftblasen, die im Stück oder an seiner Oberfläche eingeschlossen bleiben könnten, vermeiden kann; sie würden die Messung verfälschen. Wohlverstanden, die Dichtemessung ist nur dann sinnvoll, wenn der Körper voll und homogen ist.

c) Messung des Auftriebs nach Archimedes (Archimedes Prinzip): Wenn ein Objekt in eine Flüssigkeit eintaucht, wirkt eine Kraft auf dieses ein, so dass es schwimmt. Es ist der Auftrieb nach Archimedes, der gleich dem Gewicht der verdrängten Flüssigkeit ist. Wird ein Objekt nacheinander in der Luft und im Wasser gewogen, ist die Differenz im Gewicht gleich dem Volumen des Objekts, da die Dichte des Wassers gleich 1 ist.
Zur Bestimmung der Dichte des Objekts genügt es, seine Masse (ausgedrückt in Gramm) zu bestimmen und sie durch Volumen (ausgedrückt in Kubikzentimeter) zu dividieren.

Pim Van den Maas. *Dubbel.* 1985 (Holland). Rostfreier Stahl. 100 x 200 cm.

Dichte von einigen Metallen und Legierungen

Aluminium	2,55-2,75
Aluminiumbronze	7,7
Antimon	6,62
Arsen	5,73
Blei	11,28-11,35
Bronze (7,9-14 % Zinn)	7,4-8,9
Chrom	6,93
Gold	19,25-19,35
Guss	7,2
Kobalt	8,72-8,95
Kupfer	8,8-9
Magnesium	1,74
Mangan	7,2-7,42
Messing	8,4-8,7
Molybdän	10,2
Monel	8,8-9
Nickel	8,57-8,90
Platin	21,1-21,5
Quecksilber	13,55
Schlacke	2,5-3
Schmiedeeisen	7,6-7,9
Silber	10,4-10,6
Stahl	7,8-7,9

Noël Dolla. *Léger vent de travers.* 1991 (Frankreich). Stahl. Sockel aus grauem Marmor. 400 x 400 x 400 cm. Skulpturenpark von Kaoshing, Taiwan.

Wismut	9,79
Wolfram	18,7-19,1
Zink	6,9-7,2
Zinn	7,2-7,5

Die Metalle lassen sich betreffs Dichte in vier Kategorien einteilen:
- Sehr schwere Metalle: Dichte zwischen 12 und 22 g/cm^3 (Gold, Wolfram, Platin, Osmium …)
- Schwere Metalle: Dichte zwischen 9,8 und 11,3 g/cm^3 (Blei, Silber …)
- Metalle mit mittlerer Dichte: Dichte zwischen 5,5 und 9,9 g/cm^3 (Stahl, Eisen, Kupfer, Nickel, rostfreier Stahl, Zinn, Zink …)
- Leichte Metalle: Dichte zwischen 1,7 und 4,5 g/cm^3 (Aluminium …)

Das Eisen, der Stahl und der Guss sind durch abnehmende Dichten charakterisiert. Die Dichte von Eisen beträgt 7,9, die von Stählen 7,8 im Mittel und diese von Guss 7,3. Die Dichte von rostfreien Stählen liegt zwischen 7,9 und 8. Die Dichte von Zink ist 7,13 und diejenige seiner Legierungen zwischen 6,6 und 6,7. Die Dichte von reinem Zinn beträgt 5,76 und diese von seinen Legierungen variiert zwischen 7,28 und 8,89. Die Legierungen von Nickel haben Dichten zwischen 7,95 und 8,9 (Dichte von reinem Nickel).

Ateliertests, die die Unterscheidung von Eisen und Stählen gestatten
(Nach A. J. und A. F. Shirley)

Test	Guss	Schmiedeeisen	Weicher Stahl	Harter Stahl	Schnellstahl
Aussehen der Stange	Grau und körnig mit Spuren der Formgebung	Rot und schuppig mit Spuren vom Walzen	Glatt mit bläulicher Reflektierung	sehr glatt, Blauglänzende Reflektierung	So glatt wie der weiche Stahl
Der Ton beim Fallenlassen einer Stange auf den Steinboden	Dumpfer Ton	Ein matter Ton, ein wenig lauter als bei Guss	Metallische Note von mittlerer Höhe	Resonanzton, grelle Note	Grelle Note, aber weniger als beim harten Stahl
Teilen einer Stange bis zur halben Dicke, falten	Bricht leicht	Kann mehrfach gefaltet werden, bis es zerbricht	Kann mehrfach gefaltet werden, bis es zerbricht	Lässt sich wenig falten. Bricht unter Lärmentwicklung	Lässt sich nur sehr wenig falten. Bricht brüsk
Prüfung der Bruchfläche	Grosse, graue Kristalle mit Körnern von freiem Kohlenstoff	Faserig-grobe Struktur	Mittlere Kristallstruktur, hellgrau	Sehr feine Kristallstruktur, blass grau	Feine Bruchfläche, seidenweich, graublau
Feilen mit grober Feile	Sehr harte Haut. Dunkle Feilspäne	Die Feile zieht aus und setzt sich voll. Helle Feilspäne	Lässt sich leicht feilen. Helle Feilspäne	Schwer zu feilen	Ein wenig leichter zu feilen als harter Stahl
Bearbeitung auf der Drehbank	Schneidet sich leicht, Späne dunkel und spröd	Schneidet sich gut. Drehspäne sehr lang und gekrümmt	Leicht zu drehen. Drehspäne sehr lang und gekrümmt	Schwer drehbar. Drehspäne zerfallen in Spangriess	Schneidet sich gut und gibt lange Drehspäne
Erhitzen auf Rotglut und hämmern	Zerbröselt unter den Hammerschlägen	Lässt sich leicht und gut bearbeiten	Lässt sich leicht und gut bearbeiten	Lässt sich gut, aber weniger leicht bearbeiten	Schwer bearbeitbar
Erhitzen auf Rotglut und langsam abkühlen	Wenig Wirkung. Kann Risse provozieren	Kein Effekt	Wenig Wirkung. Kann leicht härtend wirken	Wird sehr hart und brüchig	Wird hart und brüchig
Schleifen mit einer Korund-Scheibe	Rote Funken, einfach und wenig glänzend	Gelbe Funken, einfach, ein wenig zahlreicher als beim Guss	Gelbe Funkengarbe glänzend, einige Splitter am Schluss	Funkengarbe, hellgelb, verästelt sich im Laufe der Bearbeitung	Blutrote Funken, die an der Scheibe haften

Unterscheidung der Eisenmetalle unter sich

Die nicht rostfreien Eisenmetalle weisen in der Regel eine dunkelgraue Aussenfarbe auf, wenn sie nicht mit rotbraunen bis gelben Oxiden überzogen sind. Sie lassen sich leicht mit der Feile oder dem Federmesser ritzen, und die «verletzte» Stelle ist hell, glänzend und eng begrenzt. Sie sind sehr widerstandsfähig gegen Deformationen. Die rostfreien Eisenmetalle sind hell und glänzend. Die Unterscheidung der verschiedenen Stahlvarianten kann auf verschiedene Weise geschehen.

Ateliertests
– Mittels Klang: Der Test besteht darin, indem man ein Stück Stahl auf eine harte und glatte Oberfläche fallen lässt und den erzeugten Ton mit dem Ton einer bekannten Stahlvariante vergleicht. Der harte Stahl erzeugt einen helleren Ton als der weiche Stahl.
– Mit der Feile: Die Feile «beisst» sich in ein Stück weichen gehärteten Stahls und gleitet nur über ein Stück harten gehärteten Stahls.
– Durch die Härtung: Man erhitzt das Ende der Stange von 3-4 cm Länge auf Rotglut, kühlt dann brüsk ab, indem man das Stangenende im kalten Wasser abschreckt. Dann spannt man dieses in einen Schraubstock und versucht es zu biegen. Die Stange aus weichem Stahl lässt sich leicht biegen, während die Stange aus hartem Stahl voll bricht. Mit andern Worten: Das Härten macht den Harten härter und zerbrechlich, wogegen es auf weichen Stahl keine Wirkung zeigt.
– Durch die Prüfung einer frischen Bruchstelle: Der weiche Stahl präsentiert eine grobkörnige, nur wenig glänzende Bruchstelle, während der harte Stahl eine feiner körnige und weisse Bruchfläche zeigt. Die Rapidstähle haben eine sehr feine Körnung und sind mattgrau in der Bruchfläche.
– Durch die Beobachtung des Schmelzvorgangs unter der Flamme eines Schweissbrenners: Der Schmelzvorgang bei den extra weichen und weichen Stählen ist sanft und ruhig. Er wird beim harten Stahl durch ein kräftiges Aufsieden begleitet. In diesem Fall ist das Aussehen des Metalls gleichartig felsenähnlich.
– Durch Beobachtung des Funkenwurfs beim Schleifen mit der Korundscheibe: Die Beobachtung der beim Schleifen erzeugten Funken gibt uns Auskunft über die Zusammensetzung der getesteten Stähle. Dabei ist der Form des Funkenwurfs (Funkengarbe), seiner Farbe und seiner Gewichtigkeit Rechnung zu tragen. Die Daten und die Illustrationen, die ich Ihnen vorschlage, sind nur Hilfsmittel für Ihr eigenes Experimentieren, das unabdinglich ist. Nur die Praxis erlaubt es, sich eine gewisse Sicherheit in der Beurteilung anzueignen, um eine treffsichere Bestimmung zu machen. Wenn Sie verschiedene bekannte Proben vergleichen wollen, müssen Sie unter den gleichen Bedingungen arbeiten: gleiche Beleuchtung, gleiche Schleifscheibe[1], gleiche Rotationsgeschwindigkeit, gleicher Druck, des Metalls auf die Schleifscheibe).
Als allgemeine Richtlinie gilt: je höher der Kohlenstoffgehalt des Eisenmetalls ist, umso zahlreicher sind die erzeugten Funken, denn es ist die Verbrennung des in den Metallpartikeln enthaltenen Kohlenstoffs, welche die Funken bildet. Die Beobachtung soll im Dunkeln oder Halbschatten, vor einem dunklen Hintergrund erfolgen. Man muss seine Aufmerksamkeit vor allem auf den letzten Drittel der Funkengarbe richten.

---

1   Verwenden Sie eine trockene, keramische Scheibe mit Korund,
    Korn 36, Härte 0 oder P, bei einer Umfangsgeschwindigkeit von 25-30 m/s.

1

Schleiftest

1 Weicher Stahl: keine Funken, Garbe lang,
   ziemlich schwach, schlängelnd
2 Mittelharter Stahl: Garbe kürzer, einige Funken
   am Ende der Strahlen
3 Harter Stahl: Kurze aber gerade Garbe,
   zahlreiche Funken mit sekundärer Brillanz.

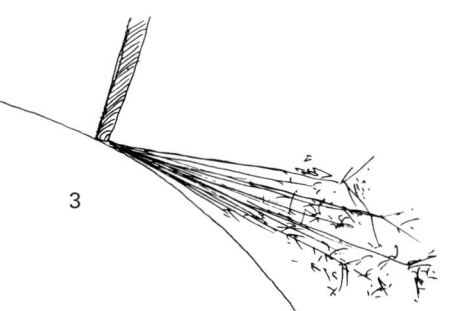

2

3

Alex Clerino: *Yin et Yang* (Frankreich).
Skulptur mit geplatzten, zusammengelesenen
Granaten aus den Bergen bei Briançon, im
Lichtbogen geschweisst. Sandgestrahlt, indu-
striell brüniert und patiniert durch den Autor.

Der weiche Stahl erzeugt nur sehr wenige Funken. Die Garben sind lang, am Ursprung gelb-orange und am Ende weiss. Der halbharte Stahl bildet wenige Funken von hellgelber Farbe, mit verstärkter Brillanz vor dem Verlöschen. Der harte Stahl gibt zahlreiche blassgelbe Funken, in Garben, die sich blumenartig entfalten. Der extra harte Stahl zeigt eine ziemlich grosse, weisse Garbe mit zahlreichen Funken, die sich in doppelten oder dreifachen Funken entzünden.

Der Schnellstahl führt zu seltenen, kurzen Funken, die sich entzünden. Die Garbe ist lang, am Ursprung rot- und am Ende strohfarben.

Der Manganstahl zeigt eine ziemlich lange, weisse Garbe, die sich am Ursprung in weissen Funken, blumenartig entfaltet. Der Nickelstahl entwickelt seltene Funken von blassroter Farbe, die mit der Zeit grösser werden. Der Siliziumstahl gibt kurze Funken, die als weisser Lichtblitz ausmünden.

Der Weissguss: die Garbe ist kurz und eng begrenzt, an der Wurzel rot und gegen das Ende zu gelb; sie gibt nur wenige Funken. Der Grauguss: die Garbe ist kurz, rot am Ursprung und rötlich am Ende. Ihre Funken sind recht häufig. Der schmiedbare, geglühte Guss gibt eine mittellange Garbe, rot an der Wurzel und gelb am Ende. Die zahlreichen Funken blitzen auf verschiedene Weise.

Die Bestätigung der Eisennatur eines Metalls kann ein magnetischer Test erbringen; er ist aber, wie wir sehen werden, nicht absolut verlässlich.

Magnetischer Test
Er besteht darin, das Verhalten des unbekannten Metalls in Gegenwart eines ziemlich starken Magneten zu beobachten, die Kapazität des Metalls, sich seinerseits wie ein Magnet verhaltend, zu evaluieren, nachdem es einen mehr oder weniger langen Kontakt mit einem magnetischen Körper unterworfen worden war.

Die Eisenlegierungen werden in der Regel von einem Magnet stark angezogen. Die Magnetisierung des Eisens ist temporär, während diejenige des Stahls permanent ist (das heisst wenn der Magnet entfernt wird, verhält sich das Stück Stahl gegenüber anderen Stücken aus Eisen wie ein Magnet). Die Legierungen mit Nickel können auch magnetisch sein, aber weniger als die Stähle.

Auf jeden Fall können zahlreiche eisenhaltige Materialien nichtmagnetisch sein. Die am besten bekannten sind die rostfreien Stähle (von der Serie 300), die einem vollständigen Nachglühprozess unterworfen waren. Nichtsdestotrotz lassen sich diese Stähle magnetisch machen, indem man sie kalt bearbeitet.

Es ist eine Tatsache, dass dieselbe Legierung stark magnetische, schwach magnetische oder gar keine magnetischen Eigenschaften haben kann, je nach ihrer «Geschichte», das heisst den thermischen Behandlungen, denen sie unterzogen worden war, und ihrem Kalthärtegrad. Anderseits können bestimmte, nicht eisenhaltige Legierungen magnetisch sein. Das ist zum Beispiel der Fall bei gewissen Kupfer-Aluminium-Mangan-Legierungen. Ein Magnettest kann deshalb allein kein eindeutiges Resultat zeitigen. Es ist unabdingbar, den Test mit anderen ergänzenden Test zu kombinieren.

Chemischer Test
Unterscheidung von Eisen, Stahl und Guss untereinander: Wenn man auf 20 % verdünnte Schwefelsäure auf ein poliertes Metallstück einwirken lässt, bildet sich beim Eisen eine grünliche Färbung, die mit Wasser weggewaschen werden kann, während der Stahl und der Guss eine schwarze Färbung annimmt, die bleibt.

Die Werkzeuge

Das Werkzeug des Metallkünstlers ist sehr vielfältig. Jede Technik erfordert ein spezielles Instrumentarium. Der Schmied, der Giesser, der Schweisser, sie alle verfügen über ein spezifisches Material, auf das wir genauer eingehen werden, wenn wir diese besonderen Techniken behandeln. Trotzdem gibt es Werkzeuge, die alle mehr oder weniger regelmässig verwenden. Diese lassen sich nach ihrer Funktion klassieren (s. gegenüberliegende Tabelle).

Das Schutzmaterial (Sicherheitsausrüstung)

Zahlreiche Manipulationen sind gefährlich und machen das Tragen von Schutzkleidern und -zubehör erforderlich. *Schürzen* und *Staubumhänge* schützen die Kleider vor ätzenden oder glühenden Metallpartikeln (zum Beispiel vom Schleifen herrührend). Das Tragen von *Handschuhen aus Gummi* ist zu empfehlen beim Hantieren mit Säuren oder giftigen Stoffen, während *Handschuhe aus Spaltleder oder Leder* unabdingbar sind für alle Arbeiten mit glühenden oder im Schmelzzustand befindlichen Metallen.

Schutzbrillen sind bei allen Arbeiten, bei denen feste Stoffpartikel herumgeschleudert werden (schleifen, sandstrahlen usw.), notwendig. Schutzbrillen und -helme sind im Gebrauch, um Augen und Gesicht beim Lichtbogenschweissen vor ultravioletten Strahlen abzuschirmen. Die Schweisser tragen oft Schutzhelme mit transparentem Visier, um das ganze Gesicht vor toxischen Dämpfen zu schützen.

Das Tragen einer *Mund-Nasen-Maske* empfiehlt sich beim Kontakt mit Dämpfen und giftigen Gasen oder wenn im Laufe der Arbeit Feinstpartikel oder viel Staub anfallen.

Personen mit langen Haaren sollen diese mit einem *Kopftuch* zusammenhalten, besonders wenn sie mit rotierenden Elektromaschinen arbeiten.

Wenn schwere Lasten zu transportieren sind, empfiehlt sich das Tragen von *Sicherheitsschuhen mit verstärkten Zehenkappen*.

Lärmschutz ist unentbehrlich beim Arbeiten mit lauten Maschinen (Winkelschleifer, Trennmaschinen usw.). Im Handel findet sich wirksamer Gehörschutz, der vor schrillen Tönen abschirmt.

Mess-, Aufreiss- und Zeichenwerkzeuge

Das graduierte Lineal: Stahllineal, in Millimeter und Zentimeter eingeteilt, zur Messung und Übertragung der Messwerte.

Die Aufreissnadel oder der Vorreisser: Eine sehr spitzige und harte Metallspitze, die zum Aufreissen auf einer Metalloberfläche benutzt wird. Der Strich ritzt sich ein, wenn der Vorreisser härter ist als das Metallobjekt. Soll dieses nicht angegriffen werden, verwendet man eine Spitze aus Messing zum Übertragen des Strichs. Auf dünnem und zerbrechlichem Blech benutzt man Stifte mit weicher Bleimine.

Handwerkzeuge für die Metallbearbeitung

Funktion des Werkzeuges	Gebräuchliche Werkzeuge
Schutz/Sicherheit	Schürzen, Handschuhe, Brillen, Masken, Helme
Messen, Aufreissen, Prüfung	Meter, Lineale, Reisschienen, Zirkel, Vorreisser, Reisszirkel, Parallelreisser, Marmorplatte, Körner, Schieblehren, Mikrometerschrauben, Kaliber, Abstechringe, Eichmasse
Fixieren	Schraubstöcke, Zwingen
Stützen	Werktische, Ambosse
Klopfen	Hämmer
Grobabtragen	Locheisen, Meissel, Säge
Trennen, Schneiden	Sägen, Formmesser, Meissel, Blechscheren
Bohren	Bohrer, Bohrmaschinen, Drehbohrer, Locheisen
Aushöhlen	Kreuzmeissel, Fräser, Radiernadeln, Kehlhobel
Ausbohren	Kaliberbohrer
Drahtziehen	Schneid- und Zieheisen
Ausbohren	Gewindebohrer
Fertigbearbeiten	Feilen, Schleifscheiben, Riffelfeilen, Stichel, Polierstähle
Werkzeuge unterhalten	Schleifscheiben (Sandstein, Korund), Ölsteine

Ansicht des Ateliers von H. Hesselius. Man sieht den Plastiker an der Arbeit, das transparente Plastikvisier in Bereitstellung zum Schutz des Gesichts. Vorne rechts ein Parallelschraubstock, im Zentrum ein kleiner Amboss, links ein Metalltisch zum Lichtbogenschweissen. Im Hintergrund: Blechschere und Flaschenzug.

Mess-, Aufreiss-, Zeichenwerkzeuge

a   Vorreisser
b   Körner
c   Parallelreisser

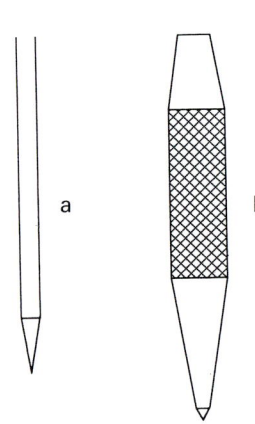

Ausgewählte Schutzausrüstung: Brillen zum Schweissen,
Lederhandschuhe, Gehörschutz.

Schieblehre

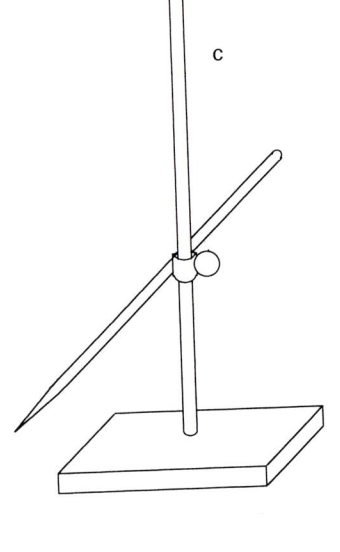

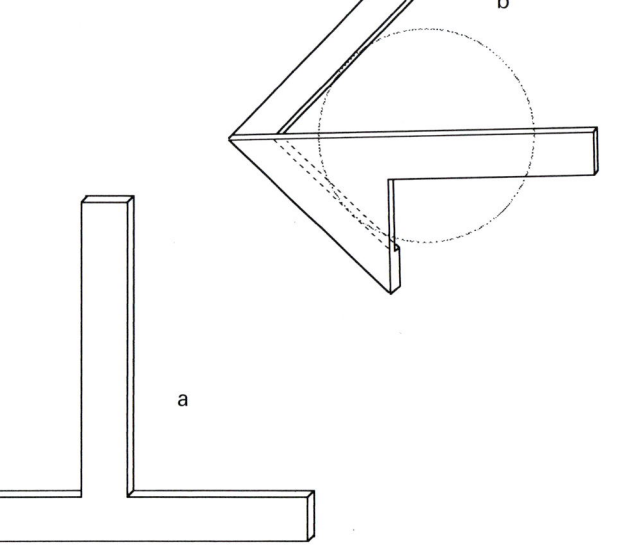

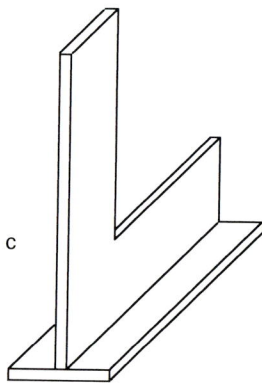

Reissschienen

a   T-Reissschiene
b   Reissschiene
    zum Zentrieren
c   Winkelmass
    mit Anschlag

Der Körner: dient als Markierwerkzeug, das in regelmässigen Abständen Markierungen macht. Die Markierungen erfolgen durch einen leichten Hammerschlag auf den Körner.

Der Parallelreisser: Justierapparat aus Metall zum Aufreissen von Parallellinien oder zum Messen und Übertragen von Vertikalmassen. Er besteht aus einem Ständer aus Guss, ausgerüstet mit einer festen Stange, an der eine verschiebbare Stellschraube eine Aufreissnadel trägt.

Die Schieblehre: Mit diesem Instrument lassen sich sehr präzise Messungen durchführen (1/10, 1/20, 1/50 mm). Es besteht aus einem festen Schnabel an einem in Millimeter gradierten Lineal und einem beweglichen Schnabel mit einem gradierten Schieber, der auf dem Festlineal gleitet. Der Schieber enthält die Noniusskala. Sie hat in der Regel eine Länge von 9 mm und ist in 10 gleiche Teilchen von je 9/10 mm eingeteilt. Wenn die Schnäbel miteinander in Kontakt sind, stimmen die ersten Striche (Marke 0) beider Gradierungen überein, aber zwischen den folgenden Strichen ergibt sich jedesmal ein Intervall von 1/10 mm mehr, im Vergleich zum vorhergehenden Strich. Die letzte Gradierung des Nonius stimmt mit der vorletzten Gradierung des Massstabs überein.

Die untere Partie der Schnäbel dient der Messung der Aussenmasse eines Stücks, während die obere Partie der Schnäbel zur Messung der Innenmasse dient. Um eine Messung auszuführen, legt man die Schnäbel satt an das Stück. Dann liest man auf dem Nonius, bezogen auf die Null, einerseits die passierten Millimeter ab und anderseits denjenigen Strich des Nonius, der mit demjenigen des Massstabs zusammenfällt. Dieser gibt die Anzahl Zehntel. Sodann summiert man die beiden Ablesungen, um die Dimensionen des Stückes zu erhalten. Der bewegliche Schnabel ist manchmal mit einer Reglette (Leiste) ausgerüstet, die in einer Führung des Lineals gleitet und die Messung einer Vertiefung erlaubt.

Die Mikrometerschraube: Präzisionsinstrument, das Längenmessungen bis zu 1/100 mm zulässt. Die Massstabteilung ist durch die Ganghöhe einer gearbeiteten Spindel gegeben. Die Spindel, deren vorderes Ende als Messfläche ausgebildet ist, wird in einer den Grossmassstab tragenden Hülse geführt. Zur Feinmessung dient eine die Hülse umschliessende Messtrommel mit einer Teilung von 50 oder 100 Teilen. Die Ganghöhe der Spindel ist in der Regel so bemessen, dass sich die Messtrommel nebst der Spindel bei einer Umdrehung um 1 mm oder 0,5 mm gegenüber der Hülse verschiebt.

Zum Messen einer Dicke setzt man das zu messende Stück auf die feste Messfläche und bewegt den beweglichen Taststift auf sie zu.

Die Eichmasse: Sie dienen zur Überprüfung von Bohrungen oder vom Abstand zweier paralleler Flächen. Man benutzt feste Eichmasse oder Mikrometereichmasse, die auf dem Prinzip der Mikrometerschraube basieren.

Der Transporteur: Er dient zum Messen und Übertragen von Winkeln. Der Transporteur besteht aus einem Halbkreis, dessen Umkreis in 180 gleiche Teile geteilt ist. Im Zentrum ist ein beweglicher Arm angebracht, dessen Spitze sich entlang der Winkelgradierung verschiebt. Die Winkelmessung lässt sich nach der direkten oder indirekten Weise durchführen.

Die Zirkel: Sie sind mit zwei gleich langen Stahlschenkeln ausgerüstet, die sich um eine Achse drehen. Sie dienen dazu, Kreise zu zeichnen, die Zylindrität und die Parallelität zu prüfen, aber auch Aussen- und Innenmasse aufzunehmen und zu übertragen.
- Zirkel zur Dickenmessung: Seine zwei Schenkel sind stark gekrümmt, um die Aussenmasse eines Stücks zu eruieren.

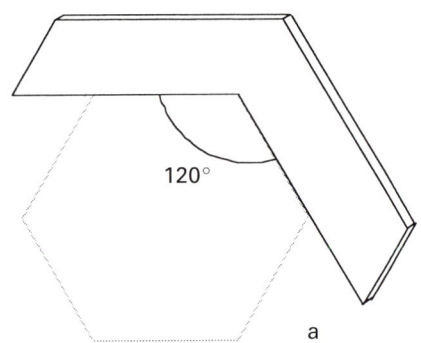

120°

a

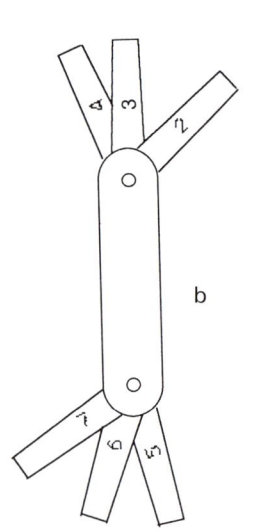

b

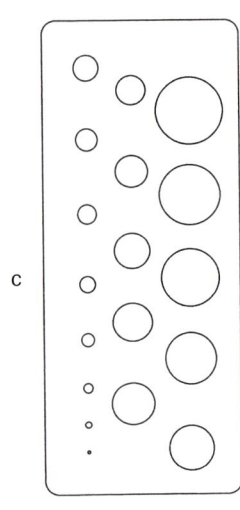

c

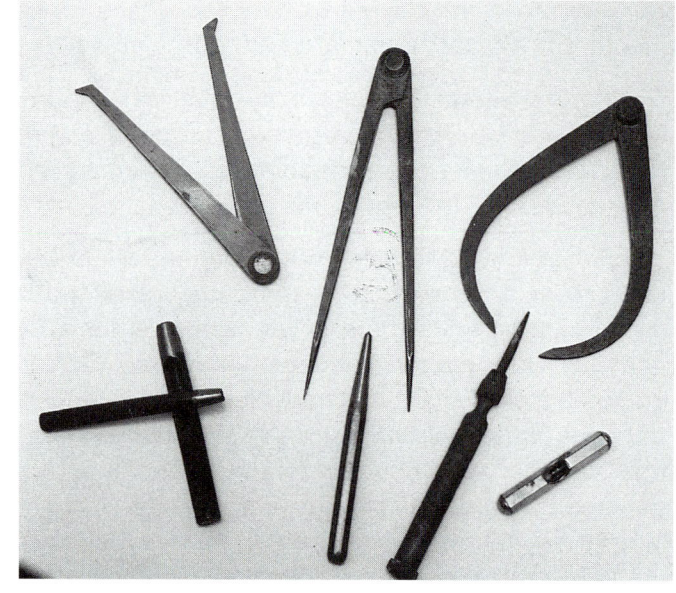

Innenzirkel, gerader Zirkel und Dickenzirkel. Unten zwei
Loch(Stanz)-Eisen, ein Körner, eine Spitze zum Aufreissen
und eine Wasserwaage.

Mit Skala ausgerüsteter Schiebewinkel mit eingebauter
Wasserwaage. Wasserwaage aus Holz. Ein Locheisen,
ein Meissel, ein Schabmeissel, ein Polierstahl. Ein gradiertes
Lineal und ein Blockwinkel aus Stahl.

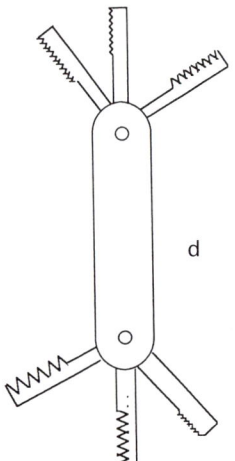

d

Kaliber

a   Winkelkaliber
b   Dickenkaliber
c   Drahtkaliber
d   Gewindekaliber

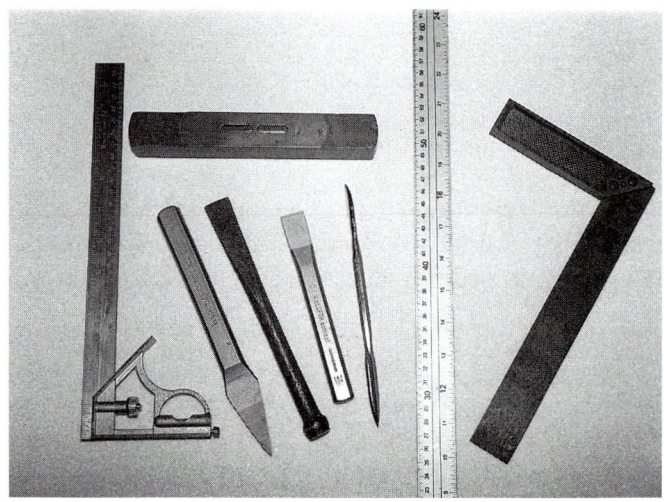

108

- Innenzirkel: Seine zwei Schenkel sind gerade und an ihren Enden nach aussen ausgefaltet. Er dient zu Innenmessungen.
- Gerader Zirkel: Seine zwei Schenkel laufen in je eine gehärtete Spitze, die nach aussen angeschliffen ist, aus.
- Zentrierwinkel: Er sieht aus wie ein gerader Zirkel, ausser dass der eine Schenkel eine gehärtete und geschliffene Spitze aufweist. Er dient zum Eruieren des Zentrums von gewissen runden Objekten und zum Aufreissen von Achsen und Parallelen.

Die Reissschienen (Winkelmasse): Sie dienen zur Kontrolle der Vertikalität von zwei Flächen oder zum Ausziehen der rechten Winkel.
- Die einfache Reissschiene mit einem langen und einem kurzen Schenkel in derselben Ebene.
- Blockwinkel: Wie eine einfache Reissschiene, weist jedoch auf seinem kurzen Schenkel zwei Wülste auf. Er dient zudem zum Aufreissen/Zeichnen von rechten Winkeln.
- Die T-Reissschiene: T-Form, zum Zeichnen von geraden Parallellinien oder zur Kontrolle der Vertikalität einer Innenfläche in Bezug auf zwei kleine Aussenflächen.
- Das stellbare Winkelmass: Seine zwei Schenkel sind gegeneinander verstellbar; es dient zum Aufnehmen und Übertragen von Winkeln von 0 bis 180°.
- Der Zentrierwinkel[1]: Damit lässt sich rasch das Zentrum einer Kreisfläche eruieren. Es gibt mehrere Ausführungen.

Die Kaliber: Es sind Instrumente, mit denen sich vergleichsweise verschiedene Masse kontrollieren lassen (Winkel, Dicken, Formen usw.).
- Die Winkelkaliber: Bestimmt zur Kontrolle der Winkel 45, 60, 120, 135°.
- Die Dickenkaliber: Es handelt sich um ein Spiel von gehärteten Stahlstreifen, deren Dicken kalibriert sind und von 0,1 zu 0,1 mm oder von 0,05 zu 0,05 mm variieren.
- Die Blechkaliber: Mit ihnen misst man die Dicke von Blechen, indem diese in Spalten bestimmter Dicke eingesetzt werden.
- Die Drahtkaliber: Sie werden in derselben Weise gehandhabt, um den Durchmesser der Drähte zu messen.
- Die Gewindekaliber: Sie dienen zur Bestimmung des Schraubengangs (Ganghöhe). Sie bestehen aus einem Spiel von dünnen Lamellen mit dem Profil verschiedener Gewinde.
- Die Spannblechkaliber: Sie werden zur Kontrolle von zylindrischen Stücken eingesetzt.

Wasserwaage: Zur Kontrolle der horizontalen Lage.

Der Bleidraht: Zur Kontrolle der Vertikalität eines Stückes.

Die Werkbank und die Festhaltewerkzeuge

Die Werkbank: Massiver Tisch, auf welchem der Kunsthandwerker sein Werk aufstellt oder befestigt. Hier werden die Schraubstöcke befestigt. Sie bestehen aus drei Elementen: der Tischplatte, den Füssen und einem Ablagebrett. Das Tischblatt (etwa 80 cm über Boden) besteht aus zwei bis drei Teilen Hartholz (zum Beispiel Buchenholz), die fest miteinander verbunden sind. Die Gussbeine sind am Tischblatt und am Boden mit Bolzen festgemacht.

---

1   Bei diesem Winkel wird das Theorem, gemäss welchem alle Mittelsenkrechten
    sich im Mittelpunkt des Umkreises schneiden, in die Praxis umgesetzt.

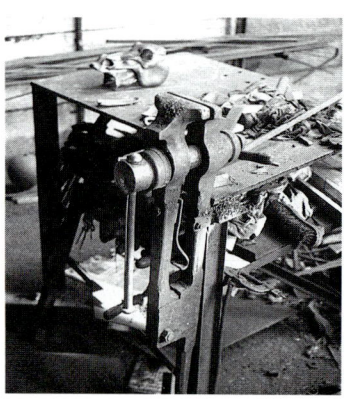

Links: Werkbank aus Stahl und ein Schraubstock mit Stütze.

Rechts: Zwei kleine Schraubstöcke – ein Handschraubstock und ein kleiner Goldschmiedschraubstock.

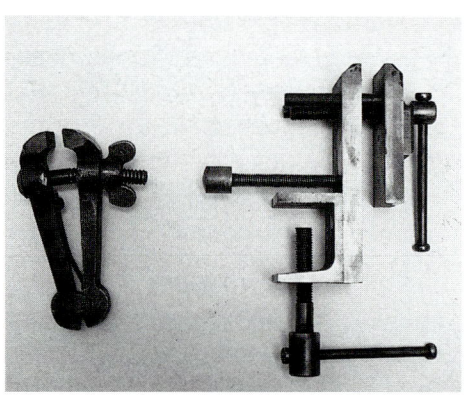

Das Ablagebrett ist an den Beinen befestigt und in Bezug auf das Tischblatt zurückversetzt. Die Werkbank kann mit Werkzeugschubladen oder Schränken ausgerüstet sein. Die Beleuchtung der Werkbank ist mit Vorteil von vorne oder von rechts angeordnet.

Die Schraubstöcke: Es handelt sich um Werkzeuge, die aus zwei Metallstangen bestehen, an deren Ende sich Klemmen oder Backen befinden, welche sich mit Hilfe einer Schraubenmutter einander annähern lassen, um das zu bearbeitende Werkstück gut festhalten zu können. Es gibt eine Vielzahl von Schraubstocktypen, die den verschiedenen Anwendungszwecken angepasst sind.

– Der Fusskloben (stationär oder beweglich): Sein fester Arm stützt sich auf den Boden und ist mittels einer Bride am Tischblatt befestigt. Der mobile Arm, vom festen Arm getragen, ist um einen Drehzapfen schwenkbar. Jeder Arm aus gehämmertem Stahl ist mit einer Spannbacke aus Hartstahl ausgerüstet: geschweisst, zugerichtet und gehärtet. Der Abstand des mobilen Arms vom festen Arm erfolgt mittels einer Spannfeder. Die Annäherung vom mobilen Arm zum festen Arm geschieht über eine Flachgewindeschraube mit Hilfe eines Umstellhebels. Dieser Schraubstock eignet sich für verhältnismässig schwere Werkstücke. Sein grösster Nachteil ist der, dass die Spannbacken nicht parallel bleiben, wenn die Arme weit auseinanderklaffen.

– Der Parallelschraubstock (stationär oder mobil): aus Guss oder Stahl, am Tischblatt der Werkbank mit vier Ringschrauben[1] befestigt. Die mobile Klemme wird in der Querbewegung über eine mit der festen Klemme verbundene Laufschiene geführt. Die Umdrehung der Schraube bewirkt einerseits die Schliessung des Schraubstocks durch Verschieben der mobilen Klemme und anderseits deren Öffnung durch Zurückziehen. Die beiden Spannbacken bleiben auch bei extremem Auseinanderklaffen der Klemmen parallel.

– Die Handkloben: Sie dienen zum Festhalten kleiner Werkstücke mit einer Hand, während die Arbeit mit der andern Hand erfolgt. Die Spannbacken dieses Schraubstocks sind bisweilen mit einer V-Kerbe versehen, zur Erleichterung des Festhaltens von Zylinderformen.

– Die Schraubstock-Einsatzbacken: Es handelt sich um ein Futteral der Schraubstockbacken zum Schutz der fertigbearbeiteten Werkstücke beim Einspannen im Schraubstock. Sie sollen immer aus einem weicheren Material – Holz oder Metall – bestehen, als das einzuspannende Werkstück ist. In der Regel verwendet man dafür Holz, Blei, Kupfer oder Aluminium.

---

1 Ringschraube: lange Schraube, deren Kopf aus einem Ring besteht.

Die Klemmvorrichtungen (Zwingen): Diese Werkzeuge werden zum provisorischen Zusammenhalten von Teilen eines Werkstücks verwendet, um diese einer Bearbeitung (zum Beispiel: Bohren, Schweissen, Verleimen usw.) zu unterziehen. Sie bestehen aus einem Schwanenhals-Teil als Stütze und ihm gegenüber aus einem Schraubgewinde, das ein Festspannen ermöglicht.

Greifwerkzeuge

Es handelt sich um Werkzeuge zum Greifen, Handhaben, Festspannen oder Entspannen. Ihr mehr oder weniger wichtiger Hebelarm verstärkt die Kraft der Hand.

Die Zangen, Klemmen und Kluppen: Ihre Länge variiert zwischen 12 und 25 cm. Es gibt eine Vielzahl solcher Werkzeuge für bestimmte Anwendungszwecke. Alle sind mit um eine Öse schwenkbaren Klemmen ausgerüstet und haben zwei gerade oder gebogene Griffe. Sie dienen zur Handhabung der Werkstücke (zum Festspannen und Biegen, zum Schneiden von Drähten oder dünnen Kabeln usw.).

Die Schlüssel: Sie dienen unter anderem zum Festhalten von zwei oder mehreren Stücken, ohne manuelle Kraft aufzuwenden. Ihre Hauptfunktion besteht aber im Festziehen und Lösen von Bolzen, Schraubenmuttern usw. Die einfachen, festen Schlüssel passen nur für eine Mutterngrösse (oder zwei beim Doppelschlüssel). Die Gabelschlüssel, die englischen Schlüssel lassen sich an alle Dimensionen anpassen.

Links: Verschiedene Befestigungssysteme für Werkstücke unter sich oder am Werktisch – Zangen, Zwingen usw. Rechts: Verschiedene Modelle von Zangen und Schlüsseln. Gabelschlüssel, Wasserpumpenzange, Doppelkopfschlüssel, Telefonzangen, Kombizangen, Schneidzangen, Beisszangen.

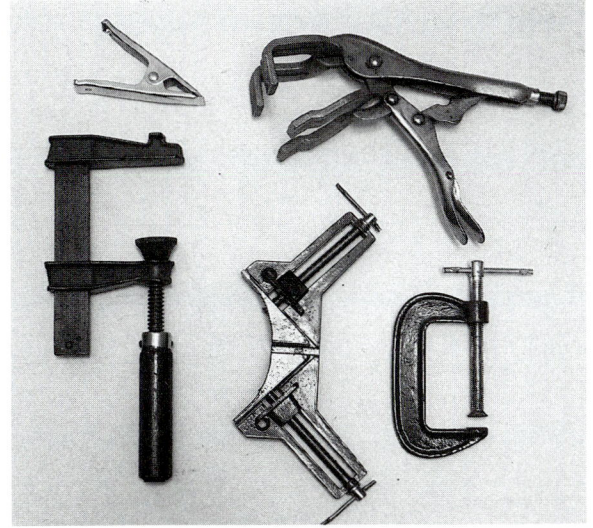 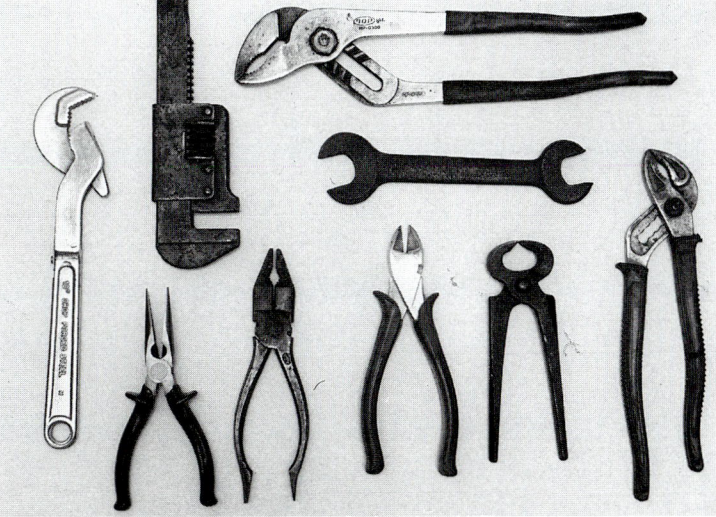

Der Meissel
Er besteht aus einem Kopf (a), einem Schaft (b), einem Kern (c)
und einer Schneide (d). Die zwei Schneidflächen bilden einen Schneidwinkel (e),
der auf das zu bearbeitende Material abgestimmt ist.

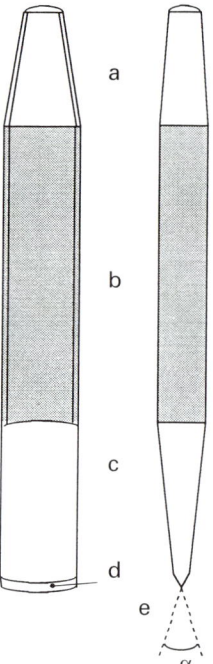

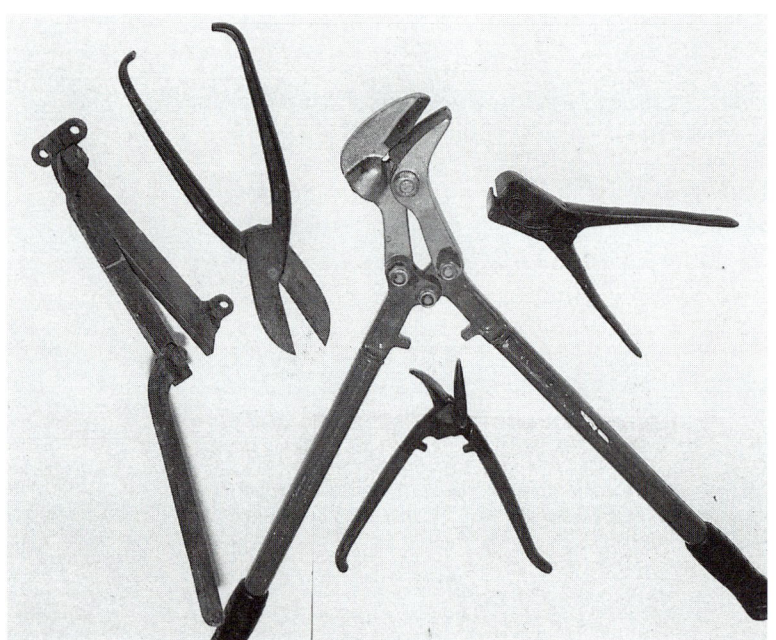

Einige Modelle von Hand(blech)scheren.

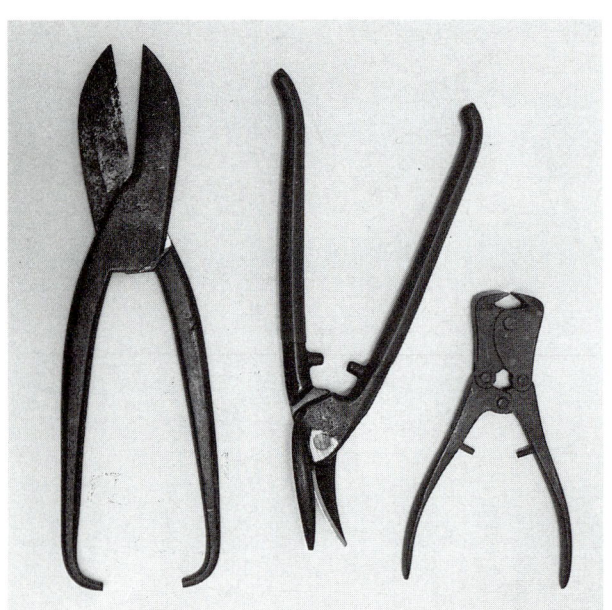

Blechschneidetisch im Betrieb.

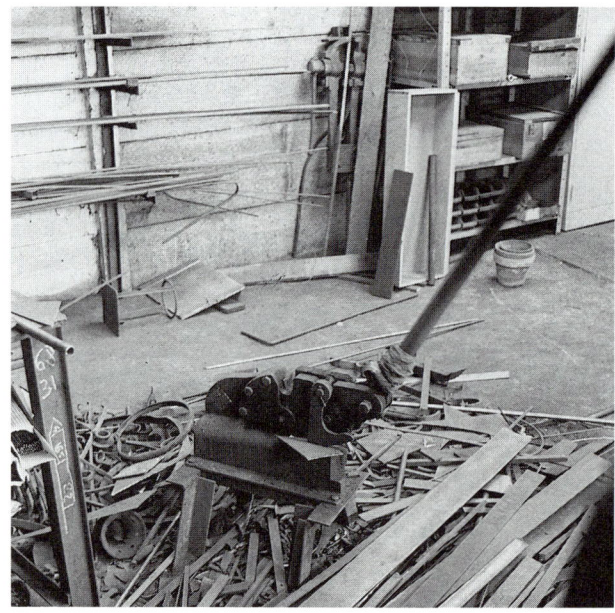

Schneidwerkzeuge

Die Meissel: Diese Werkzeuge erlauben das Zerteilen kleiner Stücke oder die Rohbearbeitung von dicken Stücken. Sie sind aus Kohlenstoffstahl und bestehen aus einem Schaft, einem Kopf, einem Kern und einer Schneide. Der Schaft ist verhältnismässig kurz und flach, der nicht gehärtete Kopf ist abgerundet, während der Kern keilförmig verjüngt und die Schneide gehärtet ist. Die beiden Schneidflächen der Schneide bilden einen der spezifischen Arbeit entsprechenden Winkel: 60° bei Weichstahl, 70 bis 80° bei Guss.

Die Gratbildung am Schneidkopf des Meissels ist möglicherweise auf eine fehlerhafte Handhabung zurückzuführen; es lohnt sich, diese Grate zu entfernen. Anderseits ist es ratsam, eine abgestumpfte Schneide nachzuschärfen, wobei ein Überhitzen zu vermeiden ist (wenig Druck, kurze Passen). Der Schneidwinkel und seine leicht bombierte Form sind einzuhalten.

Die Blechscheren: Grosse Scheren werden zum Schneiden von dünnen Blechen verwendet. An der Schnittstelle entsteht nur ein ganz kleiner Materialverlust. Die Scheren werden mit einer Hand oder mit beiden Händen bedient, je nach der Grösse und Dicke der zu schneidenden Bleche. Sie bestehen aus zwei mit Griffen verlängerten Schneiden, einem Drehbolzen, der gleichzeitig die beiden Elemente zusammenhält. Der zwischen den Schneiden ausgesparte Zwischenraum wird als «Schneidenspiel» bezeichnet. Dieser Zwischenraum muss der Dicke der zu schneidenden Bleche angepasst werden. Ist er zu gross, stösst das Material auf, ist er zu klein, stumpfen die Schneiden zu schnell ab.
- Die Handschere: Sie eignet sich zum Schneiden von 0,5 mm starken Stahlblechen.
- Die von Hand bediente Bankschere: Ihr Innenschenkel ist am Werktisch (zum Beispiel mit einem Schraubstock) befestigt; der andere, längere Schenkel, mit einem Hebelarm versehen, erlaubt das Schneiden von dickeren Blechen.
- Der Blechschneidetisch: Vergleichbar mit der auf dem Werktisch montierten Blechschere, steht jedoch auf dem Boden und weist einen längeren Hebelarm auf.

Die Handsägen: Sie dienen zum Stückeln der Objekte. Die Metallsägen bestehen aus einem Spannrahmen, ausgerüstet mit einem Griff und zwei Halterungen, von denen eine mobil ist, und einem Sägeblatt. Dieses ist mittels Stiften in den Halterungen fixiert. Das Blatt besteht aus gehärtetem Stahl und weist eine oder zwei Schneiden auf. Seine Spannung lässt sich mit der Flügelmutter an der mobilen Halterung regulieren. Das Schneidblatt ist gekennzeichnet durch seine Teilung (Abstand der Zähne) und seine Schnittbreite.

Die Teilung der Zahnung ergibt sich aus dem Abstand zweier aufeinanderfolgender Zähne. Sie muss dem zu sägenden Material angepasst sein: Für die weichen Metalle (Blei, Zinn) wendet man eine grosse Teilung an (14-15 Zähne auf eine Länge von 25 mm); für die halbharten Stähle, die Legierungen von harten Metallen und die Legierungen von Kupfer wählt man eine mittlere Teilung (22 Zähne/25 mm); für die dünnwandigen Materialien wählt man eine kleine Teilung (32 Zähne/25 mm).

Die Schnittbreite des Sägeblatts ist der seitliche Abstand seiner Zähne. Durch Verschränken der Zähne alternativ nach rechts und nach links oder auch durch eine Welligkeit des Sägeblatts ergibt sich die Schnittbreite. Die Folge der Schnittbreite ist die, dass der erhaltene Schnitt breiter ist als die Blattdicke.
- Die Dekupiersäge: Es handelt sich um eine Säge mit einem tieferen als breiten Spannrahmen. Man wendet sie zum Schneiden von variablen Formen an. Das Sägeblatt ist tiefliegend und maximal gespannt.

Der Kreuzmeissel
Dieses Werkzeug, zum Aushöhlen bestimmt,
besteht aus einem Kopf (a), einem Schaft (b),
einem Kern (c), einer Schneide (d), deren Schneidflächen einen bestimmten Winkel bilden (e).

Werkzeuge zum Bohren/Aushöhlen
a   Kehlhobelmeissel
b   Grabstichel (oder Gravierstichel)

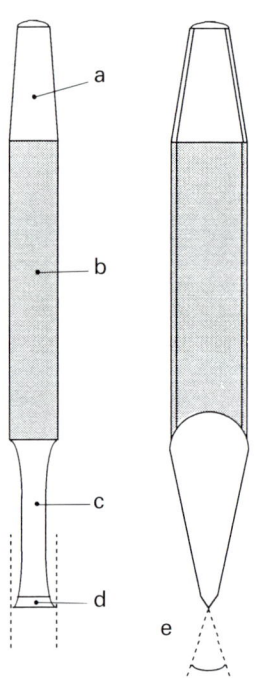

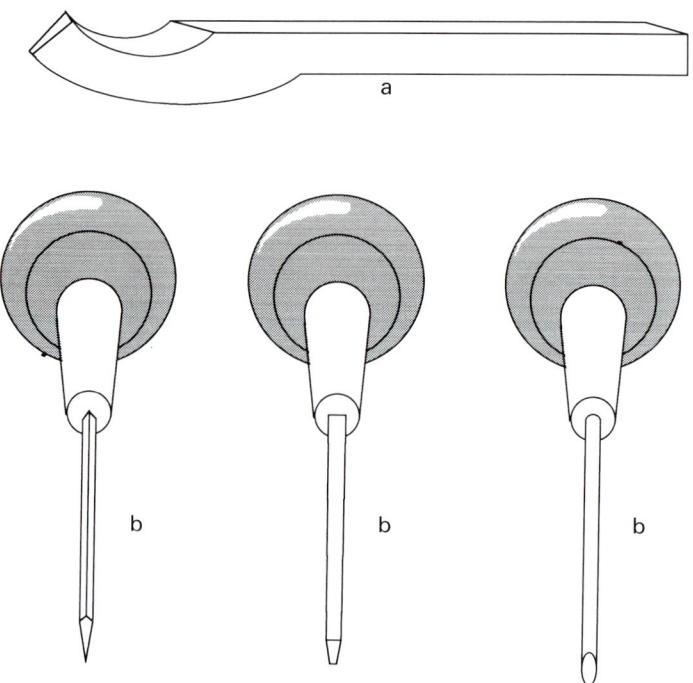

Werkzeuge zum Bohren und Aushöhlen

Der Kreuzmeissel: Der Einsatz des Kreuzmeissels bereitet die Arbeit des gewöhnlichen
Meissels vor für die Bearbeitung grosser Oberflächen oder extremer Dicken, oder auch um
Kerben grob abzuarbeiten. Er besitzt einen dem Meissel ähnlichen Kopf und Schaft, ist
jedoch mit einer schmalen, am Ende leicht erweiterten Klinge (Kern) ausgerüstet. Die
schmale Schneide ist senkrecht zur Achse angeordnet; sie ist gehärtet.

Der Kehlhobelmeissel: Er dient zum Ausarbeiten von Kerben auf konkaven Oberflächen.
Der Beitel (Meissel): Stahlwerkzeug, dessen Schneide angefast ist, zum Begradigen und
Fertigbearbeiten der Modelle von Metallplastiken.

Der Hohlmeissel (Hohlbeitel): Beitel mit gekrümmter Schneide zum Grobbearbeiten der
Rundwinkel.

Der Aushiebmeissel (Grabstichel): Ein Meissel mit Holzgriff und einer flachen und schmalen Schneide. Dieser Spezialmeissel dient zum Abarbeiten überschüssigen Materials bei
der Reparatur von geschmolzenem Metall. Der runde Aushiebmeissel weist eine nach aussen gewölbte (konvexe) Schneide auf; er wird zum Aushöhlen von Rinnen auf der Metalloberfläche eingesetzt.

Aushöhlwerkzeuge (Bohrwerkzeuge)

1 Bohrer
  a Hinteres Ende
  b Hals
  c Spiralrille
  d Führungsfalte
  e Hauptschneiden
  f Spitzenwinkel

2 Bohrfräser (Entgrater)
  a Hinteres Ende
  b Kopf
  c Schneiden
  d Senkwinkel

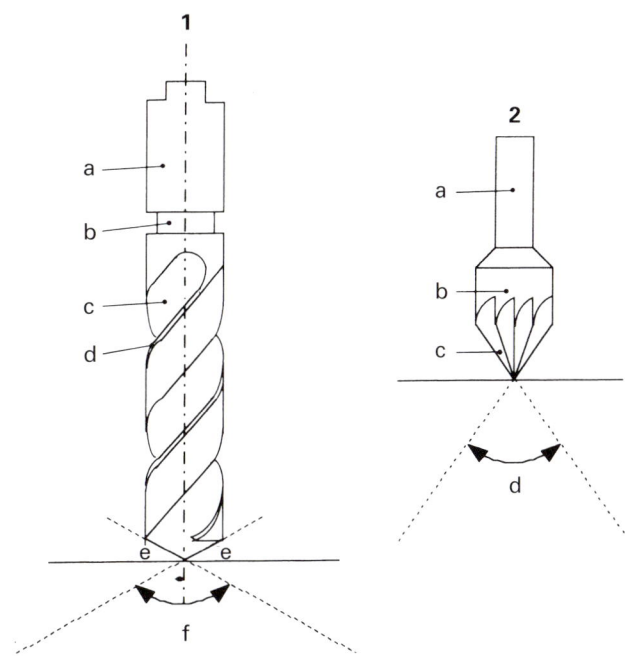

Der Fräser: Er besteht aus einem Rotationsdrehkörper mit einer geeigneten Zahnung. Wenn er um seine Achse rotiert, wirkt er auf der Oberfläche, gegen die er eingesetzt wird, spanabhebend. Die Fräser werden aus hochqualitativen Schnellstahl oder aus Wolframkarbid (Hartmetall) gefertigt. Die Schnellstahlfräser eignen sich besonders für die Bearbeitung von ungehärtetem Stahl. Die Hartmetallfräser dienen zum Fräsen von Hartmetallen; sie sind vibrationsempfindlich. Die Fräser werden auf elektrischen Drehbänken (Bohr-, Fräsmaschinen) eingesetzt. Schnellstahlfräser drehen bis 1600-9000 Umdrehungen pro Minute, Hartmetallfräsen bei 11000-50000 U/Min.

Aushöhlwerkzeuge (Bohrwerkzeuge)

Der Lochstanzer (Aushauwerkzeug): Meissel mit kreisförmiger Schneide. Er erlaubt, mit dem Hammer Löcher in weiches Metall zu schlagen.

Der Bohrer: Schneidwerkzeuge, das zylindrische Löcher bohrt. Zum Bohren von Metallen bedient man sich in der Regel des spiralförmigen Bohrers aus Kohlenstoff- oder legiertem Stahl. Die Bohrer sind nach dem Durchmesser numeriert.

Er besteht aus einem Verankerungsende, einem Bohrkörper und einer Spitze als Schneidelement. Der zylindrische Verankerungsschaft wird in der Bohrmaschine eingesetzt. Der Bohrkörper weist zwei Schraubennuten auf, zum Abführen der Späne. Die Spitze weist zwei, in einem bestimmten Winkel (Spitzenwinkel) angeordnete Schneiden auf. Dieser Winkel muss dem zu bearbeitenden Material entsprechen. Zum Bohren von Stahl oder Grauguss eignet sich ein 116-140° einschliessender Winkel; bei rostfreiem Stahl ist der geeignete Spitzenwinkel 140°.

Während seines Einsatzes wird der Bohrer zwei Bewegungen unterworfen: einer Drehbewegung um seine Achse und einer Vorwärtsbewegung (Vorschub, Zustellung), auf die

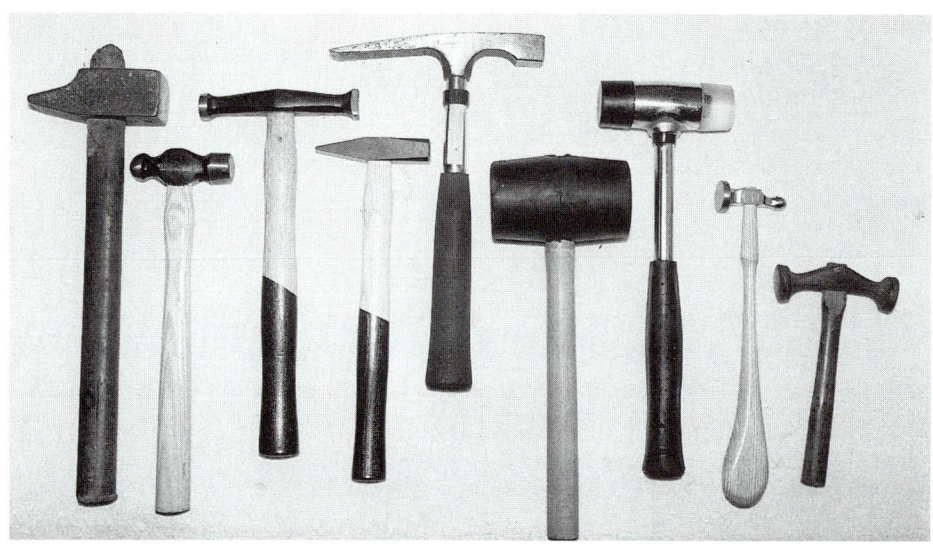

Verschiedene
Hämmer

Achse bezogen. Zum Festhalten des Bohrers (Bohrwelle, elektrische Bohrmaschine, Tisch-bohrmaschine) verwendet man ein Spannfutter. Dieses kann drei Spannbacken (Bohrer bis 10 mm Durchmesser) oder zwei Spannbacken (Bohrer grösseren Durchmessers) aufweisen.

Mit Hilfe der Bohrfräser lassen sich bestehende Austiefungen modifizieren, sei es zum Entgraten, sei es um einen konischen Sitz für eine Niete oder einen Schraubenkopf zu boh-ren. Sie bestehen aus einem Verankerungs- und einem zylindrischen Kopf, in welchen die Schneiden durchgebohrt sind. Die Bohrfräser sind durch einen Senkwinkel (es ist der Win-kel, den die Schneiden unter sich bilden) charakterisiert. Sie werden bei reduzierter Ge-schwindigkeit angewendet.

Die Schlagwerkzeuge

Die Hämmer: Die Hämmer sind Schlagwerkzeuge, bestehend aus einer Masse aus hartem Stahl, in die zur Aufnahme des Stiels ein Loch gebohrt ist. Es gibt ungezählte Varianten von Hämmern, die sich in der Form und im Gewicht voneinander unterscheiden.

Die Metallmasse oder der Kopf umfasst den Schlagteil, die Finne (schmale Hammer-bahn) und das Hammerloch. Der Schlagteil ist die Oberfläche des Kopfs, mit der die Schlä-ge versetzt werden. Er ist leicht bombiert, um die Schläge auf einen bestimmten Punkt zu lenken. Die Finne liegt dem Schlagteil gegenüber am anderen Ende. Ihre Form verjüngt sich bis zu äusserst, ist über der Dicke abgerundet und in der Länge leicht bombiert. Der Schlagteil und die Finne sind gehärtet.

Zwischen den beiden befindet sich das Hammerloch, beidseitig ausgeweitet, zur Auf-nahme und Befestigung des Stiels mit Hilfe eines Keils aus Stahl. Der Stiel aus Hartriegel hat einen elliptischen Querschnitt. Das Ende des Stiels, das in das Hammerloch passt, ist leicht konisch. Ist der Stiel einmal gut geklopft, schneidet man den über den Hammerkopf hinausgehenden Teil mit einem Messer ab und bereitet eine Kerbe zur Aufnahme des Keils vor. Dieser ist gerippt, um einen tadellosen Sitz zu gewährleisten. Der Keil wird quer zur Stielachse eingeschlagen.

Spezialhämmer aus Gummi, Holz oder Kunststoff werden bei der Blechbearbeitung an-gewendet.

Die Werkzeuge für die Fertigbearbeitung (Finish)

Die Schleifscheiben: Siehe Fertigbearbeitung (Schleifen und Polieren).

Die Feilen: Werkzeuge zur Grobbearbeitung und zur Feinbearbeitung der Werkstücke. In der Regel aus Kohlenstoffstahl, umfassen die Feilen einen behauenen Teil, einen Absatz und eine Angel. Zur leichteren Handhabung sind die Feilen öfters mit einem Griff ausgerüstet. Der behauene Teil wird charakterisiert durch eine Folge von Parallelkerben, eingekerbt oder gefräst. Hat die Feile zwei Reihen von Kerben, kreuzen sich diese unter einem bestimmten Winkel. Das Intervall zwischen zwei Folgezähnen nennt man die «Breite der Kerbung». Die Länge der behauenen Partie ist die «nominale Länge» der Feile. Der behauene Teil ist stets gehärtet. Der Absatz ist der nicht aufgerauhte Teil zwischen dem behauenen Teil und der Angel. Die Angel ist der zu einer Spitze auslaufende, geschmiedete und nicht gehärtete Teil, der zur Befestigung des Griffs dient.

Der Griff ist aus Buchenholz gefertigt, bisweilen aus Esche oder Birke. Das eine Ende ist abgerundet und das andere mit einem Ring versehen, der beim Einsetzen des Griffs verhindert, dass dieser bersten kann. Die Vertiefung für die Angel wird in der Griffachse so gebohrt, dass das Loch in der Tiefe immer kleiner wird, um der konischen Form der Angel zu entsprechen.

Klassierung der Feilen
Die Feilen werden nach ihrem Profil, ihrer Behauung und ihrer nominalen Länge eingeteilt. Das Profil einer Feile entspricht der Form ihres Querschnitts. Man unterscheidet flache oder rechteckige, Vierkant-, Dreikant-, Rund- oder Halbrund-, zylindrisch-konische oder Vogelzungenfeilen.

Die Feilpartie (Behauung) entspricht dem Freiraum zwischen den fortlaufenden Kerben und deren Tiefe. Je grösser der Feilenhieb, umso tiefer sind die Kerben und umso rauher ist die Feile. Die Feilen sind unterteilt in extraweich (1/2 D), grob (B) und sehr grob (R). Die Nominallänge der Feile wird in Fuss ausgedrückt (1" = 25,4 mm)

Verwendung der Feile
Das zu feilende Werkstück wird in einem Schraubstock auf angemessene Höhe eingespannt. Die richtige Höhe ist wichtig, weil der die Arbeit Ausführende, gerade aufgerichtet, seinen Ellbogen auf den Klemmbacken des Schraubstocks ausruhen kann, während seine geschlossene Faust unter dem Kinn liegt. Man spannt das Stück horizontal ein, so dass es 5-10 mm über die Spannbacken herausragt.

Die Haltung des Feilenanwenders vor dem Schraubstock ist nicht unwichtig: Sein linker Fuss soll sich immer in der Richtung der Feilenstriche befinden; sein rechter Fuss soll zum linken Fuss einen Winkel von 80-90° bilden.

Die Feile wird wie folgt geführt: Die rechte Hand, Daumen nach oben, hält den Griff, während der linke Handballen auf dem Ende der Feilenfläche ruht, gehalten durch die Finger. Die linke Hand übt bei der Vorwärtsbewegung einen Druck aus, der bei der Rückwärtsbewegung gelockert wird.

Man bearbeitet die ganze Oberfläche mit der Feile in einer Richtung (von rechts nach links), mit einer Neigung der Feile von 45° zur Schraubstockachse. Dann verändert man die Position und feilt in der entgegengesetzten Richtung, senkrecht zur vorhergehenden. Man bezeichnet dies mit «Kreuzstrich».

Werkzeuge für die Fertigbearbeitung

Die Feilen
1   Eine Feile besteht aus einem aufgerauhten Teil (a),
    einer Spitze (b), einem Absatz (c) und einer Angel (d).
    Die Nominallänge geht von der Spitze bis zur Angel.
2   Verschiedene Feilenprofile. Von oben nach unten:
    flach, vierkantig, dreieckig, rund, halbrund, vogel-
    zungenförmig, rhombusförmig, grob (zur Bearbeitung
    von grossen Flächen), grob (zur Grobbearbeitung).

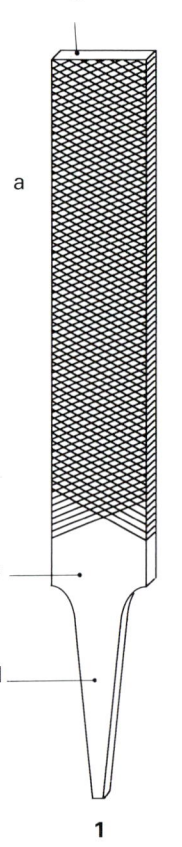

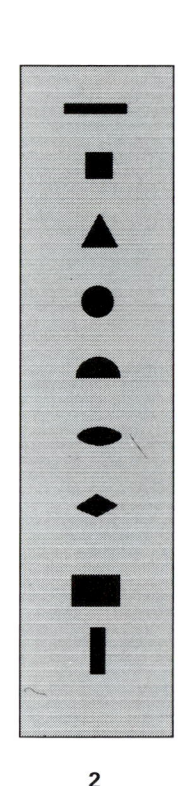

Anwendung der Feile. Jean-Claude Hug schruppt
eine Schweissnaht und rundet die Winkel ab.

Verwendet man kleine Feilen, übt man den Druck auf die Feile gegen das Werkstück aus,
wobei die Fingerspitzen auf dem aktiven Teil der Feile ruhen. Zum Abfeilen kleiner Öffnungen hält man den Feilengriff mit beiden Händen.

Die Doppelkreuzfeilen werden in der vorgegebenen Folge eingesetzt: die ganz groben
zur Grobbearbeitung , die feinsten für die Fertigbearbeitung (Finish).

Die Einfachkreuzfeilen (Schärffeilen) führen zu einer sehr glatten Oberfläche, dringen
jedoch nur schwer in das Werkstück ein.

Zur Reinigung verschmutzter Feilen bürstet man sie mit einer harten, in Äther, Benzin
oder Terpentinöl getränkten Bürste. Man vermeidet ein Verschmieren (Vollsetzen) der Feile
bei der Arbeit, indem man sie einölt.

Die Riffelfeile ist eine Feile mit tiefer Kerbung, die für grobe Schrupparbeiten auf Metall
eingesetzt wird. Die weiche Feile ist eine Feile mit sehr feinem Korn; sie wird zum Glätten
von rauhen Metallflächen angewendet.

Feilenbürste, -kratzer: Es handelt sich um Geräte zum Reinigen von vollgesetzten Feilen. Die Feilenbürste ist ein Brettchen mit Handgriff, an dem eine mit nach vorn gebogenen Stahldrähten gefertigte Karde befestigt ist. Die Bürste wird der Steigung der Kerbung folgend nach vorn gestossen; es wird dabei nur ein mässiger Druck ausgeübt.

Beim Kratzer handelt es sich um einen Schaft aus Kupfer, dessen Ende als Keil abgeflacht ist. Man stösst diesen in jede Kerbe und befreit die dort vorhandenen Späne.

Die Stichel (Ziselierpunzen): Die Stichel sind kleine Stahlstifte (10-12 cm lang und 3-10 mm dick), deren Ende (die aktive Seite) stark gehärtet, jedoch nie schneidend ausgebildet ist. Diese aktive Seite weist einen Vierkant-, Rechteck-, Dreieck- oder ovalen Teil auf. Das andere Ende wird mit einem leichten Hammer geschlagen, wobei das Werkzeug die Metalloberfläche eindrückt, aber nicht schneidet.

- polierter Stichel: Stichel, dessen aktives Ende glatt und poliert ist.
- matter Stichel: Stichel, dessen Ende mit Körnern oder geometrischen Formen, kreuz- oder reliefweise, versehen ist. Dieser Stichel verleiht der bearbeiteten Oberfläche ein besonderes Gefüge.
- Flachstichel: Stichel mit flachem, glattem Ende zum Glätten, der Oberflächen, was mit dem Hammer nicht mehr möglich ist.

Die Glättstähle (Glanzdrücker): Diese Werkzeuge sind zum Polieren von Metallen durch Stauchen der Oberfläche bestimmt. Sie werden besonders von den Goldschmieden angewendet, um Gold- und Silberoberflächen Brillanz zu verleihen. Sie bestehen aus gehärtetem Stahl, Hämatit oder Achat.

Die Glättstähle sind in der Regel von abgerundeter Form (Knopfgriff, Geissfuss, Hundszunge): Sie sind dann wie ein Polierer geformt. Weist der Glättstahl eine scharfe Kante auf, hat das Werkzeug auch eine Schneidewirkung (für Folien).

Elektrowerkzeuge

Ein Zwischenglied zwischen dem Handwerkzeug und der stationären Werkzeugmaschine ist das Elektrowerkzeug, das leistungsfähig ist und sich erst noch einer grossen Beweglichkeit erfreut. Eine grosse Zahl von Handwerkzeugen lässt sich mit Hilfe eines Spannfutters auf Bohrmaschinen einsetzen (Bohrer, Schleifscheiben, Bürsten, Fräser usw.); anderseits lassen sich die gleichen mobilen Bohrmaschinen auf einen Support montieren und zu festen Tischbohrmaschinen umwandeln.

Die meisten Bohrmaschinen lassen sich mit Zubehör ergänzen, so dass sie zusätzliche Funktionen wahrnehmen können: Sägen, Bohren, Nibbeln, Schleifen, Schärfen usw. Auf diese Weise lassen sich Kosten einsparen, besonders wenn gewisse Werkzeuge nur selten in Gebrauch sind. Für die häufigsten Arbeiten existieren Spezialwerkzeuge, die verschiedene Funktionen erfüllen. Dazu gehören:

- Die Stichsäge: das Sägeblatt weist eine Hin- und Herbewegung auf, senkrecht zur Werkzeugbewegung.
- Die Bandsäge: Sie lässt ein endloses Sägeblatt senkrecht zur Auflage des zu schneidenden Blechs zirkulieren. Dieser Sägetyp eignet sich vorzüglich für das Sägen von runden oder unregelmässigen Formen.

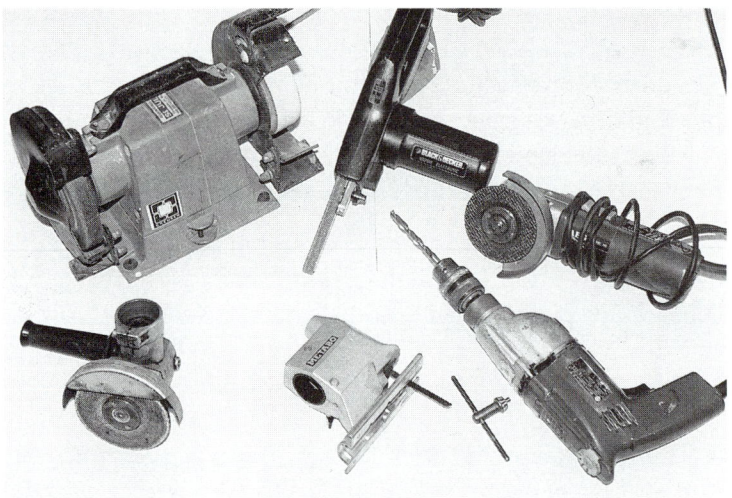

Elektroausrüstung erster Wahl: Schleifbock, Elektrofeile, Winkelschleifer. Unten rechts Bohrmaschine mit Bohrer und zwei Zubehörteilen: eine Stichsäge und ein Winkelschleifer.

Oben: Einige Elektrowerkzeuge. Winkelschleifer, Elektrofeile, Tischbohrmaschine, Arbeitsplatz für Lichtbogen-Schweissung. Unten: Robert Persey (England) bei der Schmiedearbeit mit einem mechanischen Hammer.

Klassierung der Maschinen für die Metallbearbeitung
(nach S. Berens)

Funktion	Maschinen
Ausbringen	Alternative Sägen, Kreissäge, Bandsäge, Schneid-, Abwickelmaschine
Bohren	Tragbare Bohrmaschine, Handhebelbohrmaschine, Standbohrmaschine
Ausbohren	Bohrwerk
Gewindebohren	Gewindeschneidmaschine, Gewindebohrmaschine
Hobeln	Hobelmaschine, Stempelhobelmaschine
Einzapfen	Zapfenlochmaschine
Drehen	Drehbänke, Leit- und Zugspindeldrehbänke, Automatendrehmaschine, Spezialdrehmaschinen
Fräsen	Fräsmaschinen
Räumen	Räummaschinen
Schruppen und Schleifen	Schleifscheiben, Schärfmaschinen, Schleifmaschinen
Spezielle Arbeiten	Getriebeschneidmaschinen, Zentrierbänke, Koordinatenbohrmaschine, Feilmaschine, Läpp- und Honmaschinen

- Die Nibbelmaschine: Sie ist bestimmt zum Schneiden von Metallfolien (Blattmetall) ohne Verformung. Der Schneidvorgang ist aber mit einem recht hohen Materialverlust verbunden.
- Die Trennmaschine: Die Trennmaschine lässt sich mit oder ohne Support einsetzen, das heisst als fixe oder mobile Handmaschine.
- Der Schleifbock: Er eignet sich vorzüglich zum Schärfen von Werkzeugen, zum Schleifen und leichterem Schruppen.
- Die Poliermaschinen: für alle Fertigbearbeitungsoperationen
- Die Abschneidapparate: Sie dienen zum Kantenbeschneiden und Scherschneiden von Metallblechen ohne Späne.
- Die Elektrofeilen: Sie sind für Arbeiten bestimmt, bei denen Material weggenommen werden muss, oder wenn eine Endbearbeitung erforderlich ist.

Die Werkzeugmaschinen

Es handelt sich um stationäre, elektrische Maschinen, zum Formen von metallischen Werkstücken in einem oder mehreren mechanischen Arbeitsgängen. Ihr Preis ist sehr hoch, so dass diese Maschinen nur für wenige Anwender zugänglich sind.

Das Abschreckhärten und Anlassen der Werkzeuge

Die relative Härte vom Stahl für Werkzeuge wird von der Gesamtheit der Behandlungen bestimmt. Mit dem Abschreckhärten lässt sich die durch Erhitzen erzielte Molekularstruktur erhalten. Man bringt das Metall vorerst auf eine Temperatur von etwa 1000° C, um ihm die maximale Härte zu verleihen. Bei dieser Temperatur muss das Metall eine kirschrote Farbe aufweisen. Erhitzt man das Metall zu stark, verbrennt es und wird unbrauchbar. Sobald es die rote Farbe annimmt, wird es brüsk ins kalte Wasser getaucht. Das abschreckgehärtete Metall ist von da an sehr hart, aber zu spröde-brüchig für die Verwendung. Um es geschmeidiger zu machen, wird es sorgfältig bei mildem Feuer auf die gewünschte Nachglühtemperatur erhitzt. Zur Abschätzung dieser Temperatur beobachtet man die Verfärbung, die sich auf dem polierten Stahl gemäss dem Oxidationsgrad einstellt. Jede Farbe entspricht einer bestimmten Temperatur (siehe Seite 58). Je mehr man die Anlasstemperatur erhöht, umso grösser ist der Verlust an Härte beim Werkzeug. Wird nun das Metall in einem dieser Stadien ins kalte Wasser getaucht, behält es die charakteristischen mechanischen Eigenschaften der in diesem Moment erreichten Temperatur.

In der Praxis erhitzt man das Werkzeug ungefähr 5 cm von der Spitze entfernt und kühlt es schnell im kalten Wasser ab. Dann poliert man die Spitze und wartet bis sich die Hitze, die sich im Handgriff akkumuliert hat, bis zur Spitze ausbreitet und ihr die der gewünschten Temperatur entsprechende Farbe verleiht. Stellt sich diese ein, wird das Werkzeug (nun das ganze Werkzeug) erneut brüsk ins kalte Wasser getaucht.

Marcel Gili bei der Arbeit. Die Technik des Treibens.

Die Techniken

«Die Möglichkeiten, die sich dem Plastiker in der Metallbearbeitung bieten, mittels neuer Methoden und Techniken, sind praktisch unbegrenzt. Das Konzept muss nicht mehr auf die Grösse des Rohblocks Rücksicht nehmen; der Künstler ist zur Wahrung des Bestandes seiner Werke nicht mehr von der Giesserei abhängig. Er kann sich bei allen Anstrengungen auf den kreativen Akt konzentrieren, ohne sich mit dem Material gross abgeben zu müssen.»

Jaun Nickford

Die Aufbereitungstechniken

Allgemeine Übersicht

Die Giesstechnik ist für alle Zeiten das vom Plastiker am häufigsten angewendete Verfahren, um komplexe Formen in Metall herzustellen. In dieser Technik gibt es verschiedene Varianten: Guss mit Formsand, Guss mit verlorenem Wachs usw., die alle auf demselben Prinzip fussen. Das Metall wird in einem Tiegel auf seine Schmelztemperatur gebracht und im flüssigen Zustand in die Negativform gegossen. Hat sich das Metall verfestigt, befreit man das Stück aus seiner Form und bearbeitet es im kalten Zustand, um ihm das gewünschte Aussehen als Endprodukt zu verleihen.

Obschon Grauguss und Hartstahl giessbar sind, werden sie selten für Plastiken angewendet; zudem erfolgt diese Arbeit stets in der Giesserei. Die naturgegebene Schwierigkeit, Stahl zu formen, ist auf den erhöhten Schmelzpunkt zurückzuführen (1500° C), was oft zum Schmelzen des Formsands, zu Schwindungen von beträchtlichem Ausmass (1,5 bis 2 %), zu Fehlern wegen im geschmolzenen Metall gelöster Gase führen kann (Lunker). Diese Technik wird in diesem Buch nicht behandelt.

Die Technik des Treibens: Es ist eine Technik, die es erlaubt, bestimmte hämmerbare Metalle auf kaltem Weg durch Hämmer oder Schlagen zur Form zu bringen. Die Eisenmetalle sind im kalten Zustand in der Regel schlecht hämmerbar, so dass diese Technik selten angewendet wird, es sei denn bei dünnen Blechen aus rostfreiem Stahl. Oft ist nach längerem Hämmern ein Ausglühen des Metalls nötig, damit die Kaltverfestigung, die das Metall hart und brüchig macht, vermieden werden kann.

Die Schweisstechnik: Schweissen, eine alles umfassende Technik, erlaubt mit Hilfe von Wärme verschiedene Metallstücke zu einem einzigen zu vereinen, d. h. zu verschweissen. Man unterscheidet das autogene oder direkte Schweissen, bei dem die Metallteile durch simultanes Schmelzen der Ränder vereinigt werden (mit oder ohne identisches Stützmetall), das Löten oder das heterogene Schweissen, bei dem die Metallteile durch ein unter dem Schmelzpunkt der zu vereinigenden Metalle liegendes Stützmetall verbunden werden. Das Schweissen erfolgt mittels des Schweissbrenners (Sauerstoff-Acetylen- oder Sauerstoff-Wasserstoff-Schweissbrenner) oder mit elektrischen Schweissgeräten. Die Schweisstechniken werden grundsätzlich zum Vereinigen von weichen Stählen angewendet; sie sind aber auch, einige Vorsichtsmassnahmen vorausgesetzt, auf rostfreie Stähle und Grauguss übertragbar.

Die Schmiedetechnik: Schmieden heisst, die Form von Metall oder einer Legierung durch mechanische Kraft zu modifizieren. Das Schmieden geschieht in der Regel in heissem Zustand, wobei jedes Metall durch ein oder mehrere Temperaturintervalle für optimales Schmieden gekennzeichnet ist. Das Metall wir in der Esse erhitzt, dann, wenn die adäquate Temperatur, bei der es hämmerbar wird, erreicht ist, mit dem Hammer auf dem Amboss zur gewünschten Form geschmiedet.

Francesco Somaini. *Antropoammonite I.* Erstes Stadium. 1975 (Italien).
Guss. 45 x 50 x 25 cm.

Damit sich ein Metall gut schmieden lässt, sollten folgende Qualitäten erfüllt sein: eine geringe Elastizitätsgrenze, eine genügende Schlagzähigkeit und Dehnfähigkeit. Diese Kriterien werden vom Eisen und vom weichen Stahl erfüllt. Das Schmieden erzeugt im Metall eine faserartige Struktur, die seine mechanischen Eigenschaften verbessert.

Die mechanischen Verbindungstechniken: Sie erlauben das Zusammenfügen von mehreren Metallteilen auf mechanischem Weg, am häufigsten im kalten Zustand. Das kann mit Hilfe von Zwischengliedern geschehen: mit Bolzen und Schrauben, Nieten, Stiften, Dübeln oder Agraffen. Einige dieser Verbindungen haben den Vorteil, dass sie sich demontieren lassen oder beweglich sind.

Die Klebtechnik: Die Verbindung von Metallen lässt sich auch mit sehr haftfreudigen Klebstoffen bewerkstelligen. Bestimmte Kleber, die auf dem Markt erhältlich sind, nehmen es sogar mit der Schweissverbindung auf. Im allgemeinen ist die Klebtechnik dort angebracht, wo eine Schweiss- oder mechanische Verbindung nicht ausführbar ist.

Die Formaufbereitung durch Materialabtrag: Mit entsprechenden Geräten ist es möglich, einen Block aus Eisen (wie ein Steinblock) von Hand zu bearbeiten. Diese Methode wird jedoch selten angewandt. Anderseits lässt sich der Stahl vom Plastiker durch Brennen oder durch einen kräftigen Luft- oder Sauerstoffstrahl bearbeiten bzw. abtragen. Dazu eignen sich folgende Geräte/Verfahren: mit dem Schweissbrenner, dem elektrischen Sauerstoffschneider, dem Arcair-Verfahren (Hohlmeissel mit Lichtbogen und Pressluft).

Gleichermassen lässt sich von einem Stahlblock Material durch Sand- oder Stahlkiesstrahlen abtragen. Der italienische Plastiker Francesco Somaini hat eine ausgeklügelte Herstelltechnik von Skulpturen entwickelt, durch Verwendung verschiedener Werkstoffe, darunter auch Stahl. Es ist ausserdem möglich, auf Sprengstoffe auszuweichen: in den Sechzigerjahren haben Plastiker Sprengstoffe eingesetzt, um Stahlplastiken zu kreieren. Ihre zerrissenen und ausgezackten bizarren Formen lassen sich auf keine andere Weise erzeugen (Pierre Hémery, Piotr Kowalski).

Die Formgebung durch Druckapplikation: Ganz im Gegensatz zu der obigen Technik erfolgt das Zusammendrücken von Metallen auf Maschinen, die das Volumen von Automobilen bis auf ein flaches Gerippe reduzieren (César, 1921)!

In der Praxis lassen sich mehrere dieser Techniken zur Herstellung einer Plastik verwenden. Die Wahl sei dem Künstler überlassen: nach seinem persönlichen Gefühl, seinem ästhetischen Anspruch, seinen Fähigkeiten, dem Werkzeug, über das er verfügt, und schliesslich auch nach seinem Budget.

Entwürfe, Maquetten, Zeichnungen

Bevor er sich an die Arbeit macht, hat der Kunstschaffende eine mehr oder weniger vage Idee von dem, was er machen will. Es ist wichtig, dass die technischen Mittel, die er einzusetzen gedenkt, schon am Anfang des Projektes definiert werden. Sodann wird er Handskizzen machen, um seine Absichten konkreter darzustellen (Skizzen mit Bleistift, Kohlestift, Kugelschreiber, Feder oder Markierstift). Diese Zeichnungen erheben nicht unbedingt einen künstlerischen Anspruch, sondern sind in erster Linie Hilfsmittel zur Visualisierung des Projekts, zur Aufdeckung von Fehlern, die zu beheben sind.

Der südafrikanische Plastiker David James Brown sagt dazu: «Wenn ich mir vornehme, eine grosse Plastik zu schaffen, beginne ich mit der Vorstellung eines inneren Bildes: Wie soll die Plastik schliesslich aussehen? In der Regel gewinnt dieses Bild an Aussage, während ich am vorhergehenden Stück arbeite. Später definiere ich die Arbeit und mache Skizzen und Maquetten.»

Hier sei noch ein Ratschlag von George Rickey mitgegeben: «Zeichnen kann schnell und ohne grossen Aufwand überzeugen. Mit Durchzeichnungen oder Papierausschnitten lassen sich Elemente bildlich darstellen; sie können aber auch einen Plan über den Haufen werfen oder ihn umkrempeln. Man kann schneiden und kleben, spontan den Massstab ändern, ohne die Form des Rohwerks zu verändern. Die dritte Dimension ist durch die Perspektive erkennbar. Der Bedarf an Stahl und das Gewicht der Elemente lassen sich abschätzen sowie die wahrscheinlich kritischen Punkte des Gleichgewichts.»

Liegen die Entwürfe einmal vor, ist der Plastiker bereit, eine oder mehrere Maquetten in reduziertem Massstab von der Plastik anzufertigen. Das zu diesem Zweck gewählte Material für die Konstruktion der Maquette variiert von einer Person zur andern. Die einen zie-

Art Brenner. *Sous l'aile de l'oiseau de feu.* 1988 (Frankreich).
Bemalter Stahl. 8 x 26 x 29,5 m. Anchorage, Alaska.

hen die traditionellen Materialien wie Töpferton, Plastilin oder Gips vor. Sie eignen sich vorzüglich für organische oder figürliche Plastiken. Andere wenden modernere Materialien wie zum Beispiel geschäumtes Polystyrol, das mit der Säge oder einer erhitzten Klinge zugeschnitten wird. Zu ihnen gehört der Franzose Jean-Claude Hug, der den Rohling aus Polystyrol mit einem dünnen Aluminiumblech, das er mit der Schere zuschneidet und mit Neopren anklebt, überzieht. Dieses Verfahren eignet sich gut für geometrische Plastiken, was natürlich auch für Papier und Karton zutrifft.

David James Brown, der in seinen Plastiken Holz und Stahl «legiert», verwendet Wachs für die Maquetten: «Der Realisation einer Plastik geht die Herstellung einer detaillierten Maquette voraus. Ich brauche dafür Bienenwachs, das, einmal geschmolzen und während einiger Minuten stehen gelassen, formbar ist wie Mastix. Es ist ein hervorragendes Material, mit dem sich die groben Formen ausdrücken lassen. In diesem Stadium bearbeite und modelliere ich die Formen präziser mit einem erwärmten Spatel und Schaber, indem ich die Partien, die in der Plastik in Stahl ausgeführt werden, glätte und diejenigen für die Holzausführung grob belasse.»

George Rickey äussert sich dazu folgendermassen: «Mein nächster Schritt besteht in der Herstellung von sehr einfachen Maquetten, oft unfertig und sehr schnell improvisiert – vielleicht nur in wenigen Minuten –, die mir mehr sagen als eine Skizze: über die Art des Bewegungsablaufs[1], die Kollosionspunkte, die Modifikationen im Zusammenspiel von Elementen unter sich, wenn sie verschiedene Stellungen einnehmen, die Partien die dem stärksten Druck ausgesetzt sind: vom Wind oder vom Eigengewicht.

Sind diese Fragen gelöst, erfordern die eigentlichen Konstruktionsprobleme weitere Skizzen. Diese können versuchsweise bei den Rohelementen beginnen, die Auskunft geben können über die Beziehungen zwischen der Form und der Montagetechnik.

Es stellen sich Fragen der Zugänglichkeit: Kann ich das Innere einer umschlossenen, kastenähnlichen Form mit Punktschweissen erreichen oder muss ich den Montageplan ändern oder eine Öffnung ausschneiden, die später mit einem andern Element zu schliessen ist? Aufgrund solcher praktischer Überlegungen erstellt man eine massstäbliche Zeichnung, in der die Präzision der Montage zu berücksichtigen ist, die Manövrierbarkeit (wieviel Spiel hat man?), die zu wählende Schweisstechnik, die Notwendigkeit der Abstützung von heiklen Stellen während der Konstruktion und ev. die Beachtung einer bestimmten Reihenfolge der verschiedenen Arbeitsetappen. Wenn möglich erstellt man bei solchen Problemen ein massstäbliches Kroki. Gewisse schwierige Details mit hohen Präzisionsansprüchen sind sogar in einem vergrösserten Massstab zu zeichnen, wenn dies die Interpretation erleichtert.»

Handelt es sich um ein Projekt der öffentlichen Hand, das sich in die bestehende Architektur einfügen muss, sind Photomontagen empfehlenswert, in denen eine Photo der Maquette in eine solche der perspektivischen Situation der umgebenden Gebäude montiert wird. Der amerikanischer Plastiker Thomas A. Lindsay äussert sich dazu wie folgt: «Mehr und mehr beginne ich meine Ideen aufzuzeichnen und fertige dann kleine Maquetten aus Aluminium an. Ich neige dazu, wie ein Architekt zu arbeiten, denn ich bin mir gewohnt, ein Modell in reduziertem Massstab zu erstellen, bevor ich zum grossen Massstab übergehe. Ich sende Ihnen eine Serie von Blaupausen, um ihnen zu zeigen, wie ich vorgehe bei der Präsentation meiner Arbeiten, sei es dem möglichen Kunden gegenüber oder bei einer Bestellung der öffentlichen Hand.»

---

1   Pro memoria: G. Rickey hat sich in der Realisation von mobilen Plastiken spezialisiert.

Francis Dusépulchre. *A Tower for Europe.* 1985 (Belgien). Photomontage. Projekt einer monumentalen Plastik aus rostfreiem Stahl und Lichtleitfasern. Ummantelung eines Betonkerns des Finanzturms (mit Förderung durch das belgische-luxemburgische Zentrum für Stahl seit 1987).

Die Zusammenarbeit zwischen Architekt und Künstler für die Realisation einer Skulptur in einer gegebenen oder noch zu schaffenden Umgebung ist immer häufiger gefragt. Hier einige Auszüge vom Kommentar des Plastikers Art Brenner zu seiner Plastik *Sous l'aile de l'oiseau de feu*: «Davon ausgehend, dass die Plastik für einen bestimmten Standort vorgesehen war, übernimmt die Zeichnung gewisse Einzelheiten des Baumoduls. Der Massstab der Plastik ist so gewählt, dass sie ein Element der Identität mit der Schule evoziert und Signalwirkung ausübt (…). Die Fundamente und die Tragkonstruktion mussten von einem lokalen Ingenieur für einen seismischen Standort konzipiert werden.

Für alle meine grossen Skulpturen arbeite ich detaillierte Ausführungspläne aus, ob die Skulptur nun in meinem Atelier gefertigt wird oder unter meiner Überwachung von einem Unternehmen des Metallbaus. Diese Pläne umfassen auch alle notwendigen Angaben für die Bestellung der Materialien.»

Mechanische Operationen im Kaltverfahren

Das Trennen und Stanzen

Das Schneiden von Metallblechen, Stangen und Röhren lässt sich auf verschiedene Weise bewerkstelligen, je nach der Dicke des Metalls, dem gewünschten Präzisionsgrad und dem Schwierigkeitsgrad hinsichtlich der Formen.

Die Sägen

Die kleinen Arbeiten mit Genauigkeitsansprüchen werden mit der Metallsäge ausgeführt. Mit der klassischen Metallsäge ergibt sich ein geradliniger Schnitt. Für den gebogenen Schnitt bedient man sich der Schweifsäge mit einem feineren Sägeblatt und einem tiefen Spannrahmen. In beiden Fällen ist der Materialverlust sehr klein.

Man wählt ein der Arbeit und dem zu sägenden Material entsprechendes Sägeblatt, spannt das Blatt, wobei die Zähne nach vorne ausgerichtet sind. Das Werkstück wird im Schraubstock so eingespannt, dass das Sägeblatt während der Arbeit senkrecht zu den Spannbacken steht. Je nach auszuführender Arbeit lässt sich das Blatt senkrecht oder horizontal einspannen. Das Werkstück wird so installiert, dass die Schnittlinie einige Millimeter links vom Aufspannkopf des Schraubstocks zu liegen kommt. Es soll mit allen Mitteln verhindert werden, dass sich das Werkstück während des Sägens verbiegt.

Zur Einleitung des Sägevorgangs ist es ratsam, ausserhalb der Schnittlinie mit Hilfe einer Dreiecksfeile eine leichte Kerbe zu machen: man erhält auf diese Weise einen sauberen Einschnitt.

Bei der Vorwärtsbewegung stützt man die Hände leicht auf die Säge ab, wobei die ganze Länge des Sägeblatts im Einsatz sein soll. Es ist darauf zu achten, dass jegliches Verkanten und Verklemmen des Sägeblatts vermieden wird, da dieses spröde und leicht zerbrechlich ist.

Zum Schneiden eines Rohres muss dieses auf dem Schraubstock mit zwei der Form des Rohres angepassten Krümmungen festgeklemmt werden, damit das Rohr keine Deformation erfährt. Dann kerbt man mit der Feile ein und beginnt mit der Sägearbeit. Man hält diese an, bevor die Innenwand des Rohres erreicht ist, dreht dann das Rohr einige Grade nach vorn und setzt die Sägearbeit fort. Man verfährt auf diese Weise, bis das Rohr die volle Umdrehung gemacht hat, erst dann erfolgen die letzten Sägestriche zum Abtrennen der beiden Stücke.

Die Stichsäge eignet sich zum Schneiden von dünnen Blechen (bis 1,5 mm), während die Kreissäge mit einem Sägeblatt aus Hartmetall und Wasserkühlung Schnitte bis zu maximal 40 mm Dicke zulässt.

Tafelschere. Ab 2 mm Blechstärke wird die Schneidarbeit auf einer Blechschere nach Plan ausgeführt. Liegen gekrümmte Formen vor, wird der Fabrik eine Sägeschablone aus Karton geliefert.

Stichsäge. Je nach Grösse des Stücks erfolgt die Wahl der Inoxblechdicke. Zum Schneiden von dünnem Blech genügt die Stichsäge. (W. Meursing in seinem Atelier an der Arbeit mit der Stichsäge.)

Die Blechscheren

Die Blechscheren schneiden sehr dünne Bleche problemlos. Bei den Handscheren darf die Dicke des Metalls 0,5 mm nicht überschreiten. Die Blechscheren mit grossem Hebelarm erlauben es, Bleche von 1,5 mm und die Tischscheren solche von 2 mm Dicke zu schneiden. Der Materialverlust ist praktisch null. Der Schnitt ist geradlinig oder leicht gekrümmt, aber es ist nicht möglich, mit der Blechschere komplexe Schnitte zu machen. Nachteilig ist ein gewisses Verwerfen des Bleches nach dem Schneiden, was auf die nicht unbedeutsame Scherkraft zurückzuführen ist, die während des Schneidens entsteht. Oft ist es notwendig, das Blech nach dem Schneiden wieder zu richten.

Das zu schneidende Blech wird horizontal unter der einen Hand gehalten, während mit der andern Hand die Blechschere geführt wird. Diese soll eine Öffnung von etwa 15° aufweisen. Während des Sägens soll die Schere nicht vollständig geschlossen werden, sondern soll kurz vor dem Schliessen teilweise wieder geöffnet und vorwärts, genau der Schnittlinie entlang, geführt werden. Werden gebogene Schnitte ausgeführt, muss das Blech geführt und im Gegenuhrzeigersinn gedreht werden, während die Blechschere die umgekehrte Bewegung ausführt.

Für dicke Bleche bedient man sich in der Fabrik der Tafelschere.

Die Handschere schneidet sehr dünne Bleche nach einer komplexen Vorzeichnung recht sauber und ohne Materialverlust.

Jean-Claude Hug. *Gestation*. 1983 (Frankreich).
Rostfreier Stahl mit Spiegelpolitur. Höhe 80 cm. Sammlung E. Descamps.

Die Meissel

Mit dem Meissel werden in erster Linie Stäbe oder Stangen grösserer Dicke, im Kalt- und Warmverfahren, getrennt. Die Verwendung des Meissels setzt das Tragen der Schutzbrille voraus; man benötigt einen Hammer mit solidem Stiel. Man hält den Meissel mit der linken Hand, nahe am Kopf des Werkzeugs, und führt den Hammer, am Ende des Stiels, mit der rechten Hand. Die Achse des Meissels und des Hammers verbleibt in derselben Ebene.

Zuerst schlägt man den Meissel nur leicht, entlang der Schnittlinie, damit eine leichte Kerbung im Material entsteht. Dann hält man das Werkzeug unter einem Winkel von 90° zur Basis, also senkrecht dazu. Nun erhöht man die Kraft der Schläge, so dass der Meissel in das Material eindringen kann. Auf jeder Seite des Schnittes bildet sich ein Wulst.

Man schneidet auf diese Weise Stäbe und flache Stahlstücke, indem man sie auf einen flachen Support legt, der mit Vorteil über den Beinen des Werktisches liegt, um die Federkraft zu reduzieren. Blechbänder werden, im Schraubstock eingespannt, vertikal geschnitten. In diesem Fall hält man den Meissel schräg auf dem Stück, so dass Schwerkräfte entstehen.

Bei der Schneidarbeit mittels dem Meissel entsteht bei der Schnittlinie ein leichter Materialverlust.

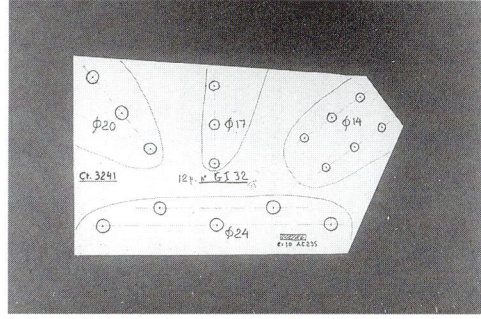

Detail der Vorzeichenschablone.

Oben: Die Funktion des Schweissbrenners wird über ein elektronisches Abtastgerät gesteuert, das die auf der Vorzeichenschablone reproduzierte Kontur des Stückes abliest.

Links: Batterie von Brennschneidern mit Mehrfachköpfen zum Simultanschneiden von mehreren identischen Formen.

133

Yvonne Kracht. *Open Kubus.* 1984 (Holland). Rostfreier Stahl. 180 x 180 x 180 cm.

Andere Methoden

Die Trennscheiben gestatten ein schnelles und mehr oder weniger geradliniges Trennen von Metall verschiedener Dicke. Der Materialverlust ist minim, in der Grössenordnung von 1-2 mm (Dicke der Trennscheibe). Am sichersten ist eine auf dem Werktisch befestigte Trennmaschine, bei der das zu trennende Stück von vorne zugeführt wird. Die Handmaschinen (Winkelschleifer) sind gefährlicher, weil sie im Laufe der Arbeit manchmal schwierig zu handhaben und zu halten sind. Das Tragen der Schutzbrille, der Handschuhe und des Gehörschutzes wird empfohlen.

Die Nibbelmaschine (Aushauschere) stanzt kleine Rondellen von Metall aus; es ist eher ein Lochstanzen. Der Materialverlust fällt ins Gewicht und liegt in der Grössenordnung von einem halben Zentimeter (dem Lochdornquerschnitt entsprechend). Indessen kann der Schnitt einer gekrümmten Vorzeichnung folgen, ohne dass das Blech deformiert wird. Die Blechdicke soll für dieses Schneidverfahren 1,5 mm nicht überschreiten.

Die Technik des Brennschneidens und des elektrischen Sauerstoff-Schneidens lässt sich bei grossen Dicken von Eisenmetallen (bis 20 cm) anwenden. Werden diese Techniken korrekt eingesetzt, sind sie sehr präzis und weisen einen minimalen Materialverlust auf. Die dabei entstehenden Schnittränder müssen sorgfältig abgeschliffen werden. Werden sie anschliessend verschweisst, sind eventuell die Kanten zu brechen (mit der Blechkantenhobelmaschine). Ist die Arbeit im eigenen Atelier nicht möglich (weil die Bleche zu gross oder zu schwer sind), wendet man sich an eine Fabrik, die mit den entsprechenden Maschinen ausgerüstet ist, die Pläne zu lesen und diese auf der automatischen Schneidemaschine umzusetzen vermag.

Thomas A. Lindsey, aus seiner Erfahrung schöpfend, sagt zu diesem Thema folgendes: «Für die Arbeit mit Stahl habe ich nie über ein grosses Budget verfügt, so dass ich meine Werke selber herstellen musste. Die meisten Elemente (Bausteine), die in meinen Plastiken zu sehen sind, wurden beim Stahllieferanten auf der ‹Panograph›-Maschine zugeschnitten. Ich habe ihnen die Schablonen von den von mir gewünschten Formen geliefert, und sie haben mir sodann alle spezifizierten Stücke zugeschnitten. Dann habe ich die Elemente in meinem Atelier mit Hilfe eines Schweissapparates ‹M.I.G.› verschweisst.»

Das Bohren

Wenn beispielsweise bestimmte Blechelemente für den Zusammenbau mittels Bolzen vorgesehen sind, müssen die Löcher sehr genau in die Bleche gebohrt werden. Das Zentrum des Lochs muss im Schnittpunkt zweier senkrecht zueinander stehenden Achsen liegen. Im Schnittpunkt dieser Achsen versetzt man einem auf 60° angeschliffenen Körner einen leichten Schlag. Dann zeichnet man auf dem Zirkel einen Umkreis, dessen Radius dem zu bohrenden Loch entspricht. Schliesslich erzeugt ein Schlag mit dem auf 90° angeschliffenen Körner eine kleine Vertiefung, die sogenannte Körnermarke; sie erleichtert das präzise Ansetzen des Bohrers. Die Bohrarbeit auf dem Blech muss auf einem Support (Bohrtisch) erfolgen, auf dem das Element einwandfrei festgemacht ist.

Dann wählt man einen gut geschärften Bohrer geeigneten Durchmessers und befestigt ihn einwandfrei im Lochdorn. Der Bohrer wird senkrecht zur Bohrfläche angesetzt, so dass die Spitze in die vorgebohrte Körnermarke fällt. Gebohrt wird vorerst bei reduzierter Geschwindigkeit und trocken, bis das Loch gut angebohrt ist. Dann erst erhöht man auf die volle Geschwindigkeit und bohrt mit einem regelmässigen Druck, angemessen an den Bohrerdurchmesser und das zu bohrende Material. Zur Vermeidung einer übermässigen Erwärmung, die auf Kosten der Bohrerhärte ginge, setzt man Kühl- und Schmiermittel ein. Beispielsweise zerstäubt man auf den laufenden Bohrer ein Gemisch von Wasser und Öl oder ein seifenhaltiges Wasser. Das verdunstende Wasser kühlt das Metall ab, während das Öl oder der Seifenrückstand einen Schmierfilm bildet, der die Bohrarbeit erleichtert. Für Arbeiten auf weichen Stählen kann auch Speçköl und für das Bohren von harten Stählen Petrol angewendet werden.

In dem Masse wie sich Späne bilden, lassen sich diese praktisch vermeiden, indem der Bohrer immer wieder zurückgezogen wird.

Falten/Biegen

Es gibt zwei Methoden, um ein Blech
zu falten/biegen:
1   a   Schraubstockbacken
     b   Zu faltendes Blech
     c   Leiste aus Holz, die ein Umbiegen
        des freien Blechteils erleichtert
2   a   Werkstück in V-Form der Biegepresse
     b   Zu faltendes Blech
     c   Rammbär (Fallhammer), der
        bei brüskem Absenken das Blech
        in den Einschnitt drückt

Bestimmte Bleche werden im Fertigungsbetrieb
auf einer Biegemaschine gefaltet.

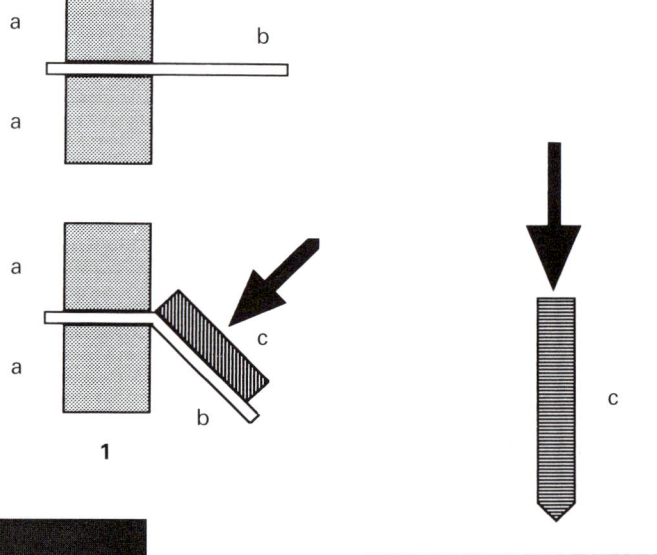

1

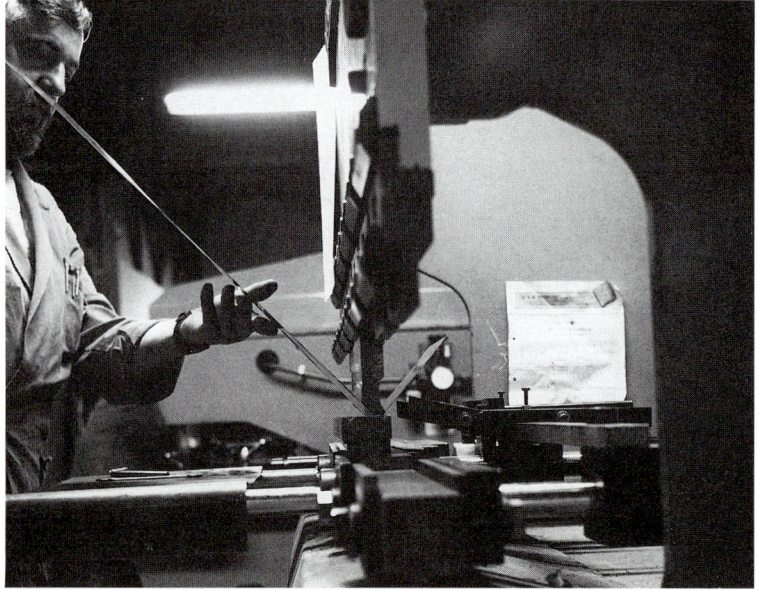

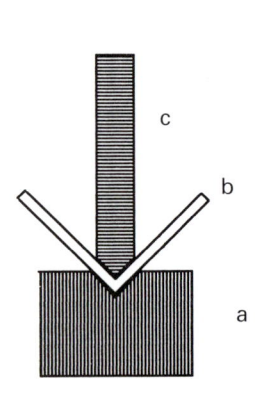

2

136

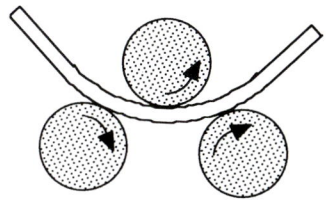

Krümmen

Bombierte Formen werden
vorgängig gekrümmt. Das Blech
wird zwischen den Walzen der
Biegepresse durchgeführt,
die ihm vor der Montage die gewünschte Form verleihen.

Das Falten, das Krümmen

Das Falten lässt sich auf zwei Arten durchführen:
- Ein Teil des Blechs wird zwischen zwei Schraubstockbacken eingespannt und der freie
  Teil von Hand und mit Hilfe einer Holzleiste nach unten gedrückt. Der Falt entsteht ent-
  lang der Einspannlinie des Bleches. Das Blech lässt sich auch zwischen Tischkante und
  einer Holzleiste mittels zweier Klemmen befestigen.
- Auf der Faltmaschine: das Blech wird auf ein Werkstück in V-Form gelegt. Der heftige
  Schlag durch den brüsk fallenden Rammbär drückt das Blech in den Einschnitt.

Das Krümmen ermöglicht es, dem Blech eine bestimmte Krümmung zu verleihen. Das
Blech wird durch die Biegepresse geführt, die mit drei verstellbaren Walzen ausgerüstet
ist, so dass eine ganz bestimmte Krümmung erzielbar ist.

Das Treiben

Es umfasst die Bearbeitung von hämmerbaren Metallblättern durch Hämmern und Austiefen (Bombieren) im kalten Zustand. In der Vergangenheit häufig auf Gold, Silber, Kupfer
und seine Legierungen und Blei angewendet, wird diese Technik heute von den Künstlern
nur noch selten praktiziert. Es kommt hinzu, dass sich die wenig geschmeidigen Eisenmetalle (im kalten Zustand) nicht gerade dafür anbieten. Und doch ist es möglich, Reliefs
in rostfreiem Stahl anzufertigen: die Arbeiten des französischen Plastikers Marcel Gili sind
Beweis dafür.

Man unterscheidet verschiedene Formen der Treibtechnik: Überdeckt das Metallblatt
eine Reliefform, spricht man vom Reliefprägetreiben; ist eine bombierte Form damit aus-
gekleidet, handelt es sich um das Treiben in einer Form. Wird das Metallblatt direkt bearbeitet, ohne Hilfe von einem Support (Relief, Einschnitt), spricht man vom direkten Treiben.

Wir wenden uns nun einem Relief in rostfreiem Stahl zu, das in der direkten Treibtechnik gefertigt wird. Rundskulpturen lassen sich mit einer kombinierten Technik Treiben-
Schweissen herstellen.

Stempel oder Handambosse
Kleine Ambosse oder massive Stahlkörper,
deren Formen den auszuführenden Arbeiten
entsprechend ausgewählt werden.

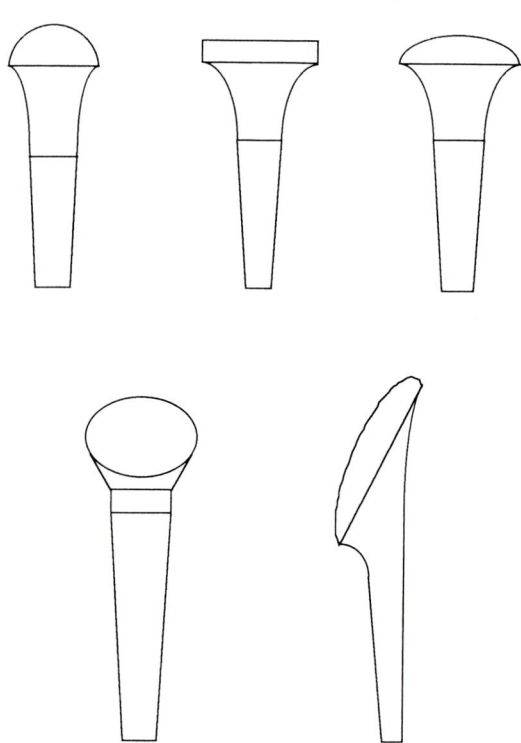

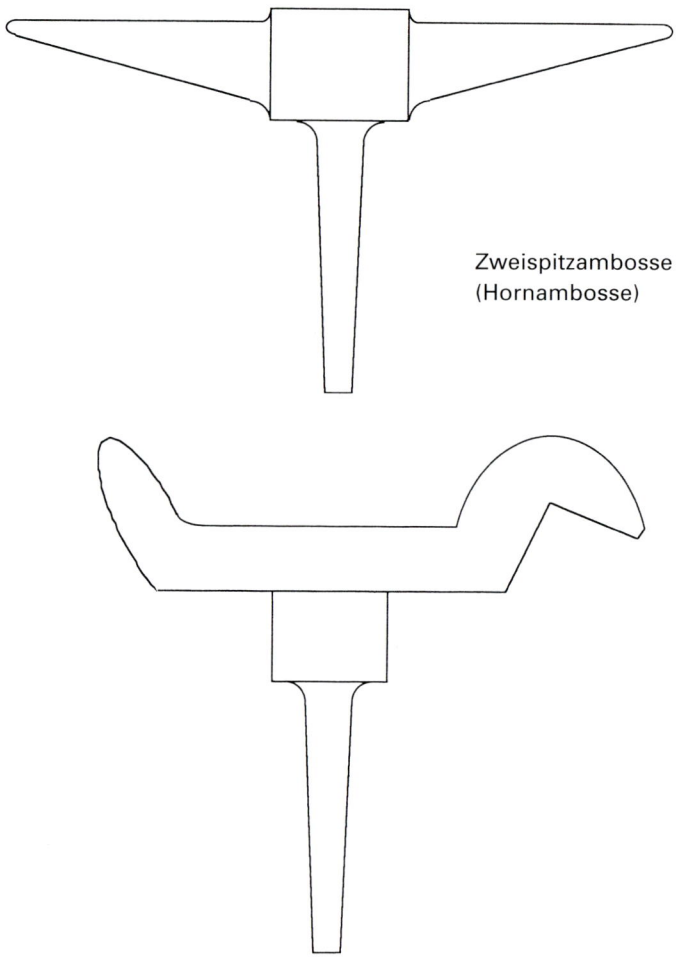

Zweispitzambosse
(Hornambosse)

Das direkte Treiben von rostfreiem Stahl

Das sehr dünne rostfreie Stahlblech wird auf einen Stempel oder Handamboss gelegt, deren Form je nach Art der Arbeit ausgewählt wird. Der obere Teil ist abgeflacht oder mehr oder weniger abgerundet, während der untere Teil wie ein abgekürzter Konus aussieht, den man auf einen Support aus Holz oder Metall drücken kann. Für die Schlagarbeit bedient man sich des Austiefhammers.

Zur Bildung einer Schale hämmert man zuerst die Mitte des Bleches aus und weitet diese Zone dann spiralförmig nach aussen aus. Die Schläge sind trocken, kurz und nahe nebeneinander liegend. Die vertiefte Seite wird mehr und mehr konkav und die andere Seite zwangsläufig konvex. Die Partien des Reliefs, die auf der Kopfseite nicht mehr hervortreten sollen, müssen auf der Kehrseite tiefer eingeprägt werden. Ist die Arbeit auf der ganzen Oberfläche weiter fortgeschritten, wird das Metallblatt umgekehrt (Kopfseite) und mit dem Stichel und Hammer nachbearbeitet. Dabei wird das Stahlblech auf einem mit Sand gefüllten Lederkissen abgestützt.

138

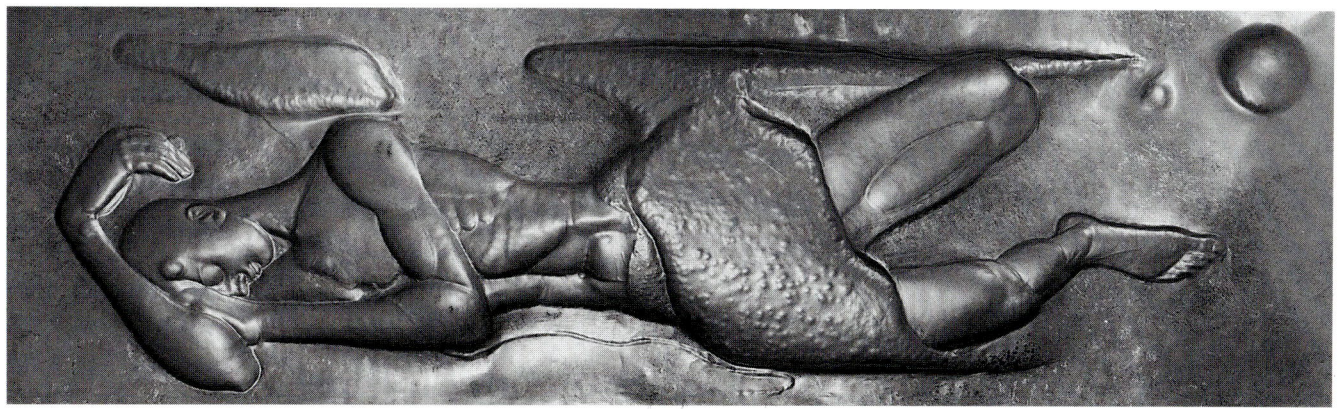

Marcel Gili. *L'après-midi d'un faune* (Frankreich).
Gehämmerter rostfreier Stahl. 200 x 60 cm. Für Ugine-Geugnon.

Im Laufe der Bearbeitung unterliegt das Metall Strukturmodifikationen, was die Eigenschaften verändert. Die Metallpartikel nähern sich einander: das Material wird härter und brüchiger und immer weniger hämmerbar: man spricht von einer Kaltverfestigung des Metalls. Zudem bauen sich Spannungen zwischen den gehämmerten und den nicht (oder nur wenig) gehämmerten Partien auf. Es ist ratsam, diese Spannungen bei fortschreitender Arbeit in regelmässigen Intervallen durch Ausglühen zu lösen. Zu diesem Zweck wird das Metall mit einer Schweisslampe oder einem Schweissbrenner auf Rotglut gebracht, dann langsam an der frischen Luft abgekühlt. Auf diese Weise gewinnt das Metall seine ursprünglichen Eigenschaften wieder zurück. Wenn sich an der Metalloberfläche während des Glühens Zunder bildet, muss dieser vor der Wiederaufnahme der Arbeit entfernt werden; wenn nicht, riskiert man, dass er beim weiteren Bearbeiten ins Metall eingearbeitet wird. Man kann den Zunder mit verdünnter Schwefelsäure (1:10) abtragen.

Der französische Plastiker Marcel Gili fertigt seit vielen Jahren wichtige Reliefs in rostfreiem Stahl. Er praktiziert die Treibtechnik auch auf anderen Metallen (Kupfer, Zink, Blei), hält aber fest, dass Stahl das härteste Metall sei, das er je bearbeitet hat. Er sagt in einem an mich gerichteten Brief über seine Methode folgendes: «Ich bearbeite das Metall in kaltem Zustand, ohne es jemals zu erwärmen, um den prächtigen Glanz nicht zu verändern. Ich hämmere von zwei Seiten: auf der Vor- und der Rückseite. Ich verwende keinerlei Formen, weder aus Gips noch aus ‹plastischem› Material wie die Kupferschmiede. Ich trage grosse Sorge, die Oberfläche des Metalls, die eigentliche Metallhaut, durch die Schläge mit den Werkzeugen in keiner Weise zu verletzen.»

Das Prägetreiben auf einem Holzkern

Schon die Sumerer haben einst diese Technik angewendet, indem sie Kupferbleche auf einen Unterlagskörper aus Stroh und Bitumen nagelten. Die Griechen ersetzten diesen später durch einen Holzkern.

Man kann sich nach dieser Technik auch moderne Werke denken, in denen anstelle von Kupfer dünnste Bleche aus Stahl verwendet werden.

Die Verfahren des mechanischen Zusammenbaus werden in einem späteren Kapitel behandelt: «Die mechanische Verbindung», Seite 206.

Bjorn Erding Evensen. *Gateway.* 1980 (Schweden). Rostfreier Stahl, geschweisst, gehämmert, ziseliert. 210 x 150 x 110 cm. Zwei Exemplare: in Boston, USA, und in Perth, Australien.

Operationen
im Warmverfahren

Das Schmieden

Die Schmiedetechnik nach dem Warmverfahren wurde zuerst von den Ägyptern entwikkelt, die sie bei der Herstellung von Werkzeugen aus Kupfer und Bronze verwendeten. Das Schmieden hat sich dann mit dem Eisen, das praktisch überall die Kupferlegierungen verdrängt hat, sehr stark weiterentwickelt.

Damit die Metalle schmiedbar sind, genügt es, dass sie in warmem Zustand hämmerbar sind. Werden die Metalle kalt bearbeitet (in Form dünner Folien), spricht man von der Technik des Treibens.

Generalansicht der Schmiede von Philippe Gernay. Das Feuer beginnt sich in der Esse zu regen. Beachten Sie die an Haken aufgehängten Werkzeuge im Wandgestell.

Welches Metall auch immer verwendet wird, die Formgebung mit Hilfe der Schmiedetechnik ist praktisch gleich: es handelt sich um das Hämmern mit dem Hammer oder mit andern Werkzeugen auf der polierten Oberfläche eines Ambosses.

Die Metalle werden vorerst in der Esse auf die geeignete Temperatur gebracht. Es ist von grösster Wichtigkeit, dass das Metall bei der richtigen Temperatur (siehe gegenüberliegende Tabelle) bearbeitet wird. Es kommt darauf an, dass man in der Praxis die Temperatur des Metalls einschätzen lernt, indem man seine Farbe vor einem dunklen Hintergrund beobachtet. Diese ideale Temperatur variiert von einem Metall zum andern. Der weiche Stahl lässt sich beispielsweise besser schmieden, wenn er eine hellorange Farbe aufweist, während die harten Stähle bei der entsprechenden Temperatur verbrennen und beschädigt würden.

Die Schmiedewerkstatt

Die klassische Schmiede ist im schützenden Gebäude untergebracht, das ihren Namen trägt. In Wirklichkeit bezeichnet die Schmiede gleichzeitig die Werkstatt, in der die auf Rotglut gebrachten Metalle bearbeitet werden, und den Feuerraum, worin die Metalle erhitzt werden. Er umfasst grundsätzlich ein gemauertes Gehäuse mit dem Brennstoff, dem Gebläse, zur Erzeugung eines sehr lebhaften Feuers, und schliesslich einen Kamin mit einer Abzugskapelle, die zum Abziehen der Rauchgase dient.

Der Feuerraum ist in der Regel mit Backsteinen gemauert, kann aber auch aus Stahl oder Guss bestehen. Die rechteckige Basis bildet einen Trichter, verbunden mit einer Luftzuleitung vom Gebläse. Die Leitung besteht aus einem Metallrohr von 2 cm Durchmesser, dessen Öffnung, auf 0,5 mm Durchmesser verengt, unterhalb der Kohle einmündet und einen starken Luftzug ermöglicht. Die Zuleitung ist mit einem Schieber ausgerüstet, der die Luftzufuhr regelt.

Das früher mit einem Blasebalg funktionierende Gebläse wurde durch einen Elektroventilator abgelöst. Er erlaubt ein sehr heisses und konzentriertes Feuer.

Der Kamin, der für den Abzug der Rauchgase sorgt, kann aus Backsteinen gemauert sein, aus galvanisiertem Blechrohr oder einem Tonrohr bestehen. Der innere Durchmesser des Kamins soll 20 cm nicht unterschreiten; damit er einen guten Zug gewährleistet, soll er möglichst gerade sein.

Die Abzugkapelle soll den Feuerraum gut abdecken. Aus Gips oder Blech bestehend, müsste die Basis im Idealfall eine Oberfläche von mindestens 1 m² aufweisen; sie ist etwa 40 cm über dem Feuerraum anzuordnen.

Ausser den unentbehrlichen Werkzeugen, auf die wir noch eingehen werden, soll die Schmiede über einen Bottich mit Wasser, Ständer für die Zangen und Werkzeuge und einem Vorrat an Kohle verfügen.

Man kann eine Schmiede auch im Freien einrichten (vorteilhafterweise im Schatten, damit die Farbe bzw. die Temperatur des Metalls abgeschätzt werden kann). In diesem Fall erübrigt sich ein Abzugsystem für die Rauchgase. Man kann sich mit einer kleinen transportablen Schmiede (oder Feldschmiede) begnügen, die mit einem mit dem Fuss betätigten Blasebalg versehen ist.

Die primitivste Form einer Schmiede besteht aus einem Loch von 50 cm im Durchmesser und einer Tiefe von 15 cm in der fest getretenen Erde, wobei die Luft durch ein Loch über ein Rohr zugeführt wird (siehe Skizze auf Seite 24).

Schmiedetemperaturen der Stähle (nach «Materials Handbook»)

Stähle	Max. Schmiede-temperatur (° C)	Temperatur, bei welcher der Stahl verbrennt (° C)
Stähle mit 1,5 % C	1049	1138
Stähle mit 1,1 % C	1082	1171
Stähle mit 0,9 % C	1121	1221
Stähle mit 0,7 % C	1171	1282
Stähle mit 0,5 % C	1249	1349
Stähle mit 0,2 % C	1321	1471
Stähle mit 0,1 % C	1349	1488
Stähle mit Si/Mn	1249	1349
Stähle mit 3 % Ni	1249	1371
Stähle mit 3 % Ni/Cr	1249	1371
Stähle mit 5 % Ni	1271	1448
Stähle mit Cr/V	1249	1349
Schnellstähle	1299	1382
Rostfreie Stähle	1282	1382
Austenitische Stähle Cr-Ni	1299	1421

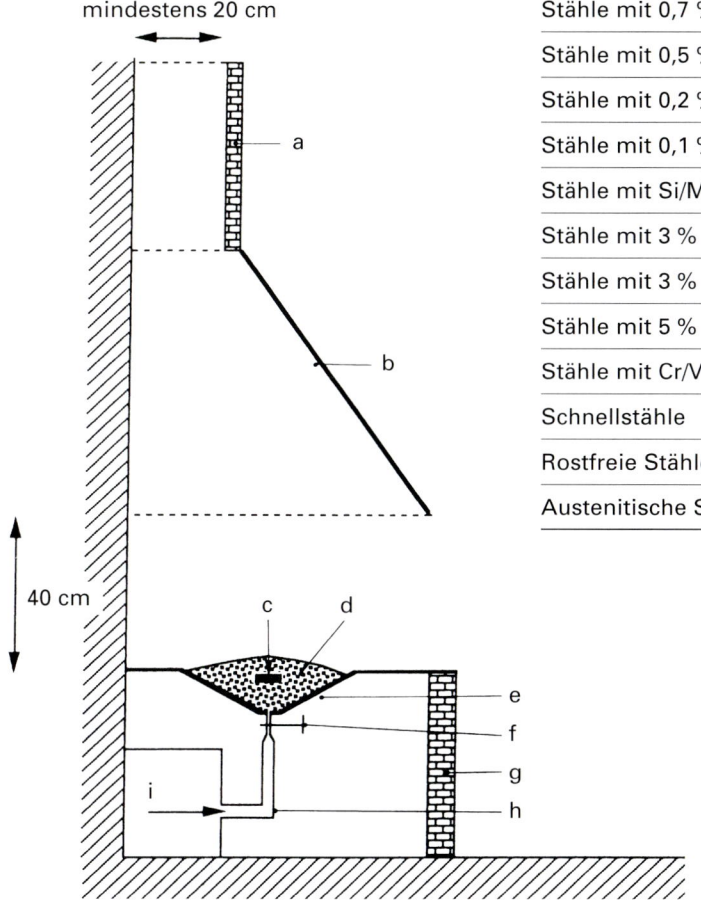

mindestens 20 cm

40 cm

Schema einer Schmiede (im Schnitt)

a Kamin: Sein Innendurchmesser soll mindestens 20 cm betragen
b Abzugkapelle
c Zu schmiedendes Werkstück
d Brennstoff
e Feuerraum
f Schieber
g Gemauertes Gehäuse
h Zuleitung
i Elektrisches Gebläse (Ventilator)

Der Brennstoff

Man verwendet fette Kohle (20/30)[1], die beim Abbrennen viel Brenngas abgibt, dessen klebrige Eigenschaften die Bildung einer Art «Feuerkappe» begünstigt, die eine Wärmekonzentration mit sich bringt. Der Schmiedekoks wird für heikle Arbeiten mit dünnwandigem Eisen sowie bei sehr hohen Temperaturen eingesetzt.

Das Holzkohlefeuer eignet sich für den Glühprozess. Es brennt sehr schnell, erreicht nicht sehr hohe Temperaturen und neigt zum oberflächlichen Vorstählen des Eisens.

---

1 Noch heute oft «Steinkohle des Hufschmieds» (Houille maréchale) genannt, weil sie vom Hufschmied verwendet wird.

Ein Stück wird im Laufe der Bearbeitung mit der Zange aus dem Feuer geholt. Über dem Feuerbecken befindet sich ein Gewölbe aus klebender Kohle, wodurch die Hitze erhalten bleibt. Dieses bildet sich, indem man die Kohle mit etwas Wasser besprengt.

Das Schmiedefeuer

Die Art, wie das Schmiedefeuer aufbereitet und unterhalten wird, ist das A und O, um gute Resultate zu erzielen.

Beim Anzünden einer neuen Schmiede wird die Feuerraumplatte mit Schlacke garniert (Teile von unvollständig abgebrannter Steinkohle). Auf diese Weise wird eine Art Tiegel gebildet, in dem das Feuer mit Papier und Kleinholz entfacht wird. Ist das Feuer entzündet, bedeckt man es mit Schmiedekohle und setzt den Ventilator mit zunehmender Leistung in Betrieb. Die Kohle wird vor dem Einsatz befeuchtet. Ist sie sehr heiss, bedeckt man sie mit Schlacke, so dass sich einer Art «Kappe» bildet, um die Wärme zu konzentrieren.

Man unterscheidet im Schmiedefeuer drei Zonen: eine Zone der aktiven Verbrennung, wo der Sauerstoff im Überschuss vorhanden ist (oxidierende Zone), eine Zone der weniger lebhaften Verbrennung, in der die Temperatur weniger hoch ist, aber Kohlendioxid und Kohlenmonoxid erzeugt wird (reduzierende Zone) und schliesslich eine Zone, in der die Kohle eine pastige Konsistenz annimmt und eine Schutzkappe bildet. Der zu schmiedende Teil des Werkstückes wird horizontal in die Mitte der Kohlenglut gebracht (Schoss der Zone 2). Es ist darauf zu achten, dass das rotglühende Eisen nicht direkt mit dem Luftstrahl aus der Luftzufuhr in Berührung gerät, weil es sonst verbrennt und unbrauchbar würde. Die Luft soll von einer guten Schicht glühender Kohle absorbiert werden.

Sobald die Flammen sichtbar werden, muss man das Feuer mit Wasser bespritzen und es niederdrücken. Das Wasser, im Kontakt mit der Kohlenglut, zersetzt sich in Wasserstoff und Sauerstoff. Der Wasserstoff beginnt sofort zu brennen und erzeugt eine grosse Wärme, während der Sauerstoff sich mit der Kohle verbindet und Kohlenmonoxid bildet, das auch brennt. Man erhält durch die Besprengung blaue und kurze Flammen und ein konzentriertes Feuer. Um eine konstante Wärme zu gewährleisten, ist es wichtig, den Feuerraum regelmässig mit kleinen Portionen Kohle zu versorgen.

Das Metallstück soll nicht zu lange auf Rotglut erhitzt werden, um nicht das Risiko des Verbrennens einzugehen. Zieht man es aus dem Feuer, stellt man das Gebläse ab. Damit das Feuer nicht ausgeht, stellt man mitten in den Feuerraum ein trockenes, faustgrosses Holzstück. Will man das Feuer wieder anzünden, genügt es, das Gebläse in Betrieb zu nehmen: das Holzstück wird sich entflammen.

Der Unterhalt des Feuerraums besteht darin, die sich im Fond gebildete Schlacke zu entfernen. Man entfernt die Stücke, so lange sie noch rot sind. Arbeitet man mit anderen Metallen als Eisen, muss der Feuerraum gereinigt werden, bevor man wieder Eisen schmiedet, weil die Verunreinigungen das Eisen brüchig machen können. Man muss daher die alte Kohle entfernen und wieder ein neues Feuer aufbereiten.

Der Bedarf an Steinkohle pro Feuer und pro Stunde variiert zwischen 1 und 8 kg je nach der Dicke des zu schmiedenden Metallstücks[1].

Die Werkzeuge des Schmieds

Sie sind sehr zahlreich, denn jedes ist auf einen spezifischen Gebrauch zugeschnitten. Immerhin kann man sich zu Beginn mit einer Anzahl Grundwerkzeuge begnügen. Es sind dies: der Amboss, die Hämmer und die Zangen. Einige «Künstler» schaffen es, nur mit einem Hammer und einem Amboss auszukommen.

Der Amboss
Es ist das Basiswerkzeug des Schmieds. In der Tat werden auf seiner glatten Oberfläche die Metalle unter den Hammerschlägen zur Form gebracht. Es handelt sich um einen massiven Stahlkörper, der mit einer rechteckigen Planfläche ausgestattet ist, dem Tisch, und zwei konisch verlaufend Enden, den Hörnern (Ambosshörner). Das eine Horn ist abgerundet und erlaubt Rundteile und Ringe zu formen, während das zweite Horn einen viereckigen Querschnitt hat. Der Tisch aus gehärtetem Stahl ist auf dem einen Horn mit einem quadratischen Loch versehen, das zur Aufnahme von Ambosswerkzeugen (Schrothämmer, Gesenke, Gegengesenke) dient. Oft befindet sich am anderen Ende eine abgerundete Öffnung, die zum Bohren von Löchern oder zum Befestigen von Werkzeugen mit zylindrischem Griff verwendet wird.

Der untere Teil des Ambosses (Schabotte-Einsatz) hat Ausstülpungen, die man als Befestigungseisen bezeichnet. Der Amboss ist auf einem Reitstock aus Holz (aus Eiche beispielsweise) von 30-40 cm Höhe mittels geschmiedeter Eisenspannkluppen befestigt.

Ein gewöhnlicher Amboss wiegt zwischen 120 und 150 kg. Es gibt aber auch kleinere, die 50 bis 60 kg wiegen. Für kleine Arbeiten genügt der Dengelamboss, der nur zwischen 5 und 20 kg wiegt und auf dem Werktisch verwendet wird.

Das direkte Schlagen mit dem Hammer auf die Kanten und Hörner des Ambosses ist zu vermeiden, um ihn nicht abzustumpfen.

Die Hämmer
Sie sind aus hartem Stahl und ziemlich schwer. Die Hämmer sind mit einem Stiel aus Hartriegel oder Eschenholz (faseriges Holz) versehen, der mit Hilfe eines Eisenkeils festgehalten ist. Sie werden zum Hämmern von Metall im warmen Zustand verwendet, um es umzuformen. Es existieren mehrere Typen von Hämmern, angepasst an die jeweilige Verwendung.
– Schmiedehammer: Er wiegt 1 bis 2,5 kg und weist einen Stiel von 30-40 cm Länge auf. Er hat ein abgeflachtes Ende, den Schlagteil, und ein verlängertes ausgezogenes Ende, die Finne (Schmale Hammerbahn), deren Schneide senkrecht zum Hammerstiel steht (Querfinne).

---

1   Beispiele: 1 kg für Nägel und kleine Stangen, 8 kg für Stangen von 5 cm Dicke.

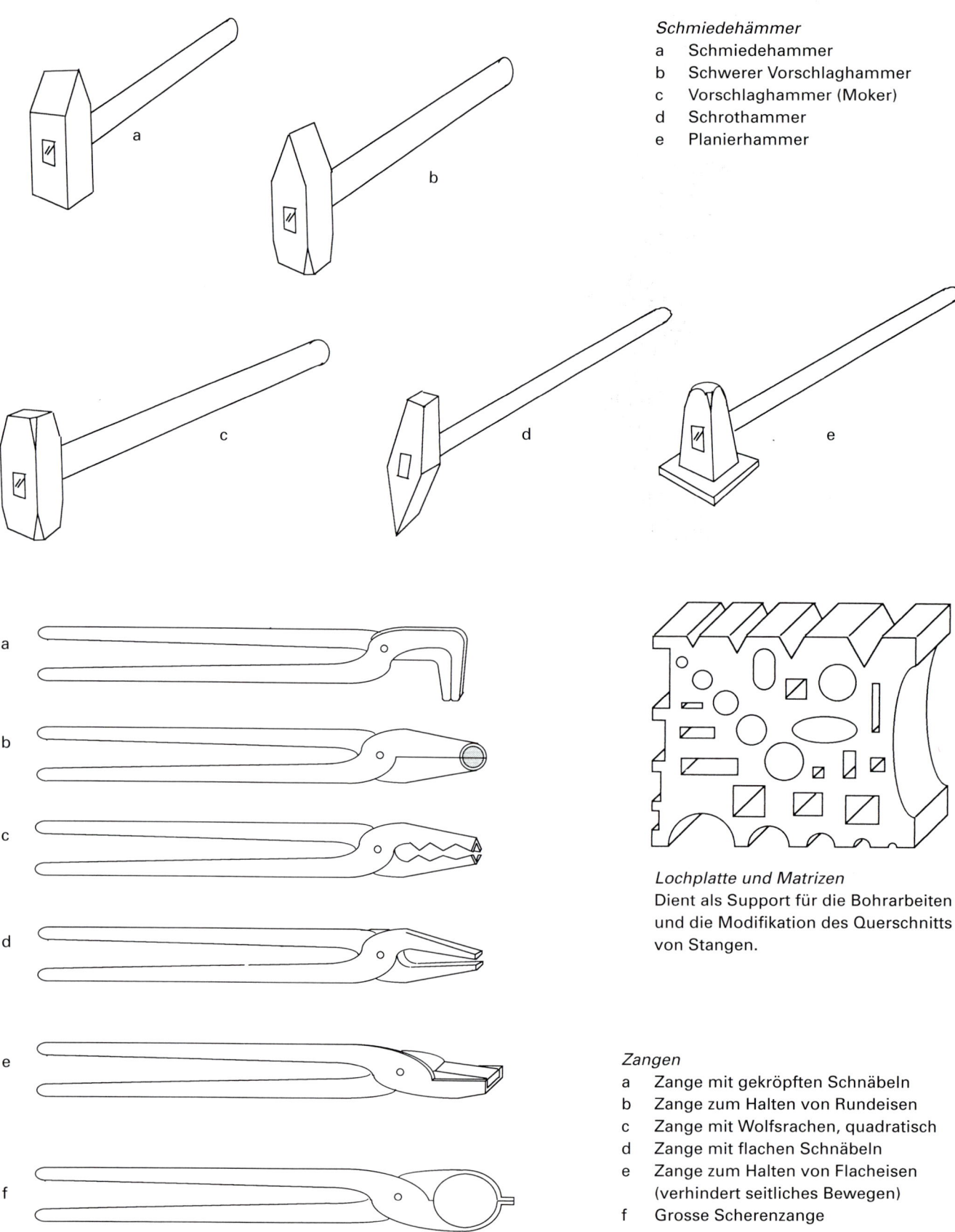

Schmiedehämmer

a   Schmiedehammer
b   Schwerer Vorschlaghammer
c   Vorschlaghammer (Moker)
d   Schrothammer
e   Planierhammer

Lochplatte und Matrizen
Dient als Support für die Bohrarbeiten und die Modifikation des Querschnitts von Stangen.

Zangen

a   Zange mit gekröpften Schnäbeln
b   Zange zum Halten von Rundeisen
c   Zange mit Wolfsrachen, quadratisch
d   Zange mit flachen Schnäbeln
e   Zange zum Halten von Flacheisen (verhindert seitliches Bewegen)
f   Grosse Scherenzange

- Schwerer Vorschlaghammer: Er wiegt 4 bis 6 kg und hat einen 75 cm langen Stiel. Er hat eine Querfinne.
- Vorschlaghammer (Moker): Er wiegt 3 bis 5 kg und weist eine Längsfinne auf.
- Planierhammer: Er hat einen abgerundeten Schlagkopf, und auf der andern Seite eine flache, quadratische Ausweitung, die zum Planieren von geschmiedeten Oberflächen dient.

Die beiden Vorschlaghammer-Typen für Schmiedearbeiten erfordern am meisten Kraft. Sie werden einerseits direkt zum Schlagen des Metalls und anderseits im Zusammenspiel mit anderen Werkzeugen verwendet. Es braucht dazu die vereinten Kräfte von zwei Personen, die des Schmiedemeisters, der das zu schmiedende Werkstück und eventuell das zwischen Hammer und Werkstück eingesetzte Werkzeug festhält, und die des Schmieds, der mit beiden Händen die Schläge mit dem Hammer ausführt.

Die Zangen
Es handelt sich um eine Art Klemmen mit langen Griffen, mit denen die zu schmiedenden Stücke auf Distanz (wegen der Wärme) festgehalten werden. Als Zusatzausrüstung dient des öfteren ein Ring, der die Griffe zusammenhält, ohne dass ein Druck auszuüben ist. Es gibt eine Vielzahl von Zangen.

Die Form der Klemmbacken ist je nach dem zu haltenden Stück konzipiert: zum Beispiel der Bleche, der Rund- oder Vierkantstangen, der Nieten usw.

Andere Werkzeuge
Je nach Bedarf kann der Anfänger diese Werkzeuge nach und nach anschaffen.
- *Gesenkplatte aus Guss oder Lochplatte und Matrizen:* Ein massiver Block von ungefähr 20 x 30 x 30 cm, der auf der Hauptseite eine Vielzahl von Löchern und auf der Seitenfläche Kaliber von Formen verschiedener Dimensionen aufweist. Er dient als Support für Bohrarbeiten und Modifikationen des Querschnitts von Stangen.
- *Schrothammer:* Es ist eine Art grosser Meissel mit einem abgerundeten Kopf, auf den man mit dem Vorschlaghammer schlägt, und einer gegenüber liegenden Schmiede, mit der man dicke Profile abtrennen kann. Der Kaltmeissel entspricht der Form des grossen Meissels mit einer V-Schneide. Der Warmmeissel ist spitzer auslaufend, vergleichbar mit einem Beil. Es ist ratsam, ihn regelmässig mit kaltem Wasser abzukühlen, damit die Härtung nicht verloren geht.
- *Gesenke und Gegengesenke:* Werkzeuge mit einer Furche – es gibt sie in verschiedenen Grössen und Formen – zum Schlichten von Rundeisen (das heisst um deren Dicke zu reduzieren). Das Gegengesenk wird im Vierkantloch des Ambosses festgemacht, während das Gesenk auf dem zu schmiedenden Metall gehalten wird.
- *Heisslocher (Lochdorne, -stempel) und Matrizen oder Bohrer:* Es sind Werkzeuge, die zusammen eingesetzt werden, um ins rotglühende Eisen Löcher zu bohren. Auf die Matrize (oder Bohrer), eine Stahlplatte mit einem Loch im Zentrum, wird das zu bohrende, rotglühende Eisen positioniert. Der Locher wird über der Öffnung zentriert und mit Hilfe des Hammers eingeschlagen. Matrizen und Locher gibt es in verschiedenen Formen und Dimensionen.
- *Ballhämmer:* Ein Werkzeug, mit dem halbkreisförmige Vertiefungen oder Rillen ins Metall gearbeitet werden. Sie werden mit dem Vorschlaghammer eingeschlagen.
- *Meissel oder Kreuzmeissel:* Damit lassen sich mit Hilfe des Schmiedehammers kleine Einschnitte bewerkstelligen.

Links: Hinter dem Schmied befindet sich die Kohlenglut. Der Amboss mit einem Horn und mehreren Hämmern. Im Hintergrund: Werktisch und Fusskloben (Schraubstock). Zu Beginn der Arbeit wird ein mittelschwerer Hammer verwendet.
Rechts: Die Kontur des Bleches, vorgängig mit der Blechschere grob zugeschnitten, wird verfeinert. Dann bringt man das Stück erneut zur Rotglut. Von der Oberfläche des Metalls löst sich Zunder, der Hammerschlag.

 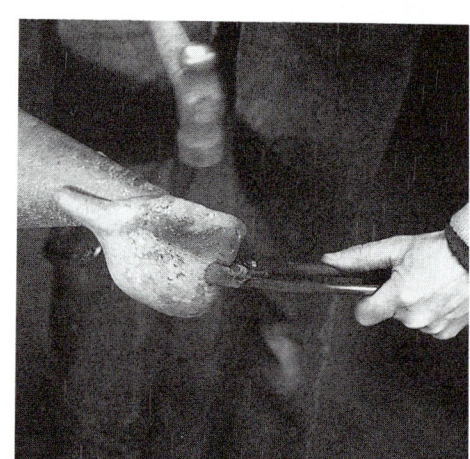

Links: Die Zange wird mit der linken Hand bedient und hält das Stück in der gewünschten Position, hier über dem Gegengesenk, während der Hammer in der rechten Hand die Schläge appliziert.
Rechts: Das abgerundete Horn dient zur Fertigung von Krümmungen und Gegenkrümmungen.

 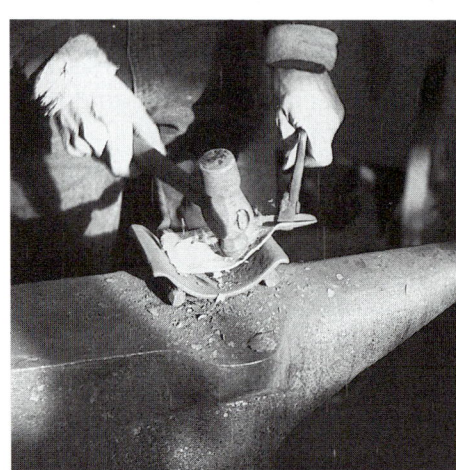

Links: Ein Gegengesenk, im Vierkantloch des Ambosses festgehalten, benutzt man zur Fertigung einer präzisen Blechform.
Rechts: Mit einer grösseren Form lässt sich das Stück wölben.

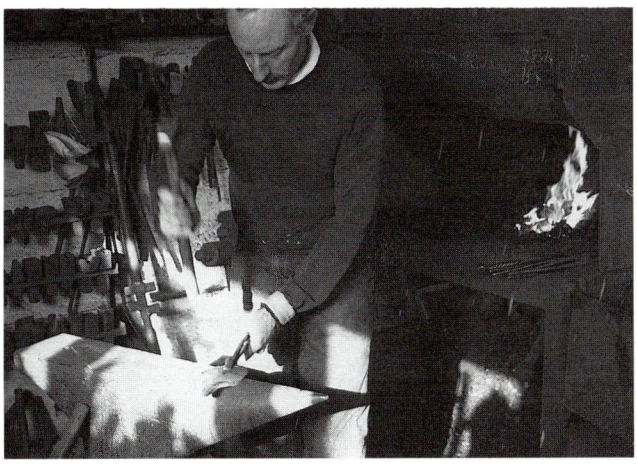

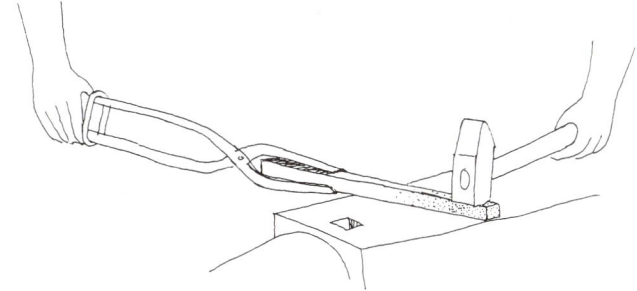

Die Handhabung der Geräte
Diese Zange ist mit einem Ring versehen,
der die Griffe mühelos zusammenhält,
ohne Druck ausüben zu müssen.

Philippe Guernay, einer der letzten Schmiedeplastiker,
bei der Bearbeitung eines Stücks.

Martin Chirino. Der Künstler in der Schmiede in Las Palmas, Gran Canaria.

Die Schmiedearbeiten

Da es zahlreiche Arbeiten gibt, erwähnen wir hier nur die grundlegenden unter ihnen. Allgemein muss man wissen, dass das Metall, das auf Rotglut gebracht wird, auf seiner Oberfläche eine Oxidschicht bildet, die sich unter den Hammerschlägen ablöst[1]. Erfordert die Arbeit verschiedene Erhitzungsvorgänge, entsteht auf die Dauer ein nicht zu vernachlässigender Materialverlust, der zu berücksichtigen ist. Diese Verluste sind durch Aufdicken des Metalls, dort wo die Erhitzungen stattfinden (beispielsweise durch Warmstauchen), zu kompensieren (siehe Seite 155).

Das Feuerschweissen

Dieses Verfahren beruht auf der Eigenschaft des Eisens, sich mit sich selber bei hohen Temperaturen und beim sukzessiven Weichwerden mit Leichtigkeit verschweissen zu lassen. Es braucht Sorgfalt und Erfahrung, da der Künstler aufgrund der Farbe des Metalls den richtigen Moment erfassen muss, um die Oberflächen zu vereinigen.

Anderseits müssen die zu vereinigenden Oberflächen so vorbereitet werden, dass die Verbindung einwandfrei hält, wobei sich die Oxidation mit Sicherheit als schädlich auswirken kann. Der Schmied muss ferner darauf achten, dass die zu verbindenden Elemente eine Verdickung erfahren, um die Verjüngung an den Stellen, wo die Hammerschläge erfolgen, zu kompensieren. Schliesslich ist nach stattgefundener Schweissung die Nacharbeit der Schweissnähte notwendig, um dem Metall die Charakteristik zurückzugeben, die es durch die lokale Überhitzung verloren hatte.

Zur Vermeidung der Oxidation entfernt man die oberflächliche Rostschicht mittels der Metallbürste oder durch Schruppen. Beim erneuten Erhitzen bildet sich eine neue Oxidschicht, die jedoch mit Hammerschlägen ablösbar ist. Sobald das erhitzte Metall eine Rotorange-Färbung angenommen hat, entfernt man es aus dem Feuer und bearbeitet es auf dem Amboss, so dass eine leicht konvexe Schrägfläche[2], der Ansatz, entsteht. Das Hämmern wird eingestellt, sobald das Metall nicht mehr leuchtet, weil man sonst riskiert, dass es bricht. Sodann bringt man es wieder ins Feuer und bearbeitet es, wenn nötig, nochmals. Sind die beiden zu vereinigenden Stücke auf diese Weise vorbereitet, erhitzt man sie bis zur Weissglut (glänzendes Weiss) und bis das Metall einige Funken ausstrahlt. Bei dieser Temperatur[3] wird das Eisen pastig und beginnt zu brennen (man sagt, es schwitze aus). Die beiden zu schweissenden Stücke werden danach rasch aus dem Feuer zurückgezogen, übereinandergelegt und lebhaft gehämmert[4], um eine Verbindung zu bewerkstelligen. Bevor die Schweissung dann noch geschmiedet wird, muss man sie wiedererhitzen.

Mit diesem Verfahren muss einerseits das Erhitzen vorsichtiger geschehen als beim Eisen, damit eine Zersetzung vermieden werden kann. Anderseits ist ein Oxidationsinhibitor in Form von Schweissplatten oder Schweisspulver unentbehrlich. Man geht so vor: sobald

---

1   Diese Eisenoxidschichten werden als Hammerschlag bezeichnet.
2   Die konvexe Form der zu montierenden Oberflächen erleichtert das Austreiben
    von Verunreinigungen und Oxiden, die im Metall vorhanden sein könnten.
3   Man spricht von «heller Weissglut».
4   Übermässiges Hämmern könnte das pastige Metall
    bei diesen Temperaturen pulverisieren.

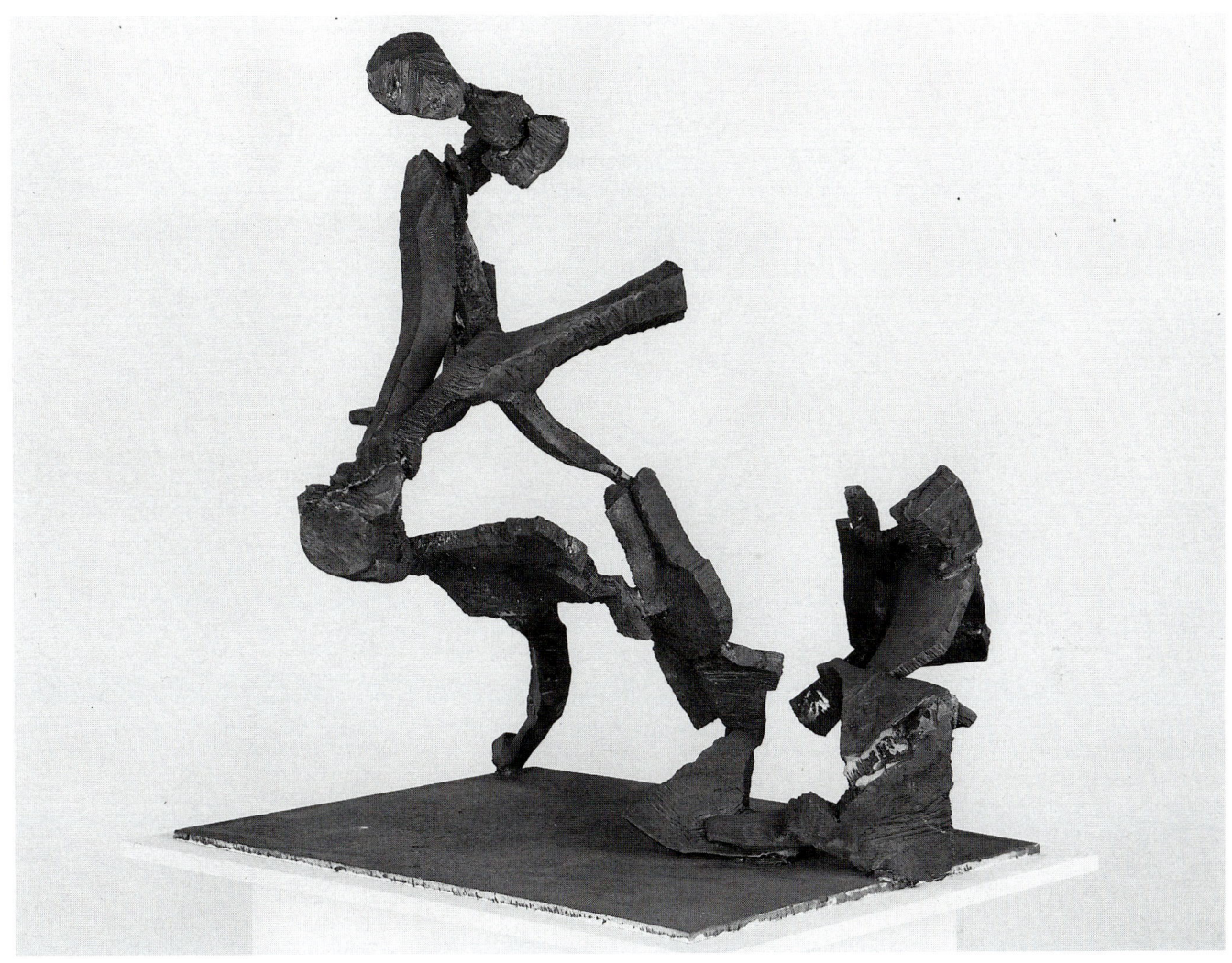

Robert Persey. *Notes for the Underground.* 1992 (England).
Weicher Stahl, geschmiedet und geschweisst. 96 x 78 x 92 cm.

die gewünschte Temperatur erreicht ist, stäubt man die Oberflächen mit dem Flussmittel ein. Es lassen sich auch Desoxidatorplatten verwenden, die im Handel erhältlich sind. Sie werden zwischen die zu schweissenden Oberflächen gelegt: man bezeichnet das Verfahren als Plattenschweissen.

Je niedriger der Kohlenstoffgehalt ist, umso leichter ist diese Schweisstechnik ausführbar. In der Tat reduziert die Anwesenheit von Kohlenstoff den Temperaturunterschied zwischen dem pastigen und flüssigen Zustand des Metalls, was die Zeitspanne für die mögliche Arbeit verringert.

Ist das Stück fertig, darf man es niemals mit Wasser abschrecken (grundsätzlich haben wir festgestellt, dass sich Eisen nicht auf diese Weise härten lässt), weil sonst das Risiko einer inneren Oxidation des Metalls besteht.

Es ist ratsam, das noch warme Stück nach der Bearbeitung mit der Metallbürste in ein Leinölbad zu tauchen. Diese Behandlung verleiht dem Metall eine glänzende braunschwarze Oberfläche.

Amboss

a Vierkantiges Horn
b Rundes Horn
c Füsse
d Ambossplatte oder Tisch
e Rundes Loch, zur Aufnahme
   der Matrix für das Bohren
   von Löchern mit dem Lochdorn
f Quadratisches Loch zum
   Festhalten der Gegengesenke

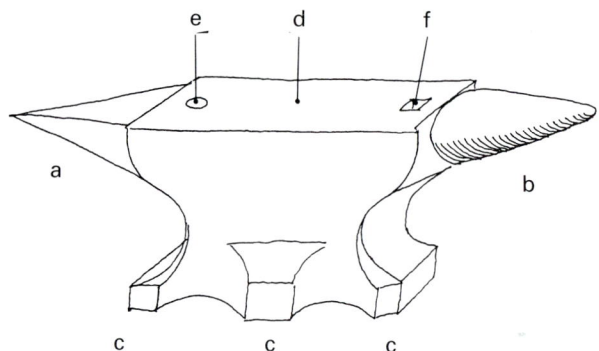

Feuerschweissen

1 Stumpfnahtschweissung
2 Wolfsrachenschweissung
3 Zusammengesetzte Schweissung

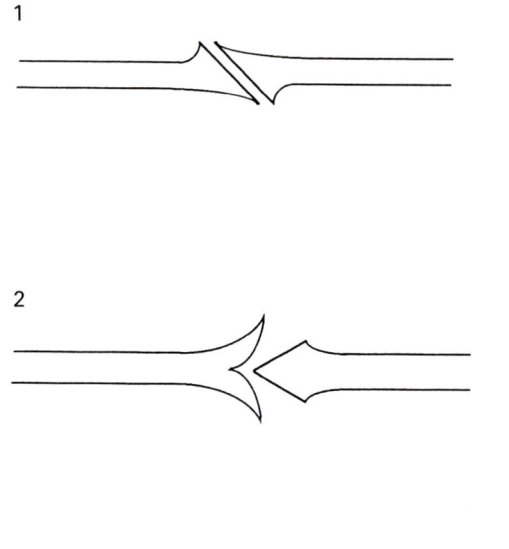

Schweisspulver zum Schweissen von Schmiedestahl

	1	2	3	4	5	6	7	8	9	10	11	12	13	14	15
Borax	3	16	10	4				25	10	30	50		50	100	60
Borsäure					35	42	83					70			
Meersalz					30	35	70					60			
Ammoniaksalz		17	5					7		3	7		25	14	17
Natriumcarbonat	1					8	17								
Alaun													2		
Kaliumcarbonat												54			
gelbes Blutlaugensalz		16			27	15	31			3	7			14	16
Eisenfeilspäne	2			3				25	10	1	5			7	
pulverisiertes Glas	3														
Geigenharz	2	5			8				1			15	3		10
Seifenpulver	1														
Alkohol 90°			1												
Kopaivabalsam									20						

Schweisspulver (Flussmittel)

Man kann ein solches Schweissmittel auf der Basis von Boraxglas selber herstellen. Die Aufbereitung des letzteren geschieht in einem neuen, feuerfesten Tiegel mit Deckel, in dem Natriumborat geschmolzen wird. Das Borax kommt zum Sieden, indem es sich aufbläht: es muss mit einem Eisenstab umgerührt werden. Wenn geschmolzen, giesst man es auf eine Blechplatte und mischt es mit Eisenfeilspänen und bestreicht sodann die zu schweissenden Oberflächen.

Ein anderes Rezept besteht aus folgender, im Mörser pulverisierter Mischung:

Borax	700 g
Kaliumferrocyanat	70 g
Ammoniaksalz	70 g
Eisenfeilspäne (nicht gerostete)	25 g

Man fügt Wasser zu und erhitzt die Mischung, bis eine poröse Masse entsteht, die sodann pulverisiert wird.

Glühfarben

Die folgende Tabelle der Glühfarben erlaubt das Einschätzen der vom Metall erreichten Temperatur. Die Farbeinschätzung ist in einem dunklen Raum vorzunehmen, da das Tageslicht verfälschend wirken kann.

Gegen 500° C	das Eisen beginnt zu leuchten
525° C	es wird zunehmend rot
700° C	es wird halb dunkelrot (Schmiedetemperatur für harten Stahl)
800° C	es wird zunehmend kirschrot
900° C	es wird kirschrot
1000° C	es wird hellkirschrot
1100° C	es wird dunkelorange (Schmiedetemperaturen für weichen Stahl)
1200° C	es wird hellorange (Schmiedetemperatur von Eisen)
1300° C	es wird weiss (Schweisstemperatur für weichen Stahl)
1400° C	helle Weissglut (Temperatur, bei der sich Eisen mit Eisen verschweissen lässt)
1500° C	helle Weissglut mit Funkenbildung (Temperatur, bei der Eisen brennt und zu schmelzen beginnt)

Die Streckarbeit (Ziehen)

Die Streckarbeit verlängert ein Stück (zum Beispiel eine Stange, man spricht von Stangenziehen), wobei es schlanker wird. Man führt sie so aus, dass das eine Ende auf einer Länge von 10 bis 15 cm auf Kante und Fläche gehämmert, um der Ausweitung der Stange entgegenzuwirken. Man muss sich also bemühen, der Stange einen regelmässigen Querschnitt zu bewahren, sei er nun quadratisch oder achteckig. Erreicht man die Mitte der Stange, kehrt man sie um und fährt in der gleichen Weise fort. Dann beendigt man die Arbeit, so dass die Stange einen gleichmässigen Finish bekommt. Will man einen quadratischen Querschnitt beibehalten, muss das Stück wieder erhitzt und sorgfältig durch Hämmern kalibriert werden. Entschliesst man sich für die runde Stange – das heisst eine Stange mit kreisförmigem Querschnitt –, schlägt man die Kanten nach und nach weg und arbeitet danach mit Gesenken.

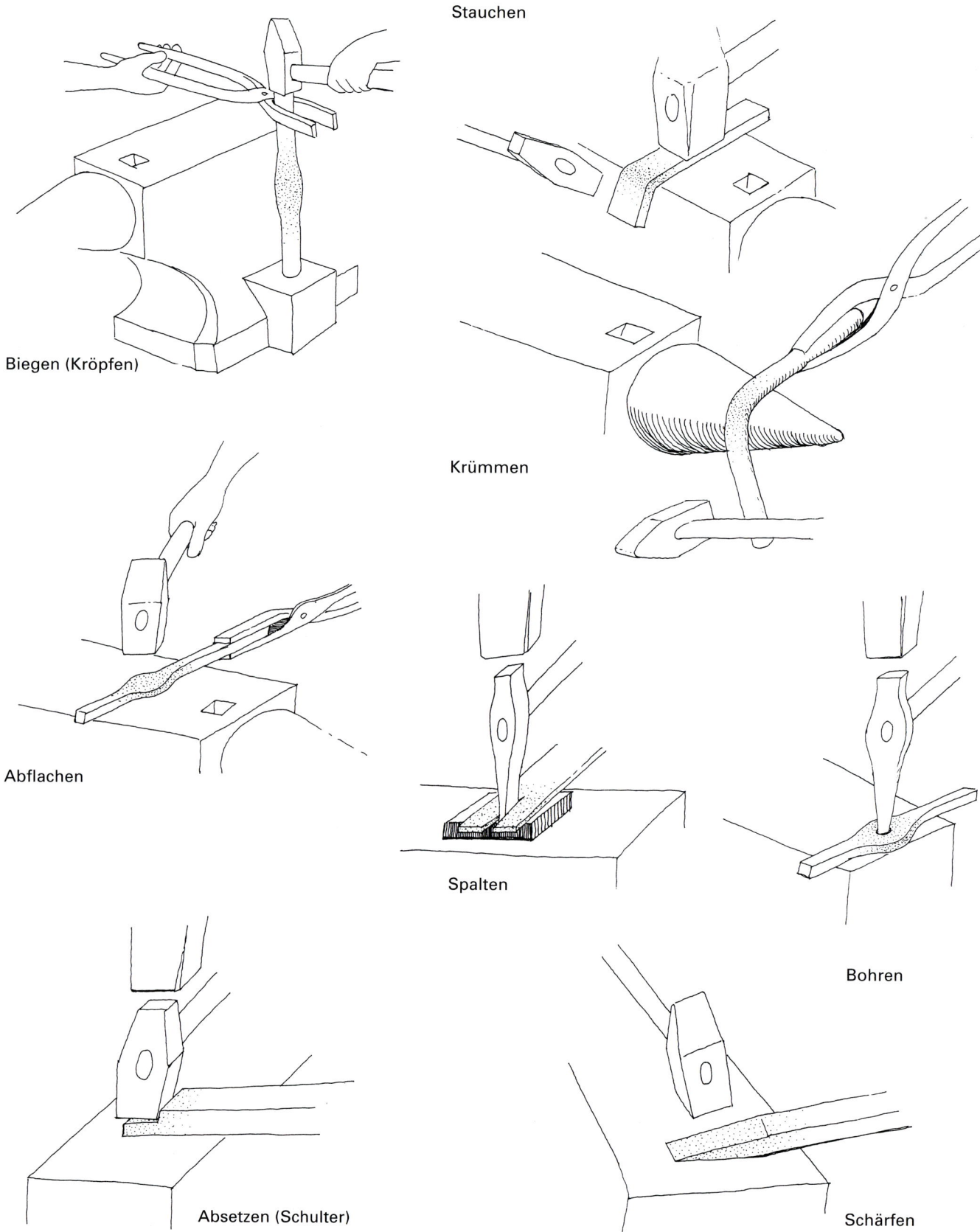

Stauchen

Biegen (Kröpfen)

Krümmen

Abflachen

Spalten

Bohren

Absetzen (Schulter)

Schärfen

154

Will man durch Strecken (bei zunehmender Verjüngung des Stückes) eine Spitze formen, schlägt man schräg zur gewünschten Verlängerung, indem man das Stück unter dem Hammer stetig dreht. Dadurch erhält man eine Art langer Nabel.

Die Staucharbeit

Im Gegensatz zur vorhergehenden Bearbeitung wird bei der Staucharbeit die Masse an einer bestimmten Stelle vergrössert. Dazu wird das Metall nur an dieser Stelle erhitzt, gegen das eine Ende mit dem Hammer geschlagen, wobei das andere Ende mit einer Zange festgehalten wird. Ist das Stück für diese Bearbeitung zu lang, staucht man es durch senkrechtes Hämmern auf dem Amboss. Man kann es in senkrechter Position im Schraubstock befestigen und mit dem Hammer von oben schlagen. Oft ist der Stauchprozess eine vorbereitende Arbeit für die Schmiedeschweissung, bestimmt zur Bildung der Ansätze. Ganz allgemein ist bei der Staucharbeit darauf zu achten, dass das Stück an der erhitzten Stelle nicht gebogen wird, da sonst ein zusätzlicher Arbeitsvorgang (Richten) nötig ist.

Die Abflacharbeit

Sie dient zum Dünnermachen eines rotglühenden Metallstücks, indem man es ausdehnt oder breiter macht. Dabei lässt man den Hammer senkrecht auf das Stück einwirken.

Die Biegearbeit

Es handelt sich um das Biegen (Kröpfen, Falten) einer auf helle Kirschrotglut erhitzten Stange. Die Biegearbeit kann von Hand oder mit dem Hammer auf dem runden Horn des Ambosses erfolgen. Biegt man eine Stange im rechten Winkel, entsteht an der Biegestelle eine Deformation des Stangenquerschnitts: es fehlt Material auf dem Rücken der Krümmung – manchmal bildet sich sogar ein Riss – dafür hat es zuviel Material auf der Innenseite der Krümmung. Durch Schmieden lässt sich dieser Fehler beheben, indem man die zu biegende Stelle leicht staucht und eine angemessene Verdickung der Aussenbiegung herbeiführt.

Die Bohrarbeit

Das Bohren führt zu einem Loch im Blech oder einem «Auge» (einer Öffnung) in einer Stange. In diesem Fall ist die Stange an der Stelle, wo man das Loch machen will, durch Stauchen zu verdicken. Anschliessend wird diese verdickte Stelle der Stange gehämmert, so dass eine abgeflachte Zone entsteht, die man auf Orangerotglut erhitzt, bevor man sie auf ein Matrizen-(Untergesenk)-Loch legt[1]. Das Loch wird mit einem Spitzenlocher aus Stahl herausgearbeitet, dann mit einem Formlocher vom gewünschten Kaliber ausgeweitet. Die definitive Form erhält man durch Rotglutschlagen auf einem Durchschlag (Lochdorn), der die für die Öffnung gewünschte Form aufweist.

---

1   Sei es über einer Öffnung im Amboss, sei es zum Beispiel über einer Schraubenverankerung.

Das Schneiden von Stangen

Diese Arbeit wird kalt oder warm durchgeführt. Ist die Stange von kleiner Abmessung, kann sie mit dem Warm- oder Kaltmeissel mit Hilfe des Schmiedehammers ausgeführt werden. Bei grossen Stücken hält der Schmiedemeister den Warmmeissel und der Zuschläger versetzt die Schläge mit dem Vorschlaghammer.

Man bringt an der Stange beidseitig einen Einschnitt an und trennt sie dann mit einem trockenen Hammerschlag entzwei. Bei Rundstangen, die man in Scheiben schneiden will, wird der Meissel auf dem ganzen Umkreis eingeschlagen.

Katherine Gili. Die Künstlerin bei der Schmiedearbeit.

Martin Chirino. *Cabeza.* 1984 (Gran Canaria).
Geschmiedetes Eisen. 53 x 38 x 53 cm.

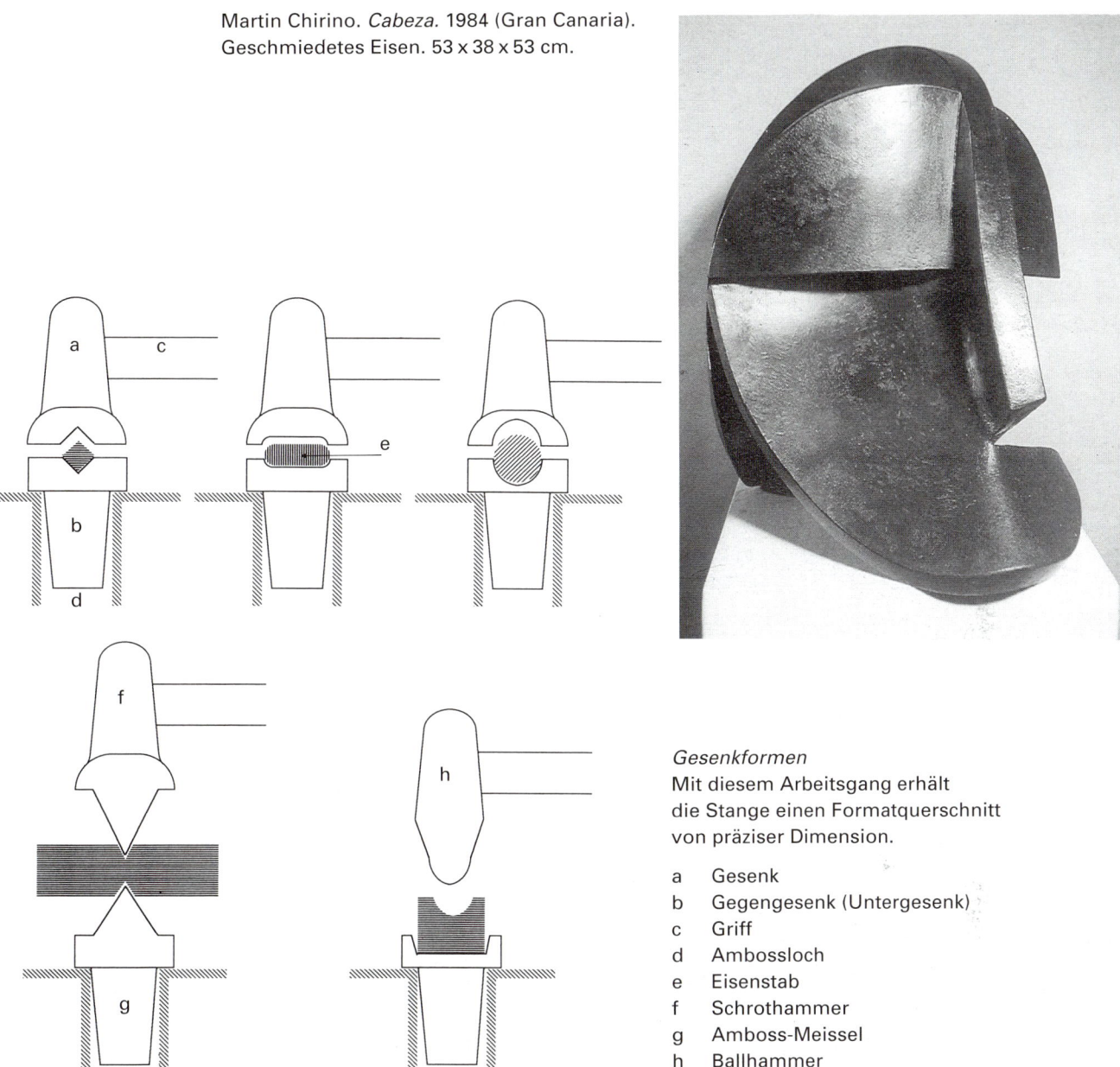

Gesenkformen
Mit diesem Arbeitsgang erhält
die Stange einen Formatquerschnitt
von präziser Dimension.

a Gesenk
b Gegengesenk (Untergesenk)
c Griff
d Ambossloch
e Eisenstab
f Schrothammer
g Amboss-Meissel
h Ballhammer

Das Vorgehen beim Gesenkformen

Das Gesenkformen verleiht einem Eisenstab den gewünschten Formquerschnitt von präziser Dimension, indem man ihn in einer Stahlmatrize, die aus zwei Teilen besteht, tiefzieht:
im Gesenk und Gegengesenk (Untergesenk). Letzteres verkeilt man im Ambossloch, das
für diese Formgebung geschaffen ist, während das Gesenk mit einem Handgriff versehen
ist, was dem Meisterschmied erlaubt, es in der günstigsten Stellung zu halten. Der Gehilfe
schlägt nun mit dem Vorschlaghammer (Moker) auf das Gesenk, und der Meister stellt den
Stab kontinuierlich zu, um ihm eine regelmässige Form ohne Grate zu geben.

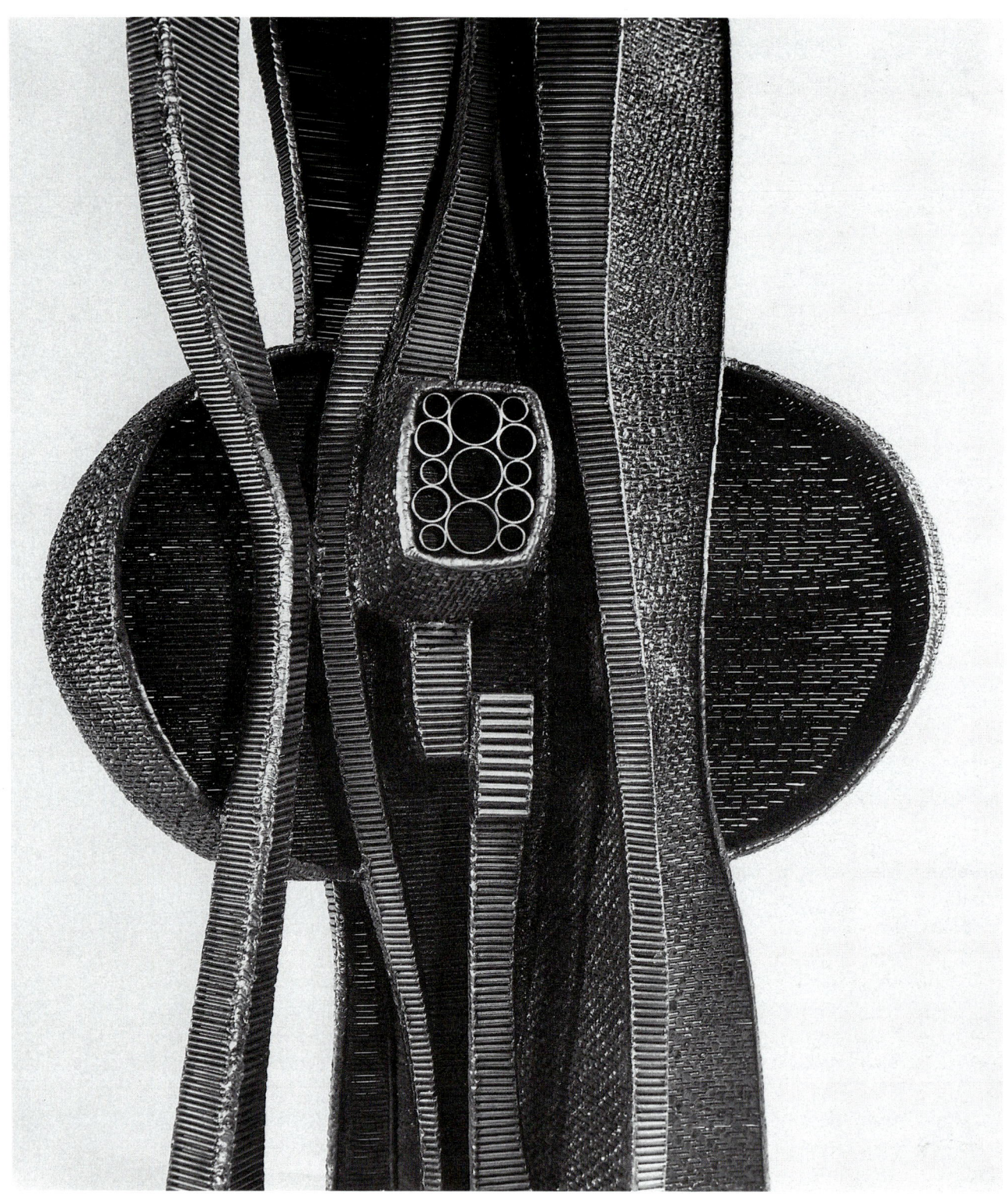

Jean Woodham. *Close up for «Argus»* (USA). Geschweisster Stahl.

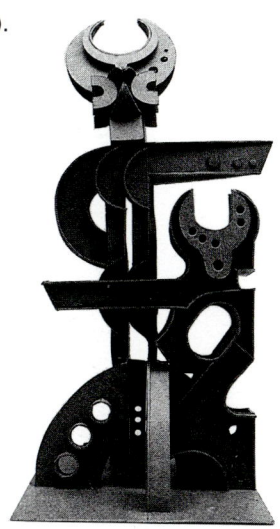

Todor Todorov. *Form* (Bulgarien).
Stahl. 250 x 150 x 100 cm.

Das Schweissen

Das Schweissen erlaubt eine enge und dauerhafte Verbindung von verschiedenen Metall-teilen durch Schmelzen der Kontaktflächen. Das Resultat der Schweissarbeit wird als Schweissung bzw. als Schweissnaht[1] bezeichnet.

– *Die autogene oder direkte Schweissung:* Die Verbindung von zwei gleichartigen Metall-teilen durch Simultanschweissen der Randflächen. Wobei die Kontinuität der physikali-schen Eigenschafen des Metalls gewährleistet ist. Im Laufe des Schweissvorganges kann ein in den Eigenschaften identisches – oder mindestens nah verwandtes – Metall zum Basismetall hinzugefügt werden. Man bezeichnet es als «Zusatzmetall» (Schweiss-zusatzwerkstoff), erhältlich in Form von Schweissstäben oder Schweissdrähten.

– Die heterogene oder indirekte Schweissung: Nach dieser Technik werden zwei nicht identische Metalle miteinander verbunden. In diesem Fall ist die Anwesenheit des Zu-satzmetalls unabdingbar; es zeichnet sich durch eine niedrigere Schmelztemperatur als diejenige des Basismetalls aus. Das Hartlöten (Schweisslöten) gehört zur heteroge-nen Schweissung (siehe Seite 199).

Es sind verschiedene Verfahren möglich, um das örtlich eingegrenzte Schmelzen der zu verbindenden Metalle zu erzielen.

Primitive Formen des Schweissens waren schon den Sumerern bekannt. Die Ägypter praktizierten das Verlöten von Elektrum (ein Gemenge von Gold und Silber) bereits vor 3000 Jahren. Was die Römer betrifft, entdeckten sie als erste das Schweissen von Blei und Zinn. Die heutigen Techniken sind indessen viel jüngeren Datums. Der Gebrauch des Schweissbrenners (Lötkolbens) geht auf den Anfang des 19. Jahrhunderts zurück: Robert Hare erfindet 1801 den Sauerstoff-Wasserstoff-Schweissbrenner, während das Lichtbo-genschweissen erst nach 1885 entwickelt wird. Erst nachher sind ausgeklügelte Schweiss-techniken ausgearbeitet worden. Unter ihnen das Schweissen in inerter Atmosphäre (Ar-gon schützt das schmelzende Metall vor Oxidation), das elektronische Schweissen, das elektrische Widerstandsschweissen. Einige dieser Verfahren sind auch für den Plastiker anwendbar, so zum Beispiel das Schweissen mit Argon.

---

1   Der Ausdruck «Schweissung» bzw. «Schweissnaht» wird von zahlreichen
    Autoren als Resultat des «Schweissens» bzw. der «Schweissarbeit» verwendet.
    Wir verwenden in der Folge beide Ausdrücke in diesem Buch

Aus praktischen Gründen behandeln wir nur die am häufigsten verwendeten Techniken: Schweissen mit dem Sauerstoff-Wasserstoff-Schweissbrenner und Schweissen mit dem Lichtbogen (Elektroschweissung). Nachfolgend eine Tabelle der verschiedenen Schweissverfahren, die dem Plastiker zugänglich sind:

Schmelzschweissen	Zusatzmetall nicht identisch mit den zu verschweissenden Teilen **Heterogenschweissen**	Weiche Schweissung (Zinn, 226° C) Hartschweissung oder Löten (Cu, Zn, Sn, Ag, 800 bis 900° C)
	Zusatzmetall identisch mit den zu verschweissenden Teilen **Autogenschweissen**	Sauerstoff-Acetylen-Schweissung (2000-3000° C) Lichtbogenschweissung (3000-3500° C)
Pressschweissen	Ohne Zusatzmetall, Metall reduziert zu pastigem Zustand	Feuerschweissen

Das Schweissen mit dem Schweissbrenner

Die zu verschweissenden Metallteile werden Kante an Kante gehalten und erhitzt, dann mit dem Schweissbrenner, dessen Flamme eine Temperatur von etwa 3000° C erreicht, lokal geschmolzen. Diese Flamme ist das Produkt von der Verbrennung von Acetylen mit Sauerstoff; die beiden Gase sind genau zu gleichen Teilen vorzumischen.

Diese Technik gestattet in erster Linie das Schweissen von gewöhnlichem Stahl. Das Zusatzmetall ist dem Basismetall (der zu vereinigenden Metallteilen) artverwandt, doch ist es manchmal auch möglich, ohne Zusatzmetall im «Schmelzbad» zu schweissen (man bezeichnet die kleine Schmelzlache, die beim Schmelzen der beiden zu schweissenden Metalle und des eventuellen Zusatzmetalls entsteht, als Schmelzbad). Das Zusatzmetall ist empfehlenswert, da es die Schweissung verstärkt. Das Schweissen erfolgt schrittweise und möglichst regelmässig entlang der zu verschweissenden Kanten. Daraus entsteht die Schweissnaht: sie ist leicht dicker (bzw. überhöht) als der umgebende Metallteil.

Das Material

Die Gasflaschen (Gasbomben)
Es wird eine Sauerstoff- und eine Acetylenflasche benötigt.

– *Der Sauerstoff (O_2)*
Der Sauerstoff wird aus flüssiger Luft gewonnen und wird in flüssigem Zustand unter Druck in Stahlflaschen geliefert. Man soll sie nie der prallen Sonne aussetzen oder in einem überhitzten Raum aufstellen, weil man sonst einen Überdruck riskiert.
Das Gas ist farb-, geruch- und geschmacklos; es ist deshalb schwierig, ein Leck zu entdecken. Will man die Dichtheit der Sauerstoffversorgung feststellen, verwendet man Seifenwasser. In keinem Fall darf das Ventil oder der Hahn eingefettet oder eingeölt werden; Fettpartikel können sich beim Kontakt mit Sauerstoff spontan entzünden.
Das Gas wird in der Flasche unter einem Druck von 150 bis 200 bar (1 bar entspricht ungefähr dem atmosphärischen Druck) gehalten, aber im Schweissbrenner ist der Druck dank dem Reduzierventil auf ungefähr 2,5 bar reduziert.

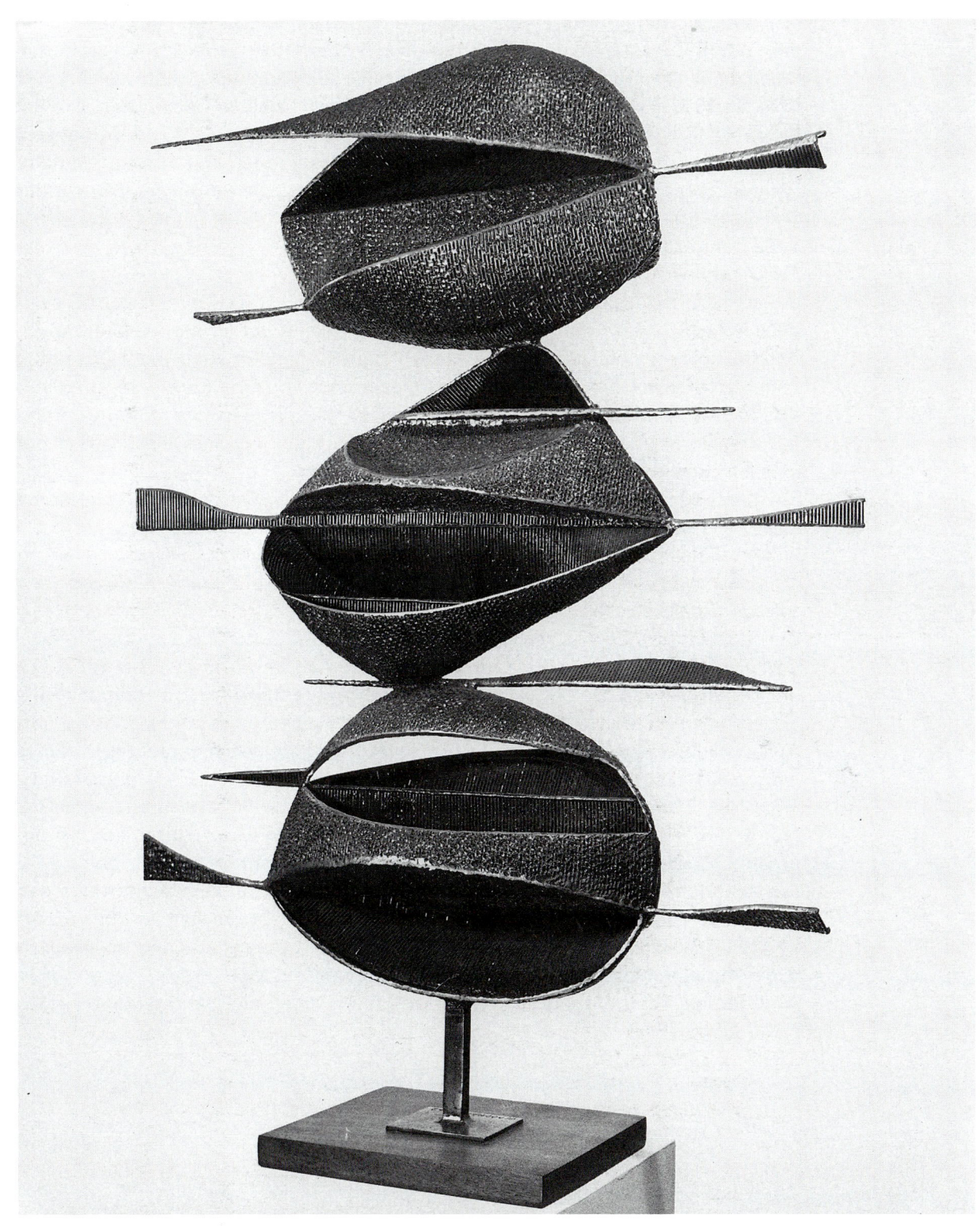

Jean Woodham. *Triad* (USA). Geschweisster Stahl. 97 x 72 x 27 cm.
Die Stifte sind zu eigentlichen Flächen zusammengefügt.

Der Inhalt der Flaschen beträgt 10 bis 54 l. Das Gewicht von 1 l Sauerstoff, bei 15°C und 760 mm Quecksilbersäule beträgt 1,38 g. Um das in der Gasflasche enthaltene Gasvolumen zu bestimmen, genügt es, das Fassungsvermögen der Flasche in Liter mit dem am Reduzierventil des Manometers ablesbaren Druck (bei 15°C) zu multiplizieren. Beispiel: Wird eine Flasche von 25 l einem Druck von 30 bar unterworfen, heisst das, dass sie 25 x 30 = 750 l Sauerstoff oder 0,75 m³ von diesem Gas enthält. Die Sauerstoffflaschen sind am Klang erkennbar, wenn man sie anschlägt, im Gegensatz zu den Acetylenflaschen. Zudem sind sie teilweise weiss angestrichen und mit einem Hahnen (Ventil) ausgerüstet, dem zur Aufnahme des Reduzierventils ein Gewinderohr mit Trichter angeschlossen ist. Diese Einrichtung ist mit einer Schutzkappe versehen, die auf einem Kragen mit Gewinde aufgeschraubt ist.

Das Acetylen (C_2H_2)

Dieses farblose Gas, leichter als Luft, ist in Azeton[1] gelöst, in einem porösen Material gespeichert: in Holzkohle oder Asbestfasern. Das ist der Grund, weshalb die Acetylenflasche beim Anschlagen keinen Klang abgibt. Acetylen kann nicht über einen Druck von 1,5 bar komprimiert werden: es zersetzt sich in seine Elemente, manchmal unter Auslösung einer Explosion. Übermässige Wärme hat dieselbe Wirkung. Immerhin, in gelöster Form ist dieses Gas viel weniger gefährlich. Im Schweissbrenner beträgt der Druck mittels des Reduzierventils nur mehr 0,5 bar.

Ein Acetylen-Leck ist an seinem starken Geruch leicht zu erkennen. Ein Liter Acetylen wiegt 1,11 g bei 15°C und unter 760 mm Quecksilberdruck.

Es handelt sich um einen Kohlenwasserstoff hohen Kohlenstoffgehalts, was die russige Flamme erklärt. Er brennt, indem er sich zersetzt und seine Bildungswärme (Wärmetönung) freisetzt.

Die Acetylenflasche unterscheidet sich von der Sauerstoffflasche durch die rote Farbe und die Anzapfkupplung. Es handelt sich um einen ringförmigen Sitz zur Aufnahme einer Lederdichtung. Das Mundstück des Reduzierventils wird mit Hilfe des Bügels stark gegen diese Dichtung gepresst. Der Druck des Acetylens in der Flasche variiert je nach Aussentemperatur stark. Aus diesem Grund wird der Flascheninhalt in der Regel gewogen. Das Leergewicht der Flasche (Tara) ist oben auf der Flasche markiert. Das Gewicht der Flasche weniger die Tara ergibt das in der Flasche enthaltene Gasgewicht (der Inhalt in m³ lässt sich leicht errechnen, wenn man weiss, dass 1 kg Gas etwa 0,9 m³ entspricht). Der Gasdruck in einer vollen Flasche beträgt etwa 15 kg/cm².

Die Acetylenflaschen sind stehend zu gebrauchen, damit kein Aceton aus der Flasche ausweichen kann. Wird der Schweissbrenner über längere Zeit zu intensiv eingesetzt, riskiert man einen unregelmässigen Gasfluss. Tritt dieser Zustand doch ein, muss die Arbeit für eine bestimmte Zeit unterbrochen werden.

Acetylen ist nicht giftig, wird es aber in hohen Dosen eingeatmet, kann es wie ein Anästhetikum wirken.

---

1   Dieses vermag das Fünfzehnfache seines Volumens an Acetylen aufzunehmen.

Die Reduzierventile

Die Aufgabe der Reduzierventile ist es, den Druck des Gases, das den Schweissbrenner versorgt, zu reduzieren und die Dosierung gleichmässig zu halten. Das Prinzip ist für beide Gase dasselbe, allerdings an die verschiedenen Drucke der beiden Gase angepasst. Jedes Reduzierventil ist mit zwei Manometern ausgerüstet, die dem Verbraucher den Druck, der in der Flasche herrscht, anzeigen (Hochdruckmanometer) bzw. den Druck des Gases im Schweissbrenner (Niederdruckmanometer). Das Hochdruckmanometer bei der O_2-Flasche hat eine Skala von 0 bis 300, dasjenige bei der C_2H_2-Flasche eine solche von 0 bis 40. Beide Manometersysteme (Hoch- und Niederdruck) kommunizieren miteinander über ein mittels der Druckschraube zunehmend gesteuertes Mundloch. Dank der Betätigung dieser Schraube kann der Gasdruck im Schweissbrenner nach Wunsch reguliert werden. Er hängt von der Verwendung des Schweissbrenners ab. Die Druckschraube muss bei der Installation des Manometers oder beim Öffnen des Hahnen jedesmal bis zum Anschlag geöffnet sein.

Die Befestigungsart der beiden Schweissbrennertypen ist verschieden.

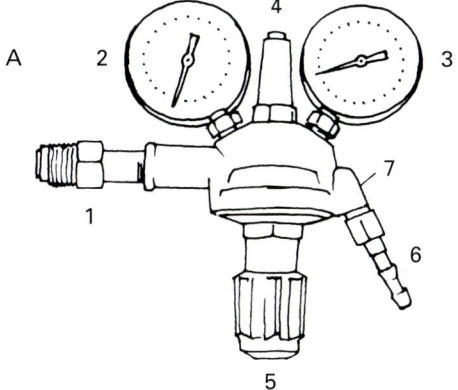

Reduzierventile

A *Reduzierventil O_2*
  Es umfasst
  einen Anschlussstutzen zur Flasche (1),
  das Hochdruckmanometer (2),
  das Niederdruckmanometer (3),
  ein Sicherungsventil (4),
  eine Druckschraube (5),
  eine Gummiöffnung (6) für die Verbindung
  zum Gummischlauch.
  Ein Schliesshahn kann bei (7)
  eingebaut werden.

B *Reduzierventil C_2H_2*
  Es umfasst
  einen Anschlussstutzen zur Flasche (1),
  der sich von demjenigen des
  O_2-Reduzierventils unterscheidet,
  das Hochdruckmanometer (2),
  das Niederdruckmanometer (3),
  das Sicherungsventil (4),
  die Druckschraube (5),
  das Verbindungssystem zum Gummischlauch (6),
  der Bügel und sein Befestigungssystem (8 und 9).

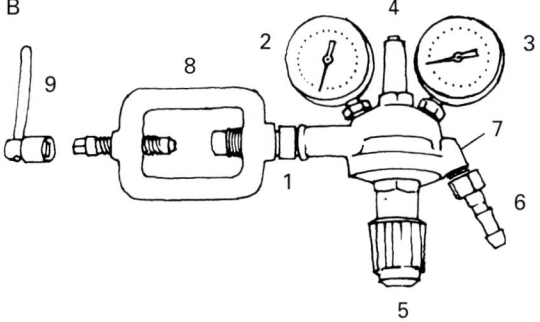

Die Gummischläuche

Die Gummischläuche gewährleisten den Durchfluss des Gases vom Reduzierventil zum Schweissbrenner. Sie müssen geschmeidig, lang und widerstandsfähig sein (sie sind gewebeverstärkt). Die Schläuche für Acetylen sind rot, diejenigen für Sauerstoff blau oder Schwarz. Man befestigt sie am Mundloch des Reduzierventils und am Eingangsstutzen zum Schweissbrenner mittels eines Schlauchbinders. Der Durchmesser und die Wandstärke des Schlauches sind abhängig von der Versorgungskapazität des Schweissbrenners: die Schläuche 6/11 (6 mm Innendurchmesser, 11 mm Aussendurchmesser) genügen für Schweissbrenner mit kleinem Durchsatz (weniger als 300 l/h). Darüber hinaus braucht es einen 9/16er Schlauch.

Die Schweissbrenner

In diesen Geräten wird die Gasmischung (im eigentlichen Mischer) zum Einsatz gebracht. Die Mischung wird über das Mundstück zur Düse geführt, wo sie entzündet wird und eine lebhafte und sehr heisse Flamme (3100 °C) erzeugt. Man unterscheidet zwischen Schweissbrennern und Schneidbrennern (wir werden diese in einem späteren Kapitel über das Schneidbrennen mit Sauerstoff behandeln).

Der Schweissbrenner ist mit einem Griff versehen, so dass er gut und fest in der Hand liegt. Zwei das einströmende Gas regulierende Hahnen sind seitlich am Griff angeordnet. Der rot angestrichene Hahn reguliert die Acetylendosierung, der blaue die Sauerstoffdosierung. Es sind mehrere Schweissbrennertypen auf dem Markt erhältlich: Schweissbrenner für Hochdruck, für Niederdruck, solche für konstante und solche für variable Gaszufuhr. Wir behandeln hier nur die Schweissbrenner für Niederdruck und für eine konstante Dosierung; es sind dies die für den Plastiker gebräuchlichsten. Sie werden mit auswechselbaren Mundstücken geliefert, für eine kleinere oder grössere Gaszufuhr.

Wenn sie einen Schweissbrenner anschaffen, müssen Sie darauf achten, dass er gut in der Hand liegt; ein schlecht ausbalancierter Brenner ist auf die Dauer ermüdend für den Arm. Der ideale Schweissbrenner ist leicht und besteht aus einer Aluminiumlegierung oder aus Messing. Er ist leicht demontierbar und alle seine Teile sind leicht ersetzbar.

Zwischenstücke gegen das Zurückschlagen der Flamme

Diese Vorrichtungen sind obligatorisch. Sie werden zwischen Schweissbrenner und Reduzierventilen geschaltet, die sie gegen ein nicht voraussehbares Zurückschlagen der Gasflamme schützt, das ernsthafte Schäden auslösen könnte. Die Zwischenstücke können direkt am Schweissbrenner oder im Schlauch eingebaut werden.

Ein Spargerät (Economiser)

Es handelt sich um ein System, mit dem sich der Brenner anzünden lässt, ohne jedesmal die Eintrittshahnen vom Gas regulieren zu müssen. Der Schweissbrenner ist an einem Gestell aufgehängt, das gleichzeitig als Hebelarm funktioniert und die Gaszufuhr unterbindet. Wird der Brenner vom Gestell entfernt, wird die Gaszufuhr automatisch entblockiert und der Schweissbrenner an der Sicherheitsflamme (Nachtlicht) wieder entzündet. Diese Vorrichtung führt zur Einsparung von Gas und Zeit und ist unerlässlich für Schweissarbeiten, die häufig unterbrochen werden müssen. Das ganze System lässt sich in einer Ecke des Arbeitstisches installieren.

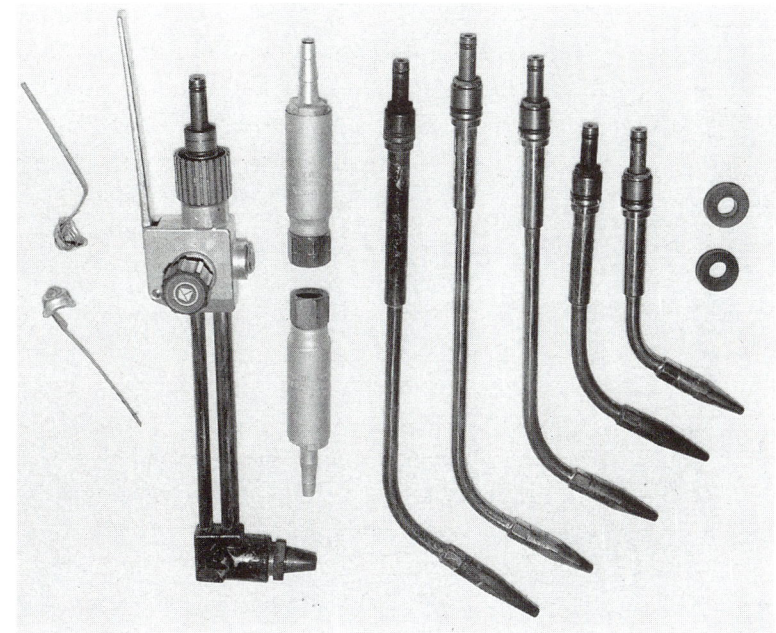

Oben links: Sauerstoff- und Acetylenflaschen, die mit Druckreduzierventilen ausgerüstet sind.

Rechts: (von rechts nach links) Unterlegscheiben aus Gummi für das Acetylen-Reduzierventil, Spiel von Schweissbrennerelementen verschiedenen Kalibers, zwei Vorrichtungen gegen das Zurückschlagen der Flamme, Schweissbrenner und Befestigungsringe aus Gummi zur Fixierung der Schläuche.

*Elemente eines Schweiss-
und Schneidbrenners*

a/b/c   Drei Schweissbrennerelemente verschiedenen Kalibers. Sie werden am Griff befestigt und setzten sich aus einem Mundstück aus Kupfer (1), einem Mischer aus Messing (2) und einer Düse (Schnabel) (3) zusammen.

d   Der Griff hat zwei Anschlüsse (1) und (2) für die eintretenden Gase, zwei Regulierhahnen (3) und (4) und eine Schraube (5) zum Befestigen des Mundstücks.

e   Der Schneidbrenner wird wie eine Schweissdüse auf den Griff geschraubt. Er umfasst einen Sauerstoffhahn (6), einen Steuerungshebel für den Schneid-Sauerstoff (5). Dieser wird mittels eines Rohrs (3) zum Kopf des Schweissbrenners (1) geführt. Das andere Rohr (4) führt das Gemisch Sauerstoff-Acetylen zum Kopf. Dieser ist mit einem Schneidschnabel (2) versehen.

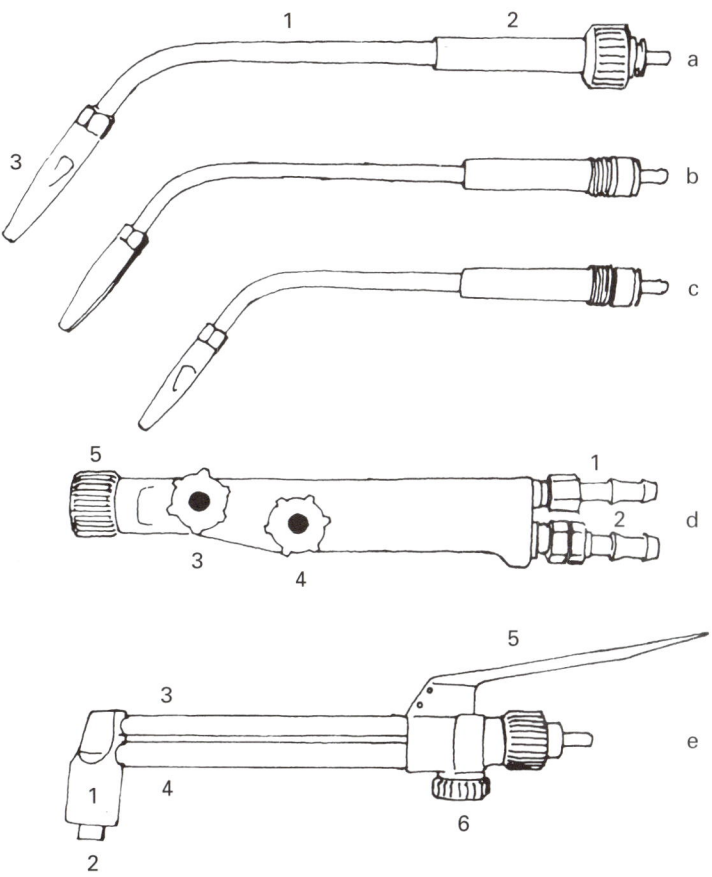

165

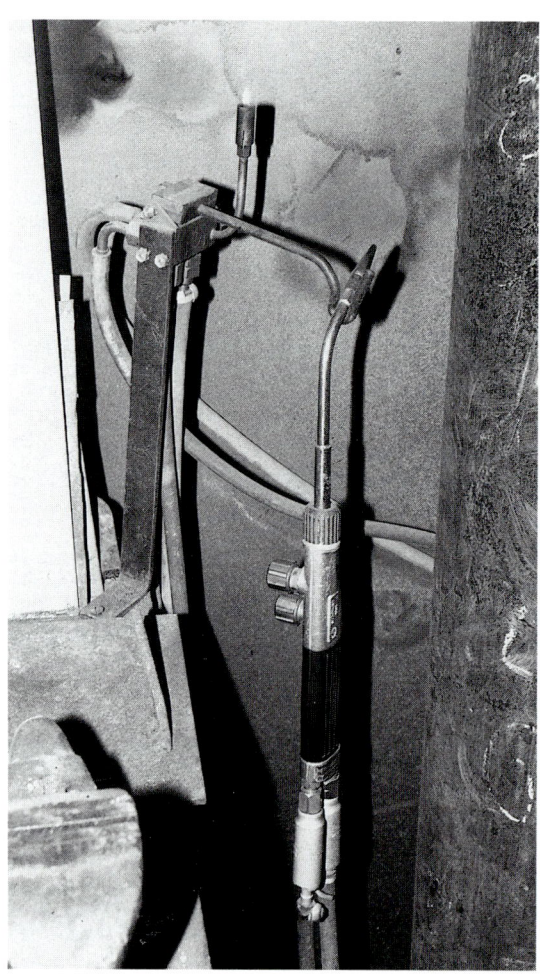

System Spargerät, das mit dem Schweissbrenner gekuppelt ist. Wird dieser abgehängt, fliesst das Gas wieder und es genügt, die Sicherheitsflamme wieder zu entzünden.

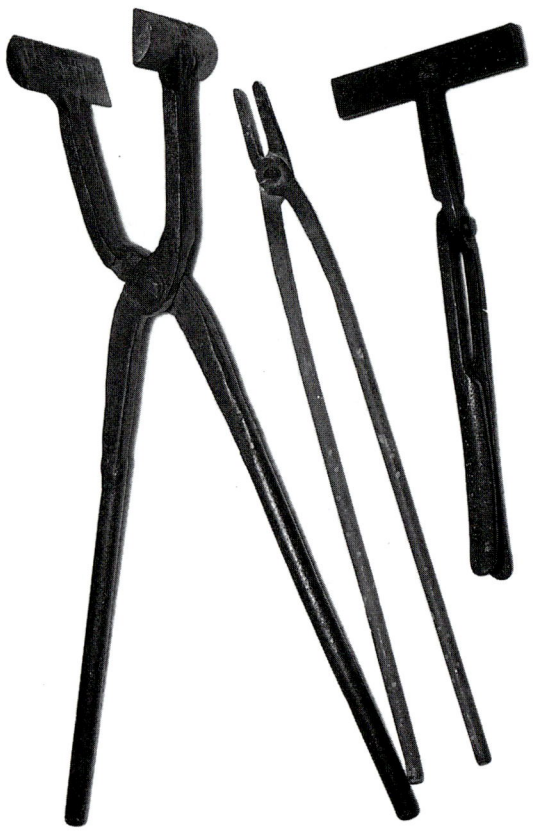

Zangen, wie sie der Autor benützt. Zangen mit erweiterten Klemmbacken bewähren sich zum Biegen von Blechen. Diese werden an einem Ende im Schraubstock eingespannt und erhitzt.

Ausrüstung

– *Die Schweiss-Schutzbrillen:* Sie sind obligatorisch. Sie schützen die Augen des Schweissers vor kleinsten glühenden Partikeln, vor den Funken und vor dem grellen Licht der Flamme. Die Brillen sind mit gefärbten Gläsern ausgerüstet, die die ultravioletten und infraroten Strahlen, welche vom geschmolzenen Metall und der Flamme ausgehen, abhalten. Trotzdem sind sie genügend transparent, um das Arbeitsfeld genau zu erkennen.
– *Handschuhe* aus Schafleder oder Leder: Zum Handhaben von nicht zu heissen Werkstücken, zum Schutz bei Arbeiten, die Splitter verursachen, oder solchen mit scharfkantigen Stücken.

166

- *Klemmen und Zangen* für die Handhabung von allen heissen Metallen. Bestehen Zweifel über die Temperatur eines Metallstücks, ist es ratsam, sich in jedem Fall dieser Werkzeuge zu bedienen.
- *Ein Amboss* (oder auch ein massiger Metallklotz kann sich dafür eignen): Darauf lassen sich rotglühende Stücke mit dem Hammer bearbeiten.
- *Schraubstöcke, Spannrahmen, Klemmen, Zwingen:* Sie dienen zum Festhalten der Stücke beim Schweissen. Ein Sandkasten kann ebenfalls nützlich sein, um Teile, die miteinander verbunden werden sollen, teilweise darin einzubetten. Der Schraubstock eignet sich auch zum Festhalten eines Stückes am einen Ende, während das andere Ende, auf Rotglut erhitzt, den verschiedenartigsten Umformungen (zum Beispiel Biegen, Falten, Verwinden) unterworfen wird.
- *Feuerfeste Platten,* die den Arbeitstisch abdecken.
- *Ein mit Wasser gefüllter Eimer* zum Abkühlen der Stücke, die geschweisst werden sollen, oder um sie zu härten oder ganz einfach handhaben zu können. Für grosse Stücke eignet sich ein Zerstäuber.

Elementare Vorsichtsmassnahmen

- Zu heftige Schläge auf die Gasflaschen sind zu vermeiden; sie sollen auch nicht der Wärme (Sonne) ausgesetzt werden. Wenn immer möglich sind sie mit einer Kette an der Wand zu sichern und ungefähr 3 m vom Schweissbrenner entfernt zu halten.
- Ist man zu zweit, kann man die Flaschen liegend transportieren, indem jede Person die Flasche am einen Ende hält. Ist man allein, neigt man die Flasche leicht und führt eine vorsichtige Rotationsbewegung aus; man hält sie dabei an der Schutzkappe.
- Sind die Flaschen leer, ist der Hahn gut zu schliessen und die Schutzkappe aufzusetzen.
- Der Ort, wo die Flaschen aufbewahrt werden, soll gut belüftet sein. Sie dürfen nicht entzündbaren Produkten ausgesetzt werden. Feuerlöscher sind beim Eingang griffbereit zu halten.
- Verwendet man zum Anzünden des Schweissbrenners ein Gasfeuerzeug, soll man es nicht auf dem Arbeitstisch lassen, sondern wieder in die Tasche stecken.
- Weite Kleider aus sehr entflammbaren Stoffen (Nylon zum Beispiel) sind zu vermeiden.
- Trägt man die Haare lang, sind sie mit einem Stirnband oder einer Mütze festzuhalten.
- Während der Arbeit (auch nicht rund um die Gasflaschen) sollen keine Schläuche ausgerollt werden.
- Wenn ein Schlauch Feuer fängt, ist die Gaszufuhr beim Ausgang des Reduzierventils zu unterbinden.
- Entweicht brennendes Acetylen durch ein kleines Leck in der Gasflasche, löscht man es mit einem feuchten Tuch, besprüht es mit einem Wasserstrahl oder löscht es mit dem Feuerlöscher. Der Hahn ist raschmöglichst zu schliessen.
- Entweicht der Flasche mehr Acetylen, so dass die Gefahr besteht, dass sich die Flasche erwärmt, entfernt man sich so weit wie möglich und versucht, das Feuer mit einem Wasserschlauch anzuspritzen und damit zu ersticken. Man fährt fort, die Flasche über längere Zeit mit Wasser zu besprengen, um sicher zu gehen, dass sich die Flasche abgekühlt hat.

Der Gebrauch des Materials

Vorgängige Massnahmen

Man befestigt an den Austrittsschläuchen des Schweissbrenners die Vorrichtung gegen das Zurückschlagen der Flamme. Dann fixiert man die Gummischläuche am andern Ende der Sicherheitsvorrichtung mit Schraubverschluss. Achtung: Man soll sich vergewissern, dass die Gasschläuche am richtigen Ort angeschlossen sind: Sauerstoff und Acetylen darf man nicht verwechseln! Im Zweifelsfall ist die Gebrauchsanweisung des Schweissbrenners zu konsultieren.

Montage und Einsatz des Sauerstoff-Reduzierventils

- Man entfernt die Schutzkappe der Flasche. Man öffnet rasch den Hahnen und schliesst ihn sofort wieder, um eventuellen Staub oder Schmutz, die das Ventil verstopfen könnten, zu entfernen.
- Man passt das Ende des Reduzierventils der Öffnung des Ventils an und schraubt die Mutter fest. Sie wird mit einem englischen Schlüssel angezogen, wobei aus Gründen der guten Ablesbarkeit des Manometers die optimale Stellung des Reduzierventils zu beobachten ist.
- Man entspannt die Druckschraube vollständig, um beim Öffnen des Hahns einen Druckstoss im Niederdruckmanometer zu vermeiden.
- Man öffnet den Ausgangshahnen des Manometers.
- Man verbindet den Gummischlauch für Sauerstoff mit dem Ausgangsschlauch des Manometers mittels des Schlauchbinders.
- Man öffnet zunehmend den Manometerhahnen der Flasche; der herrschende Druck zeigt sich am Hochdruckmanometer an. Der Hahn muss vollständig offen sein.
- Man zieht nun die Druckschraube langsam an, bis der gewünschte Druck am Niederdruckmanometer abgelesen werden kann; dabei ist der O_2-Regulierhahn des Schweissbrenners offen (man soll das Gas entweichen hören).
  Schliesst man ihn wieder, bemerkt man einen leichten Druckanstieg am Niederdruckmanometer, was indessen völlig normal ist.

Montage und Einsatz des Acetylen-Reduzierventils

- Man entfernt die Schutzkappe der Flasche.
- Man vergewissert sich, ob die Dichtung vorhanden und in gutem Zustand ist; wenn nicht, ist sie zu ersetzen.
- Man passt den Schraubbügel um das Ventilmundstück an und verschraubt ihn fest.
- Danach ist das weitere Vorgehen identisch wie dasjenige für Sauerstoff.

Der Gebrauch des Schweissbrenners

Nach der Gasregulierung am Manometer werden die Öffnungshahnen für die Gase zum Schweissbrenner geschlossen.

Man öffnet stets zuerst den Acetylenhahnen am Brenner (roter Hahn!) vorsichtig und langsam. Die Flamme wird bei ganz kleinem Gasfluss entzündet, entweder mit einem Streichholz oder mit einem Feuerzeug, das man etwas unterhalb der Düse hinhält. Die erzeugte Flamme ist orangefarbig und sie blakt (es werden Kohlenstoffteilchen freigesetzt). Nun erhöht man sukzessive den Gasfluss, bis die Flamme keine Rauchentwicklung mehr zeigt und sich von der Düse löst. Man reduziert danach das Acetylen, bis die Flamme wie-

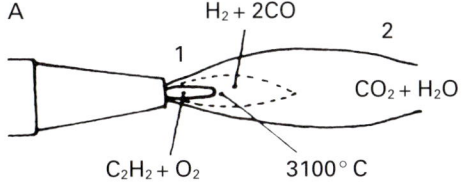

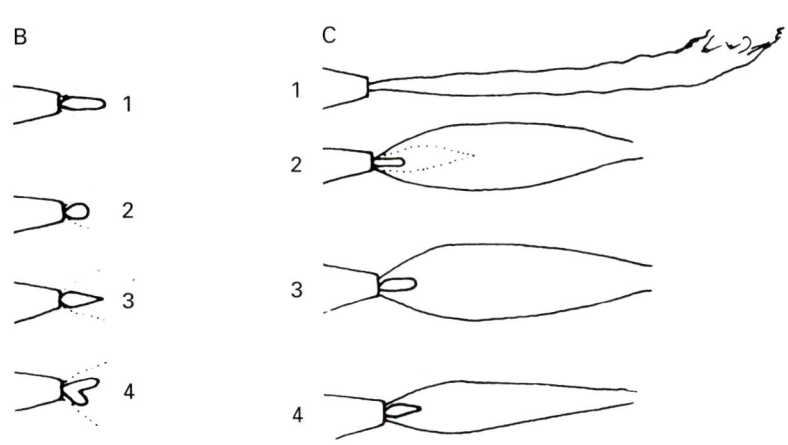

A H₂ + 2CO 2
1
C₂H₂ + O₂   3100°C
CO₂ + H₂O

B 1 2 3 4

C 1 2 3 4

Die Sauerstoff-Acetylen-Flamme

A Die im Innern der Flamme stattfindenden chemischen Reaktionen und ihre Begrenzung. Flammenkegel (1) und Streuflamme (2). Unmittelbar vor dem Flammenkegel die Flammenkernzone.

B Einige Fehlformen der Flamme, verglichen mit einer korrekten Flamme (1): ausgeweitete Düsenöffnung (2), zugespitzter Flammenkegel bei Sauerstoffüberschuss (3), verstopfte Düsenöffnung führt zu zweispaltigem Flammenkegel (4).

C Verschiedene Flammentypen bei variierendem Gasmischungsverhältnis: Orange Flamme (1): kohlenstofführend durch reines Acetylen erzeugt; reduzierende Flamme bei C2H2-Überschuss (2): der Flammenkegel ist von einem weissen Schleier umgeben; neutrale Flamme (3): der Flammenkegel ist gerade, stäbchenförmig und ohne «Heiligenschein»; oxidierende Flamme (4): der Flammenkegel ist kurz und zugespitzt und von bläulicher Farbe. Die Streuflamme ist schmäler, die Flamme zischt.

der an der Düse haftet. In diesem Moment ist der Acetylenfluss perfekt. Nun kann der Sauerstoffhahn langsam geöffnet werden. Es bildet sich vorerst eine blakende Flamme und der Flammenkegel ist von einem weissen Schleier umgeben, mit verwischten Konturen. Diese Flamme gibt Kohlenstoff ab und macht den Stahl härter und brüchig.

Man erhöht anschliessend die Sauerstoffzufuhr, bis der weisse Schleier verschwindet. Nun ist die Flamme gut reguliert: sie ist neutral. Der stäbchenförmige Flammenkegel ist hell leuchtend und die Spitze abgerundet.

Im Innern des Flammenkegels ist die Verbrennung der Gasmischung noch nicht eingeleitet. Sie findet erst im Umkreis des Flammenkegels statt, in der Zone der Primärverbrennung. Hier spaltet sich Acetylen in Sauerstoff und Kohlenmonoxid auf und setzt die Bildungswärme frei. Es ist die heisseste Stelle der Flamme (3100°C), dem Flammenkegel einige Millimeter vorgelagert: sie wird als Schweisszone bezeichnet. Ausserdem hat sie die interessante Eigenschaft, reduzierend zu sein (wegen des befreiten Wasserstoffs) und das Metall vor Oxidation zu schützen. Weiter von der Düse entfernt, befindet sich die Streuflamme, die ein grösseres Volumen einnimmt, aber weniger leuchtend ist als der Rest. Hier findet die sekundäre Verbrennung statt: der Wasserstoff verbindet sich mit dem Sauerstoff und bildet Wasser (in Dampfform, versteht sich) und das Kohlenmonoxid wandelt sich in Kohlendioxid um.

Ein Sauerstoffüberschuss führt zu einer oxidierenden Flamme mit einem kleineren, harten und zugespitzten Flammenkegel. Dieser nimmt eine bläuliche Färbung an und die ihn umgebende Zone wird leuchtender.

Eine der Schwierigkeiten bei der Schweissarbeit ist die richtige Wahl des Mundstücks, das den Gasdurchfluss regelt. Ist die Flammenstärke zum Schweissen der gewünschten Metallteile ungenügend, vergeudet man nur Gas und Zeit. Ist dagegen die Flammenstärke zu gross, schmilzt das Metall zu schnell und sie produzieren mehr Löcher als Schweissnähte! Die Kaliber der verschiedenen Mundstücke, die zur Ausrüstung des Schweissbrenners gehören, lassen sich am Verbrauch von Acetylen in zwei Stunden messen. Diese Ziffer ist auf der Düse jedes Mundstückes eingraviert. Es sind verschiedene Faktoren zur Bestimmung des Gasdurchsatzes für eine bestimmte Arbeit zu berücksichtigen: die Dicke des zu schweissenden Metalls, die Art und Beschaffenheit des Metalls und die angewandte Schweisstechnik.

Je dicker das zu schweissende Material ist, desto grösser muss die Gaszufuhr zum Schweissbrenner sein. Die grösste Dicke von Stahlblechen, die nach dem Sauerstoff-Acetylen-Schweissverfahren geschweisst werden, liegt bei etwa 8 mm.

Die Art des zu schweissenden Metalls ist aus zwei Gründen wichtig: man muss gleichzeitig seine Schmelztemperatur und seine Leitfähigkeit berücksichtigen. In der Praxis gilt: je höher der Schmelzpunkt, umso höher muss man das Stück erhitzen. Anderseits gilt auch: je besser das Metall leitet, desto mehr Wärme nimmt es im Innern auf. Der Schweissbrenner benötigt eine bedeutend grössere Wärmemenge, um eine bestimmte Stelle des Blechs zu schmelzen. Da der rostfreie Stahl ein weniger guter Leiter ist als der gewöhnliche Stahl, kann der Durchsatz des Schweissbrenners um etwa 25 % reduziert werden.

Es ist deshalb wichtig, das für die Schweissarbeit geeignetste Mundstück auszuwählen. Ist die Düsenöffnung für den gewünschten Durchsatz zu klein, neigt man dazu, den Sauerstoffdruck zu übertreiben, was zu einer oxidierenden Flamme führt bzw. zu einem harten Flammenkegel mit ev. Abreissen der Flamme. Ist anderseits die Düsenöffnung zu gross, besteht die Tendenz, den Gasdruck zu reduzieren, was zu unangenehmen Knalleffekten führt (das Gasgemisch entzündet sich im Innern der Düse und erzeugt kleine Explosionen). Eine Gebrauchsanweisung über die zu wählende Ziffer des Mundstückes in Relation zur Dicke des zu schweissenden Metalls wird beim Kauf des Schweissbrenners abgegeben; es ist ratsam, sich gründlich zu informieren.

Es ist ebenfalls wichtig, einen optimalen Gasdruck zu erreichen. Er lässt sich gleichzeitig am Niederdruckmanometer und den Hahnen des Schweissbrenners einstellen.

Ist die Flamme verunreinigt (wenn sie nicht gerade oder sonstwie deformiert ist), klopft man die Düse bei gezündetem Schweissbrenner auf ein Stück Hartholz. Genügt das nicht, stellt man den Brenner ab und führt eine feine Nadel (mit Vorteil aus Messing) in die Düsenöffnung ein.

Die Tabelle auf Seite 172 gibt die Schweissbrennerleistung und den Durchmesser des Zusatzmetalls als Funktion der Dicke des zu schweissenden Metalls an.

Philippe Clérin. *À la recherche d'un futur oublié.* 1992. Geschweisster Stahl und Messing. 54 x 16 x 18 cm.

Sauerstoff-Acetylen-Schweissung

Zu schweissende Metalldicke mm	Brennerleistung Acetylen l/Std.	Durchmesser Zusatzmetall mm	Schweiss- geschwindigkeit m/Std.	Liter Acetylen pro m Schweissnaht	Liter Sauerstoff pro m Schweissnaht
1	100	1	7,5	13	16
1,5	150	1,5	6,5	20	25
2	225	2	6	33	40
2,5	225	2	4,8	52	65
3	350	2,5	4	75	90
4	350	3	3	135	160
5	500	3,5	2,4	210	250
6	750	4	2	300	360
8	750	5	1,5	530	640
10	1000	6	1,2	835	1000
12	1200	8	0,9	1300	1500
15	1500	8	0,65	2250	2700

Abschalten der Schweissung

Für einen momentanen Unterbruch in der Schweisserei genügt es, den Schweissbrenner – wenn man über ein Spargerät verfügt – auf seinen Support zu stellen, oder man schliesst zuerst den Sauerstoffhahnen des Brenners und dann den Acetylenhahnen. Man kann aber auch die Ausgangshahnen der Reduzierventile schliessen.

Ist die Schweissarbeit definitiv abgeschlossen, werden die Hahnen des Schweissbrenners oder diejenigen des Reduzierventils geschlossen. Dann schliesst man die Hahnen der beiden Gasflaschen. Hierauf öffnet man die Hahnen des Brenners und der Reduzierventile wieder und entleert die Schläuche und die Niederdruckkammern der Reduzierventile. Diesen Vorgang kann man durch leichtes Anziehen der Druckschraube beschleunigen. Sobald die Manometerzeiger der Niederdruckmanometer auf Null zurückgefallen sind, öffnet man die Druckschrauben der zwei Manometer und schliesst die Ausgangshahnen der Reduzierventile wieder.

Die Zusatzprodukte (Schweisszusatzwerkstoffe)

Die Zusatzprodukte sind Produkte, die man zum Basismetall hinzufügt, damit eine Schweissraupe von höchster Qualität erreicht wird. Unter ihnen sind zu unterscheiden: der Zusatz- oder Schweissdraht, die Schweisspulver oder Flussmittel.

César (César Baldaccini). *L'esturgeon.* 1954 (Frankreich).
Geschweisster Stahl. 81 x 350 x 58 cm. Musée national d'art moderne, Paris.

Der Schweissdraht (Schweissstäbchen)

Es handelt sich um das Metall, das man dem Schmelzbad während des Schweissvorgangs zufügt. Der Schweissdraht präsentiert sich als feines Metallstäbchen, das dem Basismetall weitgehend gleicht, jedoch oft reiner ist als dieses. Der Schweissdraht dient zum Auffüllen von eventuellen Leerstellen zwischen den zu schweissenden Kanten und zum Verdicken und Verstärken der Schweissraupe. Der Schweissdraht besteht aus reinem oder mit bestimmten Elementen (Mangan, Nickel, Kohlenstoff, Silizium usw.) legiertem Metall; seine Aufgabe ist ganz allgemein die Verbesserung der Qualität beim Schweissen. Die Schweissstäbchen werden in Bündeln von 1, 2, 5 oder 10 kg verkauft und weisen in der Regel einen kreisförmigen Querschnitt auf; ihr Durchmesser schwankt zwischen 1,2 und 16 mm. Der Durchmesser wird je nach Art der Schweissarbeit, der Dicke des zu schweissenden Metalls und der Leistung des Schweissbrenners ausgewählt.

Wenn man von «links her» schweisst (der nach hinten geneigte Schweissdraht geht der Flamme voraus), soll der Durchmesser des Schweissdrahtes ungefähr der Hälfte der Dicke des zu schweissenden Metallblechs plus 1 mm entsprechen.

Zum Schweissen von hämmerbarem Stahl oder Guss verwendet man extra weichen Stahl oder reines Eisen (Schwedeneisen, Armco oder elektrolytisches Eisen), für das Schweissen von Guss ist nur die beste Gussqualität gut genug.

Die Schweisspulver oder Flussmittel

Es handelt sich um Pulver, Flüssigkeiten oder Pasten, mit denen die zu verschweissenden Kanten und/oder die Schweissdrähte bestrichen werden. Ihre Aufgabe ist es, die entstehenden Oxide zu entfernen, entweder durch Auflösung oder durch Verschlackung. Im Fall vom gewöhnlichen Stahl, dessen Oxid bei tieferer Temperatur schmilzt als das Metall, wird kein Flussmittel zugesetzt.

Dagegen muss bei den Metallen, deren Oxid in der Schweissflamme nicht schmilzt, das Oxid entfernt werden, da es sonst an der Oberfläche der schmelzenden Metalle eine Haut bildet, die eine homogene Verbindung verunmöglicht. Das trifft zum Beispiel auf Guss und rostfreien Stahl zu. Man verwendet als Flussmittel Borax, Natriumkarbonat mit ein wenig Kieselerde. Im Handel sind Schweissdrähte mit einem Coating aus Flussmitteln erhältlich.

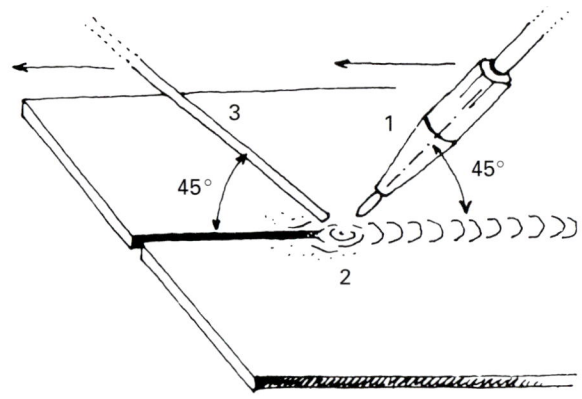

«Schweissen von links» oder
«Vorwärtsschweissen»
Die Düse (1) des Schweissbrenners ist um 45°
nach vorne geneigt. Der Flammenkegel schmilzt die
zu schweissenden Blechränder und bildet das
Schmelzbad (2), das sich in der gleichen Richtung
verschiebt. Der Schweissdraht (3) wird periodisch
ins Schmelzbad abgesenkt, wo er das Metall ab-
setzt. Er ist um 45° nach hinten geneigt und bewegt
sich mit derselben Geschwindigkeit wie die Düse
nach vorne.

Die Schweissmethodik

Sobald die Flamme und die Gaszufuhr gut eingestellt sind, kann die eigentliche Schweissarbeit beginnen. Zuerst müssen die zu schweissenden Bleche so angeordnet werden, dass
die Schweissnaht nicht mit dem Arbeitstisch in Berührung kommt, um einen zu grossen
Wärmeverlust zu vermeiden. Am zweckmässigsten werden die zu schweissenden Teile auf
Schweissstäbchen oder Feuerfestplatten gestellt. Die Blechkanten sind leicht voneinander
entfernt anzuordnen, damit sich eine gute Verbindung machen lässt.

Muss man Bleche über eine grössere Länge schweissen, sind gewisse Deformationen
in Betracht zu ziehen, die sich wegen der lokalen Wärmedehnung ergeben. Dieses Risiko
lässt sich vermeiden, wenn man die Blechkanten mechanisch (mittels Zwingen oder im
Schraubstock) festhält. Aus dem gleichen Grund ist es ratsam, die Schweissarbeit von der
Mitte der Schweissnaht gegen das eine Ende anzugehen, um dann wieder zur Mitte zu-
rückzufahren und gegen das andere Ende weiterzuführen.

Nachdem man die erste Hälfte der Schweissnaht gelegt hat, dreht man die zu schweissenden Teile um 180°, so dass der Schweisser wieder im gleichen Sinne weiterfahren
kann. Bei der Arbeit wird der Schweissbrenner mit der rechten Hand gehalten; die Flamme
ist um 45° gegen links geneigt, das heisst in Richtung der auszuführenden Schweissung.

Der Schweissdraht wird in der linken Hand unter einem Winkel von 45° gegen rechts
gehalten, so dass das Drahtende stets über dem Schmelzbad zu liegen kommt. Man arbeitet nun regelmässig, gegen links fortschreitend, indem man der Flamme eine leicht oszil-
lierende, kreisförmige Bewegung mitteilt, so dass sie alternierend die beiden Blechränder
bestreicht. Die Spitze des Flammenkegels wird 1-2 mm über dem Metall gehalten. Sobald
das Basismetall geschmolzen ist – aber nicht vorher – kommt der Schweissdraht zum Einsatz: man taucht ihn mit dem einen Ende in das Schmelzbad. Der Schweissdraht darf aber
nie in direkte Berührung mit dem Flammenkegel kommen, muss jedoch stets in der Flamme bleiben. Die Ablagerung von Zusatzmetall vom Schweissdraht erfolgt im Moment, wo
der Flammenkegel in seiner oszillierenden Bewegung gegen den einen oder andern Blech-
rand gerichtet ist. Das Fortschreiten der Arbeit muss regelmässig, nicht zu schnell und
nicht zu langsam, vor sich gehen, bis zum Ende der Schweissstelle. Der Flammenkegel ist
stets im selben Abstand von der Schweissstelle zu halten. Alle diese Operationen erscheinen recht kompliziert, sie sind es aber nicht: mit ein wenig Übung gelingt es rasch, die Bewegungen zu koordinieren.Diese Methode wird als «Schweissen von links» oder als

Verschiedene Schweissungsarten beim Schweissen von Metallteilen in verschiedenen Stellungen

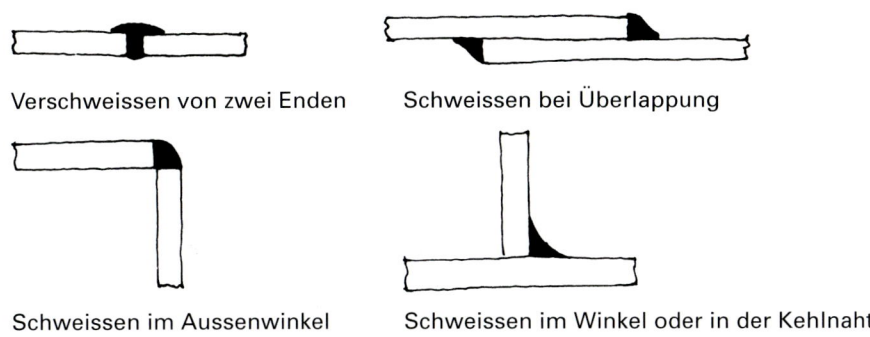

Verschweissen von zwei Enden   Schweissen bei Überlappung

Schweissen im Aussenwinkel   Schweissen im Winkel oder in der Kehlnaht

Zwei Methoden zum Abschrägen (Fasen)

Einfache Schrägkante,   Doppel-Schrägkante,
V-Form für die einseitige Schweissung   X-Form, für die beidseitige Schweissung

«Vorwärtsschweissen» bezeichnet. Es ist die gebräuchlichste Methode; sie hat den Vorteil gegenüber anderen Methoden, dass das Basismaterial vorgeheizt wird (wegen der geneigten Flamme, im Sinne der fortschreitenden Arbeit) und relativ leicht von der Hand geht. Es gibt andere Methoden (Schweissen von rechts, ansteigendes Schweissen), die sich jedoch eher für das professionelle Schweissen eignen.

Das Schneiden mit Sauerstoff (Oxycoupage)

Das Verfahren, Eisenmetalle mit Hilfe von Sauerstoff zu schneiden, wurde von M. Jottrand im Jahre 1905 perfektioniert. Er leitete es von der Erfahrung von Lavoisier ab, der gezeigt hatte, dass rotglühendes Eisen, in eine mit Sauerstoff gefüllte Flasche eingeführt, brannte.

Das Schneiden von Stahl erfolgt mit Hilfe eines Spezialbrenners, einem sogenannten «Schneidbrenner», der zuerst das Metall auf Rotglut bringt und dann mit einem Strahl von reinem Sauerstoff[1] verbrennt. Dieser wandelt das Metall in die Oxidform um; die so entstehenden Oxide werden in Form von Schlacke durch den starken Strahl entfernt. Einmal eingeleitet, entwickelt die Verbrennungsreaktion eine grosse Wärme, die sich benachbarten Teilen des Metalls mitteilt und ein rasches Fortschreiten der Arbeit ermöglicht. Kompetent ausgeführt, führt sie zu sauberen Schnittflächen. Da nur Eisen und seine Legierungen mit Sauerstoff brennen, dabei ein Oxid bilden, das schmelzbarer ist als das Metall selber, lässt sich das Verfahren des Sauerstoffschneidens nur auf Eisenmetallen anwenden.

---

1   oder fast rein. Man hat herausgefunden, dass die Leistungsfähigkeit des Verfahrens stark von der Reinheit des Gases abhängt. Ist der Reinheitsgrad des Sauerstoffs unterhalb von 95 %, ist das Sauerstoffschneiden unmöglich. Der erhältliche Sauerstoff weist in der Regel einen Reinheitsgrad von 99 % auf.

Der Schneidbrenner besteht aus einem Handgriff, der am hinteren Ende zwei Anschlüsse für die Gasversorgung mit Acetylen und Sauerstoff hat. Dann folgt der eigentliche Brenner mit der Mischvorrichtung für die Gase, mit zwei seitlichen Hahnen (wie beim Schweissbrenner) und einem Schneidhebel, der den Sauerstoffstrahl zum Schneiden reguliert. Im Mittelteil sind zwei Schläuche für reinen Sauerstoff bzw. für ein Gemisch Sauerstoff-Acetylen angeordnet. Auf dem Brennerkopf ist der Schneidschnabel angeschraubt (in der Regel an der zentralen Strahldüse). Der Sauerstoffstrahl wird über ein zentrales Mundloch verteilt, wobei die Ausgangsmundlöcher für die Heizgase rund um das zentrale Mundloch angeordnet sind.

Die Regulierung des Schneidbrenners

Der erste Schritt ist die Zündung, die den Startpunkt für den Schneidvorgang bei Zündtemperatur (etwa 1000° C) herbeiführt. Das Aufheizen wird durch die «Heizflamme» des Schneidbrenners besorgt. Diese ist derjenigen des Schweissbrenners ähnlich, mit dem Unterschied, dass sie am Anfang oxidierend zu führen ist, um dann beim Schneiden neutral zu werden. Die Versorgung der Flamme und des Sauerstoffstrahls mit Sauerstoff erfolgt aus derselben Quelle. Das hat zur Folge, dass beim Schneiden der Sauerstoffdruck der Heizflamme stark abfällt. Aus diesem Grund ist eine vorgängige Regulierung unerlässlich, bevor das Brennschneiden beginnt, da sonst die Flamme im Moment des Aufdrehens des Schneidsauerstoffs reduzierend wird (Überschuss an Acetylen).

Man reguliert zuerst den Sauerstoffdruck am Reduzierventil und zwar in Abhängigkeit von der zu schneidenden Blechdicke und wählt die richtige Schneiddüse, die dieser Blechdicke entspricht[1] (siehe Tabelle Seite 178). Diese Regulierung geschieht durch Öffnen des Sauerstoffhahns und des Schneidhebels. Ein zu schwacher Gasfluss macht die Operation zu langsam und ein zu starker Gasfluss führt zu einer starken Schmelze der Blechkanten.

Dann schliesst man diese, zündet das Acetylen und öffnet den Sauerstoffhahnen bis zum Erreichen einer korrekten Flamme, genau wie im Falle des Schweissbrenners.

Darauf senkt man den Sauerstoff-Schneidhebel: es bildet sich eine reduzierende Flamme (erkenntlich am weissen Schleier) wegen des Druckabfalls.

Die Dosierung muss nun neu eingestellt werden, um eine neutrale Flamme zu erhalten. Entweder kann das eintretende Acetylen reduziert oder der eintretende Sauerstoff erhöht werden, indem man die seitlichen Hahnen betätigt.

Der Schneidhebel wird in diesem Moment wieder geschlossen: die Schneidarbeit kann beginnen. Man arbeitet nun regelmässig entlang der Schweisslinie. Die Schneidgeschwindigkeit muss der Dicke des zu schneidenden Metalls angepasst werden. Geht das Fortschreiten zu schnell, ereignen sich wiederholte Zündunterbrechungen (das Metall hat zu wenig Zeit, um sich genügend aufzuheizen und der Sauerstoff-Strahl bleibt ohne Wirkung). In einem solchen Fall zündet man wieder, dort wo man stehen geblieben ist[2]. Ist die Schweissung anderseits zu langsam, entstehen unregelmässige Schnitte mit geschmolzenen Rändern oder zu breite Schnitte.

---

1   Mit dem Schneidbrenner lassen sich Stahldicken von bis zu 1 m schneiden!
2   Man lässt den Schneidhebel schnell los und stösst ihn sogleich wieder zurück.

Reinhard Scherer (Deutschland). Detail einer Monumentalplastik.
Bahnhofplatz Bietigheim-Bissingen.

Schneiden mit Sauerstoff

Zu schneidende Dicke mm	Schneiddüse in 1/10 mm	Sauerstoffdruck in kg/cm² am Reduzierventil	Schnitt-geschwindigkeit m/Std.	Liter Sauerstoff pro Schnittmeter	Liter Acetylen pro Schnittmeter
5	6	1	20	60	14
8	8	1,5	17,5	96	16
10	10	1,5	15	120	20
12	10	1,75	13	145	24
15	10	2	12	187	26
20	10	2,5	11	250	32
25	15	2	10	325	36
30	15	2,5	9,5	400	40
35	15	3	9	480	46
40	20	3	8,5	560	55
50	20	3,5	7	750	80
75	25	4	5,5	1275	125

Die Zündung soll das Metall in kürzester Zeit auf eine hohe Temperatur bringen, auf ein Niveau, auf dem die Schneidarbeit beginnen kann. In diesem Augenblick ist der Sauerstoffstrahl so zu dirigieren, dass er die ganze Dicke des Metallblechs erfasst. Diese Operation ist umso schwieriger, je dicker die zu trennenden Stücke sind.

Für die Initialzündung müssen die Flammenkegel etwa 2-3 mm über der Metalloberfläche und die Düse senkrecht über der Blechebene liegen, so dass der volle Sauerstoffstrahl auf die Blechkante gerichtet ist. Ist das Metall auf Rotglut gebracht, wird der Schneidhebel gesenkt und das Metall dort entfernt, wo der Sauerstoff aufspritzt.

Muss man ins volle Blech schneiden, kann man die Zündung dadurch erleichtern, indem man die ausgewählte Schneidstelle mit dem Meissel vorbereitet, den Brennerkopf neigt, damit die Oxide, die den Brenner verstopfen könnten, weggeschleudert werden. Übersteigt die Blechdicke 15 mm, muss man die Stelle, wo der Schnitt stattfinden soll, mechanisch durchbohren.

Zum Schneiden von sehr dünnen Blechen ist es ratsam, die Heizflamme nicht zu heiss zu wählen, da sich sonst die Ränder der geschnittenen Bleche hinten wieder verschweissen. Dieser Nachteil kann auch dann auftreten, wenn der Sauerstoffdruck zu hoch ist.

Ein guter Schnitt ist am schmalen Einschnitt und an den glatten Schnittflächen erkennbar. Diese weisen feine und regelmässige Streifen auf, die senkrecht zur Metalloberfläche auftreten.

Das Schneidverfahren mit Sauerstoff kann bei einem Block aus Eisen oder Stahl angewendet werden; es ist vergleichbar mit dem Behauen von Stein. Der Block kann zuerst grob abgearbeitet werden durch senkrecht geführte Schnitte an den Hauptflächen. Damit lässt sich überflüssiges Material sukzessive abarbeiten. Dann lassen sich mit dem gewissermassen tangential zur Oberfläche angesetzten Werkzeug Rillen und parallele Vertiefungen aushöhlen.

Berto Lardera. *Rythme-contraste No. 2.*
1951 (Frankreich). Geschnittener
und geschweisster Stahl. 76 x 90 x 38 cm.
Musée national d'art moderne, Paris.

Schneiden mit Sauerstoff

*Grenzwerte der Elemente in % oberhalb
derer das Schneiden mit Sauerstoff nicht mehr
möglich ist (nach einer von «Oxhydrique
Internationale» herausgegebenen Broschüre)*

Kohlenstoffstahl	1,6 %	C
Manganstahl	14 %	Mn
Siliziumstahl	4 %	Si
Chromstahl	10 %	Cr
Nickelstahl	34 %	Ni
Kupferstahl	3 %	Cu
Wolframstahl	10 %	W

Das Schneiden mit Sauerstoff eignet sich gut für Eisen und gewöhnliche Stähle. Im Falle von Guss ist das Verfahren auch anwendbar, jedoch mit weniger guten Resultaten, weil ein Teil des Metalls schmilzt und unregelmässige Schnitte die Folge sind. Nicht alle Spezialstähle sind schneidbar: je nach Zusammensetzung des Metalls können die Legierungselemente die Schmelztemperatur des Metalls herabsetzen (C) oder seine Oxidierbarkeit (Ni) vermindern oder wenig schmelzbare Oxide (Si, Cr, Mo) bilden. Die obige Tabelle hält die Grenzwerte der Elemente fest, oberhalb derer das Schneiden mit Sauerstoff nicht mehr möglich ist. Zum Schneiden von rostfreiem Stahl mit dem Schneidbrenner, muss dieser mit einer leichten Bewegung hin und her geführt werden[1].

---

1 Es existiert ein Spezialverfahren zum Schneiden von rostfreiem Stahl und Guss:
   das Verfahren mit Eisenpulver, das einen Spezialschweissbrenner erfordert oder eine Modifikation
   des traditionellen Schneidbrenners nötig macht.

Die Lichtbogenschweissung

Auch das ist ein Schweissverfahren, das auf dem Schmelzen von Metallen basiert. Hier wird aber die Wärme durch einen Lichtbogen geliefert, der an der Stelle, wo der elektrische Strom unterbrochen wird, entsteht. Am gebräuchlichsten ist die Zündung eines Lichtbogens zwischen einer metallischen Elektrode und den zu verbindenden Metallteilen. Das Metall der Elektrode lagert sich unter dem Einfluss der Temperatur, die mehr als 3000°C betragen kann, auf dem kältesten oder massivsten Leiter (den zu schweissenden Blechen) ab. Die Elektrode erfüllt so eine Doppelfunktion: Sie dient gleichzeitig als Leiter und als Zusatzmetall. Sie ist über die Drahtklemme mit der elektrischen Energiequelle verbunden, während die andere Drahtklemme am zu schweissenden Teil angeschlossen ist.

Der von der Schweissstelle produzierte Strom kann sowohl Gleichstrom als auch Wechselstrom sein. Um den Lichtbogen zu zünden, ist eine Spannung von 45-100 Volt erforderlich; zum Aufrechterhalten des Lichtbogens sind 18-30 Volt nötig. Die Schwankungen hängen vom Stromtyp selber, vom Elektrodentyp und von der Schweissstation ab. Die Stromstärke richtet sich nach der Dicke der zu schweissenden Teile; sie beträgt etwa 40 Ampere pro Millimeter Elektrodendurchmesser. Es ist empfehlenswert, sich an die Gebrauchsanweisung des Geräteherstellers zu halten.

Die beim Lichtbogenschweissen verwendeten Elektroden sind stets ummantelt. Die Ummantelung hat den Zweck, das geschmolzene Metall mit Zusatzelementen zu versorgen und eine Schutzgasatmosphäre zu produzieren. Es gibt eine Vielzahl von Elektrodentypen, die sich in der Zusammensetzung und der Art der Ummantelung voneinander unterscheiden. Man muss diejenige Elektrode auswählen, die sich für die auszuführende Schweissarbeit und das zu schweissende Material am besten eignet. Das Elektrodenmetall soll in seiner Zusammensetzung möglichst gleich sein wie die zu verschweissenden Metallteile. Einige Elektrodentypen eignen sich besonders für das Trennschweissen. Auch hier ist es empfehlenswert, sich beim Lieferanten zu informieren.

Das Lichtbogenschweissen ist vor allem beim Zusammenbau von Teilen aus gewöhnlichem und rostfreiem (18/8) Stahl angezeigt. Es lassen sich auch dicke Bleche zusammenschweissen. Dagegen eignet sich das Sauerstoff-Acetylen-Schweissen besser zum Schweissen dünner Bleche mit einer Blechstärke von weniger als 1,5 mm. Die Hartstähle lassen sich lichtbogenschweissen, wenn man Spezialelektroden verwendet.

Werkzeuge und Zubehör

– *Die Schweissstation* besteht im wesentlichen aus einem Umformer in einer mit Handgriffen versehenen Metallbox. Eine seitliche Fläche enthält die Steuerelemente: den Unterbrecher und den Regelschalter für die Stromstärke. Auf dieser Fläche befindet sich auch das System der Verbindungskabel zur Schweissstelle (dem zu verschweissenden Metallstück) und zum Elektrodenhalter und anderseits das Verbindungskabel zum Netz. Ein Schild zur Betriebsanleitung enthält alle wissenswerten Daten: die Leerlaufspannung in Volt (Spannungsabnahme am Sekundärstrom), die maximale Lichtbogenleistung in Ampere, die thermische Sicherung (ein System, das im Falle einer Überhitzung die Stromversorgung automatisch unterbindet) und andernfalls die Einschaltdauer in Prozent (sie registriert die effektive Schweisszeit im Verhältnis zur Zeit, die das Gerät unter Spannung ist). Ist beispielsweise die Einschaltdauer 50%, muss

Robert Michiels (Belgien). Der Künstler in seinem Atelier beim Lichtbogenschweissen.

Robert Michiels. *Solidarité*. 1976 (Belgien).
Rostfreier Stahl. Höhe 7 m, Breite 5 m.
C. H. U. Tivoli, La Louvière, Belgien.

Gegenüberliegende Seite:
Rudolf Hoflehner. Objekte in seinem Atelier,
1958-59 (Österreich).

das Gerät nach jedem Schweisseinsatz eine gewisse Zeit ausser Betrieb sein, so dass man einer Überhitzung der Wicklung vorbeugen kann. Die wirkliche Leistung der Schweissstation errechnet sich folgendermassen: maximale Lichtbogenleistung x Leerlaufspannung = Wirkleistung in Ampere. Diese Kennzahl ist für die Beurteilung der effektiven Kapazität eines Gerätes entscheidend.

- *Der Elektrodenhalter (Elektrodenzange)* ist eine Klemme, die mit einem Isoliergriff ausgerüstet ist. Damit lässt sich die Elektrode fest führen, so dass der elektrische Kontakt zwischen der Elektrode und dem Kabel gewährleistet ist.
- Bei der *Masseklemme* (oder Massezange) handelt es sich um ein System zur Fixierung des Massekabels an dem zu schweissenden Stück oder an seinem Metallträger.
- Der *Schweisserhammer* dient zum Aufbrechen der Schlacke, die rund um die Schweissraupe eine Kruste bildet.
- Die *Metallbürste* wird zum vollständigen Entfernen der Schlacke verwendet, nachdem sie mit dem Schweisserhammer aufgebrochen worden ist.
- Die *Schutzmasken* oder die *Schweissschutzschilder*: Angesichts der starken Ultraviolett- und Infrarotstrahlung, die der Lichtbogen emittiert, sind die Augen in jedem Fall zu schützen. Die Ultraviolettstrahlen können zur Ablösung der Netzhaut führen (was zur Erblindung führen kann). Hinzu kommt, dass die Strahlen eine so starke Blendwirkung haben, dass der Schweisser gar nicht sieht, was er macht, wenn er sich nicht durch einen Schutzschild schützt. Er besteht aus einem Sonderglas, das stärker opak ist als die inaktinischen Gläser, die beim Sauerstoff-Acetylen-Schweissen Verwendung finden. Der Schweisserschild ist seinerseits von Metallsplittern mit einem gewöhnlichen, leicht ersetzbaren Glas geschützt. Der Schild kann so gebaut sein, dass er Teil einer Schutzmaske ist, die vom Schweisser mit der linken Hand gehalten wird. Er lässt sich aber auch mit einem Helm kombinieren, was den Vorteil hat, dass der Schweisser beide Hände frei hat.

Beide Systeme gewähren den Schutz des Gesichtes gegen Strahlung, ohne die Hautverbrennungen eintreten würden. Im Handel sind Helm-Schutzschilder erhältlich, die bei gewöhnlichem Licht durchsichtig sind, sich beim Einsetzen des Lichtbogens aber augenblicklich eintrüben. Dieser Schild erlaubt eine gute Sicht auf das Werkstück vor der Schweissarbeit. Leider sind solche Schilder sehr teuer.

183

- Die *Handschuhe* schützen die Hände vor Verbrennungen, vor Strahlen und vor Metallsplittern. Es handelt sich um Stulpenhandschuhe aus dickem Schaf- oder Chromleder.
- Die *Lederschürze* gewährleistet einen allgemeinen Schutz des Schweissers.

Einige unabdingbare Vorsichtsmassnahmen

- Nie mit ungeschütztem Auge ohne Schweisserschild in den Lichtbogen sehen.
- Wird das Atelier von mehreren Personen benutzt, ist die Schweissstation mit feuerfesten Trennwänden, die mit einer absorbierenden Farbe angestrichen sind, abzuschirmen.
- Der Strahlenkontakt auf der Haut ist durch das Tragen einer Schutzmaske, von Handschuhen und einer Lederschürze zu vermeiden.
- Das Atelier ist gut zu lüften. Die Elektroden entwickeln bekanntlich während der Arbeit einen unangenehmen Rauch.
- Die Metallteile ausserhalb der Schweissstation sind zu erden.
- Die elektrische Versorgung muss für die eingesetzten Geräte genügend ausgelegt sein. Vergleichen Sie die Angaben auf dem Geräteschild mit denjenigen des Zählers (Netzspannung und Stromstärke).
- Die elektrische Installation im Atelier muss mit einem Unterbrecher mit Sicherung oder mit einem Überlastschalter ausgerüstet sein.
- Das Schweissen in feuchter Umgebung ist zu vermeiden.
- Nie mit den Füssen im Wasser arbeiten. Sich auf einem trockenen Holzrost aufhalten. Nie den Elektrodenschalter auf den Boden, auf das zu schweissende Stück oder auf ein mit ihm verbundenes, leitendes Material stellen.
- Vergewissern Sie sich, dass die Kontakte einwandfrei sind: Zwischen der Elektrodenzange und der Elektrode und zwischen der Materialklemme und dem zu schweissenden Metall
- Vergewissern Sie sich, dass die Kabelisolation einwandfrei ist.
- Nie die Stromstärke verändern, solange der Lichtbogen springt.
- Nie die Schweissstation demontieren.
- Nie in Gegenwart von entzündbaren Materialien oder Flüssigkeiten schweissen.

Inbetriebsetzung der Schweissstation

Als erstes ist der Netzanschluss zu bewerkstelligen. Dann fixiert man die Kabel am Apparat und das Ende der nicht ummantelten Elektrode mittels der Elektrodenzange, während die Materialklemme am zu schweissenden Stück oder am mit ihm verbundenen, metallischen Support befestigt wird. Sodann wird die Stromstärke in Funktion des Elektrodendurchmessers, der Dicke der zu schweissenden Bleche und des Abstandes der Blechränder voneinander reguliert. Endlich schliesst man den Stromkreis mit dem Unterbrecher; die Schweissstation steht nun unter Spannung. Die Elektroden werden in Schachteln geliefert, auf deren Schild die mittleren Gebrauchstärken und die nicht zu überschreitenden Stromstärken festgehalten sind.

Werner Pokorny. *Skulptur für Bühl.* 1992 (Deutschland). Corten-Stahl. 420 x 240 x 160 cm.

Wahl der Elektrode

Die Elektrode soll materialmässig den zu schweissenden Teilen entsprechen; in der Dicke sollen sie schwächer oder gleich stark sein. Ist die Elektrode dicker als die zu schweissenden Teile, muss man einen zu hohen Schweissstrom aufwenden, was eine Durchlöcherung des Bleches zur Folge hat. Die Hersteller markieren die blanken Elektroden zum raschen Erkennen mit einer Farbe, die je nach Stahlzusammensetzung variiert. Je nach der Art der Ummantelung unterscheidet man «Rutilelektroden», «Basiselektroden» und «Zelluloseelektroden». Am meisten werden Rutil- oder Rutil-Basiselektroden empfohlen, dies in Anbetracht ihrer grösseren Anwendungsbandbreite.

Die Ausführung der Schweissarbeit

Die Zündung

Der erste und zweifellos schwierigste Schritt ist das Zünden des Lichtbogens. Dazu ist eine minimale Erfahrung erforderlich. In der Regel hält man die Elektrode mit der rechten Hand so, dass sie gegen die linke geneigt ist. Man nähert das Ende der Elektrode bis auf etwa 1 cm vom Ausgangspunkt der Schweissnaht, wobei die Elektrode ungefähr 70 bis 80° zur Arbeitsfläche geneigt zu halten ist. Dann schützt man die Augen mit dem Schutzschild und schlägt das Metall mit dem Ende der Elektrode leicht an. In diesem Augenblick muss der Lichtbogen zünden. Die Elektrode muss nun schnell um einige Millimeter (etwa 3 mm) zu-

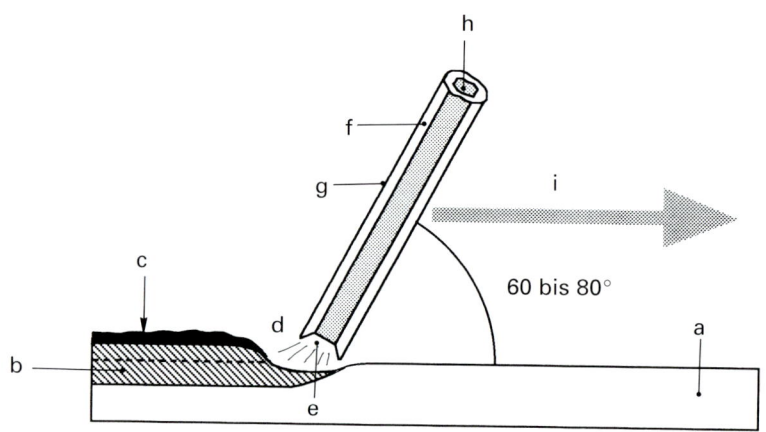

60 bis 80°

rückgezogen und gegen rechts der Schweissnaht entlang verschoben werden; dabei ist die Elektrode stets im richtigen Abstand von der Metallfläche zu halten. Zieht man sie nicht schnell genug zurück, bleibt die Elektrode am Metallstück kleben. In einem solchen Fall muss man sie rasch lösen, indem man sie in raschen Bewegungen von rechts nach links zieht. Gelingt dies nicht, muss man sie vom Elektrodenträger abhängen. Dieses Kleben- bleiben ist unter Umständen auf eine ungenügende Stromstärke zurückzuführen. Die Zün- dung lässt sich auf einem Nebenstück in unmittelbarer Nähe des zu schweissenden Bleches, aber nicht auf ihm selber, durchführen.

Ein befriedigender Lichtbogen ist stabil und produziert einen knisternden Lärm. Man nimmt sein Glühen, ohne dass man es direkt sieht, wahr. Er wird 2-4 mm über der zu schweissenden Oberfläche geführt. Einen zu langer Lichtbogen nimmt man wahr, weil er instabil ist und einen dumpfen Lärm macht.

Das Schweissen

Für den Schweissvorgang wird die Elektrode so in Stellung gehalten, dass sie in der Win- kelhalbierenden vom Winkel, den die zu vereinigenden Stücke bilden, liegt. Anderseits muss man sie um 60-80° neigen, im Sinne der Zustellrichtung, indem man die Schweiss- raupe «zieht». Diese Stellung gewährleistet ein gutes Eindringen der Schweissraupe und verhindert, dass die Schlacke die Schweissnaht überholt. Auch die Zustellgeschwindigkeit ist entscheidend, will man Schweissraupen von guter Qualität und sauberem Aussehen produzieren. Es ist im Interesse des Anfängers, nur mit einer dünnen ummantelten Elek- trode zu üben und leichte Schweissnähte zu produzieren oder ganz einfache «Schweiss- raupen zu legen» (im Längsauftrag auf einem Blech), bis er die Arbeitstechnik beherrscht. Erst dann kann er sich an die Ausführung von schwierigen Schweissnähten, zum Beispiel von Kehlnähten, wagen.

Die zu verschweissenden Metallstücke können mittels Zangen oder im Schraubstock in der Schweissstellung gehalten werden. Für die Schweissung «Kopf an Kopf» sind die zu schweissenden Ränder leicht auseinanderzuhalten (2 bis 6 mm je nach Metalldicke). Die Ränder sind mit Vorteil auf der Gegenseite zu unterstützen.

Die dicken Bleche (über 4 mm dick) werden angeschrägt; die Schweissnaht wird dann in mehreren Durchgängen nacheinander gelegt. Die Schlacke ist zwischen zwei Durchgän- gen sorgfältig zu entfernen. Die dünnen Bleche werden in je einem Arbeitsgang beidseitig der Schweisslinie verschweisst: einem an Ort und einem auf der Gegenseite.

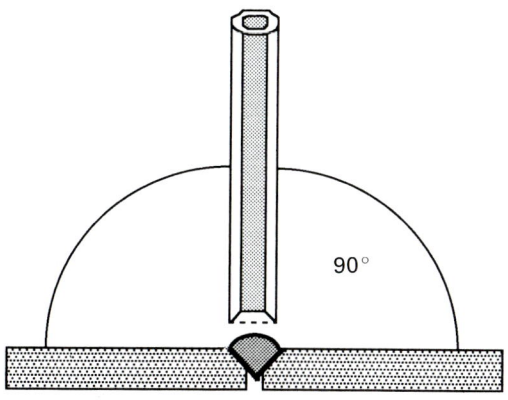

90°

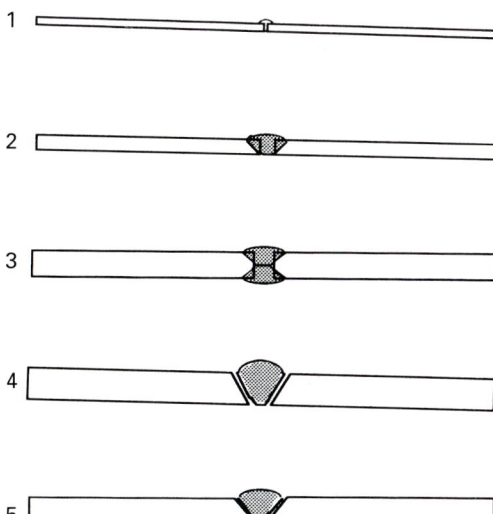

45°

Stellung der Elektrode
Bezogen auf die Schweissstücke ist die Elektrode
in der Winkelhalbierenden zu halten.

Vorbereitung der Ränder (Blechkanten)
Je nach der Dicke der zu schweissenden Bleche ist folgende
Vorbereitung der Ränder vorzunehmen:

1   Kante an Kante ohne Abstand.
    Für die Fälle von Blechstärken bis zu 2 mm.

2   Kanten auseinandergehalten, ohne Schweissstelle
    auf der Gegenseite. Blechstärke 2 bis 4 mm.

3   Kanten leicht auseinandergehalten mit Schweissstelle
    auf der Gegenseite. Blechstärke 4 bis 6 mm.

4   In V-Form angeschrägte Kanten.
    Blechstärke 6 bis 8 mm.

5   In X-Form angeschrägte Kanten.
    Blechstärke 8 mm und dicker.

Es ist möglich, lange Durchgänge zu realisieren, indem man die Elektrode mit seitlichen
Bewegungen führt (Querverschub).

Will man Kehlnahtschweissungen machen, muss man die Schweissleistung um etwa
10 % erhöhen und die Stellung der Elektrode nach der Winkelhalbierenden ausrichten.
Man belässt die Elektrode im Kontakt mit dem Metall, wobei die Höhe des Lichtbogens der
Tiefe des Kraters, der sich in die Elektrode hineinfrisst, entspricht. Die Neigung der Zustellrichtung beträgt in diesem Fall 50 bis 60°.

Wünscht man den Schweissvorgang zu beenden, entfernt man einfach die Elektrode
und unterbricht damit den Lichtbogen. Sobald der Strom am Unterbrecher abgeschaltet
ist, setzt man die Schweissstation ausser Betrieb. Immerhin verbraucht sie weiterhin elektrische Energie, selbst ohne Lichtbogen, da die Station unter Spannung liegt.

Einige Fehler und Unfälle, die zu vermeiden sind

– Die Verwendung einer zu schwachen Stromstärke führt zu Verklebungen, zu ungenügend tiefen Schweissnähten und unregelmässigen Schweissraupen.
– Eine zu grosse Stromstärke hat ein übermässiges Eindringen mit dem Risiko einer Lochbildung zur Folge, ferner überproportionale Aufträge, Bruchstellen und Krater.
– Eine zu schnell ausgeführte Schweissung führt zu einer schmalen und bombierten Schweissraupe, die zu wenig eindringt und deren Schlacke nur schwer zu entfernen ist.
– Ein zu langsames Schweissen führt zu einer zu breiten, dicken Schweissraupe, was einer Elektrodenverschwendung gleichkommt.
– Ein zu langer Lichtbogen hat wichtige Auswirkungen auf das Metall: die Schweissung dringt zu wenig tief ein und hat ein geritztes und krümeliges Aussehen.
– Ein zu kurzer Lichtbogen provoziert ein unregelmässiges Anhäufen von Schweissmaterial sowie Schlackeneinschlüsse.
– Die Schweissstation brummt, ohne zu funktionieren: überprüfen Sie alle Kontakte; einer muss defekt sein.
– Im Falle von einem schwierigen Zünden oder einer Unterbrechung der Zündung ist die Stromstärke zweifellos ungenügend.
– Erzeugt die Zange am Elektrodenhalter zuviel Wärme, so ist die Stromstärke zu hoch oder die Zange erzeugt einen Wackelkontakt.

Marino Di Teana. *Aros (Auflösung des Kreises).* 1980-1982 (Frankreich).
Rostfreier Stahl. 20,5 x 43,5 x 22 cm. Galerie Artcurial, Paris.

Lichtbogenschweissung mit Sauerstoff

Es handelt sich um eine Schneidtechnik für Eisenmetalle, die auf demselben Prinzip beruht wie das Schneiden mit Gas. Zwischen dem zu schneidenden Stück und einer vertieften Elektrode aus weichem Stahl wird ein Lichtbogen erzeugt. Nun wird Sauerstoff unter Druck auf das weissglühende Metall über die zentrale Zuführung geleitet, wobei die schmelzbaren Oxide, die sich beim Kontakt bilden, entfernt werden. Das Verfahren macht eine Spezialzange am Elektrodenhalter nötig, der an eine Sauerstoffflasche anzuschliessen ist.

Die Elektroden verbrauchen sich selber im Laufe der Arbeit und bewirken deshalb unregelmässige Unterbrüche.

Die Schweissstation steht bei dieser Arbeit unter grosser Belastung; sie muss für Blechstärken von 3-4 cm 200 A und bei Blechstärken von mehr als 4 cm 300-350 A liefern.

Wichtig: Die Zündung erfolgt stets, wenn der Sauerstoff abgestellt ist. Der Sauerstoffhahn wird erst geöffnet, sobald der Lichtbogen funktioniert.

Der elektrische Schweissbrenner

Dieser Apparat, der sich auf jeder Schweissstation einsetzen lässt, erzeugt zwischen zwei verschiebbaren Graphitelektroden einen Lichtbogen. Der emittierte Lichtbogen von etwa 3000° C eignet sich zum Löten von Stahl und Nichteisenmetallen, ferner zum Schneiden von Blechen bis zu einer Blechstärke von 3 mm. Die Arbeitsweise ist vergleichbar mit derjenigen beim Sauerstoff-Acetylen-Schweissen: es ist ein mit einem Flussmittel ummantelter Schweissdraht erforderlich.

Die Zündung des Lichtbogens erfolgt beim Näherstellen der Graphitelektroden. Die Flamme wird dann so reguliert, dass man die Elektroden mehr oder weniger auseinander schiebt. Sind sie sehr weit auseinander, ist der Lichtbogen lang und die Flamme weich. Sind jedoch die Graphitelektroden wenig voneinander entfernt, wird die Flamme hart. Zum Auslöschen entfernt man einfach die Elektroden genügend weit voneinander.

Das Gerät wird direkt der Schweissstation angeschlossen, das heisst über die Elektrodenzange und die Materialzange.

Man kann das Materialkabel auch am zu schweissenden Stück befestigen, ebenso eines der Kabel vom Schweissbrenner. Der Lichtbogen springt zwischen den Elektroden und dem Metallstück und erzeugt eine höhere Temperatur.

Elektrischer Schweissbrenner
Der Lichtbogen wird zwischen den beiden Graphitelektroden erzeugt: eine der beiden ist beweglich und kann mit dem Halteknopf (a) am Handgriff vor- und rückwärts bewegt werden.

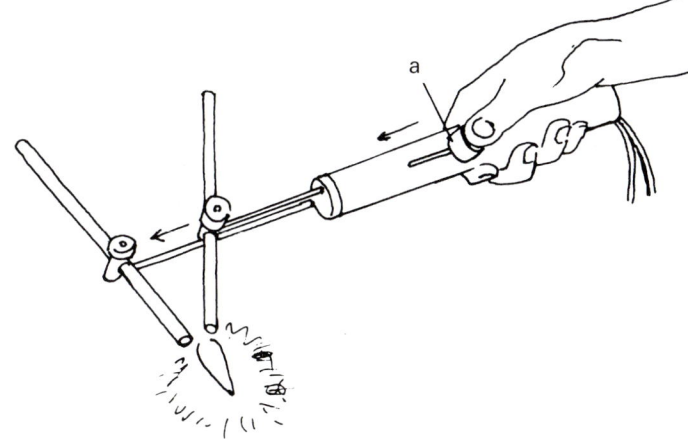

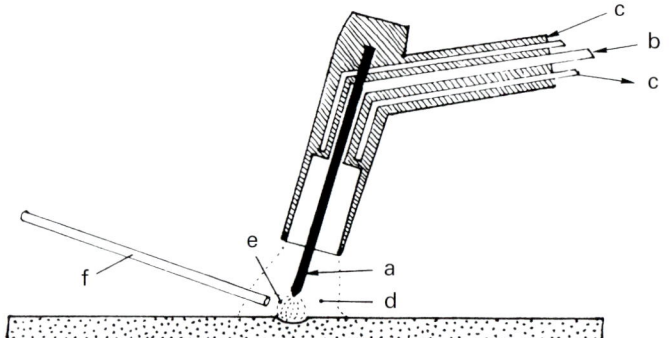

Schema eines Schweissbrenners T.I.G.
a Elektrode aus Wolfram
b Zufluss von Argon
c Zirkulierendes Kühlwasser
d Inertatmosphäre
e Lichtbogen
f Schweissdraht aus Zusatzmetall

Die Lichtbogenschweissung mit Schutzgas

Diese verhältnismässig junge Technik besteht darin, dass das Schmelzbad durch eine neutrale[1] Gashülle (in der Regel aus Argon bestehend) geschützt wird. Aus diesem Grund spricht man von der «Schweissung mit Argon». Es lassen sich auch Helium und CO_2 verwenden. Das im Lichtbogen geschmolzene Metall kommt nicht mit der Luft in Berührung, was die Qualität der Schweissung spürbar verbessert.

Es sind zwei Gerätetypen im Handel erhältlich.

Das Schweissverfahren T.I.G. (Tungsten Inert-Gas Welding)
Der Lichtbogen wird zwischen dem zu schweissenden Stück und einer Elektrode aus Wolfram erzeugt, wobei mit dem Schweissdraht das Zusatzmetall zugestellt wird. Bei diesem Verfahren sind beide Hände im Einsatz (im Gegensatz zum Verfahren M.I.G., bei dem nur die rechte Hand gebraucht wird). Die Wolframelektrode ist im Brenner montiert, der seinerseits mit einem Inertgas (in der Regel Argon) und mit Kühlwasser versorgt wird. Die Schweissung erfolgt gleichermassen bei Gleich- oder Wechselstrom.

Die Arbeitsweise ist praktisch dieselbe wie beim Schweissen mit Sauerstoff-Acetylen, indem der Schweisser die Schweissfackel in der rechten und den Schweissdraht in der linken Hand hält. Der Neigungswinkel der Schweissutensilien ist jedoch verschieden: die Elektrode wird fast senkrecht gehalten, während der Schweissdraht fast horizontal (bei einem Winkel von 10 bis 20°) gehalten wird. Die Lichtbogenzündung geschieht bei Wechselstrom in horizontaler Stellung auf dem Blech oder, bei Gleichstrom, durch kurzes Anschlagen und rasches Zurückziehen der Elektrode um einige Millimeter. Man erzeugt zuerst ein Schmelzbad zwischen den beiden Rändern und stellt dann den Schweissdraht zu. Das Schweissen schreitet nach links fort, mit einem regelmässigen leichten Zurückfahren.

Das Schweissverfahren M.I.G. (Metallic Inert-Gas Welding)
Der Lichtbogen wird zwischen dem zu schweissenden Stück und einer schmelzbaren Elektrode, die vom Schweissapparat kontinuierlich nachgestellt wird, erzeugt. Die Elektrode bildet das Zusatzmetall. Der Brenner wird mit Zusatzmetall, Inertgas und elektrischem

---

1 Oft werden Gasmischungen den reinen Gasen vorgezogen.
   Beispiel: Argon/CO_2 für Stahl und rostfreien Stahl.

Strom versorgt und soll mit einem Luft- oder Wasserkühlsystem ausgerüstet sein. Man unterscheidet M.I.G.-Verfahren mit kurzem und solche mit langem Lichtbogen. Im ersten Fall sind die Spannungen niedrig (kleiner als 24 V) und die Schweissstärken geringer als 200 A; diese Apparate eignen sich zum Schweissen von Blechstärken von 1,5 bis 4 mm. Das Zusatzmetall wird diskontinuierlich in Tropfenform auf das Basismetall zugeführt. Im zweiten Fall liegen die Spannungen in der Grössenordnung von 25 V und die Schweissstärken bei 150 A. Das Zusatzmetall wird in Form von kontinuierlichen Tröpfchen auf das Basismetall abgegeben. Dieser Apparat erlaubt das Schweissen von dickeren Blechen.

Beide Systeme (M.I.G. und T.I.G.) haben gegenüber der traditionellen Lichtbogenschweissung folgende Vorteile:
–   Die Arbeit geht schneller vor sich; es ist nicht mehr nötig, die Elektroden zu ersetzen. Die wegen Arbeitsunterbrüchen entstandenen Mängel in der Schweissqualität entfallen.
–   Die Möglichkeit, alle Metalle und Legierungen zu schweissen.
–   Keine Schlacke; die Schweissnähte sind absolut sauber. Der resultierende Zeitgewinn ist ausgewiesen und die Schweissnähte sind auf hohe Sicherheit ausgelegt.

Jean-Claude Hug beim Schweissen. Alle Bleche sind perfekt aufeinander ausgerichtet: das Schweissen kann beginnen. Zuerst erfolgt das Punktieren der Bleche (links). Es wird alle 2 bis 3 cm ein Schweisspunkt gelegt. Dann wird mittels der Schweissfackel mit Schweissstrom und Argon die Schweissraupe durch Schmelzen der Ränder gelegt (rechts). Die vom Lichtbogen freigesetzte Wärme bringt die beiden Metallränder zum schmelzen. Ein kontinuierlicher Schutzgasstrahl verhindert den Zutritt von Sauerstoff zum schmelzenden Metall und unterbindet jegliche Oxidation.

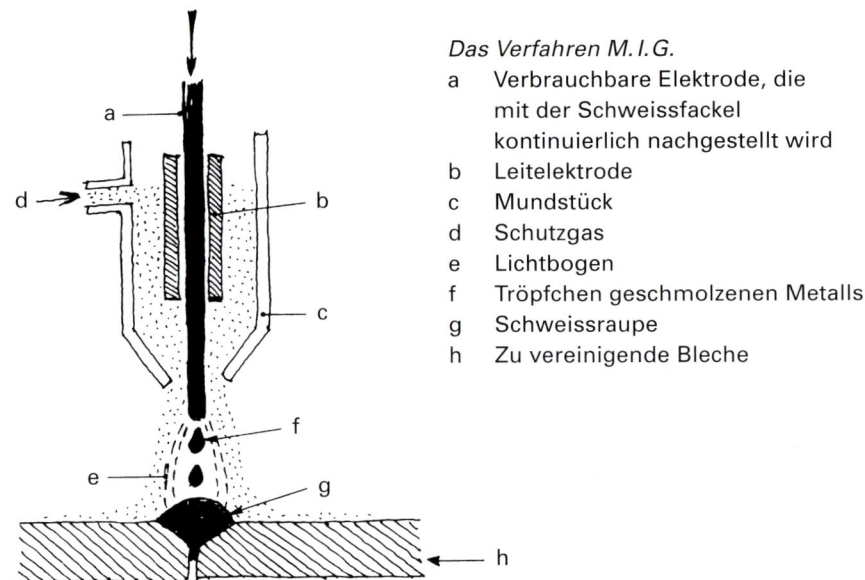

Das Verfahren M.I.G.

a   Verbrauchbare Elektrode, die
    mit der Schweissfackel
    kontinuierlich nachgestellt wird
b   Leitelektrode
c   Mundstück
d   Schutzgas
e   Lichtbogen
f   Tröpfchen geschmolzenen Metalls
g   Schweissraupe
h   Zu vereinigende Bleche

–   Die einfache Handhabung. Der Schweisser muss lediglich auf eine angemessene Fort-
    schreitgeschwindigkeit und eine gute Führung des Schweissapparates achten. Nach nur
    wenigen Anlernstunden ist es durchaus möglich, tadellose Schweissraupen zu legen.
–   Die Eindringtiefe der Schweissung ist besser.
–   Geringere Verformungen, die auf Ausdehnung bzw. Schrumpfung zurückzuführen sind.

Dagegen steht der Nachteil des hohen Preises für diese Verfahren.

Das Arcair-Hohlmeisselverfahren

Dieses Verfahren besteht darin, dass das Metall mit Hilfe eines Lichtbogens geschmolzen
und anschliessend mit einem starken Pressluftstrahl weggetrieben wird. Es kann bei nor-
malen und rostfreien Stählen sowie bei gewissen Nichteisenmetallen und -legierungen
(Bronze, Aluminium) angewendet werden.

Auch zum Trennen (zum Beispiel von rostfreiem Stahl) verwendet, findet diese Technik
vor allem beim Hohlmeisseln Anwendung, das heisst beim Entfernen von Materie an der
Oberfläche eines dicken Blechs. Sie erlaubt das Austiefen von Rillen bis zu maximal 2,5 cm
Tiefe in einem Durchgang.

Das Material besteht aus einem Brenner, einer speziellen Elektrodenhalterzange, versehen mit einer Öffnung, aus welcher die Pressluft austritt. Die Elektroden bestehen aus
kupferbeschichtetem Graphit und sind 30,5 cm lang und 4-16 mm im Durchmesser. Ihre
Dicke richtet sich nach der Grösse des Brennschnittspalts. Die Pressluft wird dem Brenner
mit einem Kabel zugeführt. Seine Leistung ist bemerkenswert (bis 30 m³/Std.), was einen
Druckluftanschluss an eine entsprechend ausgelegte Leitung, die 25 bis 35 m³/Std. Luft unter einem Druck von 6-8 bar aufnimmt, nötig macht. Die Schweissstation soll mit Gleichstrom, mit einer Leerspannung von 70 bis 80 A, arbeiten.

Es ist uns im Rahmen dieses Buches nicht möglich, diese Spezialtechnik zu vertiefen.
Persönlich kenne ich keinen Plastiker, der sie anwendet. Doch könnte sie sich als interessant erweisen, will man bestimmte Oberflächeneffekte erzielen oder einen massiven Metallblock erarbeiten.

Schweissen von Eisenmetallen, ohne weichen Stahl

Schweissen von rostfreien Stählen

Im Vergleich zu den gewöhnlichen Stählen weisen die rostfreien Stähle eine um 50 % höhere Temperaturstandfestigkeit auf; ihre höhere Wärmedehnung liegt in derselben Grössenordnung. Ihr Schmelzpunkt jedoch ist leicht tiefer.

Bei der Sauerstoff-Acetylen-Schweissung wird empfohlen, den «stabilisierten» 18/8-Stahl zu verwenden, da der Standard 18/8 zur Korrosion der Schweissraupe neigt.

Man kann die Leistung im Vergleich zu einem weichen Stahl gleicher Dicke um 25 % reduzieren, indem man ein kleineres Düsenrohr wählt. Eine neutrale Flamme ist Voraussetzung für eine gute Schweissung. Ein Sauerstoffüberschuss bringt die Oxidation von Chrom mit sich, was zu einer Verschlechterung der Korrosionsfestigkeit der Legierung führt. Zudem verwendet man Schweissdrähte gleicher Zusammensetzung wie das Basismetall oder mit leicht erhöhtem Chromgehalt. Ein Spezialflussmittel (es wird auf den Schweissdraht und auf die Rückseite der Blechränder aufgetragen) vermag das sich bildende, unschmelzbare Chromoxid zu entfernen. Ein eng gelegtes Punktieren ist sehr zu empfehlen, um einer Verwindung vorzubeugen, die wegen der erhöhten Wärmedehnung auftreten kann.

Ist die Arbeit beendigt, beizt man die Schweissnaht mit einer Lösung aus 35 Teilen Salzsäure, 5 Teilen Salpetersäure und 60 Teilen Wasser. Schliesslich spült man den Stahl ausgiebig mit fliessendem Wasser ab.

Die Lichtbogenschweissung von rostfreiem Stahl wird besonders bei Blechstärken ab 1,5 mm empfohlen. Der elektrische Strom ist im Vergleich zum weichen Stahl zu reduzieren und der Lichtbogen soll so kurz wie möglich sein. Um Verwindungen, die sich stark auswirken können, vorzubeugen, ist eine regelmässige Punktierung (alle 2 bis 3 cm) vor dem Schweissen vorzunehmen.

Schweissen von galvanisiertem Stahl

Die Autogenschweissung von galvanisiertem Stahl ist nicht empfehlenswert, weil der Schmelzvorgang auf den Rändern die Verflüchtigung des Zinks (Siedepunkt 910°) begünstigt. Dadurch bildet sich an den Rändern der Schweissraupe eine korrosionsanfällige Zone. Ungelegen kommt ferner das Risiko, dass sich eine spröde Eisen-Zink-Legierung bildet. Aus all diesen Gründen ist die Technik des Hartlötens vorzuziehen.

Bei Blechstärken von mehr als 1,6 mm ist der Schweissprozess M.I.G. mit kurzem Lichtbogen, mit CO_2 als Schutzgas, ratsam. Es ist darauf zu achten, dass das Zink das Schmelzbad verlässt und als Zusatzmetall rostfreier Stahl zur Anwendung kommt; dies zur Vermeidung einer Wiederherrichtung der Naht. Bei Blechstärken von weniger als 1,6 mm ist das Widerstandsschweissen vorzuziehen.

Schweissen von Guss

Es sei daran erinnert, dass nur Grauguss schweissbar ist. Bei der schwachen Wärme-
leitfähigkeit können sich wegen der Ausdehnung und der Schrumpfung Spannungen im
Innern bilden. Dies trifft besonders auf die zu schweissenden Stellen zu, wo eine freie Verformbarkeit nicht möglich ist. Damit diese Stücke nicht rissig werden, muss man sie gesamthaft in einer Schmiede auf etwa 800°C erwärmen.

Da die meisten geschmiedeten Stücke ziemlich dick sind, muss man sie anschrägen,
das heisst die zu schweissenden Ränder müssen gebrochen werden, so dass die Schweissflamme in die ganze Dicke der Schweisslinie eindringt. Das Anschrägen geschieht mit Hilfe einer Feile oder einer Schleifscheibe.

Die Flamme muss neutral sein. Man verwendet Schweissdrähte aus Spezialguss mit
Silizium, im Durchmesser ungefähr der Schweissdicke entsprechend. Der Guss schmilzt
zwischen 1050° und 1230°C, während das Siliziumdioxid, das bei der Arbeit entsteht, etwa
bei 1470°C schmilzt. Aus diesem Grund ist ein Flussmittel zum Abbeizen, mit dem die Fugen gut angestrichen werden, unentbehrlich. Während der Schweissarbeit wird die Flamme im Winkel von 60° zur Oberfläche des zu schweissenden Stückes geführt. Der Flammenkegel ist etwa 0,5 cm über der Oberfläche zu halten.

Wenn der Guss erhitzt wird, muss er sehr vorsichtig behandelt werden, da er in diesem
Zustand sehr spröd ist.

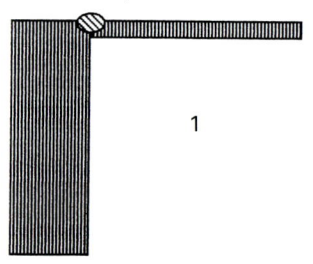

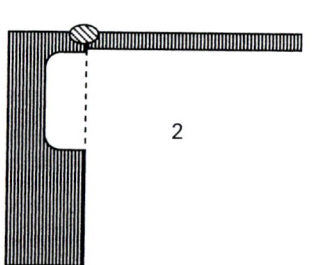

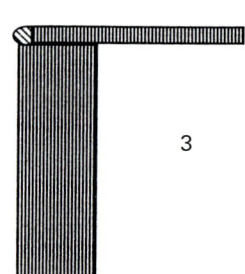

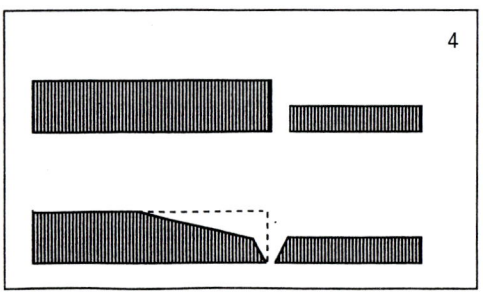

Heikle Verbindungen
Die Verbindung von Elementen unterschiedlicher Dicke
kann Probleme bieten.
1   Diese Verbindungslösung neigt zum Bruch.
2/3 Vorgeschlagene Lösungen für die Verbindung
     von ungleich dicken Blechen.
4   Schnittschema von zwei Blechen:
     Fliessende Verjüngung des dicksten Bleches.

Die Wahl der Verbindungsverfahren

Wenn man ein zum Schweissen bestimmtes Stück entwirft, hat man oft die Wahl verschiedener Verfahren. Es lohnt sich, das der Arbeit am besten entsprechende Verfahren zu wählen. Es sind dabei mehrere Faktoren zu berücksichtigen:
- Die Dauerhaftigkeit der Schweissung
  (besonders wenn es sich um monumentale Werke handelt);
- die Risiken der Verwindung des Metalls während der Arbeit;
- die ästhetischen Ansprüche;
- die Verfügbarkeit des Schweissmaterials;
- die Risiken des Durchsickerns von Wasser und damit der Korrosion.

Wir werden auf einige Beispiele eintreten, können aber im Rahmen dieses Buches nicht alle sich ergebenden Situationen behandeln. Es liegt am Künstler selber, sich ein Rüstzeug anzueignen, das seiner spezifischen Arbeit und Arbeitsmethodik gemäss ist.

Bruchgefahr von bestimmten Verbindungstypen
Es ist beispielsweise schwierig, beim Zusammenbau von Elementen verschiedenster Dikke, diese gleichzeitig zum Schmelzen zu bringen. Unsere Empfehlung geht dahin, vorgängig den Rand der dicksten Partie zu verjüngen (der Rand, der mit dem dünnsten Element im Kontakt steht), so dass die Dicke beider Ränder gleichwertig wird.

Vermeiden von Verformungen
Verformungen können sich aus spezifischen Beanspruchungen und Belastungen ergeben, wie zum Beispiel aufgrund der Abkühlung, die das Metall erfährt, wegen der Befestigung an ein anderes Stück Metall oder wegen des Zusammenziehens der Schweissraupen. Man kann folgende Typen von Verformungen unterscheiden:
- Das Falten oder Biegen oder die Winkeldeformation, was beim Schweissen mit einer einfachen Anschrägung auftreten kann.
- Das Krümmen, das von einer Schrumpfung der Oberfläche herrührt. Dieses Phänomen ist umso gewichtiger, je grösser die Dimensionen des Objekts sind.
- Das Einspannen beim Positionieren bzw. Annähern der Blechränder vor dem Legen der Schweissraupe. Dieser Effekt zeigt sich nur auf grossen Längen flacher Oberflächen.

Diese Mängel lassen sich vermeiden, indem man anderen Verbindungstypen den Vorzug gibt. Man kann beispielsweise das Schweissen mit Aussenwinkeln vermeiden. Vor Beginn der Schweissung kann man eine Verformung im gegenteiligen Sinn erzeugen; dies benötigt jedoch eine grosse Erfahrung. Das Punktieren und das mechanische Festhalten der zu schweissenden Blechränder sind weitere Möglichkeiten, die uns zur Vermeidung von Verformungen offen stehen.

Vermeiden von Verbindungen, die eine Korrosion begünstigen
Im allgemeinen sind alle Möglichkeiten, die es Wasser oder Schlamm gestatten, an einer Stelle zu verweilen, oder die Spalten, Risse, Überdeckungsfugen, Zwischenräume einschliessen, zu vermeiden.

*Positionsbeibehaltung der Bleche
beim Schweissen*
Dieses System der Absicherung der Bleche gleicher
Dicke während des Schweissens gewährleistet,
dass sie weder auseinanderklaffen, noch sich einander
nähern.

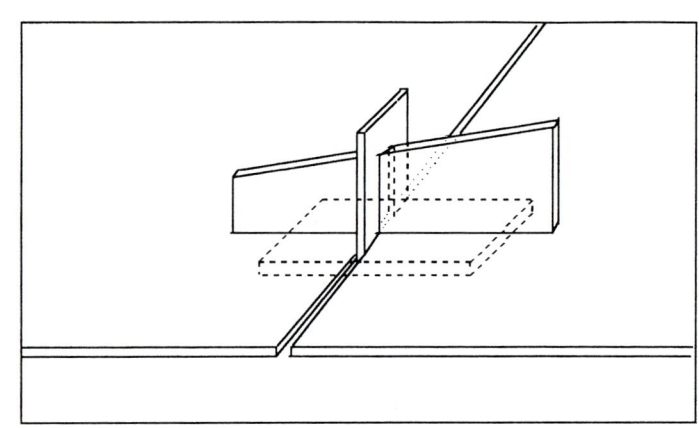

Effekte beim Biegen (Falten)

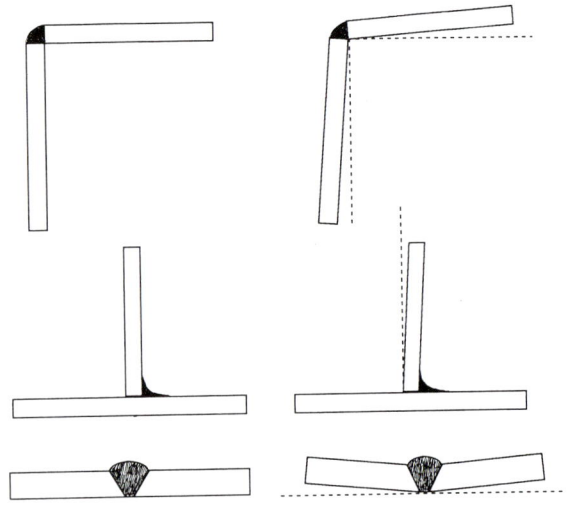

Verbindungen und Korrosion
Die Lösung B soll die Lösung A ersetzen, will man die
Risiken einer Korrosion verhindern.

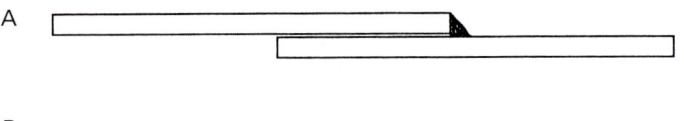

Effekte beim Spannen

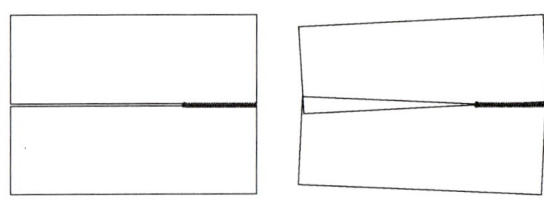

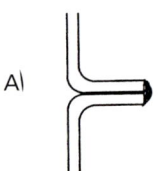 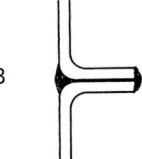

Effekte beim Krümmen

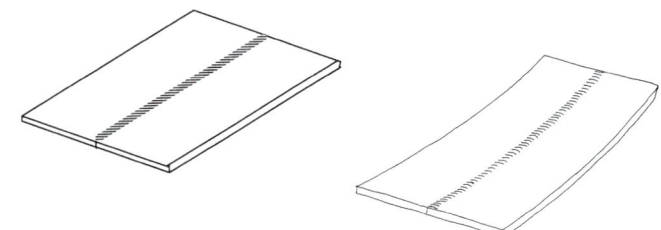

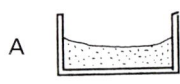  

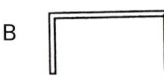  

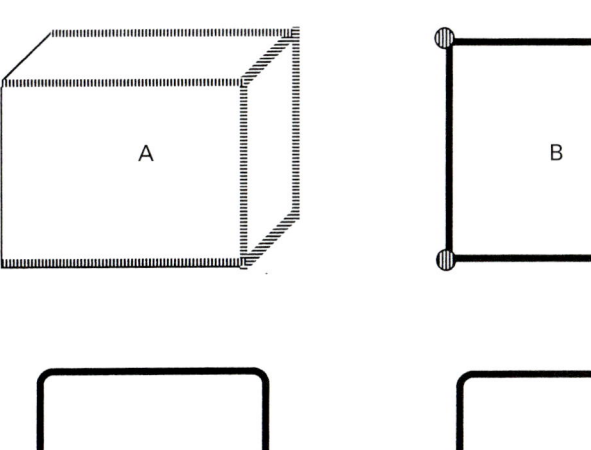

Michel Ventrone. *Bleu désirant voyager*
(Frankreich). Thermolackierter Stahl mit Epoxyharz
und Glas. 50 x 48 x 30 cm.

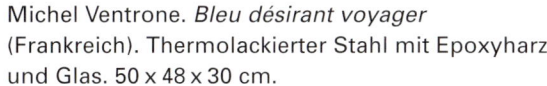

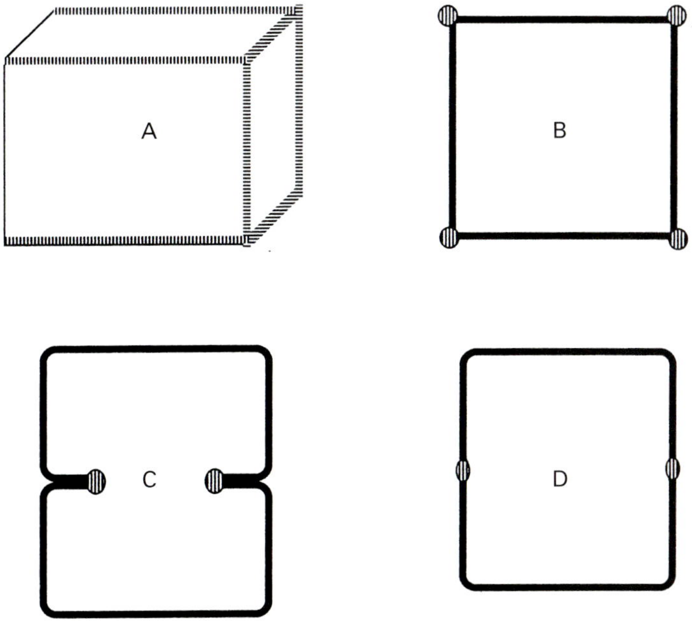

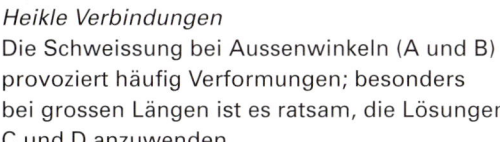

Heikle Verbindungen
Die Schweissung bei Aussenwinkeln (A und B)
provoziert häufig Verformungen; besonders
bei grossen Längen ist es ratsam, die Lösungen
C und D anzuwenden.

Giancarlo Marchese. *SN 4-75.* 1975 (Italien). Rostfreier Stahl und Bronze. 80 x 75 x 30 cm.

Andere Verbindungstechniken

Wir behandeln hier einige Techniken, mit deren Hilfe sich identische oder nicht identische Metallelemente zusammenbauen lassen. Es ist keineswegs selten, dass man verschiedenartige Metalle definitiv oder nur temporär miteinander verbinden muss. Tritt ein solcher Fall auf, ist die Wahl zwischen verschiedenen Möglichkeiten zu treffen. Man kann die zu vereinigenden Elemente verkleben oder man kann sie mit mechanischen Mitteln verbinden (Bolzen, Schrauben usw.). Die letzte Möglichkeit ist die Verbindung der verschiedenen Teile eines Stückes durch Löten oder Hartlöten. In diesem Fall ist die Verbindung permanent wie auch im Falle des Klebens. Dagegen erlauben bestimmte mechanische Techniken eine temporäre Verbindung, andere gestatten ein gewisses Spiel zwischen den Stücken oder ein Bewegen oder Schwenken verschiedener Elemente, was das Interesse für die Realisation kinetischer Skulpturen erklärt.

Aber diese Techniken sind nicht nur der Verbindung von ungleichen Metallen vorbehalten. Man kann sich beispielsweise für die Technik des Lötens entscheiden, um feine Gitter unter sich zu verschweissen, die die grosse Hitze beim Autogenschweissen nicht ertragen würden. Die Wahl der Verbindungstechnik hängt von verschiedenen Faktoren ab. Bevor Sie sich entscheiden, ist es empfehlenswert, sich folgende Fragen zu stellen:
– Über welches Material verfügt man?
   Besitzt man die Ausrüstung eines Schweissers, ist es ratsam, sich für das Löten zu entscheiden, umso mehr wenn die Verbindung nicht demontierbar sein muss und gegebene Temperaturveränderungen kein Hindernis darstellen.
– Muss die Verbindung temporär sein? Wenn ja, wählt man eine mechanische Verbindungstechnik, die eine Demontage möglich macht.
– Muss die Verbindung eine relative Beweglichkeit unter den Elementen ermöglichen? (Kreation von sogenannten «Mobile»)
– Halten die zu verbindenden Elemente eine Temperatur von einigen hundert°C aus? Wenn dies nicht der Fall ist (wenn beispielsweise entzündbare Materialien im Metall vorhanden sind), muss man die Lösung durch Kleben der Teile suchen.

Wir lassen nun jede der besonderen Techniken Revue passieren.

Das Löten und das Hartlöten

Diese Techniken unterscheiden sich dadurch vom Autogenschweissen, dass die zu vereinigenden Metalle nicht durch Schmelzen verbunden werden und dass das Zusatzmetall nicht gleich ist wie das Basismetall. Aus diesem Grund reiht man diese Techniken unter «heterogenes Schweissen» ein. Sie erlauben eine Verbindung von Metallen gleicher oder verschiedenartiger Zusammensetzung.

Die Basismetalle werden auf Temperaturen erhitzt, die deutlich unter ihren Schmelztemperaturen liegen, was die Verformungen, resultierend aus Ausdehnung und Schrumpfung, vermindert.

Es ist möglich, nicht oder schwer schweissbare Metalle (Guss, gewöhnliches Kupfer, galvanisiertes Blech, Hartmetalle, Duraluminium, Werkzeugstahl usw.), ebenso Elemente verschiedenster oder extrem geringer Dicke (zum Beispiel Metalldrahtgewebe) zusammenzubauen. Die Zusammensetzung des Zusatzmetalls – dessen Anwesenheit unumgänglich
ist – unterscheidet sich von derjenigen der Basismetalle. Die Schmelztemperatur des Zusatzmetalls muss tiefer sein als diejenige der Basismetalle.

Wirkungsweise der Löttechnik
Die zu vereinigenden Oberflächen werden nahe aneinandergelegt und auf eine leicht höhere Temperatur erhitzt als die Schmelztemperatur des verwendeten Zusatzmetalls. Das
geschmolzene Zusatzmetall verteilt sich auf den zu vereinigenden Oberflächen (Phänomen
der Benetzung) und dringt durch die Kapillarität zwischen die Metallkörner ein. Sobald
sich die Lötung verfestigt hat, ist sie fest mit den Oberflächen, die sie bedeckt, verbunden.

Das erklärt, weshalb die Ränder, Kanten oder Oberflächen der zu vereinigenden Bleche
absolut sauber, entfettet und aufgerauht sein müssen. Diese zusätzlichen Arbeiten haben
kein anderes Ziel als die «Benetzung» des Metalls durch die Lötung zu erleichtern und das
«Sich-Festklammern» an die Basismetalle zu verbessern.

Die Verwendung eines Flussmittelzusatzes ist vor und während der Arbeit unumgänglich, damit die Bildung von Oxiden und Schmutzpartikeln, die die gute Adhäsion behin-
dert, vermieden werden kann. Zudem fördert das Flussmittel die Benetzung.

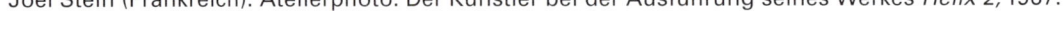

Joël Stein (Frankreich). Atelierphoto: Der Künstler bei der Ausführung seines Werkes *Helix 2,* 1967.

Nyoman Nuarta. *Miss Wooly*. 1992 (Indonesien).
Stahldraht. 60 x 40 x 80 cm.

Es lassen sich verschiedene Löttechniken unterscheiden:

– Das weiche Löten ist mit sehr leicht schmelzbaren Zusatzmetallen möglich, die zwischen 180 und 225° C schmelzen. Diese werden mit Hilfe einer Schweisslampe oder mit dem Lötkolben aufgetragen. Es ist dies die von den Spenglern und Klempnern angewendete Technik; sie verwenden Blei- und Zinnlegierung (schwache Schweissung).

– Das starke Löten oder das Löten durch Kapillarität: Dazu werden Zusatzmetalle verwendet, die zwischen 475 und 1000° C schmelzen. Die Technik erlaubt die Verbindung von Metallstücken, die sehr nahe aneinander gelegt sind, wobei das Zusatzmetall durch Kapillarwirkung zwischen die Oberflächen eindringt. Wird das Löten mit einer Silberlegierung ausgeführt, spricht man vom Silberlöten.

– *Das Hartlöten (Schweisslöten):* Diese Technik liegt zwischen der Autogenschweissung und der eigentlichen Löttechnik. Die Vorbereitungsarbeiten sind dieselben wie beim Schweissen durch Schmelzen der Ränder: Diese werden öfters mit der Schleifscheibe oder der Feile angeschrägt, damit die Verbindungsoberfläche für das Zusatzmetall grösser wird. Dieses wird Schritt für Schritt, wie beim Autogenschweissen aufgetragen, aber die Schweissraupe wird dicker und weiter gehalten. Das Phänomen der Kapillarität tritt reduziert oder gar nicht auf. Je nach Zusammensetzung des Zusatzmetalls erfolgt eine partielle Legierung der Schweissnaht mit den erhitzten Basismetallen. Das Zusatzmetall ist auf eine genügende Temperatur zu erhitzen, damit die Benetzung stattfindet.

Im allgemeinen hängt der Erfolg der Lötverfahren in hohem Masse von der sorgfältigen Vorbereitung der zu lötenden Stücke ab. Es ist eine peinlich genaue Passung der Stücke anzustreben, ferner sauber gereinigte und polierte Oberflächen, die Verwendung eines geeigneten Flussmittels und Zusatzmetalls und schliesslich das absolute Unbeweglich-bleiben der Stücke während der Lötarbeit bis zum Abkühlen. Das Festhalten lässt sich mit Hilfe von Eisendrahtbandagen oder mit Zwingen bewerkstelligen.

Das Material

- *Eine Heizvorrichtung* (Wärmequelle) zum Erhitzen der zu lötenden Metalle auf die geeignete Temperatur. Im Falle des weichen Lötens bedient man sich des Gaslötkolbens (mit Butan oder Propan) oder Benzinlötkolbens, einer Spritlampe oder des elektrischen Lötkolbens. Für das starke Löten verwendet man einen Sauerstoff-Acetylen-Schweissbrenner oder einen elektrischen Lötkolben. Auch eine kleine behelfsmässige Schmiede kann genügen.
- *Ein Löttisch,* mit feuerfesten Platten ausgelegt.
- *Schutzbrillen* mit farbigen Gläsern zum Schutz der Augen.
- *Spannwerkzeuge, Verbindungswerkzeuge* zum Festhalten der zu verbindenden Teile.

Löten oder Schweisslöten

Tabelle der zum Löten oder Schweisslöten von Metallen verschiedenster Art verwendeten Zusatzmetalle (nach L. Mendel)

	Eisen und Stahl	Galvanisiertes Blech	Grauguss	Hämmerbarer Guss	Rostfreier Stahl	Kupfer	Messing	Bronze	Nickel	Monelmetall	Aluminium	Duraluminium
Eisen und Stahl	AB/CE	A	AC	A	E	A	B	B	E	E	F	H
Galvanisiertes Blech		A	A	A	A	A	A	A	–	–	H	H
Grauguss			AC	A	–	A	A	A	AC	AC	H	H
Hämmerbarer Guss				A	–	A	A	A	AC	AC	H	H
Rostfreier Stahl					E	E	E	E	E	–	H	H
Kupfer						AB/DE	AB/DE	AB/DE	E	E	H	H
Messing							BD/E	BD/E	E	E	H	H
Bronze								AD/E	E	E	H	H
Nickel									E	E	H	H
Monelmetall										E	H	H
Aluminium											G	G
Duraluminium												G

A   Spezialmessing für das Hartlöten (Schmelzpunkt 850-960° C)
B   Lötmessing (740-880° C)
C   Neusilber (870-1000° C)
D   Lötmaterial Kupfer-Phosphor (670° C)
E   Lötsilber (600-860° C)
F   Reines Aluminium (658° C)
G   Schweisslötmaterial für Aluminium (540-620° C)
H   Material für weiches Schweisslöten für Aluminium (250-420° C)

- *Feilen, Schabeisen, eine Metallbürste und Schmirgelpapier* zum Vorbereiten der Oberflächen.
- *Das Lötflussmittel:* Es ist als Pulver oder Fertigpaste erhältlich. Das Pulver wird mit destilliertem Wasser zu einer homogenen Paste angerührt. Es gibt auch Schweissdrähte, die mit einem Flussmittel vorbehandelt sind. Verwendet man nicht solche Schweissdrähte, bestreicht man die Ränder der zu verschweissenden Teile mit der Flussmittelpaste und bestäubt das vorgängig erwärmte Ende des Schweissdrahts mit dem Flussmittelpulver. Dieses besteht in der Regel aus Borax, das, erwärmt, die Metalloxide auflöst. Es kann aber auch aus Fluorsalzen, Borsäure und Metalloxiden zusammengesetzt sein. Die Wahl des Flussmittels hängt vom Zusatzmetall ab: Die Fabrikanten der Zusatzlegierungen empfehlen meistens für jeden Fall massgeschneiderte Flussmittel. Diese sollten bei tieferen Temperaturen schmelzen, als der Schmelzpunkt der Zusatzlegierung, ist und sollten sich regelmässig auf den zu lötenden Oberflächen verteilen. Nach beendigter Arbeit, sind die Überreste des Flussmittels, das sich korrosiv auswirken kann, zu entfernen. Ein Kontakt des Flussmittels mit der Haut soll vermieden werden, ferner soll man sich vor den beim Löten entstehenden Dämpfen schützen.
- *Die Zusatzmetalle* (siehe Tabelle): Es handelt sich dabei um Kupferlegierungen (Messing, Nickel-Kupfer-Zinklegierungen), die zum Schweisslöten von Kupfer und seinen Legierungen, von Eisenmetallen oder Metallen auf Nickelbasis, ferner von galvanisierten Blechen verwendet werden. Die Phosphor enthaltenden Legierungen können nur zum Löten von Kupfer und Kupferlegierungen verwendet werden; bei Eisenmetallen und Nickelmetallen wirkt sich Phosphor schädlich aus. Die Silberlötungen sind von ausgezeichneter Qualität. Setzt man Zink enthaltende Schweissdrähte ein, ist darauf zu achten, dass sich dieses Element verflüchtigt; man verwendet in diesem Fall pulverförmige Flussmittel.

Die Ausführung der Arbeit

Weiche Lötung mit dem Lötkolben
Die ersten Lötkolben waren sehr einfach ausgelegt: ein Kupferzwickel war auf einen Stahlstift gesteckt, dessen anderes Ende mit einem Holzgriff versehen war. Diese Lötkolben wurden mit der Flamme erhitzt, da sie keine eigene Wärmequelle hatten. Heute weisen die Lötkolben eine eingebaute Beheizung auf, sei es mit Gas, Benzin oder Elektrizität.

Bei einem neuen Lötkolben muss die Spitze verzinnt werden. Zuvor ist die äussere Oxidschicht durch leichtes Schleifen zu entfernen, dann heizt man die Spitze auf und bestreicht sie mit einem flüssigen Lötmittel, das ein Flussmittel enthält. Schliesslich wischt man sie mit einem feuchten Tuch ab.

Die elektrischen Lötkolben (mit Langsamheizung) und die elektrischen Schweisspistolen (mit Schnellheizung) werden hauptsächlich für das Punktschweissen (zum Beispiel für das Verschweissen von Metalldrähten) eingesetzt.

Man kann die Flussmittel und Zusatzmetalle getrennt einsetzen, doch existieren Produkte, in denen beide Komponenten zugemischt sind, sei es in Form von Schweissdrähten oder in Form einer Schweisspaste (diese wird mit der Bürste auf die zu vereinigenden Teile als Überzug aufgebracht).

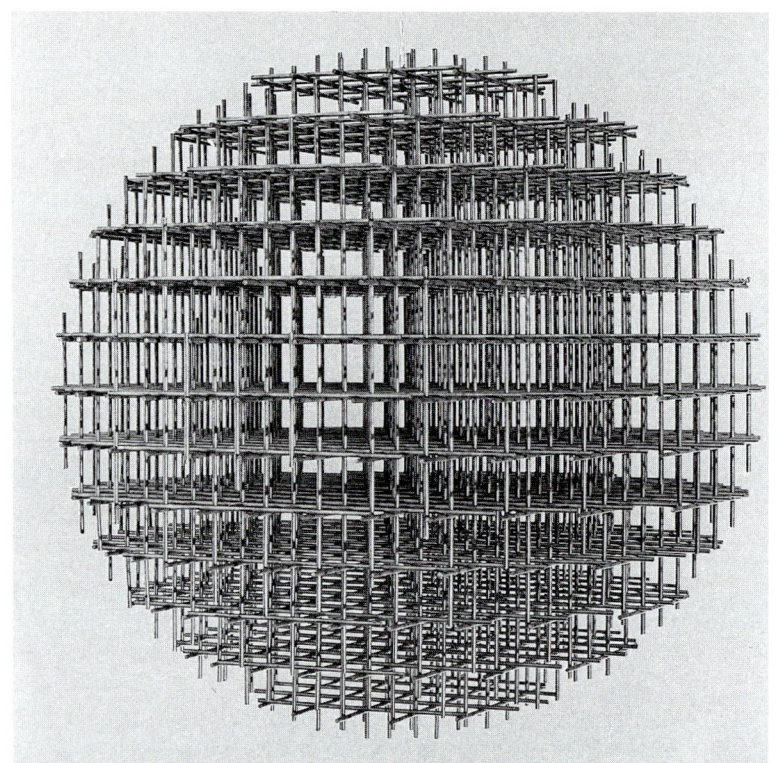

François Morellet.
Sphères-Trames. 1962
(Frankreich). Rostfreier Stahl.
Durchmesser 120 cm.

Das Lötmittel schmilzt bei etwa 200° C; es besteht aus einer Basislegierung aus Blei und Zinn. Es seien hier einige Legierungszusammensetzungen aufgeführt:

Gebräuchliches Lötmittel: 1 Teil Blei + 2 Teile Zinn
Lötmittel des Klempners: 1 Teil Blei + 1 Teil Zinn
Lötmittel des Bleigiessers: 2 Teile Blei + 1 Teil Zinn

Als Flussmittel verwendet man Salzsäure (Zink auf Eisen) und Zinkchlorid, das man durch Lösung von Zinkspänen in Salzsäure erhält. Es eignet sich für Eisen, Kupfer und Weissblech.

Löten durch Kapillarität mit dem Acetylenschweissbrenner

Für die meisten Lötarbeiten lässt sich eine leicht reduzierende Flamme verwenden. Von der Flammenhülle Gebrauch machend, heizt man die Ränder der zu schweissenden Teil grosszügig auf und appliziert das Flussmittel. Der Schweissdraht wird ebenfalls erwärmt, dann im Flussmittel getränkt, es sei denn, man verwende mit Flussmittel vorbehandelte Schweissdrähte. Hat das Metall eine angemessene Temperatur erreicht, wird das Flussmittel durchsichtig. Der Schweissdraht wird dann auf die zu schweissenden Ränder gebracht, und die Legierung schmilzt und breitet sich auf der Oberfläche aus. Die Flamme soll nicht direkt auf den Schweissdraht gerichtet werden; ein Überhitzen der Legierung ist zu vermeiden.

Zusammensetzung von einigen Legierungszusammensetzungen beim Hartlöten (Schweisslöten):
- Löten von Eisen und Kupfer: Cu 45 %, Zn 55 %
- Löten von Eisenmetallen untereinander: Cu 90 %, Zn 10 %
- Silberlöten: Cu 20 Teile, Zn 40 Teile, Ag 40 Teile

Im allgemeinen gilt: je mehr Kupfer das Lötmittel enthält, desto stärker ist die Lötung, und je mehr Zink, Blei oder Zinn es enthält, desto tiefer ist der Schmelzpunkt und desto heller (weiss) ist die Legierung. Das verwendete Flussmittel ist Borax. Im Falle der Stähle oder Eisenlegierungen wird das Basismetall auf beginnende Rotglut erhitzt.

Das Hart- oder Schweisslöten

Bei dieser Schweisstechnik mit dem Acetylenschweissbrenner werden die Ränder der zu schweissenden Metallteile nur auf eine tiefere Temperatur (ungefähr 800 bis 900° C) erhitzt. Die Lötung lässt man sodann in den Zwischenraum zwischen den Rändern einfliessen. Das Phänomen der Kapillarität tritt hier gar nicht oder nur in ganz abgeschwächter Form auf, so dass die Verbindung hauptsächlich auf einer Oberflächeneinwirkung beruht. Die Erwärmung und die Metallzustellung erfolgt schrittweise. Die Schweissraupe soll mit Vorteil dick und breit ausgebildet sein. Die zu verbindenden Ränder müssen sorgfältig gereinigt, gefeilt und (oft) abgeschrägt werden, um die Haftoberfläche zu vergrössern[1].

Das in der Regel verwendete Flussmittel ist Borax und das Zusatzmetall besteht beim Schweisslöten von Kupfer- oder Eisenlegierungen aus kupferartigen Verbindungen.

Zusammensetzung einiger Zusatzmetalle beim Hartlöten
Bei Kupfer- oder Eisenlegierungen verwendet man Spezialmessing von gelber Farbe (etwa 60 % Cu, Zn, etwas Silizium oder Zinn), Neusilber von weisser Farbe (etwa 48 % Cu, 10 % Ni) oder spezielles Neusilber, das wenig Silber enthält.

Beim Hartlöten von galvanisiertem Stahl, der mit einer hauchdünnen Zinkschicht überzogen ist, ist das Überhitzen des Metalls zu vermeiden, da sonst das Zink verflüchtigt. Der Schweissdraht (aus Spezialmessing) hat einen Durchmesser von æ der Dicke der zu lötenden Bleche. Die Flamme des Schweissbrenners soll so neutral wie möglich eingestellt sein, bei einem Verbrauch von 30-40 l pro Stunde und pro Millimeter Dicke. Die Flamme wird mit einer Neigung von etwa 30° geführt. Man erhitzt bis zum Schmelzpunkt des Zinks (419° C), nähert dann den mit Flussmittel bestrichenen Schweissdraht, damit eine gute Benetzung gewährleistet ist.

Bemerkung
Die Löttechnik kann auch zum Überziehen einer Metalloberfläche mit einer feinen Schicht eines leichter schmelzbaren Metalls praktiziert werden, einmal um ein besonderes Aussehen zu erzielen oder um eine Schutzschicht zu applizieren (siehe die Arbeit von Ibram Lassaw). Dabei lassen sich verschiedene Legierungen kombinieren, damit Varianten von Färbungen und Strukturen herausgeholt werden können. Vor dieser Behandlung muss die Oberfläche sauber geschliffen, dann mit Flussmittel bestrichen werden, bevor die Wärmebehandlung auf eine höhere Temperatur als der Schmelzpunkt des Zusatzmetalls erfolgt.

---

1 Aus diesem Grund wird die Abschrägung immer maximal offen gemacht.

Die mechanische Verbindung

Es tragen alle Verbindungstechniken dazu bei, um Bleche oder verschiedene Metallteile untereinander durch mechanische Verfahren zusammenzubauen. Die Verbindung kann definitiven Charakter haben (Vernietung, Agraffenheftung, Nagelung), oder sie kann demontierbar sein (Einsteckverbindung, Verschraubung, Bolzenverbindung, Versplintung, Passung mit Passstiften). In beiden Fällen kann die Verbindung fest sein und jegliche Bewegung der Teile unterbinden oder aber sie kann gezielt beweglich sein. In diesem Fall ist das Verbindungselement eindeutig bestimmt: der Schaft bildet die Achse, um welche die verbundenen Teile drehen (Anbolzen). Beim Nageln handelt es sich um eine definitive und feste Verbindungstechnik, die das Bedecken einer nichtmetallischen Oberfläche (aus Holz, Bitumen usw.) mit aneinanderstossenden oder nicht aneinanderstossenden Metallfolien bezweckt.

Üblicherweise werden diese Techniken kalt angewendet, doch können sie in bestimmten Fällen auch warm appliziert werden, zum Beispiel durch Schmieden (Vernietung).

Es gibt Situationen, in denen die mechanische Verbindungstechnik nicht vertauschbar ist; zum Beispiel wenn die Verbindung temporären Charakter hat und rasch demontierbar sein muss. Oder im Falle dass eine andere Verbindungstechnik sich als nicht praktikabel erweist (beispielsweise wenn das Schweissen wegen der Anwesenheit von schmelz- oder entzündbaren Elementen sich als unmöglich erweist).

Die Nagelung

Diese Technik erlaubt zum Beispiel die Fixierung von hauchdünnen Metallfolien auf einer Holzseele und wurde schon von den Sumerern angewendet, die mit Bitumen bestrichene Holzstatuetten mit Kupferfolien abdeckten. Es lassen sich aber auch dünne Stahlbleche dafür verwenden. Die so erwirkte Verbindung ist fest und definitiv[1]. Die Nägel können aus Eisen, Stahl, Kupfer, Messing oder Silber sein[2]. Der Nagelkopf lässt sich verzieren, kann aber auch – je nach Arbeitskonzept – unbemerkt im Holz verschwinden. Afrikanische Künstler (Benin) haben in dieser Beziehung wahre Meisterwerke kreiert und den Nägelköpfen eine höchst dekorative Funktion verliehen.

Die Steckverbindung

Es handelt sich dabei um eine teilweise oder ganz überlappende Verbindung von Metallteilen, wobei der eine Teil (mit der Feder) in den andern (mit der Nut) gesteckt wird und auf diese Weise eine enge Verbindung «à la romaine» gewährleistet. Dieses Verfahren wird oft in Giessereien angewendet, um Elemente, die separat gegossen wurden, zusammenzufügen. Die Teile lassen sich kalt zusammenfügen mit Hilfe von Bolzen, Muttern, Nieten usw. oder im Warmverfahren durch Schweissen oder Löten.

Die Einpassung durch Überlappung der beiden Metallteile erlaubt eine sehr enge Verbindung der Kontaktflächen, die trotzdem seitliche Bewegungen (in der Regel Verschiebungsbewegungen) zulässt. Dies ist der Fall bei Schwalbenschwanz-, Zapfen-, Zapfenausschnitt- und Zapfen-/Schlitzverbindungs-Einpassungen.

---

1   Immerhin ist es möglich, die Metallfolie zu entnageln, wenn die Nägel in gutem Zustand sind.
2   Ist das Grundmetall des Nagels hämmerbar, muss der Nagelstift vor dem Härten gehämmert werden.

Nigel Hall. *Acorn.* 1990 (England). Corten-Stahl.
173,5 x 291 x 247,5 cm. Banque Lambert, Brüssel, Belgien.

Die Heftung mit Klammern (Agraffen)

Diese Technik beinhaltet die Querverbindung von zwei Metallblechen. Dabei werden die Ränder so umgebogen, dass sie überlappen: ein Rand überdeckt den andern. Diese Verbindungstechnik wird vom Plastiker selten angewendet, weil dazu Spezialwerkzeug erforderlich ist. Die auf diese Weise miteinander produzierte Elementverbindung ist fest und definitiv.

Die Versplintung

Hier handelt es sich um eine demontierbare Verbindung von Blechen mittels Splinten. Ein Splint ist ein Metallstift, dessen Schaft geschlitzt ist; die beiden Schenkel lassen sich nach dem Fixieren des Splints in den zu vereinigenden Elementen beidseitig umbiegen.

Es gibt auch konische Splinten, Spezialsplinten («mécanindus») und geriffelte Splinten, die die Verbindung zwischen den Teilen durch Reibung bewirken. Dieser Verbindungstyp eignet sich nur für schwache Beanspruchungen.

Splinten
Die Schenkel des geschlitzten Stifts
werden seitlich umgebogen.

Verschiedene Typen von Agraffen (Klammern)

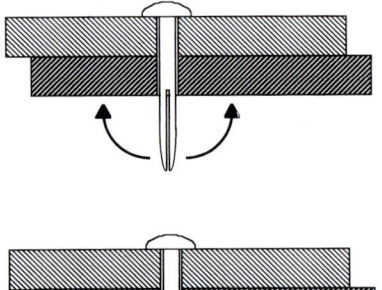

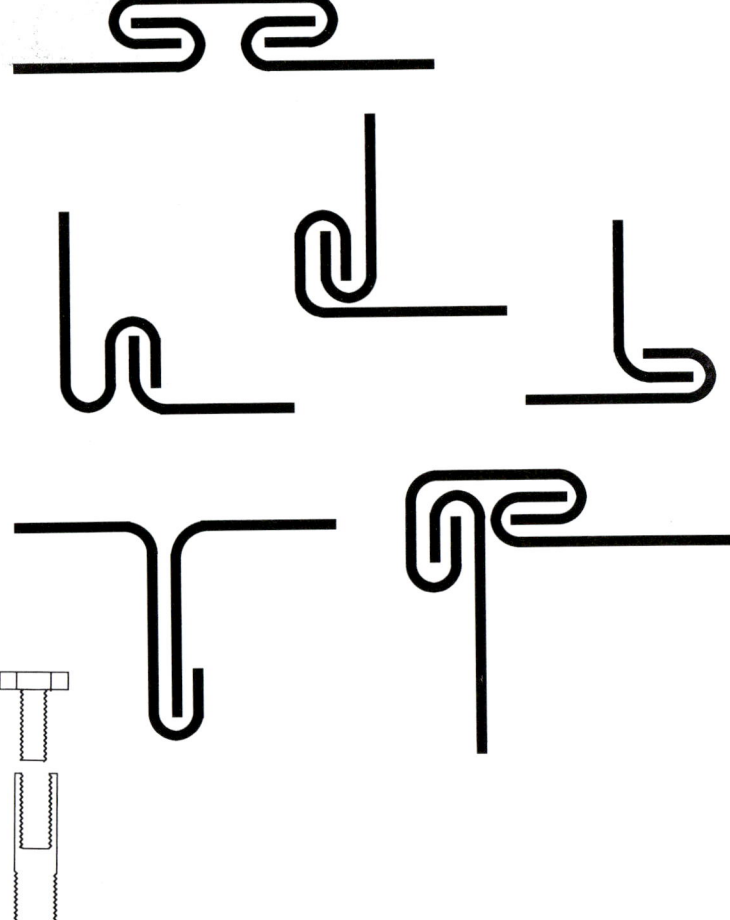

Anbolzen mit Passstiften

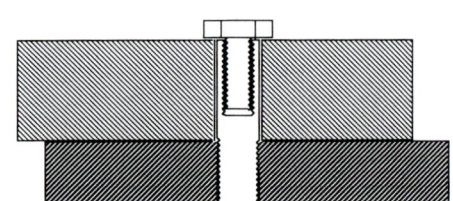

Keilverbindung
a/b Die zu vereinigenden Teile
c   Keil (Stellkeil)
d   Lösekeil (Gegenkeil)

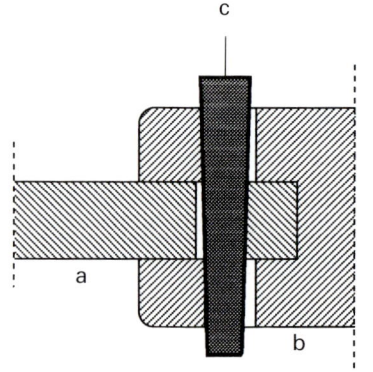

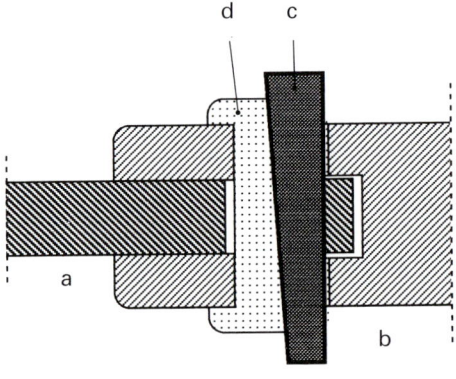

Die Keilverbindung

Dieser demontierbare Verbindungstyp basiert auf dem Keilprinzip. Es handelt sich um konische oder prismatische Zapfen aus Metall, die man mit Kraft in eines der Zapflöcher des Metallteils drückt, um dieses mit einem andern zu verbinden, oder um zwei Elementen gegenseitige Bewegungs- und Rotationsfreiheit zu gewähren.

Man unterscheidet die feste Keilverbindung: sie erlaubt keine Bewegungen erlaubt und umfasst transversale Keile, mit oder ohne Gegenkeil, und Längskeile, mit oder ohne Verzapfung; anderseits die lose Keilverbindung, die eine reduzierte Beweglichkeit zulässt, mit gewöhnlichen oder verschraubten Längskeilen.

Die Bolzenverbindung

Diese temporäre Verbindung wird mittels Stiftbolzen hergestellt. Der Stiftbolzen besteht aus einem zylindrischen Stift, dessen Ende auf permanente Weise mit dem ersten Metallteil verbunden ist (zum Beispiel durch Verschraubung). Das andere Ende, mit einem Innengewinde versehen, ist für eine Schraubenmutter bestimmt. Der zweite Metallteil, in dem ein Loch ausgebohrt ist, nimmt den Stiftbolzen auf.

Die Vernietung

Diese Verbindungstechnik hat permanenten Charakter; die Verbindung erfolgt mit Hilfe von Nieten. Die Niete besteht aus einem Stift, dessen oberes Ende mit einem Kopf verschiedener Form versehen ist. Das andere Ende wird bei der Montage mit dem Hammer flachgedrückt und bildet den zweiten Kopf.

Man unterscheidet feste Nietverbindungen, bei denen das Metallstück eng festgehalten ist, und freie Verbindungen, bei denen das Metallstück um den als Achse funktionierenden Stift beweglich ist.

Die Nietenzusammensetzung variiert: von Kupfer über Messing, Aluminium, Eisen, Stahl und anderen Metallen; sie sind massiv oder röhrenförmig. Für die Wahl der Nieten gelten folgende Kriterien: die Form des Kopfes, die Länge des Stifts und dessen Durchmesser.

Die Kopfform richtet sich nach der Funktion der Niete. So sind zum Beispiel die Rundkopfnieten dort im Einsatz, wo eine grosse Reibung erforderlich ist. Nieten mit bombiertem Kopf eignen sich für ganz dünne Bleche und die Flachkopfnieten (oder solche mit gefrästem Kopf) sind dort am Platz, wo die Aussenfläche der Metallstücke flach bleiben muss. Die Länge des Stifts hängt von der Dicke der zu vereinigenden Bleche ab. Sie soll diese angemessen übersteigen, je nach Form des zweiten Kopfes und dem Durchmesser der Rohniete. Dieses Übermass ist Tabellen zu entnehmen oder kann kalkuliert werden. Beispiel: Für einen halbrunden Kopf beträgt das Übermass für die Länge des Stifts 1,5 mal den Durchmesser der Niete. Für eine Niete mit gefrästem Kopf ist das Längenübermass nur 0,5 mal den Durchmesser der Niete. Allgemein gilt: Ist der Stift zu lang, verbiegt er sich beim Nietvorgang, ist er zu kurz, bleibt zu wenig Masse, um den zweiten Kopf zu bilden.

Der Nietendurchmesser hängt von der zu erzielenden Festigkeit und der Dicke der zu vereinigenden Elemente (kurz «Klemmlänge» genannt) ab. Im allgemeinen beträgt der

Durchmesser der Rohniete ein Viertel der Klemmlänge. Beispiel: Beim Verbinden eines 15 mm starken Bleches mit einem 5 mm-Blech braucht es eine Klemmlänge von 20 mm. Der Nietendurchmesser schlägt dann 5 mm.

Das Vernieten lässt sich im Warm- oder Kaltverfahren durchführen. Überschreitet der Nietendurchmesser 8 mm, ist das Warmverfahren zwingend bzw. obligatorisch. Es gibt sogenannte Nietenzangen, mit denen man die auf Rotglut gebrachten Nieten greifen und halten kann. In den andern Fällen erfolgt die Nietung kalt. Trotzdem ist es ratsam, die Nieten auszuglühen (mit einem Schweissbrenner oder in einem Ofen), um sie geschmeidiger und hämmerbarer zu machen.

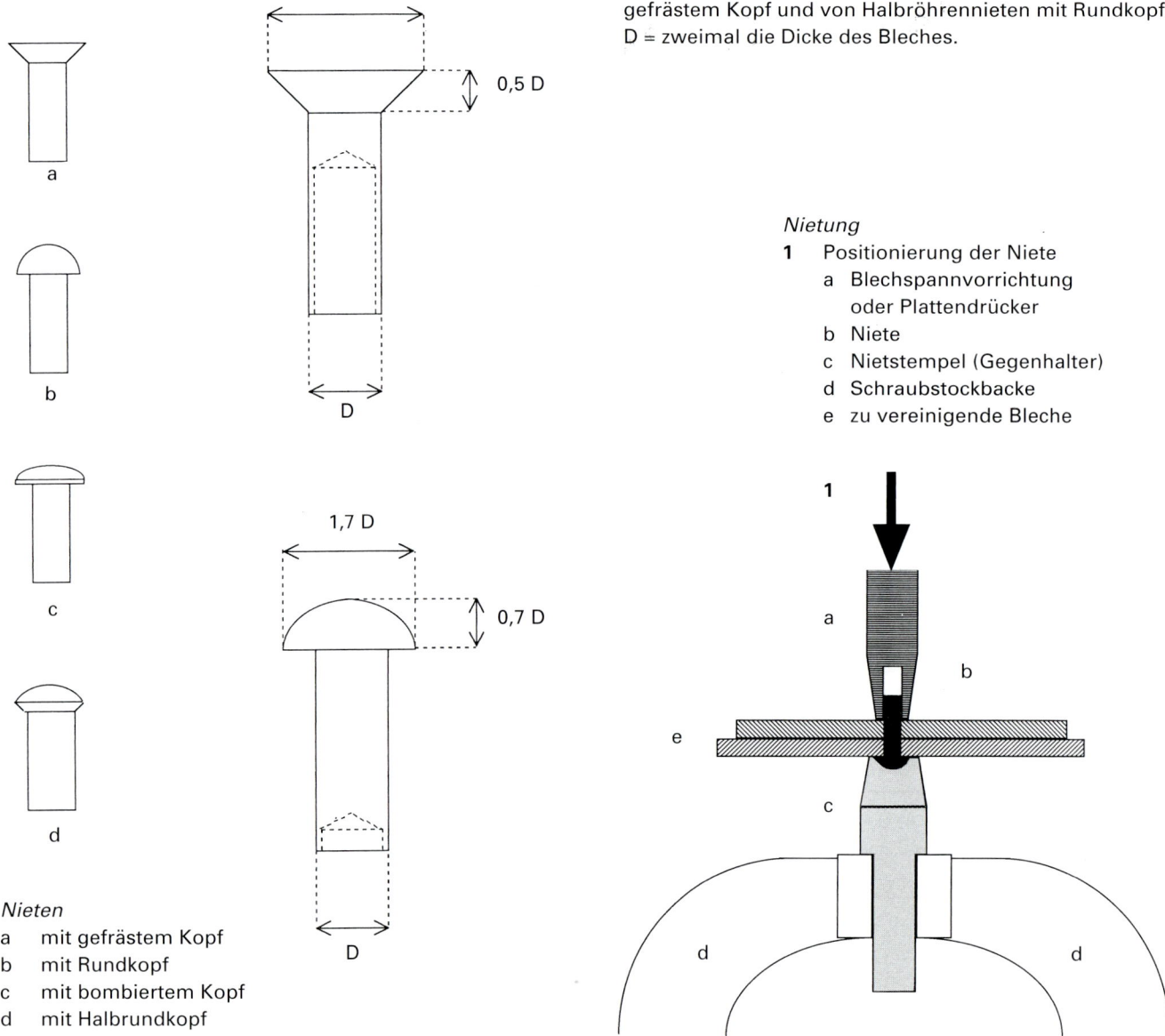

Standarddimensionen von röhrenförmigen Nieten mit gefrästem Kopf und von Halbröhrennieten mit Rundkopf. D = zweimal die Dicke des Bleches.

Nietung
1   Positionierung der Niete
    a   Blechspannvorrichtung oder Plattendrücker
    b   Niete
    c   Nietstempel (Gegenhalter)
    d   Schraubstockbacke
    e   zu vereinigende Bleche

Nieten
a   mit gefrästem Kopf
b   mit Rundkopf
c   mit bombiertem Kopf
d   mit Halbrundkopf

Der Vorgang des Vernietens

Der erste Schritt besteht im Bohren der Löcher zur Aufnahme der Nieten. Der Durchmesser der Löcher soll leicht grösser sein als der Durchmesser der Nietenstifte. Die Löcher sind sorgfältig zu entgraten. Beim Bohren der Löcher ist darauf zu achten, dass diese nicht zu nahe beieinander angeordnet sind, sie sollen auch nicht zu nah an den Blechrändern liegen, um das Einreissen und Spalten im Metall zu verhindern.

Dann werden die Nietenstifte aufs richtige Mass abgelängt, senkrecht zur Achse des Stifts. Geschieht das Abtrennen nicht vollständig winkelgetreu, ist es schwierig, den zweiten Nietenkopf zu formen.

Jede Rohniete wird in die vorbestimmten Löcher eingeführt, und das Ganze (Bleche und Niete) wird auf den Nietenstempel plaziert, dessen Funktion darin besteht, die Niete zu unterstützen unter enger Verbindung mit dem Nietenkopf.

Darauf positioniert man die Niete: man appliziert einige Hammerschläge auf den Blechspanner (ein Werkzeug mit gebohrtem Loch, das den Nietenstift aufnimmt), so dass der Nietenkopf mit dem Blechstück eins wird.

Dann erfolgt das Zusammendrücken der Niete: man appliziert einige Hammerschläge in der Stiftenachse, die leicht aufgestaucht wird und die Niete an ihrem Platz hält.

Der nächste Schritt führt zur Bildung des zweiten Nietenkopfs: mit einigen Hammerschlägen in der Stiftenachsrichtung wird der zweite Kopf grob vorgeformt. Die Arbeit wird mit der Fertigbearbeitung des zweiten Kopfs beendet: es genügen einige weitere Hammerschläge auf das Schliesskopfgesenk in der Achsrichtung der Niete.

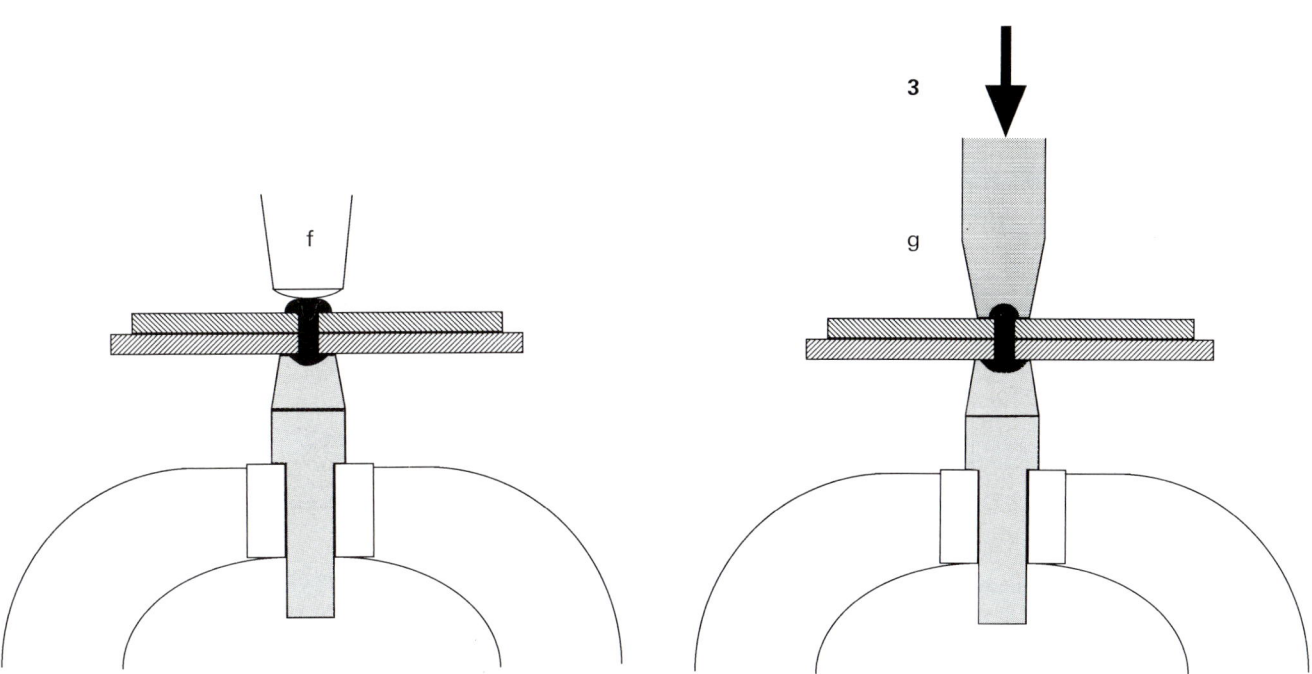

2 *Vernietung*
Stauchen oder Zusammendrücken der Niete mit dem Hammer (f).

3 *Fertigbearbeitung des zweiten Kopfes*
Die Fertigbearbeitung des zweiten Kopfes geschieht mit Hilfe des Schliesskopfgesenks (g).

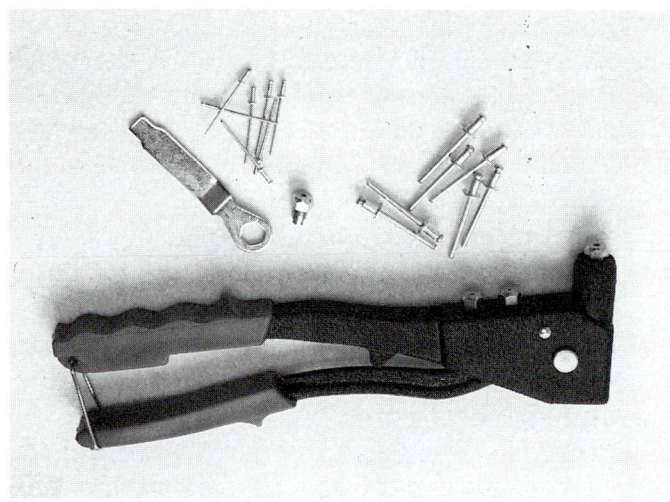

Nietzange und leichte Nieten.
Das Werkzeug wird mit mehreren Köpfen geladen, die dem Plazieren der Nieten verschiedenen Durchmessers angepasst sind. Der Schlüssel dient zum Auswechseln der Köpfe.

Bemerkung
Für das leichte Vernieten dünner Bleche bedient man sich der Nietzangen, die das Plazieren von verschieden grossen Nieten gestatten. Das Werkzeug funktioniert wie folgt: ein in den Kopf der Nietzange eingelegter Stift wird durch Zug bewegt, wodurch der Stift zwangsläufig den röhrenförmigen Nietstift ausweitet.

Die Verschraubung (Schraubverbindung)

Mit Schrauben lassen sich Metallelemente auf temporärer oder permanenter Basis verbinden. Die Schraube setzt sich aus einem Schaft mit Schraubgewinde und einem Kopf zusammen. Die Köpfe weisen verschiedene Formen auf (quadratisch, hexagonal, gefräst, rund, zylindrisch): Sie werden mittels einem Schlüssel (Schrauben mit quadratischem oder hexagonalem Kopf) oder einem Schraubenzieher eingeschraubt, der in die eingefräste Nute im Schraubkopf eingeführt wird.

Die Schrauben sind charakterisiert durch: den Durchmesser, das Gewinde und den Schraubengang (Steigung). Die Steigung ist der Abstand zwischen den Stegen zweier benachbarter Gewindespitzen. Die Gewinde können verschieden geformt und mit verschiedenen Winkeln geschnitten sein; sie sind standardisiert. Das am häufigsten verwendete Gewinde ist das internationale V-Gewinde 60°.

Die konischen Vollschaftschrauben werden zum Solide-Befestigen dünner Metallbleche auf einem weichen Material (Holz, weiches Metall) verwendet.

Da die Bleche ziemlich dick sind, um ein Gewinde einzuschneiden, kann man Schrauben mit zylindrischem Schaft verwenden.

Schneiden des Innengewindes
Werden gewöhnliche Schrauben eingesetzt, muss in die zu vereinigenden Metallelemente ein Innengewinde geschnitten werden. Dies kann von Hand mit dem Gewindebohrer gemacht werden. Der Gewindebohrer ist im Prinzip eine sehr harte Schraube aus gehärtetem Stahl, in die Spannuten ausgehoben worden sind. Der innere Teil des Gewindebohrers ist etwas enger als der äussere Teil, damit er bei fortschreitender Arbeit leichter ins Loch eindringen kann.

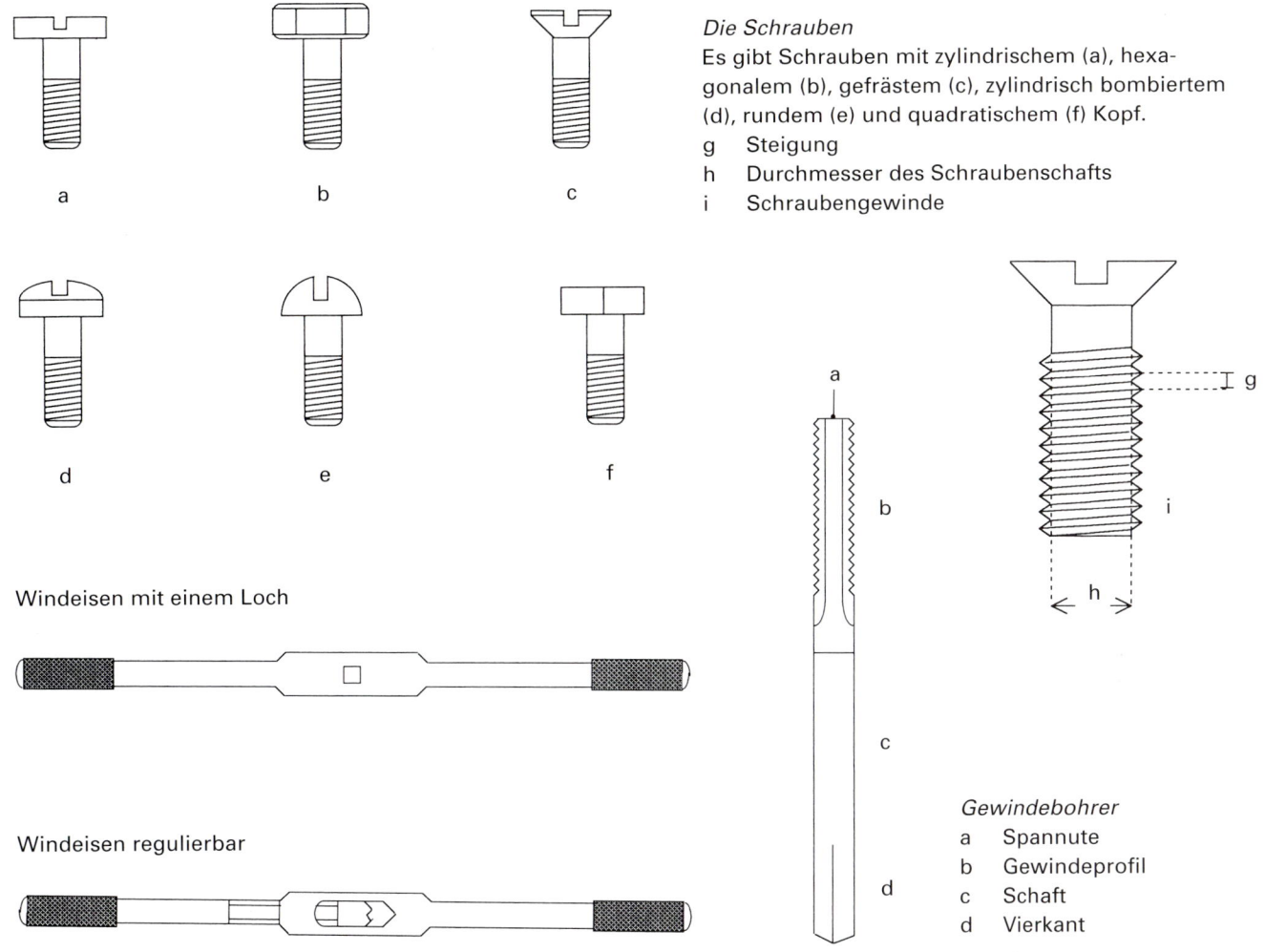

Die Schrauben

Es gibt Schrauben mit zylindrischem (a), hexagonalem (b), gefrästem (c), zylindrisch bombiertem (d), rundem (e) und quadratischem (f) Kopf.

g   Steigung
h   Durchmesser des Schraubenschafts
i   Schraubengewinde

a

b

c

d

e

f

Windeisen mit einem Loch

Windeisen regulierbar

Gewindebohrer

a   Spannute
b   Gewindeprofil
c   Schaft
d   Vierkant

Der Lochdurchmesser entspricht dem Durchmesser des Schraubenkerns[1].

Zum Gewindeschneiden dient ein Spiel von drei Gewindebohrern, die man aufeinanderfolgend einsetzt. Der erste, der Gewindevorschneider, hat ein wenig ausgeprägtes Profil. Er ist an seinem Schaft erkennbar, der mit einem einzigen Schraubring graviert ist. Zum Vorschneiden des Gewindes muss das zu bearbeitende Element fest im Schraubstock eingespannt sein. Das andere Ende des Gewindebohrers wird ins Loch eines Windeisens[2] eingeführt, das als «Schwungrad» dient; der Gewindebohrer wird exakt in der Achse des Gewindekernlochs gehalten. Die konische Partie des Gewindebohrers wird ohne Kraftausübung ins Gewindekernloch[3] eingeführt; die korrekte Stellung des Gewindebohrers wird mit einem Winkelmass überprüft. Das Windeisen wird zwei oder drei Umgänge im Uhrzeigersinn gedreht, dann im Gegenuhrzeigersinn, um die Späne zu entfernen. Auf diese Wei-

---

1   Kern: Schraubenschaft ohne Gewinde.
2   Es gibt verschiedene Typen von Windeisen: solche mit einem Loch, die auf ein Spiel von Gewindebohrern abgestimmt sind, solche mit mehreren Löchern, auf vier Spiele von Gewindebohrern abgestimmt, und solche, die regulierbar sind und auf alle Gewindebohrer passen.
3   Loch, das bestimmt ist zum Gewindebohren.

se fährt man mit der Arbeit des Gewindebohrers fort, bis das Loch vollständig vorgeschnitten ist. Anschliessend setzt man die beiden andern Gewindebohrer ein: für die Zwischenstufe und die Fertigbearbeitung.

In der Zwischenstufe ist der Gewindebohrer mit einem ausgeprägten Gewindeprofil versehen und ist an den beiden auf seinem Schaft eingravierten Ringen erkennbar.

Der Gewindebohrer für die Fertigbearbeitung hat das der Schraube oder dem Bolzen entsprechende Gewindeprofil. Die Gewindebohrer für die Zwischenstufe und Fertigbearbeitung werden von Hand in das schon vorgeschnittene Gewinde eingeführt und mit den Fingern eingedreht, bis sich ein bestimmter Widerstand bemerkbar macht. Erst dann wird das Windeisen eingesetzt und zwar in derselben Weise wie beim Vorschneiden. Der Gewindebohrer darf unter keinen Umständen forciert werden, da er zerbrechlich ist und leicht brechen kann. Während der Arbeit ist ein Schmieren der Kontaktflächen unumgänglich; man benutzt dazu Öl.

Das Loch im Metall kann durchgehend oder nicht durchgehend sein. In diesem Fall ist beim Gewindeschneiden die Länge des Gewindebohrerkonus in Rechnung zu stellen. Als praktische Regel gilt: Die Länge des Lochs ist um den Betrag von 0,7 mal den Durchmesser des Gewindes zu verlängern.

Schneiden des Aussengewindes

Das Aussengewinde auf einem Schaft oder einer Röhre wird mittels der Gewindeschneidbacke geschnitten. Diese[1] lässt sich mit einer sehr harten Schraube vergleichen, in die man Spannuten geschnitten hat. Für das Aussengewinde ist eine einzige Gewindeschneidbacke erforderlich. Die Gewindeschneidbacken und die Gewindebohrer sind so numeriert, dass die Innen- und Aussengewinde miteinander übereinstimmen. Der Durchmesser des zu filettierenden Metalls muss leicht kleiner sein als der Nominaldurchmesser des Gewindes. Als Regel gilt, dass der Durchmesser um 0,3 mal die Gewindetiefe zu verkleinern ist.

Das Ende der Rohschraube wird angefast, damit das Positionieren der Gewindeschneidbacke leichter vor sich geht. Das zu filettierende Metall wird im Schraubstock fest (in der Vertikale) eingespannt. Nun wird die Gewindeschneidbacke in die Ausgangsstellung gebracht; diese wird mit dem Winkelmass überprüft. Dann wird die Gewindeschneidbacke im Uhrzeigersinn um einige Umdrehungen gedreht, dann leicht zurückgedreht, um die Späne zu entfernen.

Beim Gewindeschneiden in die Oberfläche von Stangen oder Röhren von mehr als 2,5 mm im Durchmesser verwendet man eine Gewindeschneidbacke mit zwei Halbbögen, die mit einer Schraube angebaut und verbunden sind. Man macht mehrere Durchgänge mit dem Instrument, indem man jedesmal die Schrauben ein wenig mehr anzieht, damit auf diese Weise der Durchmesser fortschreitend reduziert wird.

Die Bolzenverschraubung

Mit diesem Verfahren werden mehrere Elemente mittels Schraubenbolzen miteinander verbunden. Diese bestehen aus einem Schaft, dessen Ende mit einem Kopf (abgerundet oder vielkantig) versehen ist, während das andere Ende einen Schraubengang aufweist,

---

1   Es gibt zwei Typen von Gewindeschneidbacken: diejenigen aus einem Stück
    für die kleinsten Durchmesser und diejenigen aus zwei Stücken für das Schneiden
    von Gewinden grösser als 25 mm im Durchmesser.

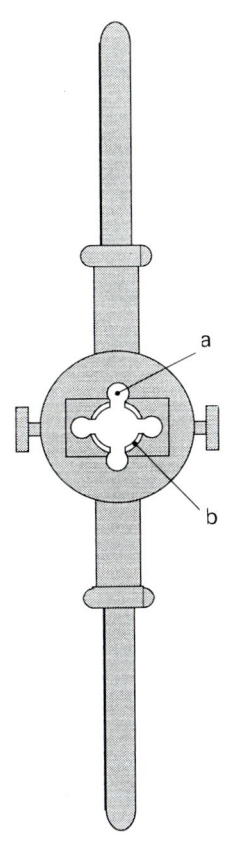

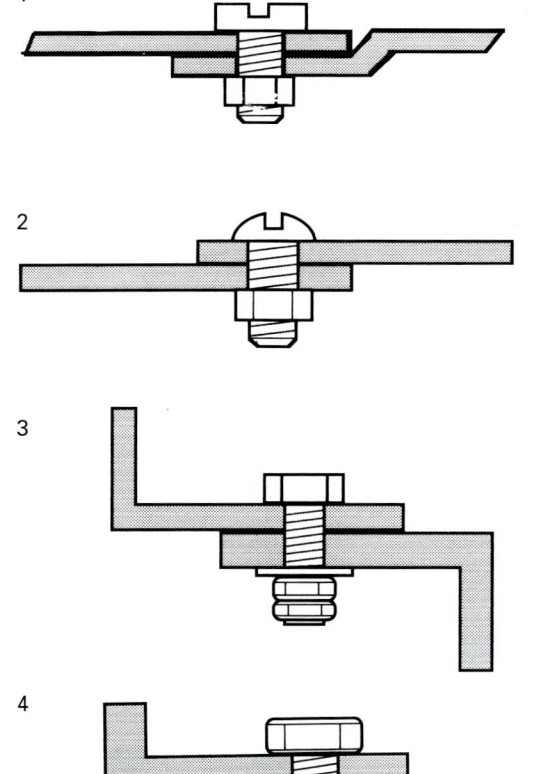

Bolzenverschraubung
1 Schraubbolzen mit zylindrischem
   Kopf und Mutter
2 Schraubbolzen mit Rundkopf
   und Mutter
3 Sechskantschraubbolzen,
   Rondelle, Gegenmutter
   und Mutter
4 Sechskantschraubbolzen,
   Federring und Mutter.

Gewindeschneidbacke
a Spannute
b Schneidflanke mit Gewinde

zur Aufnahme einer Schraubenmutter oder eines abnehmbaren Kopfes zum Festanziehen. Die mit Schraubenbolzen zu verbindenden Teile werden so gebohrt, dass der Schaft des Bolzens leicht durchteuft. Die Bolzenverschraubung erlaubt demontierbare und mobile Verbindungen. Das Anziehen der Schraubbolzen geht leichter durch eine Schmierung mit Schwefelmolybdän (Molybdänglanz).

Um das Risiko, dass sich die Bolzen lösen können, auszuschliessen, existieren Sicherheitssysteme (gezahnte Rondellen, Federringe, Gegenmuttern), die man zwischen die zu verbindenden Elemente und die Mutter plaziert.

Bemerkung
Diese fünf letzten Techniken setzen das vorgängige Bohren von Löchern in die zu verbindenden Metallstücke voraus.

In der Praxis ist es ratsam, für mechanische Verbindungen Metallverbundmittel (Bolzen, Schrauben, Nieten usw.) zu wählen, die in der Zusammensetzung mit den zu verbindenden Metallen identisch sind. Dadurch lässt sich die Bildung galvanischer Elemente vermeiden, die Phänomene der galvanischen Korrosion mit sich bringen könnten.

Die Verbindungselemente werden in gleicher Weise gegen Korrosion geschützt wie die Metalloberflächen. Wir empfehlen deshalb, heiss galvanisierte oder sherardisierte Schraubenbolzen und Muttern zu verwenden oder solche aus rostfreiem Stahl.

Mobile Verbindungen

George Rickey, ohne Zweifel einer der grössten Meister in diesem Fach, sagt zur kinetischen Skulptur: «Gleich wie der Maler Farben und Oberflächen studiert, beschäftigt sich der kinetische Künstler mit Bewegungen, die an gewisse zeitliche Räume gebunden sind. Die verfügbaren Bewegungstypen sind erstaunlicherweise einfach und wenig zahlreich. Die abendländische Musik kennt zwölf Töne. Die kinetische Kunst hat kaum mehr Elemente zur Verfügung. Ihr Kanon fällt, wie die Tonleiter, in die Sphäre der menschlichen Aufnahmefähigkeit. Das bedeutet, dass es kaum andere Möglichkeiten als Schaukel-, Wirbel-, Schwing- oder Oszillationsbewegungen der sich im Raum bewegenden Teile gibt – von oben nach unten, von einer Seite auf die andere, einmal nach rechts, einmal nach links – und die Betonung dieser Bewegungen durch Beschleunigung und Verlangsamung, aber das Spektrum der Demut genügt, um Meisterwerke hervorzubringen.»

Bei den beweglichen Zusammensetzungen lassen sich – abgesehen von denjenigen, die Parallelverschiebungen zulassen – Gelenke unterscheiden, bei denen eine Teildrehung in einer einzigen Ebene um eine Achse möglich ist (einfache Gelenke oder Gabelgelenke), und Gelenke, die Drehbewegungen in mehreren Ebenen um ein Zentrum herum erlauben (Kugelgelenke).

Andere Systeme, die eine Bewegung zulassen, müssen nicht unbedingt einen Verbund aufweisen: zum Beispiel Kugellager, Gleichgewichtssysteme (unter anderem sogenannte «Mobiles») und kardanische Aufhängungen.

Die Kugellager erlauben eine Rotation um die Achse und manchmal sogar um einen Punkt, mit einem mehr oder weniger hohen Freiheitsgrad. Seine Grösse variiert von 2 mm im Durchmesser bis zu 10 mm. Sie sind auch hinsichtlich Form und Anwendungszweck mannigfaltig. Sie können demontierbar oder dicht verschlossen, als Kugel- oder Rondellenlager ausgebildet, ringförmig oder konisch, neigbar oder nicht neigbar sein.

Die kardanischen Aufhängungen sind Systeme, die Bewegungen in alle Richtungen gestatten. Dieses Konzept wurde erstmals von G. Cardano entwickelt, und zwar zu den Zweck, den Einfluss der Schiffsbewegungen auf den Kompass zu eliminieren. Seither hat es zahlreiche Anwendungen gefunden, insbesondere die Aufhängung von Gyroskopen (Kreiselgeräten) und das Kardangelenk für die Antriebswelle von Automobilen. Die kardanische Aufhängung besteht aus drei im rechten Winkel zueinander stehenden Achsen, die den aufgehängten Körper (zum Beispiel den Kompass) frei dreh- und schwenkbar machen.

Die elastischen Verbindungen erlauben begrenzte Bewegungen; sie kehren nach der Aufhebung der Bewegung wieder in den Gleichgewichtszustand zurück. Das trifft auf Federn zu: Blatt-, zylindrische Schrauben- und Spiralfedern.

Gegenüberliegende Seite: Mary Vieira. Sieben Wechselwirkungen zum *«Polyvolume: Point de rencontre».* Basel 1966 – Brasilia 1970. Stahl und Marmor. 800 x 800 x 200 cm.
Plastische Struktur, an den Tastsinn appellierend, in der Ehrenhalle des Ministeriums für Aussenbeziehungen der Brasilianischen Republik in Brasilia ausgestellt. Öffentliche Sammlungen von monumentaler Kunst des Bundesdepartements in der brasilianischen Hauptstadt.

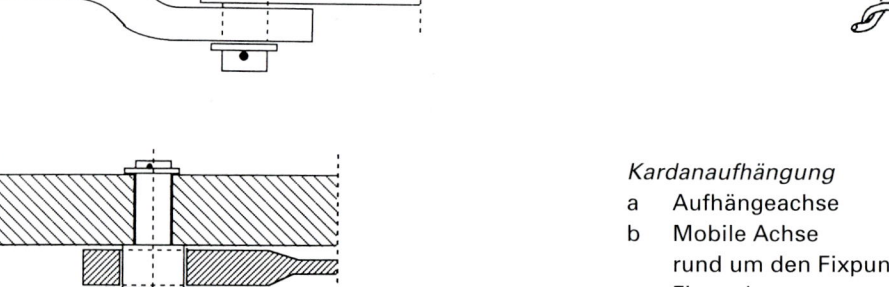

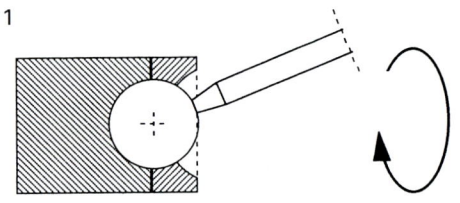

Arten der Schwenkbarkeit
1 Gelenklager
2 Gabelgelenk
3 Einfachgelenk

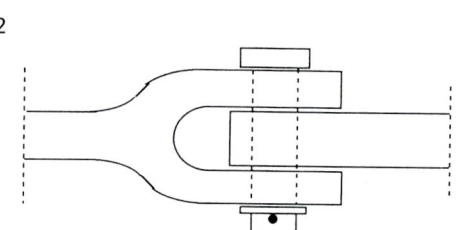

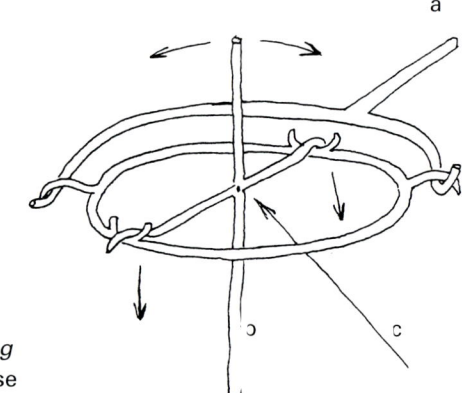

Kardanaufhängung
a Aufhängeachse
b Mobile Achse
 rund um den Fixpunkt
c Fixpunkt

Gegenüberliegende Seite: Marcel van Thienen. *Arpège II.* 1970 (Frankreich).
Stahl und Elektromotor mit konstanter Geschwindigkeit laufend. 158 x 150 x 150 cm.
Musée d'art moderne de la Ville de Paris.

George Rickey in seinem Atelier in New York, 1991.

Die Klebeverbindung

Die Klebeverbindung ist eine alte Verbindungstechnik – fast so alt wie die bewohnte Erde. In der Tat verwendeten schon die Babylonier Bitumen zur Verbindung ungleicher Materialien. In der klassischen Antike kannte man den Leim auf Eialbuminbasis (Eiweiss), das Pech und das Bienenwachs; und, bis zum Beginn unseres Jahrhunderts, verwendete man häufig die Fischleime und die Leime auf Basis von Knochen- und Gerbereiabfällen. Diese Leime eignen sich gut zum Kleben von organischen Stoffen wie Holz und Papier, aber sie erweisen sich als ungeeignet für Metalle. Hinzu kommt, dass sie sehr empfindlich auf Feuchtigkeit und Temperaturschwankungen reagieren. Die grosse Entwicklung auf dem Gebiet der Klebetechnik verdankt man den synthetischen Harzen zu Beginn des 20. Jahrhunderts, eine Entwicklung, die bis heute anhält.

Die Vorteile und die Voraussetzungen der Klebetechnik
Die Klebetechnik ermöglicht die Verbindung gleich- oder ungleichartiger Metalle, ohne dass eine Wärmebehandlung erforderlich ist (zum Beispiel in den Fällen, wo die Schweissung nicht in Frage kommt) und ohne Bohrarbeit (wie in den meisten mechanischen Verbindungstechniken). Das Kleben geht in der Regel schnell und spart Zeit und Energie. Ausserdem verteilen sich die Belastungen, denen der Verbund ausgesetzt ist, gleichmässiger als bei andern Verbindungstechniken, was eine bessere Dauerfestigkeit bewirkt.

Andere Vorteile: die Kleber, die zur Verbindung von zwei oder mehreren Metallteilen verwendet werden, bilden zwischen diesen eine dichte und isolierende Oberfläche, die den «Batterieeffekt» verhindert. Schliesslich lassen sich durch Kleben die verschiedensten Materialien mit Metall verbinden, die man sonst nicht oder nur mit aufwendigen mechanischen Mitteln einbauen könnte.

Folgende Voraussetzungen müssen erfüllt sein: Der Kleber kann nur dann erfolgreich eingesetzt werden, wenn die Oberflächen tadellos sauber, entfettet und trocken sind. Es ist ferner wichtig, den richtigen Kleber zu wählen, der für die zu verbindenden Materialien geeignet und auf die zu erwartenden Beanspruchungen der Verbundelemente abgestimmt ist. Ausserdem müssen die geklebten Teile während der Aushärtezeit des Klebers in unveränderter Position gehalten werden.

Katherine Gili. *Ingreer.* 1988/89 (England). Geschmiedeter und geschweisster Stahl. 47 cm.

Welche Rolle spielt die Adhäsion?

Wenn man zwei Materialien miteinander verklebt, schaltet sich zwischen ihnen ein drittes Material ein, das die Kontaktoberflächen innig miteinander verbindet und das nach Ablauf einer bestimmten Zeit wichtigen physikalischen und chemischen Modifikationen unterliegt. Eine gute Adhäsion hängt gleichzeitig von der Qualität der Klebefuge und der guten Kohäsion der zwei Grenzflächen Kleber – Material ab.

Die wichtigste Voraussetzung für eine adäquate Verankerung des Klebefilms ist eine gute Benetzbarkeit der zu klebenden Oberfläche. Sie muss in Bezug auf die Klebeflüssigkeit eine möglichst grosse Bindefähigkeit aufweisen. Diese Affinität zeigt sich darin, dass sich die Klebeflüssigkeit auf der Oberfläche maximal ausbreitet, indem sie verbleibende Luft- und Wassermoleküle verdrängt.

Man könnte sagen, dass die Oberflächenspannung des Klebstoffes für ein bestimmtes Material schwach ist. Ist anderseits die Spannung erhöht, neigt die Klebeflüssigkeit auf der Oberfläche zur Tropfenbildung beim geringsten Kontakt mit ihr (Beispiele: Öl auf einer hydrophilen (wasseranziehenden) Oberfläche oder Quecksilber auf einer Gasplatte). Die Benetzbarkeit hängt hauptsächlich vom Zustand der Materialoberfläche ab. Daher ist es wichtig, die zu verklebenden Oberflächen gut vorzubereiten (Reinigung, Entfettung usw.).

Welches sind die Kräfte, welche die Adhäsion gewährleisten?

Die Untersuchungen zu diesem Sujet erlauben es, die Gesamtheit der Kräfte zu definieren, die wahrscheinlich zusammenwirken. Als erster Faktor gilt die mechanische Adhäsion, die bestimmt eine wichtige Rolle spielt, wenn die verklebten Oberflächen porös sind (Holz, Papier, Filz usw.). In der Tat dringt die Klebschicht teilweise ins Material ein und hakt sich an den Oberflächenunebenheiten fest.

Ein anderer Faktor: die Waalschen Kräfte. Sie treten dann auf, wenn die Moleküle nahe beieinander sind. Die Elektronenwolken dieser Moleküle erfahren einen leichten Verzug, was eine wechselseitige Anziehung bewirkt. Die Anziehung nimmt zu, wenn die Moleküle eine ausgeprägte Polarität zeigen, wobei sich die negativen und positiven Pole gegenseitig anziehen. Man spricht von einer polaren Adhäsion. Man hat beobachtet, dass sich die polaren Körper untereinander gut verbinden, jedoch schlecht mit unpolaren Körpern und umgekehrt. Das erklärt die Tatsache, dass es unmöglich ist, solide Klebverbindungen zwischen nicht polaren Substanzen mit Hilfe von polaren Klebstoffen zu produzieren und umgekehrt.

Der letzte Adhäsionsmechanismus, den wir erwähnen wollen, ist die chemische Adhäsion. Dies ist der solideste Mechanismus, weil er chemische Bindungen von viel höherer Energie eingeht. Das Rohmaterial und der Klebstoff reagieren miteinander, indem sie zwischen den Molekülen Brücken bilden. Dieser Adhäsionstyp tritt grundsätzlich zwischen Plastwerkstoffen (Kunststoffen) auf.

Anderseits hängt die Qualität der Klebeverbindung ebenfalls von der inneren Festigkeit der Klebschicht ab; man nennt sie innere Kohäsion. Diese wiederum hängt grundsätzlich von der Art des Klebstoffs ab, aber auch von einer Reihe anderer Faktoren wie der Kontaktzeit, der Dicke des Klebfilms und den thermischen Bedingungen. So ist es beispielsweise ratsam, zwischen der Klebung und der Belastung des Verbundes stets eine gewisse Zeit verstreichen zu lassen. Tatsächlich wachsen die Adhäsionskräfte asymptotisch mit der Zeit.

Die Vorbereitung der Oberflächen

Wie wir gesehen haben, müssen die zu klebenden Oberflächen sorgfältig vorbereitet werden, will man eine gute Benetzung der Oberfläche und eine entsprechende Adhäsion erreichen. Die Oberflächen müssen sauber, trocken und entfettet sein. In der Praxis werden drei Vorbereitungsverfahren angewendet.

Mechanische Vorbereitung
Im Falle von oxidierten Metalloberflächen besteht die Vorbereitung aus dem Entfernen der künstlichen Oxidschicht durch Sandstrahlen, Stahlkiesstrahlen, Schleifen, Polieren usw. (siehe Oberflächenbehandlung). Diese mechanische Arbeit bezweckt unter anderem die Vergrösserung der Kontaktfläche für den Kleber und bewirkt, dass dieser besser haftet.

Physikalische Vorbereitung
Dies hat zum Ziel, die Oberfläche zu entfetten. Man reinigt sie mit einem mit Lösungsmittel (Aceton, Trichloräthylen) getränkten Lappen.

Chemische Vorbereitung
Die chemische Behandlung besteht aus dem Beizen der Metalloberfläche mit Säuren. Bei Stahl und rostfreiem Stahl geschieht dies wie folgt (die Konzentrationen sind in Volumenteilen angegeben):
- *Stahl:* Nach der mechanischen und physikalischen Vorbereitung taucht man das Metall während 2-4 Minuten in eine Lösung ein, die 10 Teile konzentrierte Schwefelsäure, 10 Teile konzentrierte Salpetersäure und 80 Teile Wasser enthält. Die Lösung wird auf 15 bis 20°C gehalten. Nach dem Spülen taucht man das Metall während 30-60 Sekunden in ein 15-20°C warmes Bad, das 50-60 Teile konzentrierte Salzsäure, 2 Teile Wasserstoffsuperoxid und 38-40 Teile Wasser enthält. Anschliessend spült man mit heissem Wasser, trocknet und klebt sofort, bevor das Metall wieder oxidiert.
- *Rostfreier Stahl:* Man taucht das Metall 15 Minuten in ein auf 60-70°C erwärmtes Bad, das 35 Teile einer gesättigten Natriumbichromat-Lösung und 100 Teile konzentrierte Schwefelsäure enthält. Dann spült man mit fliessendem Wasser und trocknet.

Die Klebstofftypen

Wir lassen nicht alle existierenden Klebstofftypen Revue passieren, sondern beschränken uns auf diejenigen, die sich für Metalle eignen, sei es Metall auf Metall oder Metall auf verschiedenen Materialien.

Die meisten Kleber sind organischen Ursprungs. Die Natur- oder synthetischen Kautschuke sowie die Thermo- oder Duroplaste bilden die Mehrzahl der heutigen Klebstoffe.

Die Kleber sind erhältlich als Zweikomponenten- und Einkomponentenkleber, als Kontaktkleber und als Kitt. Die ersten bestehen aus zwei chemischen Produkten, die miteinander reagieren, wenn man sie zusammenmischt. In der Regel ist das Basisharz flüssig oder pastig und der Katalysator oder Härter flüssig oder pulverförmig; man mischt sie unmittelbar vor Gebrauch. Hat das Einpassen (die Kopplung)[1] stattgefunden, müssen die Tei-

---

1 Einpassen oder Koppeln nennt man den Vorgang, nach dem die zu vereinigenden Teile zusammengestellt und an Ort in die definitive Position gebracht werden

le an Ort festgeklemmt werden und zwar mit einem traditionellen Spannwerkzeug (Zangen, Klebband, Gummilitzen). Dies dauert so lange, bis die Härtung vollzogen ist.

Die Einkomponentenkleber sind Flüssigkeiten oder Pasten, die zum Polymerisieren der Wärme bedürfen. Sobald die Fabrikation aufgenommen wird, setzt man einen Beschleuniger zu, der nur bei einer bestimmten Temperatur reagiert.

Bekannt sind auch die Kleber, die «Kontaktkleber» genannt werden. Es sind Kleber auf Basis von Lösungsmitteln. Sie bestehen weitgehend aus Elastomeren. Die beiden zu vereinigenden Flächen werden mit Klebstoff bestrichen, dann lässt man das Lösungsmittel verdunsten. Die Verbindung geschieht dann durch Aufeinanderpressen der beiden mit Klebstoff bestrichenen Oberflächen. Hat das Einpassen stattgefunden, ist es nicht mehr möglich, die zu verbindenden Elemente umzupositionieren; aus diesem Grund muss das Einpassen sehr präzis erfolgen.

Die Kitte umfassen eine grössere Charge, die ein grösseres Volumen einnimmt. Sie eignen sich dann, wenn eine dicke Kittfuge erwünscht ist. Es gibt Zweikomponentenkitte, Epoxy oder Polyester, und Einkomponentenkitte auf der Basis von in Lösungsmitteln gelösten Elastomeren.

Man unterscheidet zwischen Strukturklebern und Nicht-Strukturklebern. Die ersteren müssen höhere Belastungen und dynamische Beanspruchungen aushalten. Das ist der Fall bei den meisten Klebungen Metall auf Metall. Die Nicht-Strukturkleber weisen eine schwächere innere Kohäsion auf. Sie dienen vor allem für die Klebevorrichtung Metall – nicht metallischer Stoff. Die innere Kohäsion ist ein Mass für die Leistungsfähigkeit des Klebers: sie muss höher sein als diejenige des schwächeren der beiden geklebten Materialien.

Es gilt allgemein, dass beim Abbinden des Klebstoffs eine Polymerisationsreaktion innerhalb der Klebfuge in Gang kommt. Das bedeutet, dass sich kurze Molekularverbindungen – Ende an Ende – zu Makromolekülen verketten. In bestimmten Fällen wird eine Polymerisation von einer Vernetzung begleitet, was nichts anderes bedeutet, als dass die sich bildenden Seitenketten die Festigkeit der Klebung verstärken.

Die Reaktion geht im kalten oder warmen Zustand vor sich. Gewisse Klebstoffe erfordern eine bedeutende Wärmebehandlung (Aushärtung bei 180°C) sowie hohe Anpressdrucke, die sich nur unter industriellen Bedingungen erzielen lassen. Aus diesem Grund behandeln wir diese Gruppe von Klebstoffen nicht (Phenol- und Vinylkleber, Kleber auf Formaldehyd/Resorcin-Basis), weil sie nur in gewissen Spitzenindustrien wie der Aeronautik zur Anwendung kommen.

Klebstoffe auf Basis von Duroplasten
Es handelt sich um Harze, die sich, einmal ausgehärtet, nicht mehr durch Wärme erweichen lassen. Ihre Kohäsion ist sehr hoch; sie eignen sich für strukturelle Verbindungen.
- *Epoxykleber:* Die Epoxykleber basieren auf einem Harz, das durch Polykondensation von Epichlorhydrin und einer Phenolverbindung erhalten wird. Der Härter des Kaltklebers ist ein Polyamin oder ein Polyamin-Polyamid. Die beiden Komponenten werden kurz vor dem Gebrauch gemischt. Die Mischung ist während einer bestimmten Zeit – man nennt sie Arbeitszeit – brauchbar: sie variiert von wenigen Minuten bis zu einigen Stunden. Die Aushärtezeit ist kürzer und die mechanische Festigkeit nimmt zu, wenn der Verbund auf 60°C erwärmt wird. Allerdings muss dann eine gewisse Schwindung (bis 1 %) wegen der grösseren inneren Spannungen, als es bei der Kaltklebung der Fall ist, in Kauf genommen werden.

Günter Wagner. *Space Skeleton.* 1993 (Deutschland).
Stahl und Glas. 170 x 700 x 230 cm. Galerie Emilia Sucin, Karlsruhe.

Die Epoxykleber müssen bei 15-25°C und vor Licht geschützt, gelagert werden. Der Härter neigt nach einer bestimmten Zeit zum Zersetzen. Es ist deshalb ratsam, grössere Mengen auf Lager zu halten.

Die hauptsächlichen Vorteile der Epoxykleber sind die folgenden: eine grosse mechanische Festigkeit, eine starke innere Haftfähigkeit, eine hohe Scherfestigkeit, eine gute Unempfindlichkeit gegenüber Feuchtigkeit und eine ausgeprägte chemische Inertie.

– *Polyurethankleber:* Die Polyurethankleber sind Kaltkleber auf Basis von Polyester mit freien Radikalen (Alkohol) und einem Polyisocyanat-Härter. Die Klebfuge ist geschmeidiger als diejenige mit Epoxykleber, doch ist sie weniger widerstandsfähig und empfindlich auf Feuchtigkeit und Ultraviolettstrahlung. Diese Kleber eignen sich sehr gut bei tiefen Temperaturen. Der Härter ist stark giftig.

– *Furankleber:* Es handelt sich um Derivate des Furfurylalkohols. In Form eines Sirups ohne Lösungsmittel, gestatten sie dicke Klebfugen, ohne die flüchtigen Körper zurückzuhalten.

– *Silikonkleber:* Man sie nennt auch selbstvulkanisierende Kautschuke (C.A.F.). Es sind Einkomponenten-Elastomere, die bei Umgebungstemperatur vulkanisieren. Die Klebungen sind widerstandsfähig und haltbar auf den meisten Materialien.

Klebstoffe auf Basis von Thermoplasten

Die Mehrzahl dieser Kleber (Vinyl-, Celluloseklebre) eignen sich nicht für die Verbindung Metall auf Metall; sie haben eine viel zu schwache Haftfähigkeit. Zudem erweichen sie an der Wärme und sind auch empfindlich gegen Kälte. Immerhin ermöglichen die Polyacrylkleber strukturelle Verbindungen.

Theo ten Have. *Cornuto.* 1989 (Holland).
Stahl, Polyester, Kupferfolien. 210 x 300 x 95 cm.

– *Polyacrylkleber:* Diese Kleber auf Basis von Methylpolymetacrylat oder Aethylpoly-acrylat sind durchsichtig, dauerhaft und geschmeidig. Es sind Zweikomponentenkle-ber. Das viskose Basisharz wird auf die eine der zu klebenden Oberflächen und der flüssige Beschleuniger auf die andere Oberfläche aufgetragen. Die Polymerisation tritt nur wenige Minuten nach dem Zusammenkoppeln der Oberflächen in Gang.

Klebstoffe auf Basis von Elastomeren
Ausgangsstoffe für diese Gruppe von Klebern sind die Natur- und Kunstkautschuke. Es sind Einkomponent-Kontaktkleber. Sie eignen sich für nicht strukturelle Verbindungen (Verbindung Metall auf verschiedene Materialien).

– *Neoprenkleber:* Die Neoprenkleber, ein Kautschukpolychloropren, weisen eine gute Wi-derstandsfähigkeit gegen atmosphärische Einflüsse auf. Man verwendet sie vor allem für Verbindungen Holz/Kunststoffe auf Metall.

- *Klebstoffe auf Basis von regeneriertem Kautschuk:* Sie haften gut auf Metallen und porösen Materialien wie Filz, Karton oder Kork.
- *Klebstoffe auf Basis von Polyurethanharz:* Sie zeigen eine gute Haftfähigkeit auf Metallen und plastischen Materialien. Die Klebfuge ist verhältnismässig geschmeidig.

Die verschiedenen Beanspruchungen und die Klebfugentypen

Aus der nebenstehenden Figur «Cornuto» ist ersichtlich, welchen verschiedenen Beanspruchungen eine Klebfuge unterworfen ist. Es gibt deren vier: Zug-, Scher-, Spalt- und Ablösekräfte. Bei den ersten beiden Fällen wird die ganze Oberfläche beansprucht und die von der Klebfuge aufgenommene Belastung ist gleichmässig verteilt. Bei den andern beiden Fällen (Spaltung, Ablösung oder Schälung) sind die Belastungen nicht gleichmässig verteilt, was sich auf die Klebung ungünstig auswirkt. Es ist deshalb wichtig, diese Art von Kräften zu vermeiden. Anderseits kann man dafür sorgen, dass die Verbindung eher Scherkräften als Zugkräften ausgesetzt ist.

Aus diesen Gründen ist die sorgfältige Planung der Verbindung, die diese Prinzipien berücksichtigt, wesentlich. Erstens stellen die Klebeverbindungen die beste, sich Verschiebungsbewegungen widersetzende Verbindungsart dar, weswegen die Verbindungen so zu wählen sind, dass sich die Belastungen auf diesen Fall zurückführen lassen; man wird daher nach Möglichkeit eine Abdeckung vornehmen oder eine Abdeckleiste einbauen. Ferner muss der Kleber gleichmässig auf die Oberflächen aufgetragen werden, da ungleiche Fugendicken zu örtlichen Spannungen führen. Zudem ist die Dicke der Klebfuge so gering wie möglich zu halten.

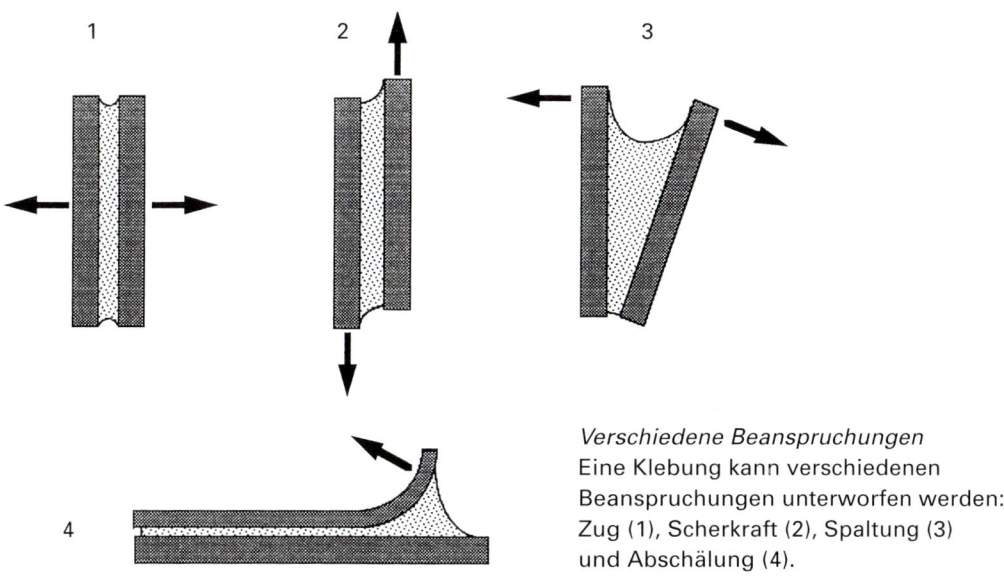

Verschiedene Beanspruchungen
Eine Klebung kann verschiedenen Beanspruchungen unterworfen werden:
Zug (1), Scherkraft (2), Spaltung (3) und Abschälung (4).

Die Oberflächenbehandlungen und die Fertigbearbeitung

Unter den Oberflächenbehandlungen verstehen wir alle Techniken, die das Aussehen der Metalloberfläche modifizieren. Diese Behandlungen können mechanischer Art sein (Schleifen, Polieren), chemischer Art (Patinieren, Bemalen, Lackieren, Firnissen), elektronischer Art (elektrisches Plattieren, elektrolytisches Polieren) oder physikalischer Art (Wärmebehandlung: Blauanlaufen des Stahls).

Wir wenden uns vorerst den Techniken zu, die ein Dekorieren des Metalls bewirken: die Gravur, die Damaszierung, die Einlegetechnik und die Applikation. Dann behandeln wir die Techniken der Planierung der Oberflächen oder zur Verleihung eines polierten oder matten Aussehens: Abrasion, Schleifen, Polieren, Sandstrahlen, Mattieren, Bürsten, Brünieren usw. Anschliessend widmen wir uns den Verfahren zur Färbung der Eisenmetalle: Patinieren, Bemalen, Lackieren, Metallisieren mit der Pistole, Vergolden, Bronzieren usw.

Schliesslich zeigen wir die Schutzmittel für diese Metalle auf: Verwendung von Firnis, von Wachsen usw.

Verzierung von metallischen Oberflächen

Die Plastiken zeitgenössischer Künstler rufen eher selten nach einer Verzierung, einem Dekor. Die Oberfläche wird in der Regel blank und poliert belassen. Die Techniken, von denen hier die Rede ist, gehören eher zum Metier des Goldschmieds, des Juweliers und des Kunsthandwerkers. Sie werden gewöhnlich im Orient angewendet (Iran, Indien, China beispielsweise), in ihrer Ursprungsregion also. Seit Jahrhunderten bekannt, werden sie zur Dekoration von sehr verschiedenen Werken genutzt: für Goldschmiedearbeiten, Waffen, Schmuckstücke, Geschirr, aber auch für Plastiken. Diese Verfahren erfordern eine mechanische oder chemische Bearbeitung der Oberfläche, die, in allen Fällen, an gewissen Stellen ausgetieft wird.

Gegenüberliegende Seite: Elisabeth Oulès. *Tombeau VIII* (Frankreich). Geschweisstes Metall. 52 x 40 x 8 cm. Privatsammlung.

Die Gravur

1 Die Stahlplatte ist vollständig mit einem Schutzfirnis abgedeckt.
2 Mit Hilfe einer Metallspitze wird der Firnis dort entfernt,
  wo man eine Linie eingravieren will.
3 Die Platte wird in eine korrosive Lösung getaucht,
  bis das blanke Metall genügend angegriffen ist.
4 Die Platte wird abgespült und der Firnis entfernt.
  Das Metall ist nun graviert.

Die Gravur

Allgemein beschrieben, ist die Gravur ein Verfahren, mit dem Metall an bestimmten Stellen der Oberfläche entfernt wird. Üblicherweise ist die erzielte Dekoration linear, doch kann sie auf eine Oberfläche auch tiefer einwirken (wenn eine gewisse Körnigkeit vorhanden ist).

Die Gravurtechniken auf Metall waren zur Zeit der Renaissance für die Verzierung von Rüstungen sehr gebräuchlich. Ursprünglich wurde die Arbeit nur von Hand, mit einem Stichel, gemacht und erst später wendete man Säuren zum Austiefen des Metalls an. In einem solchen Fall wird die Oberfläche einer Plastik mit einem Firnis oder mit Bienenwachs geschützt. Das zu gravierende Motiv wird mit Hilfe einer Metallspitze gezeichnet, was bewirkt, dass an dieser Stelle der Schutz des Metalls entfernt wird. Danach wird Säure oder ein anderes Beizmittel auf die Oberfläche der Plastik aufgetragen, oder, wenn ihre Dimensionen es zulassen, die Plastik wird in ein korrosives Bad eingetaucht. Man lässt die Beize einige Minuten einwirken, spült dann und entfernt den Schutzfirnis. Dort, wo man das Motiv gezeichnet hat, findet sich nun die Gravur im Metall.

Rezept des Firnisses für die Gravur mit Ätzflüssigkeit (nach Bourdais):

Asphalt	150 g
Bienenwachs	120 g
Kitt	30 g
Bitumen	30 g

Man kann auch einen Sparlack, der sich aus einem Teil gelben Wachs und einem Teil Terpentinöl zusammensetzt, verwenden; die Lösung erfolgt kalt. Zur Mischung setzt man Grauguss ein.

Einige Rezepte von Beizen für Eisenmetalle
Die zwei ersten ätzen grobe Striche, während die andern eine
feine Zeichnung ermöglichen.

	Salpetersäure	1 Teil
	Wasser	2 Teile
	Salzsäure	2 Teile
	Wasser	1 Teil
Rezept nach Turell	Salpetersäure	10 g
	Alkohol	10 g
	Essigsäure	40 g
Rezept nach Héraud	Silbernitrat	1 g
	Salpetersäure	50 g
	Alkohol	100 g
	Wasser	800 g
Rezept nach Erkmann	Kaliumbichromat	15 g
	Schwefelsäure	50 g
	Wasser	80 g
Rezept nach Deleschamps	Salpetersäure	260 g
	Silberacetat	8 g
	Oxalsäure	4 g
	Nitrieräther	60 g
	Alkohol	500 g
	Wasser, destilliert	500 g

Es gibt auch Maschinen, mit denen man geometrische oder regelmässige Figuren in die
Oberfläche des Metalls gravieren kann.

Die Einlegetechnik

Diese Technik bezweckt die Verzierung von Skulpturen, indem gewisse Details mit Hilfe
von natürlichen und verschiedenfarbigen Materialien hervorgehoben werden. Die Werk-
oberfläche wird an den für das Dekor vorgesehenen Stellen eingeschnitten und die Kerbe
wird dann mit einem zum Basismaterial kontrastierenden Material aufgefüllt. Oft wird die
Einlegearbeit mit kostbaren Materialien vorgenommen: mit Gold, Silber, Edel- oder Halb-
edelsteinen, Korallen, Lapislazuli, Elfenbein, Ebenholz, Perlmutter, aber auch Glaspartikeln
usw. Diese Materialien werden mit Klebstoffen in der Kerbe festgehalten. In früheren Zeiten wurden die Einlegematerialien mit Bitumen oder Einlegepaste verankert. Diese setzte
sich zusammen aus Gips, Harz und Eisenoxid. Heute erlauben die verfügbaren synthetischen Klebstoffe eine dauerhafte Verankerung in der Kerbe.

Heute nur noch selten angewendet, war diese Technik in der Antike hochgeschätzt. Die
Damaszierung ist ein Spezialfall der Einlegearbeit.

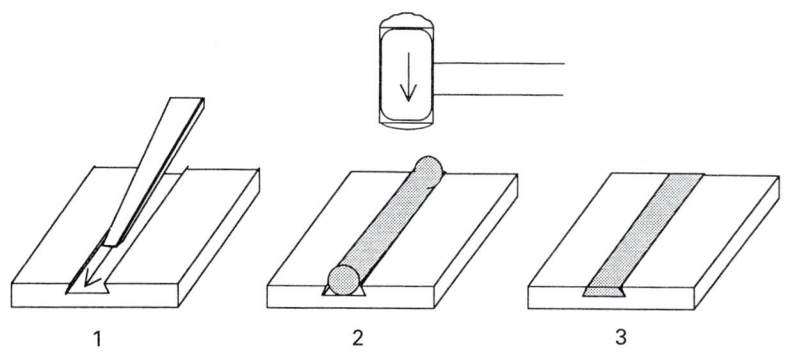

Damaszierung
1   Eine Stahlplatte wird mit einer
    Radiernadel so geritzt, dass die Ränder
    in Formschräge ausgeführt sind.
2   In die Rinne wird ein feiner Silber-
    oder Kupferstab eingehämmert,
    dass sie ganz ausgefüllt wird.
3   Mittels Schleifen wird anschliessend
    die Oberfläche geglättet.

Die Damaszierung

Es handelt sich um eine Einlegetechnik von Gold oder Silber in einem wenig dehnbaren Metall. Im Basismetall (in der Regel Eisen oder Stahl) wird ein Motiv eingeritzt, wobei die Ränder der Vertiefung in einer leichten Formschräge ausgeführt sind. Die Vertiefung wird mit einem gut dehnbaren Metall in Drahtform durch Hämmern voll gefüllt. Die Oberfläche wird sodann poliert.

Entgegen der verbreiteten Auffassung von Etymologen stammt die Technik nicht aus Damaskus. Die Ägypter und Chinesen waren die ersten, die sie beherrschten. Später waren es die Perser, Araber, Venezianer und Spanier, die sie während Jahrzehnten zur Verzierung von Waffen verwendeten. In Indien wird diese Technik als Kuftgari bezeichnet: Sie wird noch heute zur Verzierung von Platten angewendet. Das Basismetall ist Stahl, und die Zeichnung wird mittels Silberdrähten ausgeführt. Schliesslich wird der Stahl über glühenden Kohlen gebläut. In Toledo, Tunis und Kyoto findet man heute noch zeitgenössische damaszierte Gegenstände.

Schleifen und Polieren

Mit dem Schleifen ist ein verhältnismässig bedeutender Materialabtrag verbunden, während das Polieren nur eine glatte (polierte) Oberfläche anstrebt. Die Mittel, im einen oder anderen Fall angewendet, sind ziemlich ähnlich, weshalb sie hier miteinander behandelt werden.

Das Prinzip besteht darin, die metallische Oberfläche der Wirkung von Abrasivstoffen auszusetzen, die durch die kinetische Energie und dank ihrer Härte, Material tragen. Je grösser die Schleifpartikel sind und je härter und schneller sie appliziert werden, umso mehr greifen sie die Oberfläche an. Dagegen verwendet man extrem feine und nur mittelharte Schleifmittel, um die Oberfläche zu glätten und ihr einen bestimmten Glanz zu verleihen.

In der Regel beginnt man die mechanische Schleifbearbeitung mit groben Schleifkörnern und sehr harten Schleifmitteln und geht dann sukzessive zu feineren Körnungen und weniger harten Schleifmitteln über. Es ist üblich, die letzte Bearbeitung von Hand zu machen.

Welches sind die wichtigen Schleifmittel und unter welcher Form präsentieren sie sich? Man unterscheidet die natürlichen von den synthetischen (künstlichen) Schleifmitteln. In der nebenstehenden Tabelle sind die verschiedenen Schleifmittel nach abnehmender Härte klassiert.

Künstliche und natürliche Schleifmittel
(In jeder Gruppe sind die Schleifmittel nach abnehmender Härte klassiert)

Natürliche Schleifmittel	Zusammensetzung, Eigenschaften, Anwendung
Diamant	Das härteste Schleifmittel. Wird zum Schärfen von Kohlenstoffreichen Werkzeugstählen verwendet. Mohs'sche Härte: 10
Natürlicher Korund	Kristallines Aluminiumoxid (Al_2O_3). Mohs'sche Härte: 9 Selten verwendet wegen des hohen Preises.
Granat	Eisen- oder Aluminiumsilikat. Verwendet in Schleifpapieren oder -tüchern, zersplittern sie zunehmend.
Schmirgel	Enthält Al_2O_3 und 40 % Eisenoxid. In Schleifpapier und -tuch oder in Schleifsteinen oder -scheiben eingesetzt. Mohs'sche Härte: 8,5.
Silex	Das älteste Schleifmittel. Form von Quarz mit muscheligem Bruch. Kurze Lebensdauer. Verwendung als Sandstrahlmittel und in «Glaspapier».
Sandstein	Sedimentgestein, als Schleifmittel in Scheiben oder in Schleifsteinen zum Werkzeugschärfen verwendet.
Tripoli	Weiches, quarzhaltiges Schleifmittel, das auch Eisenoxid enthält, das ihm die rote Farbe verleiht. Wird in Poliersteinen verwendet.
Bimsstein	Vulkanisches Gestein, porös und leicht. In Scheuersteinen oder als Scheuerpulver verwendet.
Kalk	Kalkstein erhitzt gibt Kalk. Man verwendet den «Wiener Kalk».
Kreide	Calciumcarbonat in Pulverform zum von Hand polieren. Spanischweiss, Weiss von Meudon.
Talk	Hydratisiertes Magnesiumsilikat. Weisses Mineral, seifig im Griff. Zur Entfernung von Fettflecken verwendet.
Künstliche Schleifmittel	*Zusammensetzung, Eigenschaften, Anwendung*
Borcarbid	Seine Härte kommt gerade nach Diamant. Wird zur Bearbeitung von sehr harten Metallen verwendet (Hartmetall).
Siliziumcarbid	Auch Carborundum genannt. Von Acheson 1891 entdeckt. Als Schleifmittel zur Bearbeitung von Nichteisenmetallen und verschiedenen anderen Materialien (Marmor, Beton, Glas, Keramik) verwendet.
Künstlicher Korund	Aluminiumoxid, 1897 entdeckt. Härter als der natürliche Korund. Als Schleifmittel zur Bearbeitung von Eisenmetallen und allen Stahltypen verwendet.

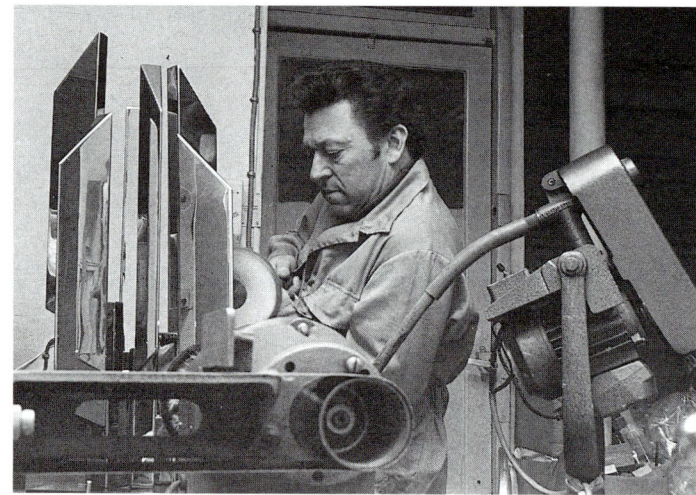

Jean-Claude Hug beim Polieren eines
Stücks. Jedes Element wird einzeln
mit auf einer Bohrmaschine montier-
tem Polierleder, das mit Polierpaste
bestrichen ist, poliert (oben links). Die
Brillanz, wird sukzessive erzielt, wobei
man unbedingt Spiegelglanz erreichen soll. Einige Stücke behalten indessen einen Satinaspekt.

Sind die Stücke grösser, geschieht
das Polieren mit einer flexiblen Welle
mit Motor (oben rechts). Am Ende
ist ein Baumwoll- oder Moltonpolier-
tuch befestigt.

Die separat polierten Teile werden sodann mit wenigen Schweisspunkten
zusammengefügt, die ihrerseits mit
flexiblen Schleifmitteln poliert werden
(rechts).

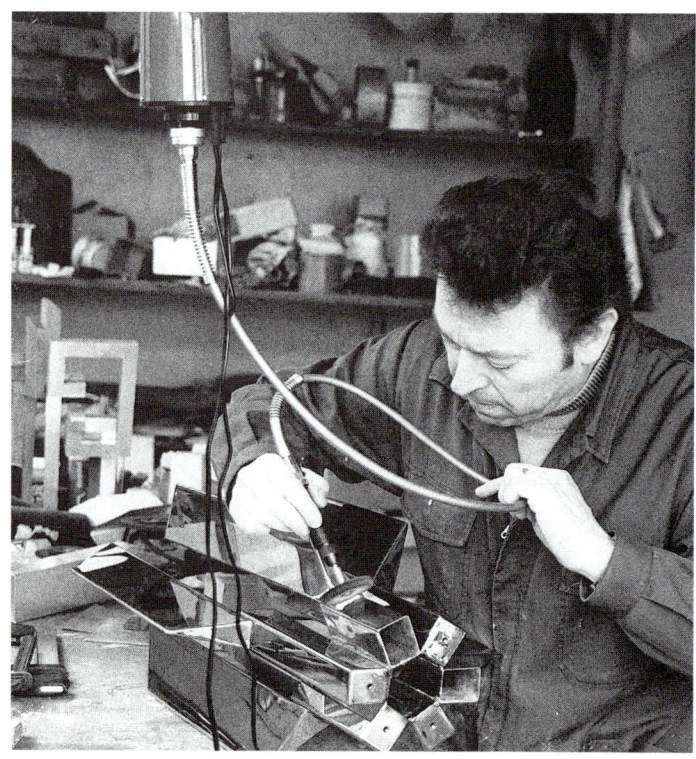

Die Schleifwerkzeuge

Je nach Verwendungszweck gibt es mehrere Formen von Schleifwerkzeugen. Die häufigsten sind die Schleifscheiben, die Schleiftücher und -papiere. Für die feinen Polierarbeiten sind Schleifmittel in Fettsteine oder Seifen eingebaut (in Form von Briketts) oder als Pasten gebräuchlich. Die sehr feinen Pulver lassen sich trocken, mit Wasser, Alkohol oder Öl angerührt, einsetzen. Schliesslich gibt es im Handel (oder auch selbstangefertigt) Poliertücher und -servietten.

Die Körnungen und die Pulver
Der Korund und das Siliziumcarbid sind in Korn- oder Pulverform, normiert, im Handel erhältlich. Sie werden durch Aussieben auf Siebanlagen erhalten. Diese Körnungen oder Pulver lassen sich in Schleif- oder Polierpasten eigener Zusammensetzung verwenden.

Die Schleifgummis, die Polierstifte
Die Schleifgummis sind elastisch und brikettförmig und enthalten Schleifkörner (fein bis grob) in der Masse. Sie werden trocken oder mit Wasser zum Satinieren von Stählen und rostfreiem Stahl eingesetzt.

Die Polierstifte enthalten kein Schleifmittel. Es handelt sich um bleistiftdicke Stifte, bestehend aus gepressten Glasfasern.

Die Schleifschnüre
Sie werden dort eingesetzt, wo man von Hand nicht mehr hinkommt: in Spalten, in Nuten, in Hohlkehlen, in Öffnungen aller Art. Ihr Durchmesser beträgt 0,4 mm bis 2,1 mm. Man kann sich selber eine Schleifschnur anfertigen, indem man eine Schnur oder einen Faden von gewünschter Dicke mit Schleifpaste bestreicht. Das eine Ende der Schnur wird im Schraubstock festgehalten, das andere hält man gespannt in der Hand, während das zu polierende Objekt auf der Schleifschnur hin- und hergleitet.

Die Polierpasten, die Poliersteine
Es sind Produkte von pastenförmiger Konsistenz, die in Büchsen oder Tuben erhältlich sind. Sie enthalten ein Schleifmittel in einem Schmiermittel, das gleichzeitig als Bindemittel dient: zum Beispiel Siliziumcarbid, Borcarbid, Diamant (Kleinstkörnungen von wenigen Mikron) in Öl, Talk oder Wachs.

Die Poliersteine setzen sich aus Poliermitteln und Fettstoffen zusammen. Je nach Zusammensetzung weisen die Poliersteine verschiedene Farben auf. Die Polierpasten werden auf Polierscheiben aus Baumwolle, Flanell oder Filz gestrichen. Will man die Paste auftragen, versetzt man die Scheibe langsam in Bewegung und drückt den Polierstein gegen die Scheibe. Die dabei auftretende Reibungswärme erwärmt die Paste, die sodann schmilzt.

Die Schleiftücher und -papiere
Es handelt sich um geschnittene Papiere oder Tücher, die mit Schleifkörnern bestreut sind; diese kleben fest auf der Unterlage. In der Regel messen sie 23 x 28 cm und enthalten Körner von der Korngrösse 1500 bis 40. Die Unterlage kann auch eine Rolle von 25 bis 50 m Länge und variabler Breite sein, eine Scheibe oder ein Endlosband. Was die Schleifpapier zur Metallbearbeitung anbelangt, stehen die Papiere «Waterproof» und «Waterflex» für die Nassbearbeitung mit Wasser und die Schmirgelpapiere mit feinsten Schleifkörnungen für die Anwendung mit Terpentin oder Petrol zur Verfügung.

Polieren eines Werks von Gerlinde Beck
auf der Bandschleifmaschine
(*Gedrehte Figur,* 700 x 420 x 450 cm).

Die Schleiftücher sind mit Korundkörnern bestreut. Es gibt zudem eine Art Schwämme aus Nylon, die mit Schleifkorn belegt sind, und sowohl trocken als auch nass (mit Wasser) zu Reinigungszwecken Verwendung finden.

Schliesslich existieren Mikroschleifmittel: eine geschmeidige Textilfaser, die mit Schleifkorn 2'400-12'000 belegt ist und den Lüsterglanz auf Lack und Edelmetall usw erzeugt.

Die Papierlappen bestehen aus einem feinen, geschmeidigen Stoff, der elektrolytisch mit Schleifkorn (zum Beispiel Korund) imprägniert ist. Man kann selber Polierlappen herstellen, indem man Baumwolle in einer heissen Lösung von:

Seife (weisse Seife)   175 g
Tripoli   175 g
Wasser   1 l

tränkt und sie anschliessend trocknen lässt.

Ein ausgezeichnetes Poliertuch besteht aus Flanell, der mit Polierrot imprägniert ist. Die Aufbereitung des Polierrots geschieht wie folgt: Es werden zu gleichen Teilen Kochsalz und Eisensulfat abgewogen, gemischt und im Mörser zu feinem Pulver zerrieben. Die Mischung wird sodann in einem Tiegel bis zur Rotglut erhitzt. Entwickeln sich keine Dämpfe mehr, lässt man sie erkalten und tränkt den Rückstand mit Wasser. Nach dem Trocknen zerreibt man die Mischung zu Pulver.

Gerlinde Beck. *Strebepfeiler.*
1964 (Deutschland).
V2a-Stahl. 140 x 60 x 50 cm.

Verschiedene Schleif-, Polier- und
flexible Werkzeuge, auf denen
man folgende Typen einsetzen kann:
Scheiben, Metallbürsten, synthetische
und natürliche Fiberscheiben; Stoff-
rondellen, Polierscheiben aus Baumwolle und Wolle. Stäbe und Steine
mit Polierpaste.

Gegenüberliegende Seite:
Jean-Claude Hug. *Dialectique.* 1987
(Frankreich). Rostfreier Stahl,
spiegelglatt poliert. Höhe 40 cm.
Sammlung UIMM Paris.

Die Metallbürsten

Metallbürsten sind kreisrunde, mit Stahl-, Inox-, Nickel- oder Messingdraht ausgerüstete
Bürsten. Der Durchmesser des Drahtes variiert zwischen 0,1 und 0,3 mm und die Nutzlänge[1] des Drahtes beträgt 1,6-7,7 cm. Je kleiner die Nutzlänge, umso geringer ist die Flexibilität. Diese nimmt zu, wenn die Drahtdichte vermindert wird.

Die Bürsten mit grobem Draht werden für grobe Arbeiten bzw. für grosse Oberflächen
verwendet. Dagegen dienen die feinen Drahtbürsten der Fertigbearbeitung, zur Erzielung
einer bestimmten Oberflächenstruktur (matt, satiniert, gebürstet), ferner der Vorbereitung
des Metalls zum Furnieren oder Färben usw.

Die erhaltene Textur hängt von den Dimensionen der Drähte, vom Druck, der während
des Bürstprozesses ausgeübt wird, und von der Umfangsgeschwindigkeit der Bürste ab.

Das Bürsten von Stahl soll bei etwa 20-25 m/s erfolgen.

Eine effiziente Bürstarbeit soll möglichst mit den Drahtenden vor sich gehen, das heisst
man vermeidet das zu starke Plattdrücken der Bürste. Dabei wird die Bürste tangentiell an
die zu bearbeitende Oberfläche herangeführt. Wird die Umfangsgeschwindigkeit erhöht,
steigt die Bürstenleistung; die Drehzahl des Motors sollte aber 1'750 Touren/Min. nicht
überschreiten. Die feindrahtigen Bürsten werden bei geringeren Umfangsgeschwindigkeiten eingesetzt.

Der Durchmesser der Bürstenscheiben ist wie die Dicke und Form variabel: es gibt welche in Glocken- und Pinselform usw.

---

1   Die Nutzlänge des Drahtes entspricht der Drahtlänge über
     der Halterscheibe, in der der Draht befestigt ist.

238

Gerlinde Beck. *Doppelstele.* 1973 (Deutschland).
Rostfreier Stahl und Holz. 720 x 160 x 80 cm.
Leonberger Bausparkasse, Leonberg.

Gegenüberliegende Seite:
Paul Neagu. *Open Monolith.* 1985 (England).
Rostfreier Stahl. 114 x 237 x 142 cm.

Die Fiberbürsten

Es handelt sich um mit Schweineborsten, Rosshaar, Tampico-Fasern[1] oder Nylonfasern ausgerüsteten Rondellen. Die Bürsten sind mehr oder weniger biegsam, je nach der Länge und Dichte der Borsten. Dank dieser Flexibilität lassen sie sich auf unregelmässigen Oberflächen einsetzen. Sie entwickeln bei der Arbeit weniger Wärme als die Metallbürsten; man wendet sie mit Vorteil dort an, wo man ein Überhitzen des zu polierenden Materials vermeiden muss. Ihre Anwendung umfasst auch gravierte Oberflächen, da sie das Metall nicht aufreissen. Die Fiberbürsten werden grundsätzlich mit Fettstoffen, die gut an den Borsten haften, verwendet: zum Beispiel für die Behandlung mit Wachs.

Die Scheiben aus Gewebe und Schafshaut

Die Gewebescheiben bestehen aus mehreren zusammengenähten oder frei gestapelten Geweberondellen. Sie werden auf einem Dorn mittels Flauschen aufgespannt. Die nicht genähten Scheiben aus Flanell sind sehr weich und flexibel und eignen sich für den letzten Schliff. Die Baumwollrondellen sind robuster, besonders wenn sie durch konzentrische oder spiralförmige Nähte zusammengehalten werden. Es existieren ebenfalls Gewebescheiben kleinen Durchmessers und verschiedener Formgebung (zylindrisch, konisch oder gerundet), um beispielsweise Vertiefungen bearbeiten zu können. Die Rondellen aus Schafshaut braucht man exklusiv zum Fertigbearbeiten (Lüster).

Der Polierfilz

Der Polierfilz besteht aus Rondellen mit Wollfasern, die auf einem Dorn zusammengespannt werden. Er ist in verschiedenen Ausführungen erhältlich: mit verschiedenen Dichten, Dicken und Durchmessern und dem Verwendungszweck angepassten Profilen. Gebräuchlich ist ferner Filz auf Stiften montiert, in zylindrischer, konischer oder gerundeter Form. Filz wird mit Polierpasten zusammen angewendet.

Die Stahlwolle

Will man eine halbmatte Oberfläche erzielen, setzt man Stahlwolle ein. Es gibt verschiedene Ausführungen: von der feinsten (000) bis zu der gröbsten (3), wobei die mittleren Qualitäten (0 bis 1) am gebräuchlichsten sind. Um eine gleichmässige Textur zu erreichen, muss man die Stahlwolle in einer einzigen Richtung applizieren.

---

1 Tampico ist eine Pflanzenfaser aus Tampico, Mexiko.

242

Die Schleifscheiben

Schleifscheiben bestehen aus Schleifkörnern (natürlichen oder vor allem synthetischen), die unter sich durch eine Bindung festgehalten sind. Jede Scheibe ist durch zahlreiche Parameter charakterisiert; es gibt Tausende von Kombinationen. Unter den Parametern stechen besonders hervor: die Härte des Schleifkorns, die Korngrösse, seine Form und die Regenerierbarkeit seiner Kanten, die Natur der Bindung, die Struktur/Porosität der Scheibe, die relative Härte der Scheibe (Härtegrad, bezogen auf die Bindungshärte), die Form und die Dimension der Scheibe.

Wie arbeitet die Schleifscheibe?

Auf der Oberfläche der Scheibe wirkt jedes Schleifkorn wie ein kleines Schneidwerkzeug, von dem ein Teil nach aussen und ein Teil über die Bindung nach den andern Körnern gerichtet ist. Während des Schleifprozesses erzeugen die scharfen Kanten des Korns kleine Metallspäne, die sich in den Poren zwischen den neuen Körnern abzulagern tendieren. Dank der Zentrifugalkraft der Scheibe werden die meisten dieser Späne weggeschleudert. Nach einer gewissen Zeit nutzen sich die Schleifkörner ab und setzen neue Schleifkanten frei oder sie befreien sich aus dem Bindungsverband und werden durch die Scheibenrotation eliminiert. In diesem Fall erscheint eine neue Schicht Körner, die das Material abträgt.

Die Bindungen

Die Bindung hält die Schleifkörner im Verband fest. Man unterscheidet zwischen keramischer und Kunstharzbindung, ferner (von geringerer Bedeutung) der Magnesitbindung.

- *Die keramischen Bindungen* bestehen aus Ton und Silikaten. Sie sind chemisch stabil, aber leicht löslich in Wasser und wenig widerstandsfähig gegen Hitze- und mechanische Schocks. Die keramischen Bindungen werden für zahlreiche Schleifarbeiten universell eingesetzt.
- *Die organischen Kunstharzbindungen* bestehen einerseits aus natürlichen Stoffen (Kautschuk, Gummilack) und anderseits vor allem aus synthetischen Harzen. Diese Bindungstypen sind widerstandsfähiger gegen thermische Einwirkungen und mechanische Schläge. Sie lassen sich bei höheren Umfangsgeschwindigkeiten als die keramischen Scheiben einsetzen. Ihre Anwendung umfasst einerseits Präzisionsarbeiten und Trennvorgänge.
- *Die Magnesitbindungen* bestehen aus Chlormagnesiumverbindungen und Natriumsilikat. Sie weisen nur eine geringe Festigkeit auf und werden grundsätzlich in Scheiben grossen Durchmessers und bei niedrigen Umfangsgeschwindigkeiten eingesetzt.

Scheibencharakteristik

Im Handel sind die Schleifscheiben nach einer Standardnorm spezifiziert und nach der folgenden Reihenfolge bezeichnet: Typ des Schleifmittels, Korngrösse, Härtegrad und Struktur (siehe Tabelle S. 244).

- *Schleifmitteltyp:* Symbolisiert mit einem oder mehreren Buchstaben: zum Beispiel Edelkorund (99,9 % Aluminiumoxid) wird mit SA und WA bezeichnet, Korund mit 97 % Aluminiumoxid mit AR, schwarzes Siliziumcarbid mit CN und grünes Siliziumcarbid mit CV.

Gegenüberliegende Seite: Prof. Dr. Otto Herbert Hajek. *Stadtzeichen – Raumzeichen am Wege.* 1981 (Deutschland). Stahl. 368 x 146 x 210 cm.

Stiftenscheibentypen

Scheibenspezifikation

Schleifmittel	Korn	Härtegrad	Struktur	Bindung
	grob	weich	geschlossen	
A	12			
SA	24	G	3	
ASA	46	H		
WA	54	I	5	
WABL	60	J		V=keramisch
KR	80	K	8	
RU	120	L		B=Bakelit (Kunstharz)
ARU	180	M	12	
C	240	N		R=Kautschuk
CV	320	O	16	GU
	usw.	P bis Z		
	Fein	Hart	Offen	

A   (Aluminiumoxid), graublaue Scheiben, Normalkorund, für gewöhnliche Stähle

SA   Edelkorund, rosa

ASA   Mischung von A und SA mit kombinierten Qualitäten der beiden Schleifmittel

WA   Edelkorund, weiss, für sehr harte und gehärtete Stähle

AWA   Mischung von WA und A

KR   Zum Schleifen von Legierungen grosser Härte

RU   rubinfarben, für Spezialguss

ARU   Mischung von RU und A

C   (Siliziumcarbid), schwarz, für Guss

CV   grün, zum Schärfen von Hartmetall

–   *Korngrösse:* Die Korngrösse wird durch eine Nummer[1] charakterisiert: je höher die Nummer, desto feiner ist das Korn. Man unterscheidet: sehr grobe Körner (6-10), grobe Körner (12-24), mittlere Körner (30-80), feine Körner (90-180), sehr feine Körner (220-320) und schliesslich mehlfeine Körner (400-600). Die groben Körner werden in der Grobbearbeitung und die feinen in der Fertigbearbeitung verwendet.

–   *Härtegrad:* Der Härtegrad drückt die Verankerung der Schleifkörner im Verband (Kohäsion) aus. Er wird durch die Natur der Bindung bestimmt. Die Bezeichnung erfolgt durch Grossbuchstaben, nach einer Skala von D-Z mit zunehmender Härte. D ist der

---

1   Diese Nummer entspricht der Anzahl Maschen pro Zoll (alle 25,4 mm) des Siebs, das für die Klassierung der Körner verwendet wird.

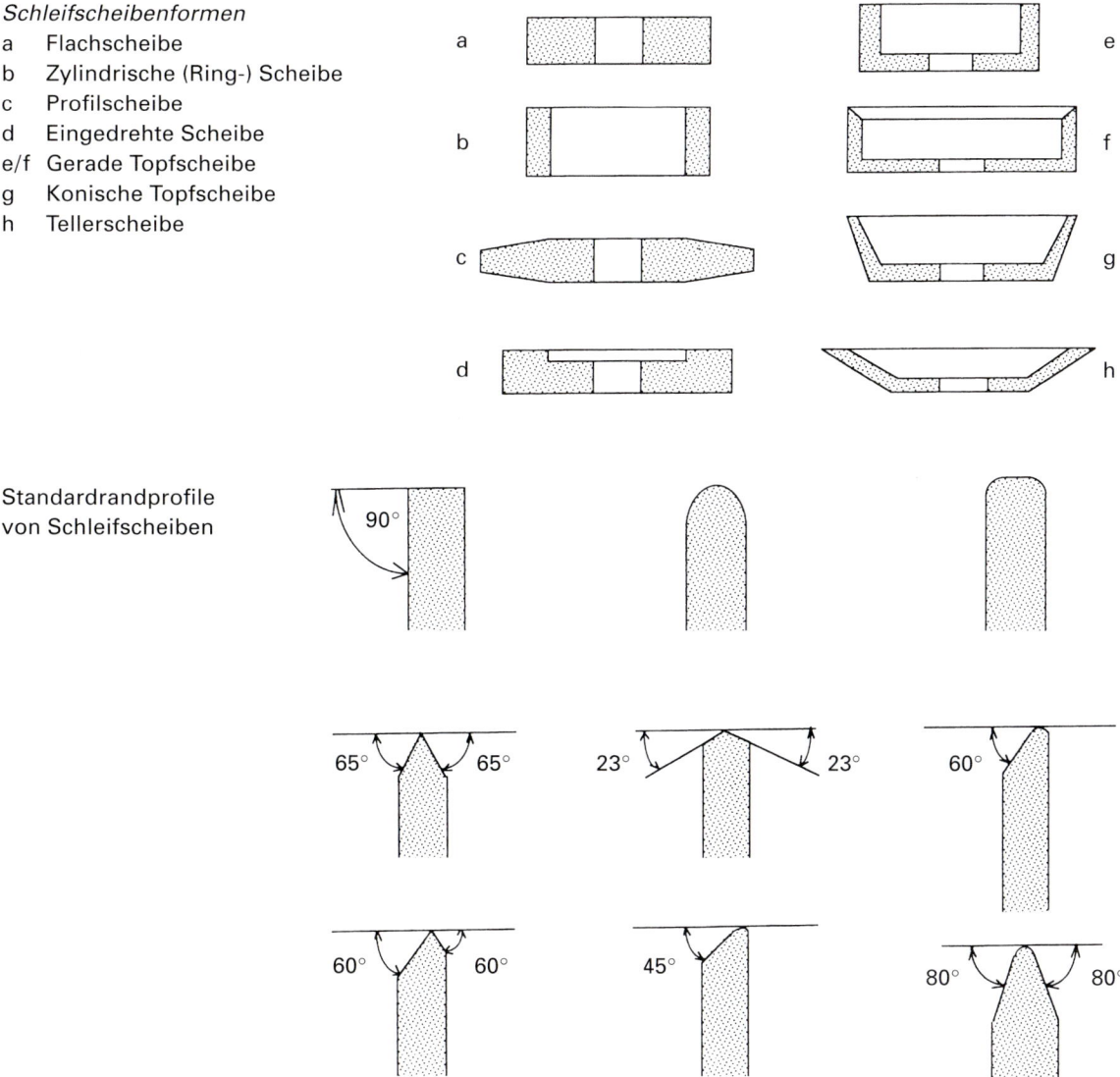

Schleifscheibenformen
a Flachscheibe
b Zylindrische (Ring-) Scheibe
c Profilscheibe
d Eingedrehte Scheibe
e/f Gerade Topfscheibe
g Konische Topfscheibe
h Tellerscheibe

Standardrandprofile
von Schleifscheiben

weichste, Z der härteste und M drückt einen mittleren Härtegrad aus. Die harten Scheiben (deren Körner sich schwer aus der Bindung lösen lassen) werden für Arbeiten mit
weichen Stählen, die weichen Scheiben für Arbeiten mit harten Stählen gewählt. In der
Tat lösen sich in diesem Fall die Schleifkörner ziemlich leicht und überlassen ihren
Platz neuen Körnern. Wählt man eine zu harte Scheibe, tendiert diese zum Sich-voll-
setzen; sie wird dann glatt und erwärmt sich übermässig. Dagegen verbraucht sich
eine Scheibe zu schnell, wenn sie zu weich gewählt wird.
– Struktur: Die Struktur drückt die Dichte der Schleifkörner in einem Einheitsvolumen der
   Scheibe oder die relative Porosität aus. Dieses Parameter wird auch wiederum durch
   eine Zahl – von 0 bis 12 – charakterisiert: je höher die Zahl, desto offener die Struktur.
   In der Praxis verwendet man die Scheiben mit offener Struktur für den Grossabtrag

Maximale Umfangsgeschwindigkeiten der Scheiben in m/s

Bindung	Keramisch und Silikat			Kunstharze (Bakelit) Gummilack synthet. Kautschuk			Vulkanisierter Kautschuk, Naturharze	Magnesit	
Grad	weich	mittel	hart	weich	mittel	hart		trocken	nass
Flachscheiben und eingedrehte Scheiben	25	30	33	33	40	50	35	25	22
Zylindrische Scheiben konische Topfscheiben, Tellerscheiben, Formscheiben	23	25	28	25	30	40	30	25	22
Gewöhnliche Trennscheiben				50	60	45			

und die Scheiben mit geschlossener Struktur für die Fertigbearbeitung (wobei es immer wieder Ausnahmen gibt). Für gewöhnliche Arbeiten empfiehlt sich eine mittlere Struktur (8).

– *Formen und Dimensionen der Scheiben:* Es gibt fast unbegrenzte Varianten, angepasst an die Vielfalt der Anwendungen. Die Dimensionen sind international normiert. Drei Zahlen stehen für den Aussendurchmesser, für die Breite und für die Bohrung der Scheibe. Die Schleifscheiben unterscheiden sich auch durch ihr Randprofil (Flach-, Rund-, Schrägprofil usw.) und durch die Grundform: flach, flach eingedreht, tellerförmig, topfförmig gerade und konisch, zylindrisch usw. Die grösste Festigkeit haben Flachscheiben mit kleiner Bohrung.

Bedingungen für den Einsatz von Schleifscheiben

Die Schleifscheiben werden von einem Motor angetrieben, der bei einer Geschwindigkeit von höchstens 1750 T/Min. läuft. Was jedoch allein zählt, ist die Umfangsgeschwindigkeit der Scheibe. Diese Geschwindigkeit, in m/s ausgedrückt, darf nur in Ausnahmefällen 60 m/s überschreiten. Die Abtragsleistung nimmt mit höherer Geschwindigkeit zu, doch hat in jedem Fall die Sicherheit Priorität: jede Bindungstype hat Maximalgeschwindigkeiten (siehe Tabelle).

Je nach Schleifoperation (Flachschleifen, Rundschleifen, Werkzeugschärfen usw.) empfiehlt sich die Verwendung einer ganz bestimmten Scheibe. Hier noch einige Feststellungen, die es – im zutreffenden Fall – in Rechnung zu stellen gilt.

Wenn man eine bestimmte Scheibe verwendet und die Umfangsgeschwindigkeit erhöht, wirkt sie härter. Umgekehrt wirkt die Scheibe bei verminderter Geschwindigkeit weicher. Je wichtiger eine grosse Kontaktfläche zwischen Scheibe und zu schleifendem Werkstück ist, umso weicher muss die Scheibe sein.

Der Antrieb der Schleifscheiben geschieht mittels elektrischer Motoren: Schleifrädchen, Winkelschleifer, gerade Schleifmaschinen.

Färbungsverfahren

Wir wollen nun die uns zur Verfügung stehenden Möglichkeiten der Modifikation von Farbe und Aussehen der Metalle Revue passieren lassen. In den meisten Fällen versucht man das ursprüngliche Aussehen des Metalls zu bewahren. Man kann aber auch aus Gründen der Gestaltung eine Färbung des ganzen oder nur von Teilen des Objekts herbeiführen, oder aus Gründen des Oberflächenschutzes ein Coating, das die Farbe verändert, applizieren.

Die Metalloberfläche lässt sich in der Farbe modifizieren, indem sie einer geeigneten chemischen Behandlung unterworfen wird: Das färbende Reaktionsprodukt erzeugt auf der Oberfläche eine mehr oder weniger einheitliche und haftende Patina. Man spricht von einer natürlichen oder künstlichen Patina, je nachdem ob die Metalloberfläche der atmosphärischen Einwirkung oder einer mehr oder weniger aggressiven chemischen Behandlung ausgesetzt wird. Will man nur einige Teile des Stücks patinieren, bedeckt man die restliche Oberfläche mit einem Schutzlack, wie er beim Gravieren üblich ist.

Chemische Behandlungen können zu den verschiedenartigsten Ablagerungen führen. Wir verweisen den Leser auf Spezialwerke, wie zum Beispiel dasjenige von M. Bourdais, der zahlreiche Rezepte für Bäder und Pasten, zum Versilbern und Vergolden, ferner zum Erzeugen einer Kupfer-, Messing- oder Nickelfarbe auf dem Eisenmetall, vermittelt.

Anderseits lassen sich Färbungen des Metalls mittels Pigmenten erzielen. Sie werden in einem flüssigen Medium aufgetragen und erhärten dann durch Oxidation oder Polymerisation. Zu dieser Kategorie von Mitteln gehören verschiedene Farben, Lacke, Wachse und gefärbte Firnisse.

Der Gummilack (Harz), in Terpentin aufgelöst und mit Pigmenten kombiniert, gestattet ein interessantes Patinieren des Stahls.

Das polierte und innerhalb bestimmter Temperaturgrenzen erwärmte Metall überzieht sich mit einer mehr oder weniger dicken, transparenten Oxidschicht. Das von der Oberfläche reflektierte Licht gehorcht dem Interferenzphänomen und lässt nur bestimmte Wellenlängen durch, so dass die Oberfläche einen Farbaspekt bekommt. Die Färbung hängt von der Dicke der Oxidschicht und natürlich von der Temperatur bei der Erwärmung des Metalls ab (siehe Tabelle Seite 58).

Die Färbung des Metalls lässt sich modifizieren, sei es auf dem ganzen Stück oder nur auf Teilen, indem man es einer Technik der Metallisierung unterzieht («Schoopage», Folienmetallisierung, Elektroablagerung, Löten).

Schliesslich kann man das Metall mit einer dünnen Schicht Epoxyharz in Pulverform belegen (thermolackierter Stahl: siehe die Anwendungstechnik von Michel Ventrone).

Yannick Broigniez. *Tête de lévrier.*
(Belgien). Patinierter Stahl.

Die Patina der Eisenmetalle

Man nennt die Färbeverfahren von Metalloberflächen ganz allgemein Patina. Sie führen zur Veränderung der chemischen Oberfläche der Metalle. Die Färbung ist entweder das Resultat einer künstlichen chemischen Reaktion oder einer Einwirkung besonderer natürlicher Umweltbedingungen über längere Zeit.

Die Färbung erfolgt nach allen Verfahrensschritten wie Schweissen oder Polieren, ist also das letzte Stadium der Fertigbearbeitung (Finish).

Da das Aussehen einer Patina das Resultat von zahlreichen Faktoren ist, ist es nicht möglich, das Endergebnis einer bestimmten Anwendung genau vorauszusehen. Unter den in Betracht zu ziehenden Faktoren, um eine bestimmte Färbung zu erzielen, sind es hauptsächlich die folgenden: die Zusammensetzung der Metallegierung, die relative Feuchtigkeit der Umgebung, die Temperatur, bei der die Färbelösung angewendet wird, die Dauer von deren Einwirkung, der Reinheitsgrad der applizierten Chemikalien und die Basisbehandlung des Metalls (handelt es sich um ein gegossenes oder geschmiedetes Metall?).

Vor jeder Behandlung ist das zu patinierende Werk tadellos zu reinigen und zu entfetten. Zudem ist es oft unerlässlich, das Metall in einem Säurebad vorgängig zu beizen (in einer Mischung von Salpeter- und Schwefelsäure). Gründliches Spülen unter fliessendem Wasser soll alle verwendete Reinigungs- und Beizmittel entfernen. Ist das Stück auf diese Weise tadellos sauber gemacht, soll man es möglichst nicht mehr berühren oder zu lange an der Luft stehen lassen: am besten ist es, das Stück unverzüglich der gewünschten Behandlung zu unterziehen.

Man muss sich vor dem Patinieren im klaren sein, dass das Metall auch nach dem Färben in mancher Beziehung identisch ist mit dem ungefärbten Metall: die glatten und polierten Flächen bleiben glatt und poliert und die matten und glanzlosen Teile behalten diesen Aspekt nach dem Färben. Immerhin greifen stark ätzende Lösungen das Metall mehr an, so dass ein verändertes Aussehen der Oberfläche resultiert.

Die homogensten Färbungen erhält man auf Metallblechen, die im Handel erhältlich sind und hinsichtlich Zusammensetzung und Behandlung hohe Anforderungen erfüllen.

248

Anthony Caro. *Marine.* 1988/89 (England).
Stahl. 173 x 234 x 221 cm. Galerie Artcurial, Paris.

Es ist nicht unwichtig zu wissen, dass es in der Regel schwierig ist, eine hässliche chemische Patina zu entfernen. In einem solchen Fall muss man sie mit einer anderen chemischen Lösung angreifen oder sie mit einer Wärmebehandlung zum Verschwinden bringen.
Um Überraschungen auszuschliessen, empfiehlt es sich, auf identischen, kleinen Metall-
blechmustern Tests durchzuführen.

Das zu patinierende Werk lässt sich auf verschiedene Weise behandeln. Ist es nicht zu
gross, kann es in einem angemessenen chemischen Bad getränkt werden (Färbung durch
Eintauchen). Kann die grössere Plastik nicht mehr eingetaucht werden, bepinselt man sie
mit der entsprechenden Lösung oder reibt sie mit der chemischen Paste ein.

Es ist auch möglich, die vorher mit dem Schweissbrenner erwärmte Plastik mit der Lösung abzureiben, aber dieses Verfahren ist sehr kritisch. Eine weniger brutale Methode besteht darin, die Plastik den korrosiven Dämpfen in einer geschlossenen Halle auszusetzen
oder sie mit feinen Partikeln von Staub oder Sägemehl, die die reaktive Lösung absorbieren, zu bedecken.

Die Patina auf Eisen und Stahl

Schwarze Patina
- Kaustische Soda   959 g
- Natriumnitrat   11 g
- Natriumdichromat   11 g
- Wasser   1 l

oder
- Kaustische Soda   600 g
- Kaliumnitrit   225 g
- Kaliumnitrat   150 g
- Wasser   1 l

Beide Lösungen sind siedendheiss aufzutragen.

Eine Lösung von 10 g Kaliumschwefelhydrat in 1 Liter Wasser dient zum Schwärzen von Eisenmetallen. Nach dem Bad kann man das Stück mit Graphit abbürsten.

Blaue Patinas
- Natriumthiosulfat   60 g
- Bleiacetat   15 g
- Wasser   1 l

Die siedende Lösung lässt man während 15 Minunten einwirken.

- Eisenchlorid   57 g
- Quecksilbernitrat   57 g
- Salzsäure   57 g
- Alkohol   228 g
- Wasser   228 g

Das Stück wird bei Zimmertemperatur in die Lösung getaucht. Nach 20 Min. entfernt man es und lässt es 12 Stunden trocknen. Die Behandlung wird sodann wiederholt, dann in Wasser während 1 Sunde gekocht. Anschliessend trocknen, lackieren oder einwachsen.

- Arsenik weiss   120 g
- Salzsäure   1 l
- Wasser   0,5 l

Heiss applizieren.

Poliertes Eisen wird mit folgender Aufbereitung gebläut: Ein Teil aus einer Lösung von 140 g Natriumhyposulfit in 1 l Wasser und ein Teil aus einer Lösung von 35 Bleiacetat in 1 l Wasser werden heiss gemischt und zum Sieden gebracht. Diese Lösung wird dann heiss aufgetragen.

Philippe Hiquily. *Le face-à-main.*
1965 (Frankreich). Korrodierter und patinierter Stahl.
116 x 46 cm. Privatsammlung.

Bronzierung von Stahl

Man bereitet folgende Paste durch Mischen auf:
- Leinöl   100 g
- «Antimonbutter»[1]   100 g

Die leichterwärmte Lösung wird mit einem Wollappen auf das zu bronzierende Objekt aufgetragen. Anschliessend wird die Plastik eingewachst.

Man kann auch folgende Ingredienzen verwenden, die zur festen Paste vermischt wird:
- Schwefel   175 g
- Ammoniumsalz   11 g
- Kochsalz (Natriumchlorid)   14 g

Diese Paste wird als 2-3 cm dicke Schicht aufgetragen. Dann lässt man sie während 24 Stunden an einem feuchten Ort einwirken. Anschliessend entfernt man die Paste und spült die Plastik mit viel Wasser gründlich ab, bevor man sie trocknet und entfettet.

Brünieren (nach Bourdais)

Das Stück wird mit einem in der folgenden Mischung getränkten Tuch abgerieben:
- Kristallisiertes Eisenchlorid   200 g
- «Antimonbutter»   200 g
- Gallussäure   100 g
- Wasser   400 g

Anschliessend spült man mit Wasser, bevor das Stück
mit siedendem Leinöl abgerieben wird.

---

1   «Antimonbutter»: Antimontrichlorid, in Salzsäure gelöst.

251

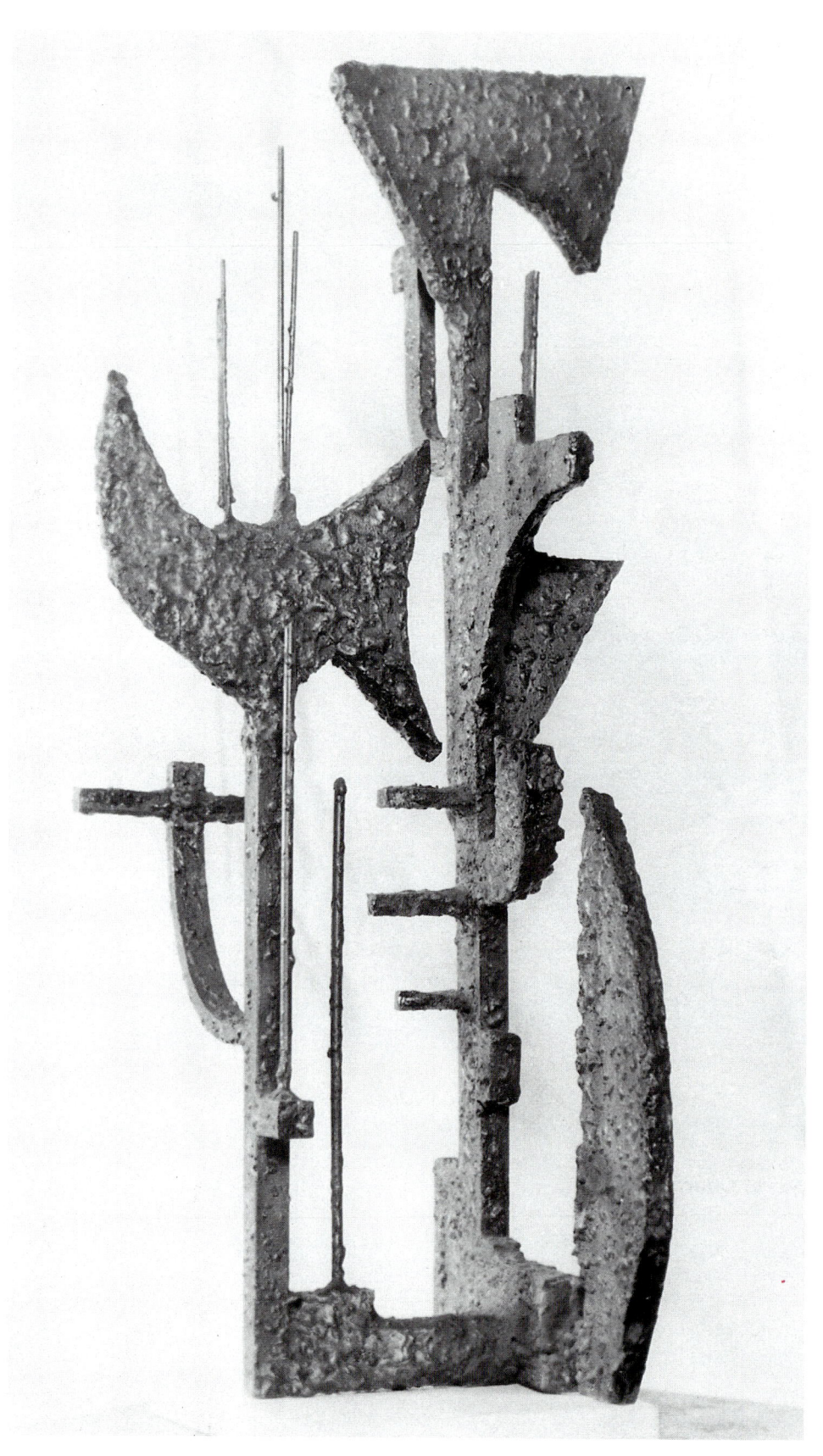

Noemi Gerstein. *Personnage.*
1958 (Argentinien).
Starke Eisenbleche, mit
Schweissnoppen punktiert.
60 x 25 x 20 cm.

Schutz der Eisenmetalle

Recht oft empfindet man den Wunsch, das Metall in seiner natürlichen Färbung zu belassen. Darunter verstehen wir die Farbe, die dem Metall nach dem Polieren eigen ist. In diesem Fall begnügt man sich damit, die Oberfläche mit einer Schicht farblosen Wachses zu überziehen, was das äussere Aussehen des Stückes praktisch nicht verändert. Diese Behandlung beinhaltet keinerlei Risiko, wenn man es mit nicht oxidierbaren Metallen zu tun hat oder wenn das Werk geschützt ist, in einer Vitrine beispielsweise oder in einem klimatisierten Raum. Anders verhält es sich, wenn das Metall korrosionsanfällig und längere Zeit der Korrosion im Freien ausgesetzt ist. In einem solchen Fall gilt es, die Risiken abzuwägen (unter Berücksichtigung der Aggressivität des Milieus und der Natur des Metalls) und die mögliche Umwandlung der Oberfläche abzuschätzen. Eine derartige Voraussage lässt sich nur mit Erfahrung machen.

Die Antwort des amerikanischen Plastikers Forrest Myers auf die Frage eines Journalisten, ob man das Verhalten einer im Freien aufgestellten Plastik voraussagen könne, lautet: «Ja. Ich weiss genau, wie sich die Plastik im Freien verändern wird. Ich ziehe es vor, ein Werk zu installieren, das bereits die ‹Stürme der Zeit› hinter sich hat, und am gewählten Standort im Zustand ist, wie es das Atelier verlassen hat, und so verbleibt. Ein Werk ist erst dann fertig, wenn es seine Alterungserscheinungen und seine Farben von der Aussenexposition erworben hat.»

Wenn man in der Beurteilung nicht so sicher ist wie Forrest Myers, ist es ratsam, die Oberfläche gegen aggressive Elemente zu schützen.

Es gibt zwei gegenteilige Auffassungen: entweder konserviert man das natürliche Aussehen des Metalls so weit wie möglich, oder man entscheidet sich dafür, die Oberfläche mit einer dauerhaften Schutzschicht zu überziehen und damit das Aussehen grundlegend zu verändern. Im ersten Fall gibt es nur wenige Möglichkeiten und von diesen treffen die meisten auf Plastiken in Innenräumen zu. Die verfügbaren Schutzmittel – Wachse und Firnisse – erweisen sich tatsächlich und auf lange Sicht als ungenügend, weil das Metall der Schwindung und Ausdehnung unterliegt, hervorgerufen durch die beträchtlichen Temperaturschwankungen, die Standorten im Freien eigen sind. Im zweiten Fall stehen viele Möglichkeiten offen. Unter ihnen stehen die Plastifizierung, das Überziehen mit Lacken oder Farben, das Schoopsche Metallspritzverfahren, das Eintauchen in Bädern von geschmolzenen Metallen, die verschiedenen Techniken des Metallisierens (Elektroablagerung) und die Thermolackierung im Vordergrund.

Bevor wir in die Einzelheiten dieser Verfahren einsteigen, behandeln wir das Beizen des Metalls, ein Vorgang, der zwangsläufig jedem Schutzversuch vorausgehen muss.

Vorbereitung der zu behandelnden Oberflächen

Die Vorbereitung der Oberflächen ist bei den meisten Antikorrosionsbehandlung Voraussetzung. Sie besteht aus einer scharfen Reinigung, die darauf abzielt, das Metall von seinen verschiedenen Oxidschichten zu befreien. Diese erfolgt entweder mechanisch (durch Sandstrahlen, Stahlkiesstrahlen, Abkratzen, Erhitzen, Abschleifen) oder auf chemischem Weg mit Hilfe von Lösungsmitteln, alkalischen Lösungen, Säuren oder Reduktionsmitteln.

Philippe Denis. Skulptur an der Fassade
der Kirche Sainte-Alène, Forest, Belgien.
Rostfreier Stahl. 1973.

Gegenüberliegende Seite:
Eduardo Chillida. *Locmariaquer V.*
1989 (Spanien). Stahl. 28 x 48 x 36 cm.
Galerie Artcurial, Paris.

Mechanische Verfahren

Die manuelle Reinigung erfolgt dann mit der Metallbürste, wenn nur eine leichte Oxidschicht vorhanden ist. Ist die Schicht dicker, muss sie mit dem Spitzhammer und dem
Meissel, mit dem Pickel oder dem Schabeisen entfernt werden.

Die mechanische Reinigung geschieht mit einer rotierenden Maschine, die mit verschiedenen Metallbürsten und mit Schleifscheiben oder mittels Bandschleifmaschinen be-
stückt ist.

Das Sand- oder Stahlkiesstrahlen besteht darin, dass feine abrasive Partikel mittels einem scharfen Strahl von Pressluft (unter einem Druck von 2 bis 5 kg) auf die zu reinigende
Oberfläche gespritzt werden. Der Sand[1] wird öfters durch Korund oder Stahlkies ersetzt.
Durch dieses drastische Mittel wird das Metall blank gerieben und man muss es so rasch
wie möglich gegen Oxidation schützen. Im Falle des nassen Sandstrahlens ist das Trans-
portmittel Wasser, dem Korrosionsinhibitoren zugesetzt sind (Chromsäure, Natriumchro-
mat und Natriumbichromat).

In der Regel wird das fertige Werk gesandstrahlt. Es gibt aber Künstler, die es vorziehen, die Bleche vor dem Verbund zu sandstrahlen, wie es Thomas A. Lindsey erklärt: «Ich
ziehe es je länger je mehr vor, die Stahlbleche vor der Weiterverarbeitung zu sandstrahlen,
um allen Zunder zu entfernen. Mit dem Schweissapparat M.I.G. muss nicht viel Schlacke
entfernt werden; so muss ich das fertige Stück nicht erst sandstrahlen und kann es direkt
in die Malerei weiterleiten.»

---

1   Die Verwendung von Sand ist in den meisten europäischen Ländern
     untersagt wegen des Silikoserisikos.

Wärmeverfahren

Die Flammenreinigung oder das Abbrennen ist dann angezeigt, wenn eine dicke Schicht von Rost und Zunder auf Eisenmetallen von mehr als 5 mm Dicke zu entfernen ist. Man fährt über die zu behandelnden Oberflächen mit der Flamme eines Acetylenschweissbrenners. Da die Ausdehnungskoeffizienten von Metall und Oxiden verschieden sind, platzen die letzteren. Dieser Grobreinigung soll eine chemische oder mechanische Reinigung folgen.

Chemische Verfahren

Die Entfettung mit Lösungsmitteln (Aceton, Benzin, Trichloräthylen, Perchloräthylen) ist dann nötig, wenn es gilt, eine Schicht Öl, Fett, Wachs oder einen alten Überzug auf der Metalloberfläche loszuwerden. Bei der Behandlung von Stahl hat die Behandlung allerdings den Nachteil, dass dabei sekundäre Salzsäuredämpfe entweichen, die rostfördernd sind. Die alkalische Entfettung verfolgt denselben Zweck. Sie geschieht mit basischen Lösungen wie beispielsweise mit kautischer Soda (Natronlange), Natriumcarbonat, Tri- und Tetranatriumphosphat oder alkalischen Silikaten. Werden später Farben auf die Oberfläche appliziert, ist es unabdingbar, diese Substanzen sorgfältig zu entfernen, bevor das Metall überstrichen wird.

Die chemische Reinigung mit Säure wird im kalten Zustand mit der Bürste und einem verdünnten Säuregemisch vorgenommen. Handelt es sich um kleine Stücke, kann man sie vollständig in das Säurebad tauchen.

Beim Stahl wird zu diesem Zweck Phosphorsäure (H_3PO_4) empfohlen, wegen der schnellen Einwirkung. Sie löst den Rost auf und verbindet sich mit dem «gesunden» Metall, indem sich auf der Oberfläche eine Schicht unlöslichen und schützenden Eisenphosphats bildet. Es ist dies das Verfahren der Passivierung. Ausserdem erlaubt die auf diese Weise behandelte Oberfläche eine bessere Haftung des Schutzüberzugs. Die Konzentration der Säure für die Reinigung ist etwa 15 % und für die Passivation 2 %, wobei das Metall auf 70-90° C erwärmt wird.

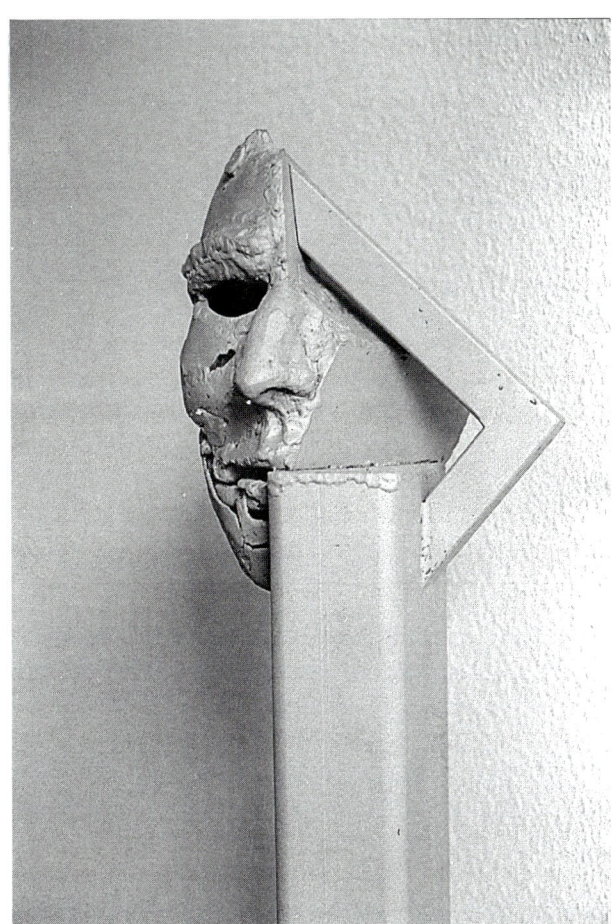

Philippe Clérin. *Tête.*
Auf eine helle und matte Farbe gesandstrahlt.

Man verwendet ebenfalls Salzsäurelösungen (kalt angewendet, mindestens 5-prozentig) oder Schwefelsäure (warm angewendet, mindestens 10-prozentig). Die Säurebäder enthalten meistens kleine Mengen einer Sparbeize (Schwefelkohlenstoff, Mercaptane), welche die Wirkung der Säuren auf die Oxide begrenzen. Die Säure muss nach der Behandlung mit fliessendem Wasser sorgfältig abgespült werden.

Zur Entfernung von Rostflecken auf dem Stahl empfiehlt sich folgende Lösung:
- Weinsäure   3 g
- Zinnchlorid   10 g
- Quecksilberchlorid   2 g
- Wasser   1 l

Die Lösung muss vor Gebrauch geschüttelt werden. Man lässt sie auf dem Flecken einige Sekunden einwirken.

Die eigentlichen Schutzmöglichkeiten

Wir wollen nun mögliche Schutzmassnahmen in den Einzelheiten besprechen.

Applikation eines Überzugs

Das einfachste Mittel besteht im Auftragen eines Überzugs auf die Metalloberfläche, der gegen das Milieu im Freien abschirmt, ohne dass dies chemische Änderungen zur Folge hat.

1. Durch Plastifikation
Es handelt sich um eine Ummantelung mit einem Kunststoffgranulat (Polyäthylen, Rilsan), das beim Kontakt mit dem auf eine angemessene Temperatur erwärmten Metall schmilzt. Das Verfahren wird insbesondere dann angewendet, wenn das Metall vor der Einwirkung von Säuren und Basen zu schützen ist. Die Schutzschicht ist dauerhaft und widersteht Schockeinwirkungen. Im Handel sind plastifizierte Bleche erhältlich, die auf mechanischem Weg oder durch Verklebung zu montieren sind; Schweissung fällt in diesem Fall aus.

2. Durch glasartiges Emaillieren
Das Emaillieren widersteht Wärme, Säuren und Witterungseinflüssen jeglicher Art, modifiziert hingegen das Aussehen der Oberfläche stark. Es wird nur selten angewendet. Trotzdem sei hier ein Rezept eines glasartigen Überzugs angeführt. Nach der Reinigung mit verdünnter Schwefelsäure wird folgende Lösung aufgetragen: In 200 g Terpentinöl werden 100 g Kupferoxid und 200 g Bleiboral gelöst. Nach dem Auftrag lässt man den Überzug trocknen und brennt ihn anschliessend bis zum Erreichen einer rostbraunen Farbe ein.

3. Durch Fette, Öle, Wachse und Celluloseprodukte
Alle diese Überzüge haben nur eine temporäre Schutzwirkung. Hier ein Antirostrezept: Man lässt das Harz mit der sieben- bis achtfachen Menge Schweineschmalz sanft schmelzen. Beim Abkühlen wird das Produkt ständig umgerührt bis eine flüssige Paste entsteht. Mit dieser bestreicht man nun die rostanfälligen Objekte. Ein solcher Überzug lässt sich mit Benzin oder Petrol entfernen.

4. Mit Firnissen, Lacken oder Anstrichfarben
Diese Produkte enthalten Harze, die schnell trocknende Öle, Plastifiziermittel, Trockenmittel …, die das Metall vor wenig aggressiven Einflüssen (Witterung, Feuchtigkeit) schützen. Es ist bei weitem die gebräuchlichste Methode, oft mit Antirostmitteln kombiniert.

Die Firnisse, seien sie nun transparent oder leicht getönt, bewahren den metallischen Aspekt der Plastik und geben ihr ein glänziges Aussehen. Man kann selber einen durchsichtigen Firnis herstellen, indem man pulverförmiges Sandarakharz und 175 g Terpentin in 700 g Terpentinöl im Wasserbad auflöst. Es wird empfohlen, die Flasche eine Stunde vor Gebrauch der Sonne auszusetzen.

Einen glänzigen schwarzen Firnis für Metalle erhält man durch Auflösen von 15 g Schwefel in 100 g Terpentinöl. Die mit diesem Firnis getünchten Metallteile werden mit der offenen Flamme des Gasbrenners erhitzt.

Gegenüberliegende Seite: Giancarlo Marchese. *SN 1-76.* 1976 (Italien).
Bemalter, nicht oxidierter Stahl. 180 x 160 x 60 cm.

259

Heute findet man im Handel ausgezeichnete Firnisse für Metalle. Die Polyurethan- und Epoxyfirnisse gehören zu den dauerhaftesten. Der Auftrag soll stets in einer trockenen Atmosphäre und vor Staub geschützt stattfinden. Oft sind mehrere Arbeitsgänge mit dem Pinsel erforderlich.

Die Lacke sind ursprünglich Firnisse, die auf dem rotbraunen Harz des Sumachbaumes aus Ostasien basieren. Unter der Bezeichnung «Lacke» verstehen wir heute sehr harte und sehr brillante synthetische Firnisse (zum Beispiel Nitrocelluloselack).

Die farbigen Anstriche verändern das Aussehen der Skulptur, indem sie das Metall tarnen. Sie setzen sich aus Pigmenten, Lösungsmitteln, einem Zwischenprodukt und Füllstoffen (Mika, Talk, Kaolin) zusammen. Die Lösungsmittel verdunsten und das Zwischenprodukt polymerisiert, so dass ein Film entsteht, der auf der Metalloberfläche haftet und die Pigmente und Füllstoffe enthält. Der Film ist in der Regel nicht lückenlos, weshalb mehrere Lagen übereinander aufzutragen sind.

Bei den Eisenmetallen enthalten die Pigmente öfters Metallsalze und Rostinhibitoren (Mennige, Zinkchromat). Oft kommen auch Metallpulver (Zink, Aluminium, Nickel) in der Zusammensetzung dieser Anstrichfarben vor. Dies ist bei der ersten Schicht der Fall, die direkt in Kontakt mit dem Metall kommt. Die Zwischenschichten tragen zur Dicke der Ummantelung bei, während die letzten Lagen eine dekorative Rolle spielen. In der allerletzten Schicht kann eine gewisse Menge Graphit zugesetzt werden, was einer schwarz bemalten Skulptur einen metallischen Lüster verleiht.

- Die *Ölanstriche* waren in der Vergangenheit die am häufigsten verwendeten. Auf Basis von Leinöl, Harzen und Trockenmitteln haben sie leider den Nachteil, dass sie zu langsam aushärten. Eine gute Zusammensetzung für die erste Schicht ist: 50 % Standöl und 50 % Terpentinöl. Diese Anstriche eignen sich auch für bescheiden aggressive Milieus. Heute wird das Leinöl ganz oder teilweise durch synthetische Bindemittel ersetzt.
- Die *Vinylanstriche* auf Basis von Polyvinyl[1] erzeugen geschmeidige und kautschukähnliche Überzüge, die chemischen Produkten gut standhalten.
- Die *chlorierten Kautschukanstriche* werden bei aggressivem Milieu (Meerschiffe) angewendet. Sie weisen in der Regel keinen schönen Glanz auf.

Die Zweikomponentenfarbanstriche beinhalten zwei Substanzen, die erst kurz vor der Anwendung zusammengemischt werden, was den Nachteil mit sich bringt, dass sie nur während einer begrenzten Zeit verwendbar sind. Von diesen Typen seien zwei genannt:

- Die *Polyurethananstriche:* Es sind sehr dauerhafte Anstrichfarben, mit einem schönen Glanz oder Satinaspekt, die sehr widerstandsfähig gegen chemische Produkte und gelben Abrieb sind, jedoch teuer zu stehen kommen. Sie behalten für längere Zeit ihren Glanz.
- Die *Epoxyanstriche* sind sehr widerstandsfähig gegen chemische/korrosive Mittel, Lösungsmittel und Abrieb. Sie haften sehr gut auf der Unterlage. Nachteilig ist, dass sie an der Sonne matt werden und nach einer gewissen Zeit zu Staub zerfallen. Dagegen ertragen sie eine angemessene Deformation. Ihr Preis ist sehr hoch.

Die Anstrichfarbe kann mit dem Pinsel oder mit dem Roller (für grosse plane Flächen) oder durch pneumatische Zerstäubung aufgetragen werden.

---

1   Polyvinylchlorid (PVC) und Polyvinylacetat (PVAC).

Oben links: Betty Gold. *Kaikoo X.* 1985 (USA).
Bemalter Stahl. 630 x 400 x 400 cm.
State University of California, Fullerton.

Oben rechts: Stephen Keltner. *C3* (USA).
Bemalter Stahl. 210 x 210 x 30 cm.

Rechts: Betty Gold. *Kaikoo VIII.* 1985 (USA).
Bemalter Stahl. 630 x 210 x 270 cm.
Boise State University, Idaho.

5. Epoxy-Thermolackierung

Das Verfahren besteht darin, die entfettete Metalloberfläche mit einem Überzug aus Epoxy zu versehen. Das Epoxy-Pulver wird mit einer Druckluftpistole auf das Stück geschleudert und elektrostatisch abgelagert (siehe Abbildung). Dann wird das Stück in einem Trockenofen auf 200° C erhitzt. Dieses Verfahren wird vom französischen Plastiker Michel Ventrone angewendet.

Jean-Boris Anastassievitch. *L'arbazane* (Frankreich). Emailliertes Metall.

Epoxy-Thermolackierung (nach M. Ventrone)
Prinzip des Anstrichs in Pulverform:
Epoxy-Thermolackierung von Metallstücken

a   Elektrischer Strom
b   Leiter, mit dem Stück kurzgeschlossen
c   Leiter, mit der Spritzpistole kurzgeschlossen
d   Wolke von pulverförmigem Epoxy
e   zu überziehendes Stück
f   Spritzpistole
g   Druckluft

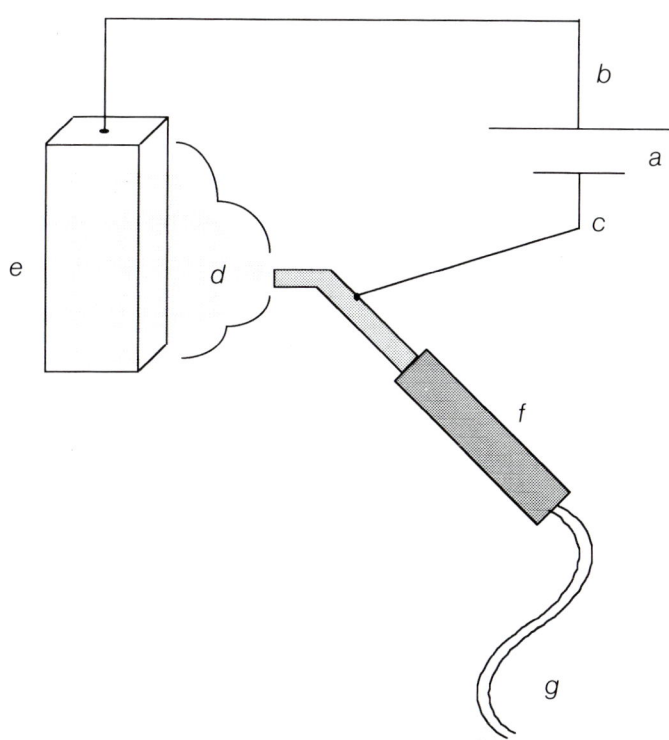

Michel Ventrone. *Le temps, sur son axe…* (Frankreich).
Epoxy-thermolackierter Stahl. 210 x 100 x 60 cm.

Jérôme Kirk. *Avion.* 1986 (USA). Stahl und Aluminium bemalt.
Höhe 750 cm. Koll Center, Irvine, Kalifornien.

Metallüberzug

Die Verfahren, die einen dauerhaften Metallüberzug auf der Oberfläche des Metalls ermöglichen, erfordern oft teure Apparaturen oder umfangreiche Installation. Sie werden hauptsächlich in der Industrie angewendet.

1. Durch Elektroablagerung
Elektroablagerungen von Nickel, Zink, Zinn, Kupfer, Chrom ... führen zu dauerhaften Überzügen gegenüber Witterungseinflüssen, chemischen Substanzen, Verschleiss (vernickelter Stahl, verchromter Stahl, elektrolytisch verzinntes Blech). Wir verzichten auf die genaue Schilderung dieser ausgeklügelten Techniken, die ein ausgesuchtes Material und komplizierte Arbeitsbedingungen nötig machen.

2. Durch Eintauchen in geschmolzene Metalle
Galvanisierung, Verzinnen, Verbleiung, Beizen mit Tonerde. Diese Verfahren ermöglichen dauerhafte Überzüge gegen Witterungseinflüsse und gegen Wärmeeinwirkung (galvanisierte, verbleite, verzinnte Bleche). Die Heissgalvanisierung erfolgt durch Eintauchen der Stücke in ein Bad mit geschmolzenem Zink (gegen 430° C), dem ein Flussmittel (Ammoniumchlorid oder Zinkchlorid) zugesetzt ist.

*3. Durch Spritzen von geschmolzenem Metall mit einer Zerstäuberpistole
(Metallspritzverfahren nach Schoop)*
Die meisten Metalle und Legierungen lassen sich auf fast alle Unterlagen zerstäuben. Das Schoopsche Verfahren erfolgt nach dem Sandstrahlen und führt zu einer porösen Ummantelung, die sehr gut haftet. Eine solche Schutzschicht widersteht den Witterungseinflüssen, dem Meereswasser und starken Temperaturschwankungen. Das Metall wird mit einer Metallisierspritzpistole aufgesprüht. Je nach dem Typ der Pistole geschieht die Metallablagerung durch Verdampfen von geschmolzenen Metalltröpfchen oder durch Aufspritzen des feinpulverigen Metalls.

In allen Fällen ist das zu überziehende Objekt mit Hilfe von Lösungsmitteln gründlich zu entfetten und die Oberfläche ist mittels Sand- oder Stahlkiesstrahlen aufzurauhen. Der Vorteil von diesem Verfahrn im Vergleich zum Galvanisieren besteht darin, dass das zu behandelnde Metall nicht überhitzt werden muss und keinen Deformationen ausgesetzt ist.

Im Falle der Pistolen mit Metalldraht wird das Gerät mit einem Metalldraht geladen, der in seiner Zusammensetzung dem gewünschten Metallüberzug entspricht. Der Draht wird in der Achse der Heizdüse so zugeführt, dass er fortschreitend im brennenden Heizgas Sauerstoff-Acetylen schmilzt; die produzierten Metalltröpfchen werden mit einem starken Druckluftstrom auf das «Zielgebiet» gespritzt. Die Tröpfchen verfestigen sich augenblicklich auf der zu metallisierenden Oberfläche. Die gebräuchlichsten Metalle zum Spritzen nach diesem Verfahren sind: Bronze, Messing, rostfreier Stahl und Aluminium.

Bei den Sprühpistolen für pulverförmige Stoffe wird das zu schmelzende und zu spritzende Material in Pulverform angewendet. Dieser Pistolentyp wird dann eingesetzt, wenn es gilt, ein zu hartes Metall (das nicht als Draht gezogen werden kann) zu verdampfen. Das trifft auf die Legierungen von Chrom und Nickel zu. Die Ablagerung von geschmolzenem Pulver muss nun noch mit der Flamme eines Acetylenschweissbrenners homogenisiert werden, um die perfekte Haftung am Basismetall zu gewährleisten.

Überzüge, welche die Oberfläche umwandeln

Die Bildung eines Überzugs, der die Oberfläche umwandelt, lässt sich nach Wunsch hervorrufen.

1. Chemische Umwandlungen
Es kann sich um eine Phosphatierung (Passivierung) handeln, auf die ein Farbanstrich folgt (die Schicht aus feinen Phosphatkristallen macht den Stahl passiv und begünstigt die Haftung eines Anstrichs), oder um eine Schwärzung oder Brünierung durch Oxidation (der eine Applikation mit Öl oder Fett folgt). Sicher auch die Applikation einer Patina.

2. Physikalisch-chemische Umwandlungen
Bei solchen Umwandlungen kann es sich um eine Cementation, ein Sheradisieren (Zinkeinbrennen), ein Kalorisieren (Erhitzen in Alu-Pulver) oder ein Chromatieren handeln. Das Sheradisieren besteht darin, dass das zu behandelnde Stück in einem rotierenden Behälter eingeschlossen und auf eine Temperatur erhitzt wird, die knapp unter dem Schmelzpunkt des Zinks liegt. Nun wird auf der ganzen Oberfläche Zinkstaub gleichmässig verteilt. Auf diese Weise bildet sich ein grauer, matter und rauher Überzug aus einer Eisen-Zink-Legierung, die korrosionsfest ist.

Caroline Lee. *Oiseau.* 1958-1959 (USA).
Stahl. 292 x 161 x 65 cm. Sammlung Darthea Speyer, Paris.

Die Ästhetik

«Es schien mir in meiner Arbeit immer unmöglich, die mechanischen Aspekte von der Kunst und ihrer Ästhetik zu trennen; die Inhalte von Fantasie und Emotion, die ich auszudrücken versuchte, haben mich dazu geführt, das Metall auf meine eigene Art anzuwenden. Die Tatsache, dass sich diese Methoden für andere Künstler als fruchtbar erwiesen haben, hat mich ermutigt, meine Forschung weiterzuführen.»

Calvin Albert

«Die Ästhetik ist die Wissenschaft des Gefühls.»

Charles Maurras

«Es ist meine Erkenntnis, dass ein verformtes Material, auf Weissglut gebracht und dank chemischen Einwirkungen in vielfältige Nuancen verwandelt, der beste Träger ist, um den Geist einer Epoche zu offenbaren. Einige sind der Ansicht, dass die Technologie unmenschlich sei, aber die Maschine gehört zu unserem Denken. Betrachtet man das Innere eines Automotors: wlech ein Wunder, welche Präzision und welche perfekte Ordnung! Es scheint mir, dass die Künstler, die sich gegen ihre Zeit auflehnen und sich ins andere Extrem stürzen, ebenfalls irregeleitet sind. Die Künstler sind keine Rebellen und vermögen weder der Zukunft noch der Vergangenheit aus dem Wege zu gehen. Die direkte Bearbeitung des Steins – eine grossartige Herausforderung des Bildhauers des zwölften und dreizehnten Jahrhunderts – war ideal für die Künstler im Mittelalter. Für sie muss es eine wundervolle und neue Sache gewesen sein. Die Arbeitsmethoden und die Materialien müssen stets der Epoche, in der die Künstler arbeiten, gemäss sein; die Materialien müssen gleichzeitig dem Künstler den Gestaltungsrahmen geben und durch ihn umgewandelt werden.»

Thédore Roszak

Einführung

In den vorangegangenen Kapiteln haben wir das Material aus der verstandesmässigen Sicht («Die Theorie»), dann aus der Praxis («Die Grundlagen» und «Die Techniken») kennengelernt. In diesem Kapitel geht es nun um das Gefühl, die Empfindung: es ist die Rede von Ästhetik; das «Schöne» tritt in unsere Vorstellung.

Das Gefühl für das Schöne wird vor allem durch die angenehme Anregung unserer Sinnesorgane hervorgerufen, insbesondere über die Augen (man spricht von der «Augenweide»). Aber, wohlverstanden, es beschränkt sich nicht darauf.

Die Plastik wird zuerst mit den Augen wahrgenommen. Diese ersten Informationen werden augenblicklich durch unser Hirn aufgeschlüsselt, eine Anzahl von Auskünften beinhaltend, wie die Grösse des Objekts, das Aussehen der Oberfläche, das Material, aus dem es gemacht ist, seine Farbe und seine allgemeine Form. Das Berühren (Abtasten) kann die manchmal ungenügende Anschauung bestätigen oder entkräften. Von der Gesamtheit dieser Angaben versucht nun das Gehirn einen Sinn zu extrahieren. In diesem Moment werden assoziative Prozesse ausgelöst, durch die das betrachtete Objekt mit dem gesamten Material, das sich vorgängig im Gehirn manifestiert hat, verglichen wird: die bewussten und unbewussten Erinnerungen. Häufig kommen dabei Gefühle und tiefe Empfindungen ohne unser Wissen zum Vorschein und gipfeln in Affekturteilen, die mit lauter Stimme oder nur innerlich Zustimmung oder Ablehnung ausdrücken.

Die Resonanz des mit den Augen wahrgenommenen Werkes ist viel tiefer, wenn der Dialog fruchtbar ist. Je zahlreicher die Reminiszenzen, die Gedanken und die Fragen sind, die es in uns auslöst, umso grösser ist die Freude am fortgesetzten Dialog. Sagt man nicht, dass ein Werk den Beschauer anspricht? Man sagt auch, dass es uns berührt. Das heisst, im besten Fall, unsere Gefühle werden befragt. Es kann uns durch seinen rätselhaften oder verwirrenden Charakter aber auch beunruhigen. Der Sinn, den wir unserer Wahrnehmung geben, wird sehr persönlich sein, hängt er doch von unserem ganzen Erleben ab. Er wird beeinflusst von unserer Nationalität, unserem Geschlecht, unserer Erziehung, unserem sozialen Milieu und unserer Kultur. So gesehen, könnte man sagen, er fällt uns zu. Trotzdem ist es möglich, seinen Geschmack zu bilden, seinen ästhetischen Sinn zu kultivieren, ihn zu bereichern in ungezählten Erfahrungen. Man kann das assoziative «Gepäck» erweitern, so dass man ein bislang nur dem künstlerischen Bereich zukommendes Gefühl schliesslich auf den Bereich des Alltäglichen auszudehnen vermag.

Der Künstler sollte diese Sicht erreichen. Das Ziel: die Formen auch eines nichtssagenden Objekts – wie wir es alle Tage vor den Augen haben – ernstzunehmen. Tatsächlich gibt es das «banale» Objekt gar nicht, es gibt nur eine banale oder gewohnheitsmässige Vision. Es ist die Aufgabe des Künstlers, durch seine Sicht diese Vision zu erneuern und aufzufrischen; man sagt nicht umsonst, dass der Künstler seinen kindlichen Blick bewahrt und intensiv gelebt hat und dadurch reifer geworden ist.

Welches sind die Grundlagen der schöpferischen Arbeit?
Zuerst ist die Beobachtung zu erwähnen: Die Beobachtung der Natur, der Zeitgenossen, der Umgebung im allgemeinen. Schon die Altvorderen predigten sie und diese Belehrung ist keineswegs veraltet. Beobachten heisst nichts anderes, als sehen lernen. Diese Lehre geschieht in der Praxis beim Zeichnen nach der Natur.

Dann spielt das Studium und die Nachahmung der alten Meisterwerke eine wichtige Rolle. Wenn man will, ist dies auch eine Art Beobachtung, Übertragung auf die Kunstwerke. Es gilt, sich in die Rolle des Vorgängers zu versetzen, sei er nun berühmt oder unbekannt, und mit seinen Augen und seinem Geist zu sehen. Das Verfolgen dieser Disziplin lässt Fragen offen: Warum wurde das so beobachtete Objekt so und nicht anders abgehandelt? Wie hat der Künstler sein Ziel erreicht? usw. Man braucht sich in keiner Weise vor einer solchen Analyse zu schämen; die grössten Meister haben sich ihr unterzogen und daraus Nutzen gezogen.

Diese Studien wären steril, würden sie nicht durch den Wunsch, Neues zu schaffen und seine Persönlichkeit zum Ausdruck zu bringen, befruchtet. Das erlaubt dem Anfänger, über die Nachahmung des Vorgängers hinauszuwachsen und seiner eigenen Arbeit eine persönliche Note zu verleihen.

Schliesslich kommt die Liebe zur (guten) Arbeit ins Spiel: der Künstler ist ein Handwerker wie ein anderer auch und er ist stolz, wenn seine Arbeit ohne Tadel zur Ausführung kommt. Aber diese Triebfeder muss nach meiner Meinung von zwei anderen, viel tiefer gehenden Triebfedern begleitet sein: dem Gefühl, einer Kette von Gleichgesinnten, die demselben Ideal nachstreben, anzugehören, und der Notwendigkeit, bewusst oder unbewusst, die metaphysischen Dimensionen auszudrücken.

Vom guten und schlechten Umgang mit der Technik
Das eigentliche Ich des Künstlers manifestiert sich in seiner sehr konkreten «Handschrift», mit Hilfe der Werkzeuge, die er selbstverständlich beherrschen muss, damit er sich im künstlerischen Ausdruck nicht eingeengt fühlt. Seine Freiheit ist der Preis; sie fordert ungezählte Arbeitsstunden. Die Arbeit muss ihm so leicht und natürlich von der Hand gehen wie beispielsweise der Vorgang des Atmens oder Gehens. Aber sie birgt neben dem Ungenügen der Mittel eine ebenso gravierende Klippe: das überschwengliche Talent! Ich spreche die (sterile) Virtuosität an, die nichts anderes anvisiert als das Verdecken eines Mangels an Gehalt. Es ist ein Sand-in-die-Augen-Streuen dem nicht vorgewarnten Publikum gegenüber, das sich von gefährlichen, sinnentleerten Verzierungskünsten verführen lässt.

Man kommt zu einem Punkt, wo die formelle Perfektion eine Art Trockenheit, die nicht von Leben erfüllt ist, bewirkt – genau das Gegenteil von dem, was der Künstler anstrebt: eine innere Betroffenheit auszulösen. Herbert Read hat dies in beissender Weise angeprangert: «… die Fertigkeit in der Kunst ist gewöhnlich der Absicht des Künstlers untergeordnet. Ich betone: gewöhnlich, denn es gibt einen Typ Künstler, dessen Aussage einzig und allein auf der technischen Fertigkeit beruht: bei ihm werden die Mittel zum Ziel. Man bezeichnet ihn als virtuos; er ist auf dem besten Weg, höchstens ein zweitrangiger Künstler zu werden.»

Hier einige Gedanken zur Technik im allgemeinen und seiner Technik im besonderen vom weitblickenden Plastiker George Rickey: «Meine Technik ist das Ergebnis von Anforderungen. Diese sind ästhetischen Ursprungs, oder anders gesagt: eine Quelle von Gefühlen, die sich indessen nicht leicht definieren lassen. Technische Prinzipien ergeben sich aus dem Wissen anderer, sei es nun beobachtet, übermittelt oder gelesen. Aber es kann sich auch um meine eigene Beobachtung der Natur handeln, oder um eigene Versuche, das Umsetzen der Theorie, die Erfahrung, die Intuition und die Chance, die man als ‹Erfindung› bezeichnet.» «Die Technik beruht teilweise auf den Werkzeugen, die ich einsetze, und zum Teil auf den Methoden, die ich anwende. Die Technik macht nicht die Kunst aus, aber jede Kunst hat ihre Techniken. Manchmal ist die Technik sehr einfach und stellt geringe Anforderungen an Werkzeuge und Material. Aber sie muss nichtsdestotrotz mit Geschick angewendet werden, wie das beispielsweise bei der Keramik oder dem Goldschmuck in Zen-

Angel Duarte. *E 41 A.I.* 1975 (Schweiz). Rostfreier Stahl. 83 x 96 x 106 cm.
Musée des Beaux-Arts, Sion, Schweiz.

tralamerika oder bei den französischen Spitzen der Fall ist. Ich entwickle keine Technik um ihrer selbst Willen (oder um Aufsehen zu erregen), sondern einzig und allein als Antwort auf ein Bedürfnis. Ich habe mit der Zeit eine meinen Bedürfnissen entsprechende Technik entwickelt, und ich setze alle Werkzeuge und Materialien ein, die Zeit einsparen und dort zu Präzision führen, wo ich sie benötige. Manchmal macht eine neue Technik ein eigenes Werkzeug nötig.» Georg Rickey schliesst, indem er ableitet, «dass ein Künstler seine Lehr-

George Rickey.
Triple N Gyratory IV.
1988 (USA). Rostfreier Stahl.
632 x 540 cm.

zeit mit seinen eigenen Mitteln und Werkzeugen machen, sie, wenn nötig, erfinden muss;
dass er lernen muss, sie zu handhaben und sie entsprechend seinem Plan umzusetzen;
dass der Weg lang und oft beschwerlich ist; dass er auf sich selber gestellt, allein ist; dass
er indessen in der Glückseligkeit, die ein fertiges Werk erweckt, leben kann.»

Die Nützlichkeit, Fehler zu machen
Der Fehler ist eines der grössten Sprungbretter in der kreativen Arbeit. Was verdankt man
ihm nicht alles! Entscheidend ist, dass man ihn umsetzen kann. Es setzt voraus, dass man
ihn vorerst erkennt, dann akzeptieren kann und sich endlich die Mühe nimmt, die Mittel zu
erforschen, um Profit daraus zu ziehen. Die zwei instinktiven Mechanismen, ihn nicht sehen zu wollen und ihn deshalb abzulehnen, sind auszuschliessen, weil sie letztlich steril
sind. Es sind Auswüchse einer zu strengen Erziehung, in welcher der Fehler als unnütz, negativ und demütigend gilt. Hat man einmal die ablehnende Reaktion überwunden, kann
man sich fragen, was zum Fehler geführt hat.

Carmelo Cappello. *Involuzione nel cerchio.*
1960-62 (Italien). Stahl. 150 x 150 cm.

Es gilt, immer irgendwelche Schlüsse daraus zu ziehen, sei es um die Fehler in Zukunft zu vermeiden, ihnen aus dem Weg zu gehen oder neue Erkenntnisse daraus zu schöpfen.

Der Entschluss des Praktikers, selber zu schweissen, heisst nicht, dass er den gelernten Schweisser rivalisieren will, der seine Ehre darin legt, praktisch unsichtbare Schweissungen hinzulegen. Im Gegenteil, er kann Unvollkommenheiten in seiner Arbeit als Mittel seines Ausdruckswillens einsetzen. Wichtig für ihn ist nur, dass die Schweissnähte halten, was seinerseits eine angemessene Beherrschung der Schweisstechnik erfordert. Aber die letztere darf nicht über das künstlerische Ziel triumphieren (also kein «l'art pour l'art»). Neben den erworbenen Grundkenntnissen muss jeder Künstler seine eigene Technik entwikkeln, wobei er sie so perfektioniert, dass sie seinen ästhetischen Vorstellungen entspricht. Auf diese Weise kann er seinen eigenen Stil heranreifen lassen, der sich nicht in übermässigem Respekt vor den etablierten Regeln ergeht.

Für diejenigen, die sich auf dem Umweg über die berufsmässige Metallbearbeitung an die Plastik aus Stahl wagen, erlaube ich mir, den folgenden Punkt hervorzuheben: die Wichtigkeit nämlich, Kenntnisse in der traditionellen Bildhauerei erworben zu haben.

Der Schweisser, Mechaniker und Wagenbauer sind Legion, die den Wunsch hegen, ihre Fachkenntnisse in künstlerischen Arbeiten anzuwenden. Ihr Berufsgepäck ist ohne Zweifel ein Trumpf, aber um sich als Plastiker auszudrücken, braucht es eine weitere Schulung der Wahrnehmung und Kreation von natürlichen Formen. Diese sind in einer künstlerischen Ausbildung entwicklungsfähig, die mindestens Kurse im Zeichnen und Modellieren umfassen müssten. In jenen ist die Beobachtung und der Sinn für Proportionen, in diesen die Dreidimensionalität zu schulen. Hat man diese Kenntnisse einmal erworben, lassen sie sich in fruchtbarer Weise auf die Bearbeitung des Metall übertragen.

Die Ästhetik des Stahls

Der Werkstoff Stahl, der seit unserem Jahrhundert für Skulpturen verwendet wird, hat zu neuen Formen geführt, frei von Beschränkungen, welche die traditionellen Werkstoffe wie Stein und Holz auferlegten. Diese können sich nur schwer von der wichtigsten Form lösen, der Zylinderform (das Totem im Falle von Holz) bzw. dem Monolithen (im Falle von Stein). Die zahlreichen Ausnahmen primitiver Art liessen sich nur dank der Suche nach neuen Hilfsmitteln (Verbindung von Elementen, indirekte Bearbeitung usw.) realisieren.

Der Stahl erlaubt eine gewisse Befreiung von der Schwere, das heisst eine Gewichtsreduktion. Das durchgehende und geschlossene Volumen der traditionellen Skulptur öffnet sich und macht einer durchlüfteten, hautähnlichen, sogar linearen Struktur Platz. Das Innere der Skulptur wird so wichtig wie ihre Oberfläche.

Die neue Ästhetik geht von Grundvoraussetzungen aus, die sich von der Form der Basismaterialien, ihren physikalischen Qualitäten und ihren Eigenheiten in der Anwendung ableiten.

Um von jedem das Beste hinsichtlich Ästhetik vorzustellen, nennen wir in der Folge die Künstler, denen nach unserer Meinung die Anwendung am angemessensten gelungen ist.

Die Form der Basismaterialien

a) Die Stifte und die Stangen erlauben es, im Raum zu zeichnen, Skelette oder Oberflächen zu gestalten, durch Nebeneinanderstellung zu kreieren (Calder, de Rivera, Cousins, Bodmer, Kricke, Bertoia, Thornton, Martin, Lassaw, Duarte, Stein usw.).

b) Die Bleche können zerschnitten werden, um «chinesische Schatten» zu bilden, oder sie lassen sich krümmen, biegen, indem sie offene oder geschlossene Volumen formen (Lardera, Calder, Chamberlain, Consagra, de Oteiza, Féraud, Gerstein, Stephen, Sjöholm, Hauser usw.).

c) Die Gitter sind Scheinoberflächen, welche das Spiel mit der Transparenz aufnehmen. Mehrere Gitter in Reihe gesehen, gegeneinander versetzt, erzeugen optische Effekte des Moirierens (Witschi, Haese, Morris, Caro, Nuarta).

d) Die Materialien in Blockform laden zur Bearbeitung ein, zum Beispiel mit dem Schweissbrenner (Hoflehner).

e) Die aufeinanderprallenden Elemente, Metallfundgegenstände, bieten sich zur «Collage» an, das heisst zum Verbund (César, Picasso, Sanchez, Mooy, Stanckiewicz, Tinguely, Colla, di Suvero).

f) Die Beiprodukte aus der Stahlbearbeitung: Späne, Feilspäne, Abfälle jeglicher Art (Blechabfälle, Bohrspäne usw.) (Régine von Chossy, Davide Boriani).

g) Die Kabel und die Drähte, die unbearbeitet als Spannungselemente verwendet werden (Snelson).

h) Die Profilstähle werden untereinander verschweisst oder mit Bolzen zusammengebaut (Caro).

Links: Michel Deverne. *Hémisphère.* 1987 (Frankreich). Corten-Stahl.
Durchmesser 600 cm, Höhe 300 cm. Avignon.

Rechts: Jean Tinguely. *Masque.* 1987 (Schweiz). Geschmiedetes Eisen, Holz, Elektromotor.
150 x 50 x 60 cm. Marianne und Pierre Nahon, Galerie Beaubourg, Paris.

Die inneren Qualitäten des Materials

Diese ermöglichen Gestaltungen, die mit einem andern Material oft undenkbar wären.
a) Drahtförmige Konstruktionen mit Metalldraht, Kabeln oder feinen Stiften
   (Kricke, Bertoia, Kramer, Cousins usw.).
b) Konstruktionen mit seitlicher Ausdehnung, vom Schwerpunkt versetzt
   (Calder, D. Smith, Kricke, Lee usw.).
c) Konstruktionen mit winzigen Basen, die wichtige Lasten zu tragen vermögen ohne
   durchzubiegen (D. Smith, Chadwick, Uhlmann).
d) Konstruktionen mit Elastizität, die eine gewisse Bewegung
   im Raum gestatten (Linck, Takis).
e) Konstruktionen, die das Licht wie ein Spiegel reflektieren, was optische und
   Leuchteffekte ermöglicht (Roulin, Moeschal, Pepper, Santa, Bury, Hug).
f) Konstruktionen, die beim Anschlagen Klänge erzeugen, was zu den verschiedensten
   Klangeffekten führt (Tinguely).
g) Sehr leichte Konstruktionen oder solche von sehr geringer Dichte; das Gewicht ist mi-
   nimal im Vergleich zum besetzten Volumen (Haese, de Rivera, Vieira, Duarte).
h) Skulpturen, welche die magnetischen Eigenschaften des Materials ausnutzen
   (Takis, Collie, Boriani).

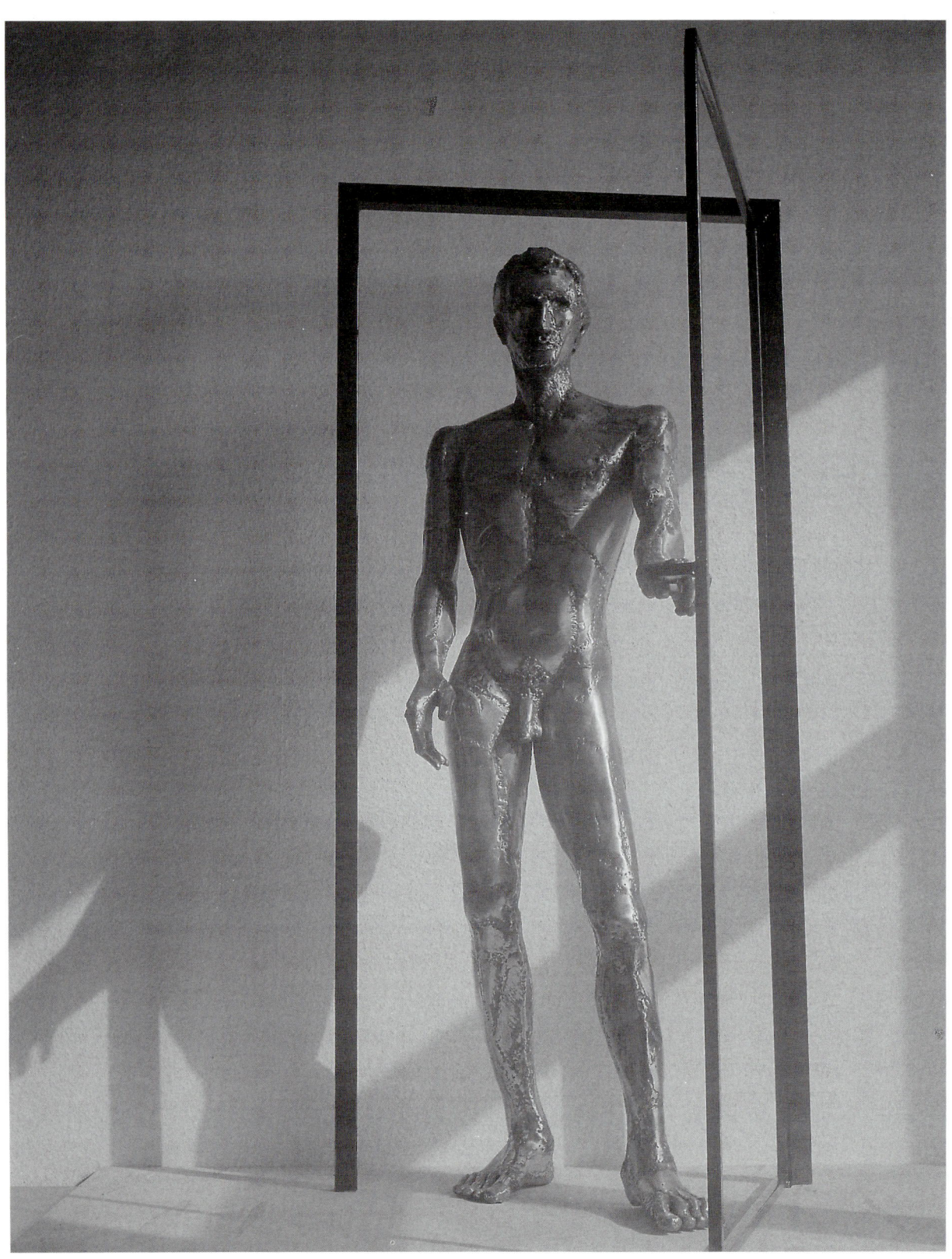

Philippe Clérin. *Incoming man.* 1993 (Belgien). Geschweisster Stahl. 117 x 55 x 52 cm.

276

Spezifitäten der Verbindungsmethode oder der angewandten Technik

a) Besondere Oberflächenaspekte, die mit bestimmten Techniken erzielbar sind:
- Gravur mit dem Meissel oder auf chemischem Weg
- Farbanstrich (Caro, Trudeau, Negret)
- Schleifen, Bürsten (D. Smith, Neagu, Rickey)
- Sandstrahlen (Aufrauhen) der Oberfläche (Somaini)
- Polieren (Roulin, de Rivera)
- Färben durch Anlauftechnik (Anlauffarben)
- Tröpfchenablagerung mit dem Schweissbrenner (Lassaw)
- Schweissraupen legen mit dem Lichtbogen
- Prägedruck von Motiven (Schmiede)
- Verschiedene Metallablagerungen durch Löten (Lipton)
- Austiefen der Oberfläche mit dem Schneidbrenner oder dem Arcair-Verfahren
- Mit Bolzen befestigte Elemente (Luginbühl, Calder)
- Spezielle Patina (de Crozals)
- Anlagerung von verschiedenen Stählen (Mohr).

b) Bewegliche Konstruktionen: Verbindungen, die um ein Gleichgewichtszentrum drehbar sind (Peyrissac, Calder, Rickey); Verbindungen, welche die Metallelastizität ausnutzen (Linck, Bertoia). Das antreibende Element dieser «Mobiles» kann ein natürliches Element sein (Wind, Wasserstrahl), das Schwergewicht (Verschiebung eines Körpers längs einer geneigten Fläche), die Muskelkraft des Menschen, der Magnetismus (Boriani, Takis) oder ein Elektromotor (Bury, Tinguely, Van Thienen, Harry Kramer, Moholy-Nagy).

Formen, Inhalte und Themen

Man kann zwei grundsätzliche Tendenzen unterscheiden:
die gegenständliche Darstellung und die Abstraktion.

Die gegenständliche Darstellung

Mit dieser ästhetischen Wahl lässt der Künstler es sich angelegen sein, die äussere Welt zu zeigen, so wie sie uns erscheint, mit mehr oder weniger Verzerrungen, je nach Sensibilität. Der Akzent kann auf der genauen objektiven Beobachtung liegen (realistische Darstellung) oder auf der subjektiven Vision (poetische Darstellung). Beiden gemeinsam ist die Beziehung zum Universum.

Die traditionellen Themen der gegenständlichen Darstellung sind ziemlich begrenzt. Hier finden sich die Porträts, die Büsten, Darstellungen von Menschen in ganzer Figur, Gruppen von Personen oder Personen mit Gegenständen oder in einer stilisierten Architektur integriert, die Darstellungen von Tieren oder Pflanzen, die tote Natur und die Landschaft. Die zwei letzten Themen finden sich selten in der Bildhauerei, und ich kenne keine entsprechende Plastik in Stahl.

Die von der Pflanzenwelt inspirierten Skulpturen sind schon viel häufiger. Zahlreich sind die Eisen- und Stahlkünstler, die Tiere sehr realistisch oder stilisiert dargestellt haben (César, Kaish, Plouvier, Payne, Cornelissen, Guernay, Broigniez, Gili usw.).

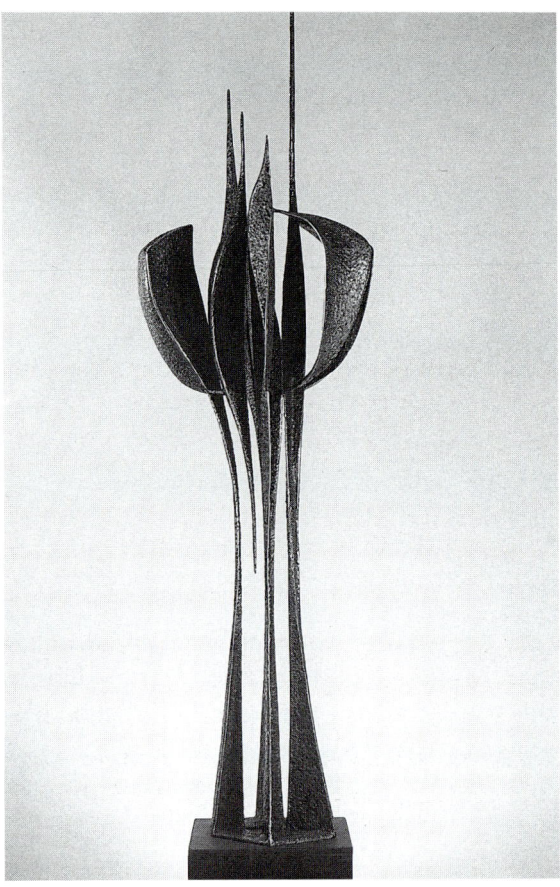

Jean Woodham. *Monody* (USA).
Geschweisster Stahl. 170 x 45 x 35 cm.
Die stielartigen Elemente, einmal montiert,
werden mit Schweissungen verziert, so
dass eine blasigporöse Oberfläche entsteht.

Das Porträt und der männliche und weibliche Körper sind aus naheliegenden Gründen die Wunschthemen, dann nämlich, wenn das angestrebte Ziel die menschlichen Gefühle oder philosophische oder metaphysische Ideen/Begriffe sind (Gibran, Gargallo, Achenbach, Gonzalez, Leygue, Cornelissen, Guernay, Craps, Tulkens, Gili, Nuarta, Plouvier usw.). Es gibt in diesem Bereich eine andere Grenze als die menschliche Imagination und die Lebensart des Künstlers. Jedermann ist mit den zur Verfügung stehenden technischen Mitteln in der Lage, unendlich vieles auszudrücken, und diejenigen, die glauben, es sei alles schon in dieser Art gesagt worden, täuschen sich.

Die abstrakte Darstellung

Mit der Abstraktion neigt der Künstler in seinen Formen dazu, sich von jedem äusseren Bezug loszulösen. Tatsächlich existieren diese Bezüge immer, aber sie haben einen andern Stellenwert in der Realität. Das ist nicht mehr die makroskopische Realität, wie wir sie tagtäglich antreffen und die gewissermassen Modellcharakter hat, sondern es ist eine unterschwellige Realität, mikroskopisch oder energetisch. Was sie ausdrückt, das sind die Kräfte und Elementarformen des Universums, wie sie der Mensch dank seinem Empfindungsvermögen wahrzunehmen vermag.

278

Diese Formen können geometrischen Charakters (Geometrische Abstraktion) oder organischen Charakters (lyrische Abstraktion) sein, sie können stabil oder geprägt von Dynamismus, aggressiv oder heiter sein. Sie induzieren durch ihren Charakter eine ganz bestimmte Geisteshaltung.

Die geometrische Abstraktion
Die geometrische Abstraktion hat sich oft des Würfels, der Kugel, der Pyramide, des Vielecks, der Fläche, der geraden oder krummen Linie bedient. Es sind dies die Formen der reaktionsträgen Materie, der Kristalle und der Mineralien. Basierend auf diesen Grundelementen gibt es unendlich viele Variationen.

Die Wiederholung dieser Motive, mit oder ohne Symmetrie, durch Überlagerung, Gegenüberstellung, Verschiebung, Verformung führt zu wesentlichen Volumen in der Skulptur. Deren Oberfläche ist in der Regel poliert und in jedem Fall von Unebenheiten befreit. Dieser Typ einer Skulptur verlangt nach einem tadellosen Finish: perfekte Planität der Oberflächen, genaue Winkel, ausgewogene Kurven. Der rostfreie Stahl ist das Lieblingsmaterial des Bedingungslosen dieser Ästhetik. Die formale Perfektion steht über dem emotionalen Gehalt. Oft trägt die Farbe dazu bei, dem Material mehr Leben zu verleihen; die stofflichen Effekte spielen eine untergeordnete Rolle.

Die Künstlerinnen und Künstler, die sich in dieser Weise ausdrücken, sind viele: Robert Jacobsen, David Smith, Eduardo Paolozzi, Jacques Moeschal, George Rickey, Laszlo Moholy-Nagy, Antoine Pevsner, François Morellet, Jorge de Oteiza, Katazyna Kobro, Werner Witschi, Werner Pokorny, Jean-Claude Hug, Nigel Hall, Marino di Taena, Joël Stein, Cyril Lixenberg, Francis Dusépulchre, Gerlinde Beck, Mary Vieira, Angel Duarte, Michel Ventrone, Yves Millecamps, Nicolas Schöffer.

Die lyrische Abstraktion
Sie richtet sich eher an die Schlangenlinie, mit dynamischem Strich, an die Spirale, an die Wachstumsformen, an Verzweigungen, an ungewisse Verteilungen, an alle in der Natur zu beobachtenden Formen (Wirbelwinde, Blattrippen, Geländefalten, Spinnennetze, Muscheln, Wolken usw.).

Die mit dieser Perspektive erschaffenen Formen sind meistens asymmetrisch, dezentriert, nach einer schiefen Richtung ausgerichtet. Die Arbeit ist manchmal weniger sorgfältig ausgeführt, die Unebenheiten der Schweissung oder der Oberfläche werden als zusätzliche Ausdrucksmittel eingesetzt. Die Farbe wird eher selten gebraucht, weil sie die Wahrnehmungsfähigkeit verschleiert. Der Akzent wird mit Vorliebe auf stoffliche Wirkung gelegt, empfänglich für interessante Kontraste.

Von den Plastikerinnen und Plastikern, die zur lyrischen Abstraktion neigen, seien genannt: John Chamberlain, Theodore Roszak, Richard Stankiewicz, Ibram Lassaw, Harry Bertoia, Volkmar Haase, Ursula Sax, Tim Scott, Alexandra Harley, Lynn Chadwick, Friederich Werthmann, Erich Hauser, Carolin Lee, Robert Müller, Berto Lardera, Ornulf Bast, Bernard Luginbühl, Sadi Özis, Jaap Mooy, Roel DíHaese, Nino Franchina, Jean Tinguely, Ettore Colla, Alexander Calder, Francesco Somaini, Seymour A. Lipton, Harry Kramer, Walter Bodmer, Hans Uhlmann, Norbert Kricke, Jean Woodham, Rudolf Hoflehner, Theodoros.

Es ist aus naheliegenden Gründen illusorisch, alle Plastiker in eine der drei Kategorien klassieren zu wollen. Einige erweisen sich als nichtklassierbar, andere bewegen sich im Grenzbereich von mehreren Stilauffassungen und wieder andere bewegen sich im Laufe ihrer Karriere von einem Stil zum andern.

Schlussfolgerung

Die Redaktion dieses Werkes hat einen grossen Teil meiner Zeit während der letzten zwei Jahre beansprucht, aber die Erforschung des Bereiches «Stahl» hat mir auch viel gebracht. In erster Linie vertiefte Kenntnisse über die Metalle und die Verbindungen des Eisens. Wie vielen meiner Kollegen muss ich gestehen, dass meine Auffassungen ziemlich vage und zu Beginn manchmal falsch waren.

Im Kontakt mit zahlreichen Künstlerinnen und Künstlern, die überall auf dem Globus arbeiten, habe ich gewisse erstaunliche Tatsachen festgestellt. Ich war vor allem überrascht von der beeindruckenden Zahl von Frauen, die sich der Bearbeitung von Stahl widmen, einem Material, das ich a priori der männlichen Domäne zugeteilt hatte.

Dann scheint es mir offensichtlich, dass der Stahl das bevorzugte Material für die monumentale Skulptur geworden ist, prädestiniert, sich in riesigen Architekturprojekten einzuordnen. Das dabei eingegangene Risiko ist eine gewisse Entmenschlichung der Skulptur. Entmenschlichung in der Grösse und in der Thematik. In der Tat stellt man eine grosse Verflachung im Stil fest, die geometrische Abstraktion dominiert über den Rest. Es ist, wie wenn sich die Skulptur einer an und für sich trockenen geometrischen Architektur zu unterziehen hat, durch die Nachahmung ihrer Formen. Dabei wird der Dialog zwischen Geometrie und Natur, der die zwei Disziplinen befruchten könnte, vernachlässigt.

Ist das die Folge des Nichtvorhandenseins der künstlerischen Schulung: eine simplifizierende Lösung, eine Modeerscheinung, das Resultat der Diktatur einer bestimmten Kunstkritik?

So oder so: ein solcher Zustand, verursacht durch eine gewisse Monotonie und Nachlässigkeit, ist in jedem Fall bedauerlich. Es ist nicht zu vermeiden, dass er schliesslich eine Gegenreaktion auslöst, dass die Informierung über Entwicklungen demjenigen zusteht, der eine Veränderung anstrebt. Tatsächlich liegt einer der Gründe der heutigen Mängel der Skulptur darin, denke ich, dass der Mensch sich von der Materie entfernt hat. Aber ist nicht gerade die Materie das Fundament dieser Kunst? Sie ist jedenfalls einer der Pole; der andere Pol ist die geistige Fähigkeit. Oder, so stellt sich die Frage: Was stellen wir in den letzten Jahrzehnten fest? Die Strömungen der Minimalisten hinsichtlich Einfallsreichtum haben – bewusst oder unbewusst – versucht, die Wurzeln der Kunst zugrunde zurichten. Die «Künstler» sind zu «Designern» geworden, oder anders gesagt: zu Ingenieuren. Ein Werk entsteht künftig auf dem Papier, kompetente Techniker treten auf den Plan und konkretisieren die Idee des kreativ Tätigen. Dieser löst sich von der Realität und hat keinen direkten Zugang mehr zur Materie. Diese Gefahr wächst heute mit der Datenverarbeitung, mit der Kreation des machbaren Universums.

Einerseits ist das Delegieren der vollen Verantwortung verständlich, wenn man an die (Schwer-) Arbeit denkt. Ein Plastiker verfügt nicht immer über die geeigneten Mittel, um ein solches Unterfangen allein zu einem guten Ende zu bringen. Es braucht schon sehr grosse Werkstätten, die mit angemessenen Hebe- und Verschiebungsvorrichtungen und mit kostspieligen Maschinen usw. ausgerüstet sind.

Glücklicherweise trifft man trotzdem noch Plastiker an, die die Bearbeitung von Eisen und Stahl mit den Mitteln des Kunsthandwerkers ausführen. Unter ihnen gibt es nicht we-

Angela Gurria. *Réflexion sobre éclipse.* 1992 (Mexiko). Eisen, Maquette.

nige, die sich der gegenständlichen oder der lyrischen Abstraktion verschrieben haben. Allerdings ist ihre Zahl klein, wenn wir mit denjenigen Künstlern vergleichen, von denen wir eben gesprochen haben. Ihre Werke sind in der Grösse bescheidener; des öftern sind sie in Privatsammlungen oder in Museen anzutreffen. Ihre Arbeit geht langsam vor sich, ist minutiös; sie riskieren, es sei zugegeben, sich in Einzelheiten zu verlieren. Sie sind auf der Suche nach einer vollkommenen Übereinstimmung ihrer Vorstellungen, die sie in sich tragen, und der äusseren Umsetzung. Dabei ist es wesentlich, dass sie voll verantwortlich sind für ihre Arbeit.

Beiden Richtungen sind Stärken und Schwächen eigen. Es wäre darum wünschenswert, wenn es zum Dialog zwischen ihnen käme; beide würden davon profitieren. Das ist denn auch meine Hoffnung. Die Redaktion dieses Buches hat kein anderes Ziel, als beiden Seiten ein Maximum an nützlichen Informationen zukommen zu lassen.

Alexander Calder. *L'araignée rouge.*
1975 (USA). Bemalter Stahl. Grösse 30 m.
La Défense, Paris.

Chronologie in Stichworten

3500 v. Chr.	Erste Beispiele der Reduktion von Eisen in Ägypten.
1200	Beginn des Eisenzeitalters.
1000	Metallurgie bekannt im Königreich von Axoum in Afrika.
900	Eisenkultur in Hallstadt, Österreich.
700	Eisen bekannt in Äquatorialafrika.
500	Eisen bekannt in England. Eisengewinnung und Umwandlung in Österreich. Gussindustrie in China. Wootz-Stahl in Indien.
3. Jh. n. Chr.	Eisensäulen in Delhi und in Dhar.
1311	Erfindung des Hochofens mit hydraulischem Gebläse.
1340	Gebläseöfen im Bassin von Liège.
1346	Erste Kanonen in der Schlacht von Crécy eingesetzt.
1470	Erste Walzwerke.
1556	Erste ernsthafte Abhandlung über die Metallurgie: «De re metallica» von Agricola.
1705	Erste Dampfmaschine von Newcomen und Savery.
1709	Abraham Darby preist den Ersatz der Holzkohle durch Koks an.
1712	Die Dampfmaschine von Newcomen wird verbessert.
1735	Fabriken von Darby in Coalbrookdale. Erste industrielle Hochöfen von Koks.
1740	Benjamin Huntsman entwickelt den Tiegelstahl.
1765	Verbesserung der Dampfmaschine von Newcomen durch Watt, der einen Kondensator einbaut.
1770-1772	Erste Konstruktion mit Säulen aus Guss. Kirche St. Anne in Liverpool von Dodd.
1775-1779	Erste Metallbrücke, konstruiert von Abraham Darby III, über den Fluss Severn, nahe von Coalbrookdale.
1778	Erfindung des Verfahrens der Warmgalvanisation in Rouen. Erstmals galvanisiertes Eisen.
1779	Brücke von Coalbrookdale.
1784	Henry Cort erfindet das Puddeln.
1784	Watt erfindet den Zentrifugengenerator.
1785	James Watt erfindet die Dampfmaschine mit Doppelwirkung.
1793-1796	Brücke von Sunderland, Spannweite 72 m, aus Gussfeldern, mit Keilsteinen montiert.
1796	Erfindung der Zugspindeldrehbank von Henry Maudsley.

1801	Spinnerei in Salford von Watt und Boulton; erstes industrielles Gebäude mit sieben Stockwerken. Säulen und Träger aus Guss.
1802	Erster Sauerstoff-Wasserstoff-Schweissbrenner von Hare, Philadelphia, entworfen.
1801-1803	Pont des Arts in Paris von Cessart und Dillon.
1811	Erfindung des Lichtbogens von H. Davy. Kornhallen in Paris: Kuppel aus Eisen und Kupfer.
1813-1816	Drei Kirchen mit Metalltragwerk in Liverpool von J. Cragg.
1824	Erste Hängebrücke in Tournon.
1833	Gewächshäuser im Jardin des Plantes in Paris.
1836	Erfindung des Acetylens durch Edward Davy. Brücke von Bristol: Spannweite 214 m
1837	Erfindung der Galvanoplastik durch Moritz Hermann von Jacobi.
1838	Debassyns de Richemont fabriziert einen Luft-Wasserstoff-Schweissbrenner zum Schweissen von Blei und perfektioniert einen Sauerstoff-Gas-Schweissbrenner.
1843-1850	Bibliothek Sainte-Geneviève in Paris von Labrouste.
1850	Sainte-Claire-Deville gelingt es, mit einem Sauerstoff-Wasserstoff-Schweissbrenner eigener Erfindung Platin zu schmelzen.
1851	Crystal Palace in London von Paxton.
1853	Weltausstellung in New York: Konstruktion der Gebäude von J. Bogardus, in denen die tragenden Mauern durch Säulen und Bögen aus Metall ersetzt werden.
1855-1856	Erfindung des Bessemer Konverters.
1858-1868	Bibliothèque nationale in Paris von Labrouste.
1859	Acetylensynthese durch M. Berthelot.
1861	Bau der ersten grossen Hydraulikpresse durch John Haswell.
1865	Pierre Martin patentiert das gleichnamige Stahlverarbeitungsverfahren.
1868	R. Mushet beobachtet die Selbsthärtung von Wolframstahl.
1869	Viadukt über die Sioule von Eiffel.
1869	Erfindung des Kugellagers.
1876	Erfindung des Thomas-Verfahren in der Eisen- und Stahlindustrie.
1878	S. G. Thomas und P. C. Gilchrist erfinden das basische Verfahren (Siderurgie).
1879	Leiter Building in Chicago von W. le Baron Jenney.
1880-1884	Viadukt von Garabit von Eiffel.
1885	Perfektionierung der Lichtbogenschweissung.
1888	Entwicklung des Manganstahls durch Robert Hadfield.
1889	Weltausstellung in Paris; der Eiffelturm.
1896-1897	Maison du Peuple in Brüssel von Victor Horta.
1899	Carson, Pirie and Scott Building in Chicago von Sullivan.

1901	Ch. Picard erfindet den ersten Acetylen-Schweissbrenner.
1905	Erfindung der Autogenschweissung durch J.-L. Fouché.
1910	Erste getriebene Eisenmasken von Gonzalez.
1911	Gargallo stellt eine Plastik aus Stahlblech aus und der Kritiker Jean Cassou schreibt dazu: «Das Metall hat das Recht, in die Geschichte der Kunst aufgenommen zu werden.»
1913	Marcel Duchamp stellt sein erstes «ready-made», ein Fahrrad-Rad aus. Es ist zugleich das erste «Mobile» der zeitgenössischen Skulpturenkunst.
1916	Entwicklung des rostfreien Chromstahls durch Harry Brearley.
1920	Erfindung der Elinvarlegierung, ein Nickelstahl, durch Ch.-E. Guillaume.
1926	Erste Skulpturen aus Eisendraht von Calder, der «Cirque miniature» (Miniaturzirkus).
1927	Julio Gonzalez, ehemaliger Schweisserlehrling in den Fabriken von Renault, ist der erste in der Geschichte der Skulptur, der die Autogenschweissung anwendet.
1949	Erste Eisenarbeiten von Jacobsen.
1951	Erste abstrakte Eisenplastiken aus Schmiedeeisen von Chillida.

Lexikon

Abformen vom Gussstück: Exemplar aus geschmolzenem Metall/Legierung, das ein anderes gegossenes Exemplar aus geschmolzenem Metall reproduziert. Die abgeformten Gussstücke sind Kopien – oft gefälschte – von Originalen.

Abgeschnittene Scheibe: Zwischenscheibe zwischen Amboss und Hammer, die eine besondere Deformation vom geschmiedeten Eisen einleitet.

Abgiessen der Dicke: Entfernen des Sands auf der ganzen Oberfläche des Giesskerns und zwar in der gleichen Dicke, die der gewünschten Dicke des Metalls im gegossenen Exemplar entspricht (Giessandtechnik).

Ableitungsrohr: Ableitungsrohr für Flüssigwachs beim Giessen: Wachsausschmelzverfahren.

Abschöpfen: Abstossen von Verunreinigungen, die sich auf der Oberfläche eines Metallbades ansammeln (siehe auch unter *Entschlacken*).

Abschrecken: Wärmebehandlung, der gewisse Metalle unterworfen werden, mit dem Ziel, ihnen bestimmte mechanische Eigenschaften zu verleihen. Das Abschrecken umfasst eine Erwärmung, gefolgt von einer schnellen Abkühlung. Das Erhitzen vermittelt dem Material eine für hohe Temperaturen typische kristalline Struktur, während das rasche Abkühlen dem Metall erlaubt, diese Struktur bei gewöhnlicher Temperatur zu bewahren. Die Stähle sind die geeignetsten Legierungen, um mittels des Abschreckens modifiziert zu werden. Man spricht vom positiven Abschrecken, wenn die Härte (im Fall der Stähle) zunimmt, und vom negativen Abschrecken, wenn das behandelte Metall weicher wird (Fall des rostfreien Stahls 10/18).

Abziehen (Enthäuten): Abziehen einer oberflächlichen Materialhaut auf einem Modell aus Feuerfestmaterial mit dem Ziel, es in einem Formkern zu verwandeln (Giessereitechnik: Wachsausschmelzverfahren).

Abziehfeile (Schichtfeile): Nur ganz fein eingeschnittene Rippen zum Ausglätten der rauhen Oberfläche eines Werkes.

Abzweigen vom Giessstrahl: In der Giessandtechnik ist es der Kanal, der dem flüssigen Metall erlaubt, vom seitlichen Strahl abzuzweigen und in die Vertiefung der Giessform einzudringen. Dieses Abzweigen beinhaltet das Aushöhlen dieses Kanals im Formsand.

Affinieren: Ein Arbeitsgang, der die Entfernung von Verunreinigungen bei gewissen Metallen oder Legierungen bezweckt. Man arbeitet oft auf dem geschmolzenen Metall, wo die Verunreinigungen unlösliche Stoffe bilden, die entweder als Schlacken anfallen oder sich verflüchtigen. Man betreibt das Affinieren oft als Oxidation oder Reduktion des Kohlenstoffes wie bei der Umwandlung von Guss in Stahl oder wie bei der Silberschneidung oder Nickelraffination. Zur Herstellung von gewissen Metallen grosser Reinheit greift man oft zu komplexeren Affiniermethoden, wie zum Beispiel zur chemischen Methode für Metalle in Lösung oder zur elektrolytischen Methode, die zu maximalen Reinheiten führt.

Agglomerat: Zusatzstoff, den man dem Giessereisand beifügt, zur Steigerung der Festigkeit.

Allotrope Umwandlung: Übergang von einem kristallinen Zustand in einen andern.

Aluminisieren: Ein Verfahren zum Niederschlagen einer Schicht von Aluminium, reines metallisches Aluminium, auf metallischen oder nichtmetallischen Objekten. Die Aluminiumschicht kann dekorativen oder Schutzcharakter (gegen Korrosion) haben. Die Aluminisierung kann auf kaltem Weg erfolgen, indem eine Aluminiumpulver enthaltende Firnisschicht abgelagert wird. Das Wärmverfahren geschieht a) durch Tränken, wobei das zu bedeckende Objekt in ein Bad mit geschmolzenem Aluminium getaucht wird; b) durch Spritzen nach Schoop eines Sprühnebels von geschmolzenem Aluminium auf das zu bedeckende Objekt mit der Spritzpistole; c) durch Erhitzen oder Cementieren, indem das zu verkleidende Stück in einem Fass mit Alu-Pulver auf 850-900° C erhitzt wird.

Alundum: reines kristallisiertes Aluminiumoxid, das man durch Sintern von Bauxit im Elektroofen erhält. Man braucht es als Schleifmittel in der Fabrikation von Schleifscheiben (Härte 9 auf der Mohs-Skala) zwischen gewöhnlichem Korund und Diamant.

Amboss: Massiver Block aus Stein, Bronze oder Eisen zum Schmieden eines Metalls.

Ambosshorn: Ambosshorn (oder -hörner) ist die Bezeichnung der beiden Ende des Ambosses in einer Schmiede. Eines ist konisch ausgebildet und das andere in der Form eines Pyramidenstumpfes. Beide sind in der Mitte vom Amboss befestigt. Die Hörner ermöglichen die Bearbeitung von Blechen in verschiedensten Formen.

Anlassen: Wärmebehandlung, die zum Ziel hat, die Wirkung der Abschreckhärtung eines Metalls zu modifizieren, ohne sie indessen zum Verschwinden zu bringen. Beim Stahl besteht das Anlassen darin, das Metall auf eine kontrollierte Temperatur zu erhitzen, damit sich die Mängel des Abschreckens korrigieren lassen (zu hohe Härte, zu grosse Zerbrechlichkeit).

Anlassfarbe: Nach dem Anlassen von Objekten aus Stahl nimmt deren Oberfläche eine besondere Farbe an. Diese zwischen 200 und 300° C erzeugte Farbe geht auf die Bildung einer oberflächlichen Oxidschicht zurück; sie hängt von der Temperatur des Anlassens ab. Der Maximalhärte des Stahls entspricht ein Gelb, während der maximalen Weichheit des Stahls ein Azurblau gleicht; indessen weisen die harten Stahlfedern ebenfalls eine bläuliche Farbe auf.

Anode: In einer Batterie oder einem Elektrolysegefäss ist es die positive Elektrode (man bezeichnet sie auch als positiven Pol). Die Anode ist der Sitz der anodischen Oxidation. Lösliche Anode: metallische Elektrode, die sich im Elektrolysebad auflöst.

Anreisser: Werkzeug aus Stahl zum Kennzeichnen von vertieften Konturen einer Form. Sein Querschnitt ist flachlinig oder gekrümmt.

Anreissnadel: Werkzeug zum Zeichnen von Parallellinien oder zur Aufnahme von senkrechten Dimensionen. Sie besteht aus einer auf einem Stift verschiebbaren Spitze aus Stahl.

Anschweissen: Zusammenschmieden oder Warmschweissen von Metall zur Verbesserung der Kompaktheit und der Homogenität.

Antracht: Fossile Kohle, sehr reich an Kohlenstoff und arm an flüchtigen Stoffen und Aschen. Sie brennt mit kurzer und wenig leuchtender Flamme. Sie ist der ausgesuchte Brennstoff für Öfen und Feuerungsanlagen mit gutem Zug; sie verbraucht eine grosse Menge Sauerstoff bei ihrer Verbrennung.

Arbeitstisch (Werkbank): Massiver Tisch, auf dem die Arbeit ausgeführt wird. Der Tisch ist oft mit einem Schraubstock zum Festhalten des Werkstücks ausgerüstet.

Argon: Argon ist das gebräuchlichste unter den Edelgasen. Dieses inerte Gas verwendet man beim Schweissen mit Argon. Die Elektrode, das Schmelzbad und das Ende des angeschweissten Metalls werden durch eine Argonatmosphäre gegen Oxidation und Nitrierung geschützt.

Aufsetzkern: Teil der Sandform, die gegen eine Partie der Formschräge des Modells gepresst wird.

Aufspannen (Mandrin): Aufspannen eines Metallstücks mit Hilfe eines Spannfutters, eines Dorns, einer Spindel oder eines festen Systems.

Ausbesserung eines Gussfehlers: Giessereifehler, der sich in der Überlagerung verschiedener, nicht homogener Metallschichten zeigt. Der Fehler tritt ein, wenn der Giessvorgang nicht kontinuierlich erfolgt.

Ausbohren: Schleifen und Polieren einer zylindrischen Innenfläche.

Ausfall: Giessereifehler, bestehend aus einem Mangel an Giessmasse. Der Grund kann in einer ungenügenden Temperatur der Giessmasse liegen oder in einem Ungenügen des Versorgungssystems für das flüssige Metall.

Ausformen: Ein Gussstück wird aus der Form, die wieder verwendet werden kann, ausgeformt (nicht zu verwechseln mit dem Vorputzen).

Ausglühen (Tempern, Nachhärten): Eine Wärmebehandlung, die folgendes umfasst: ein Erhitzen, ein Halten einer bestimmten Temperatur und ein langsames Abkühlen. Der Wärmezyklus des Ausglühens ist vom Material und vom festgelegten Ziel abhängig.

Aushauschere (Schneidmaschine): Maschine oder Schere zum Schneiden von dünnem Metall.

Aushebestift: Diese Stifte werden mittels einem Pressluftwerkzeug befestigt. Sie weisen einen runden Querschnitt mit unauffälligem Kopf auf und werden in das zu verbindende Material (es kann Metall sein) eingeschossen.

Aushiebmeissel: Mit Griff versehener Meissel mit flacher und gerader oder konvexer Schneide (runder Aushiebmeissel), der zum Abarbeiten von überschüssigem Material, das nur schwer mit der Feile zugänglich ist, verwendet wird.

Äussere Elektronen (Valenzelektronen): Elektronen der äussere Schale der Elektronenwolke der Atome. Es sind dies die Elektronen, die das chemische Verhalten der Elemente bedingen.

Austenit: Festlösung von Kohlenstoff im Gamma-Eisen. In den Kohlenstoffstählen ist der Austenit nur oberhalb von 727°C stabil und sein maximaler C-Gehalt ist 2,14% bei 1'147°C. Seine chemische Zusammensetzung variiert innerhalb gewisser Grenzen je nach der Temperatur. In den legierten Stählen, bei denen die austenitische Struktur bei Umgebungstemperaturen aufrechterhalten wird, weist der Austenit polyedrische Kristalle auf. Er kristallisiert im kubischen System flächenzentriert. Bei gleicher Temperatur liegt seine Dichte höher als diejenigen von Alpha- und Delta-Eisen. Durch Abkühlung trennt sich der Ferrit ab, wenn die Legierung einen C-Gehalt von weniger als 0,87% enthält. Austenit weist im allgemeinen eine geringe mechanische Festigkeit und eine erhöhte Schlagzähigkeit auf.

Authentisches Exemplar: Ein im Giessverfahren erzeugtes Werk aus geschmolzenem Metall/Guss, bei dem entweder das Modell oder die Giessform wiederverwendbar bleiben. Die Auflage von authentischen Exemplaren kann ein Exemplar (= Unikat), eine Serie (numerierte Exemplare) oder eine unlimitierte Ausgabe (nicht numerierte Exemplare) umfassen.

Bainit: Verbindung von Ferrit mit einem Karbid. Es bildet sich unter bestimmten Härtebedingungen legierter Stähle, die im besonderen Chrom und Molybdän enthalten.

Band (Bandeisen, Bandstahl): Ein sehr dünn gewalztes Band (in der Regel aus Stahl), einige Zentimeter breit und von variierender Dicke, je nach Breite. Es ist sehr flexibel und eignet sich als Umreifungsband bei Boxen und Verpackungen.

Barren: Rohes, vorgeformtes Stahlstück, hergestellt durch Walzen eines Stahlblocks. Die Abmessungen von geläufigen Barren variieren zwischen 50 x 50 und 200 x 200 mm im Querschnitt.

Belleville-Dichtungsring (Rondelle, Unterlegscheibe): Dieser dient zur Sicherung. Zwischen Schraube und dem festzuziehenden Stück eingelegt, verhindert er wegen seiner Elastizität ein Losschrauben durch Vibrationen. Er besteht aus hochlegiertem, gehärtetem Stahl mit hoher Elastizitätsgrenze.

Biegemaschine: Formgebungsmaschine für Bleche. Diese werden gemäss geradliniger Falten und ohne andere Deformation gefaltet.

Biegen (Falten): Arbeitsgang zum Formen von vorgängig geschnittenen Blechen, so dass Stücke mit festgelegten Winkeln, aber ohne Modifikation der Dicke, fabriziert werden. Das Biegen kann von Hand geschehen, wird aber eher mittels der Biegemaschine mit Schwenktisch oder der Abkantpresse vorgenommen.

Biegen, Krümmen: Ein Biegevorgang, der sich vom einfachen Falzen grundlegend unterscheidet. Beim Biegen nehmen die Bleche, Bänder und Metalldrähte kreisförmige Formen an oder Krümmungsformen mit verhältnismässig grossem Radius je nach Dicke der Bleche. Das Biegen kann auf Spezialpressen oder Biegemaschinen ausgeführt werden.

Blase: Kleiner, mehr oder weniger kugelförmiger Lunker, der manchmal in einem geschmolzenen Metall nach der Verfestigung zurückbleibt. Die geschmolzenen Metalle lösen eine beträchtliche Menge von Gasen auf (Wasserstoff, Stickstoff, Kohlenmonoxid), die bei der Verfestigung freigesetzt werden. Das pastig gewordene Metall hält die Gase im Innern zurück: es entstehen Blasen oder Mikrohohlräume.

Blauanlaufen: Blauanlaufen von Stahl, der vorgängig eine permanente Verformung bei 250-300° C erfahren hat. Diese Färbung ist auf eine azurblaue Oxidhaut, die die Metallmasse überzieht, zurückzuführen. Gleichzeitig bewirkt das Erwärmen einen Niederschlag von in der Legierung als Verunreinigungen enthaltenen Elementen, mit der Konsequenz, dass dieses Material im erwärmten Temperaturintervall nicht verformbar ist. Eine solche Erscheinung wird als «Blaubrüchigkeit» bezeichnet.

Blech: Blatt aus Metall, plan oder gebogen, von sehr grosser Oberfläche im Vergleich zu seiner Dicke. Im Verhältnis zur Dicke unterscheidet man eine hohe (> 5 mm), eine mittlere (3-5 mm) und eine geringe Blechstärke (0,2-3 mm). Die Bleche können plan, gerippt, geprägt oder wellig sein. Die gezogenen Bleche lassen sich durch die Realisation von Querspalten fabrizieren, indem auf diese Spalten anschliessend ein senkrechter Zug ausgeübt wird. Auf diese Weise erhält man ein Netz, dessen Maschen rhombusförmig sind und wie ein Gitter verwendet werden kann.

Blechschere: Ein Handwerkzeug zum Schneiden von dünnen Blechen. Es ist aber auch eine Werkzeugmaschine, die vollständige Schnitte von Blechen gestattet. Der Schneidvorgang erfolgt auf kaltem Weg: die Trennung des Blechs in zwei Teile geschieht durch einen glatten Schnitt, ohne dass Späne zu entfernen sind. Die Blechscherenmaschinen arbeiten mit geraden Schneiden, mit alternativer oder intermittierender Bewegung oder mit Kreisschneiden mit kontinuierlicher Kreisbewegung.

Bohr- und Drehwerk: Werkzeugmaschine zum präzisen Bearbeiten von zylindrischen oder konischen Bohrungen.

Bohren: Der Arbeitsgang «Bohren» besteht im zylindrischen Aushöhlen eines festen Körpers. Das gewöhnliche Bohren erfolgt mittels eines Werkzeuges, dem Bohrer, auf einer Werkzeugmaschine (Bohrmaschine) oder mit einer Bohrkurbel von Hand oder elektrisch angetrieben. Die Bohrungen auf komplex geformten Werkstücken geschehen auf dem Dreh- und Bohrwerk.

Bohrer: Werkzeug, mit dem Löcher in die verschiedensten Materialien gebohrt werden. Die Bohrer im Einsatz arbeiten mit zwei Bewegungen: einer kreisförmigen Schneidbewegung und einer Zustellbewegung längs ihrer Achse. Sie weisen zwei Schneidkanten auf. Der Bohrer besteht aus folgenden Teilen: dem Verankerungsschaft (= hinteres Ende), der ins Spannfutter oder in die Werkzeugmaschine eingespannt wird, dem Hals und dem Gewindeteil.

Bohrmaschine für schwere Arbeiten: Eine elektrische Maschine, die in schneller Kreisbewegung verschiedene Werkzeuge arbeiten lassen kann: Bohrer, Fräser, Schleifscheiben usw. Die Bohrmaschine kann aber auch eine Werkzeugmaschine sein zum Bohren, Ausbohren und Gewinden.

Bohrmaschine für leichte Arbeiten und Holz: Werkzeugmaschine, auf der zylindrische Löcher, unter Abtragen von Spänen, ausgebohrt werden. Der Bohrer wird durch eine kontinuierliche Rotationsbewegung (es ist dies die Schneidbewegung) und durch eine geradlinige Bewegung, der Achse des Spannfutters folgend (es ist dies die Zustellbewegung), in Gang gesetzt.

Bolzenverschraubung: Eine Befestigungsmethode mit Hilfe von Schraubbolzen.

Borolon: Ein künstliches Produkt, Schleifmittel und Feuerfeststoff, auf Basis von Bor. Es findet für Schleifscheiben und Tiegel Anwendung. Man nennt es auch «schwarzen Diamant». In Schleifscheiben ist es das hexagonale Bornitrad, auch Boazon genannt.

Brennen (Kalzinieren): Mit dem Erhitzen auf eine hohe Temperatur modifiziert man einen Körper: man wandelt beispielsweise ein Eisencarbonat in Eisenoxid um.

Brennofen: Ofentyp zum Schmelzen und zum Ausglühen bestimmter Elemente.

Brennschneiden: Verfahren zum Zerlegen von Eisenmetallen in Teile durch Schmelzen mit einem Sauerstoffstrahl. Beim Brennschneiden ist die zugeführte Wärme in der Lage, das Metall zu schmelzen; sie besteht aus einer Flamme aus Acetylen, Wasserstoff und Propan, je nach dem spezifischen Fall. Der Verbrennungsträger ist Sauerstoff. Der Sauerstoff-Schneidstrahl verschafft sich üblicherweise im Zentrum der Flamme Zugang; seine Leistung muss so gross sein, dass sie genügt, um das Material auf der ganzen Breite zu verbrennen. Seine lebhafte Kraft trägt dazu bei, die gebildete flüssige Schlakke durch den Brennschnittspalt abzuführen. Das Brennschneiden im Lichtbogen, genannt elektrisches Sauerstoff-Schneiden, verbindet den Lichtbogen mit dem Sauerstoff. Dieses Verfahren wird zum Schneiden und Bohren der rostfreien Stähle und des Gusses empfohlen.

Brennstoff: Jedes Material, mit dem ein Feuer angezündet werden kann, wie Holz, Kohle, Torf.

Brennwert: Energetischer Wert eines Brennstoffs.

Brinell-Test: Sehr häufig ausgeführter Test zur Bestimmung der Härte eines Stoffs. Er besteht darin, dass im zu untersuchenden Muster eine Stahlkugel grosser Härte und vom Durchmesser D mit der Kraft F eingedrückt wird. Die Härte des Musters oder die Brinellhärte, ist, bezogen auf die Kraft F, gleich dem produzierten Eindruck auf der Kalotte.

Bronzierung: Chemische Behandlung zur hauchdünnen Ummantelung von Objekten aus Metall oder Holz mit einer Patina, die ihnen den Aspekt von Bronze verleiht. Die Bronzierung kommt beim Tränken in einer geeigneten Bronzierlösung oder auf galvanischem Weg zustande.

Brünieren: Einer Metalloberfläche ein glänziges Aussehen verleihen, indem die oberfläche Schicht auf dem Metall mit einem sehr harten und glatten Werkzeug zermalmt wird.

Brünierung: Unter Druck polieren. Die Brünierung wird von Hand ausgeführt.

Bürste: Ein in den Giessereien verwendetes Werkzeug zur oberflächlichen Reinigung der gegossenen Stücke. Es sind Metallbürsten, die mit einem Elektromotor ausgerüstet sind.

Bürsten: Reiben einer Metalloberfläche mit einer Metallbürste, bis diese ein glattes und leicht satiniertes Aussehen hat. Der Bürstvorgang soll nur in einer Richtung geschehen, will man den Aspekt einer homogenen Oberfläche erreichen.

Carbonado/Schwarzer Diamant: Varietät von Diamant, in der Regel in Zuschlagstoffen auftretend. Vom Graphit und anderen Fremdsubstanzen schwarz gefärbt, weist der Carbonado eine grössere Härte als der Diamant auf. Er wird in der Metall- und Steinbearbeitung verwendet.

Carborundum: Künstliches Schleifmittel aus Siliziumkarbid (SiC).

Cementation: Vorgang, durch welchen man ein Metall oder eine Legierung im Kontakt mit einem Cementationsmittel erhitzt, um ihnen andere Eigenschaften zu verleihen. Das Cementationsmittel gibt die Atome ab, die ins Innere des Metalls diffundieren. Beispiel: zum Verstählen des Eisens umgibt man dieses mit Holzkohle und fixiert den Kohlenstoff durch Warmhämmern.

Cementationsmittel: Pulverförmiger Kohlenstoff, der einen Metallkörper umgibt, um ihn zu cementieren.

Cementit: Komponente der Eisenlegierungen mit Kohlenstoff. Es ist ein Eisenkarbid (Fe_3C), bestehend aus 93,3 % Fe und 6,67 % C, das in die Struktur von Perlit eintritt. Cementit ist entektisch in den Stählen mit mehr als 1,7 % C, vorentektisch in den Stählen mit mehr als 0,9 % C und primär in bestimmtem gehärtetem Weissguss. Der Cementit ist die härteste Komponente der Stähle; er ist sehr brüchig.

Chemische Verchromung: Oberflächenschutz eines Eisen- oder Nichteisenmetalls durch eine hauchdünne Schicht von Chromat oder Bichromat. Es stehen verschiedene Anwendungsverfahren zur Verfügung: a) einfaches Eintauchen in eine sechswertige Chromlösung; b) Applikation mit dem Pinsel oder Metallisation durch Schmelzen und Aufsprühen mit der Spritzpistole. Der so erhaltene Belag ist einige Zehntelmikron dick; er bietet einen guten Schutz vor Korrosion und bildet einen ausgezeichneten Untergrund für einen Finish mit Firnis oder Anstrichfarbe.

Coschmelze (Cofusion): Fabrikation von Stahl durch die kombinierte Schmelze von Eisen und Guss. Sie entspricht dem Siemens-Martin-Verfahren.

Croning-Verfahren: Giesstechnik mit Maskenform, entwickelt von Croning (Self-Cure Casting = Keramisches Schalengiessverfahren).

Damassieren (Damassage): Diese Technik benutzt die mehr oder weniger grosse Aufkohlung des Eisens, um höchste Qualitäten zu erzielen. Es sind zu unterscheiden: die Damassage der Kristallisation, die seit dem 8. Jahrhundert in Damas bekannt ist; sie tritt aufgrund einer dendritischen Entmischung während der langsamen Abkühlung auf, der ein gezieltes Hämmern folgt, und die Damassage der Verbindung, was in etwa einer Schweissung gleichkommt.

Damaszierung: Nicht zu verwechseln mit dem Damassieren/Damassage. Es handelt sich um eine Einlegetechnik, indem auf einer Metalloberfläche Streifen eines andern Metalls eingelegt werden, die den Konturen einer Zeichnung folgen.

Dehnbarkeit (Duktilität): Eigenschaft der Metalle zur dauerhaften Deformation infolge einer mechanischen Zugkraft, die bis zu einem ausgezogenen dünnen Draht gehen kann. Die Dehnbarkeit ist verwandt mit der Hämmerbarkeit, da die dehnbaren Metalle zugleich auch hämmerbar sind. Dagegen ist sie unabhängig von der Plastizität, einer Verformbarkeit, hervorgerufen durch einen Pressvorgang. Eisen, Kupfer, Aluminium, Zinn, Zink und ihre Legierungen sind duktile Metalle. Die Edelmetalle wie Gold, Platin und Silber sind es ebenfalls. Die Dehnbarkeit ist unabhängig von der Temperatur, von der Anwesenheit von Verunreinigungen, von eventuellen vorausgegangenen Wärmebehandlungen und Bearbeitungen, die eine Härtung zur Folge haben können.

Diagramme TTT (Transformation [= Umwandlung]/Temperatur/Temps (=Zeit): Es handelt sich um Kurven/Diagramme der Umwandlung, der Temperatur und der Zeit. In einem bestimmten Temperaturbereich findet im Laufe der Abkühlung die Zersetzung des Austenits mit begrenzter Geschwindigkeit statt. Wenn man also die Abkühlung sehr schnell durchführt, wird das Austenit bis im fraglichen Bereich nicht modifiziert. Hält man einen bestimmten Temperaturbereich während einer genügenden Zeitspanne, werden Umwandlungen erzeugt, die man Isothermen vom Austenit nennt. Die Kurven TTT gelten für einen gegebenen Stahl. Der Anteil des zersetzten Austenits in Prozenten wird als Funktion der Temperatur und der Zeit dargestellt.

Diamagnetisch: Eine diamagnetisch bezeichnete Substanz, die einem magnetischen Feld ausgesetzt ist, wird proportional zum Feld magnetisiert, jedoch mit umgekehrter Ausrichtung.

Dichtungskitt: Schlichte auf Basis von Knochenmehl, fein gemahlenem Backstein, Austopfwolle und Erde (Tonabfälle, Lehm), die den Giesskern umgeben, um ihn der direkten Flamme beim Brennen der Formen zu entziehen.

Diffusion: Einer der elektrochemischen oder anderen Mechanismen, mit dem Materie verschoben werden kann.

Drahtbürste: Eine Spezialbürste mit Pinseln aus sehr feinem Messingdraht. Man bürstet ein Stück, indem man es mit Essig oder einer Lösung von gereinigtem Weinstein anfeuchtet. Vorgängig ist das Stück zu reinigen oder aufzufrischen.

Drahtseil: Die Gesamtheit der Stahldrähte, die spiralförmig um einen zentralen Kern – man nennt ihn Seele – gewickelt ist. Die Seele kann ein Stahldraht oder ein Faserseil (pflanzlich oder künstlich) sein. Die Stahldrähte bestehen aus Stahl hoher Festigkeit (120-200 N/mm²).

Drahtziehen: Beim Arbeitsgang «Metallstrecken» erhält man Drähte, die ein Lochblech durchqueren, dessen Lochquerschnitt genau dem gewünschten Drahtquerschnitt entspricht; die Lochplatte trägt den Namen Drahtziehbank oder einfach Drahtzug.

Drehbank: Werkzeugmaschine für die Fabrikation von Drehlingen und schraubenförmigen Oberflächen.

Drehen: Metallbearbeitung mit Abheben von Drehspänen auf der Drehbank.

Duralog: Handelsname eines Spezialstahls, der bis zu 25 % Chrom und 16 % Aluminium enthält und der eine oxidierende Atmosphäre ohne Alterung bis 1200° C aushält. Seine mechanische Festigkeit ist erhöht, ebenso die Korrosionswiderstandsfähigkeit, sogar bei sehr hohen Temperaturen.

Eindammen: Die Form aus Formerde wird von Sand umgeben und in die Giessgrube gelegt, damit sie dem Druck auf die Wandung durch das geschmolzene Metall standhalten kann.

Eindrücken/Lochung: Mechanischer Arbeitsgang mit verschiedenen Zielen: schnelle Ausführung von Löchern in einem Blech mit Hilfe der Lochstanze oder Markierung von Zahlen und Buchstaben auf Metalloberflächen mit Hilfe des Formeisens und einem Hammer.

Eingebrannter Sand: Giessereifehler, der sich in einer Überdicke der Oberfläche manifestiert, was auf eine zu starke Haftung des Sands am gegossenen Objekt zurückzuführen ist.

Einguss: Senkrechter Eingusskanal für das flüssige Metall, das die Form auffüllt. Der Kanal ist ein Teil des Versorgungssystems einer Giessform.

Eisenschwamm: Metallisches und verschlacktes Produkt, durch Reduktion von Eisenerz bei einer Temperatur unterhalb des Schmelzpunktes von Eisen erhalten.

Elastizität: Eigenschaft von gewissen Körpern, die durch äusseren mechanischen Druck verformt werden, jedoch aufgrund von Elastizitätskräften nach dem Loslassen des Druckes wieder ihre ursprüngliche Form und Gestalt annehmen.

Elektrische Schweissung: Technologische Methode der intimen und endgültigen Verbindung zweier oder mehrerer Stücke aus Metall unter Verwendung elektrischer Energie. Die elektrische Energie wird in thermische Energie umgewandelt bis auf das gewünschte Temperaturniveau für die Verbindung. Lichtbogenschweissung: Sie wendet die von einem Lichtbogen produzierte Wärme an, der zwischen einer Elektrode und der Anschlussklemme des zu schweissenden Metallelements gezündet und unterhalten wird.

Elektrode: Ein Element, das am Ende eines Metallkreises angeordnet ist, das erlaubt, in einem leitenden Milieu Strom zu führen oder solchen von ihm zu empfangen. Man wendet Elektroden in der Elektrolyseapparatur an. Die Elektrode, die den positiven Strom im Elektrolyt führt, ist die Anode; diejenige, die den Strom empfängt, ist die Kathode.

Elektrolyse: Zersetzung gewisser chemischer Substanzen, im Zustand der Schmelze oder der Lösung, durch die ein elektrischer Strom durchgeleitet wird.

Elektrolyt: Eine chemische Verbindung, die im geschmolzenen oder in einem Lösungsmittel gelösten Zustand den elektrischen Strom zu leiten vermag. Der Durchgang eines Gleichstroms durch einen Elektrolyten ist immer begleitet von dessen Zersetzung; diese erfolgt auf Elektrodenniveau. Wird dagegen ein Wechselstrom von angemessener Frequenz durch den Elektrolyten geleitet, führt er einfach den Strom, ohne dass der Elektrolyt eine Veränderung seiner chemischen Zusammensetzung erfährt.

Elektronegativ: Man bezeichnet ein Element als elektronegativ, wenn es dazu neigt, zusätzliche Elektronen aufzunehmen, um seine Elektronenschale aufzufüllen. Man bezeichnet in der Elektrolyse einen Körper, der sich auf die positive Elektrode zu bewegt, ebenfalls als elektronegativ.

Elektropositiv: Man bezeichnet ein Element als elektropositiv, wenn es dazu neigt, überschüssige Elektronen zu verlieren, um eine stabilere Elektronenanordnung zu erlangen. Man bezeichnet in der Elektrolyse einen Körper, der sich auf die negative Elektrode zu bewegt, ebenfalls als elektropositiv.

Email: Ein weiss-opakes oder auch gefärbtes Glas, leicht schmelzend, geeignet als Überzug von Glas-, Keramik- oder Metalloberflächen. Die Emaille setzen sich aus Silikaten oder Natriumboraten, aus Kalium und Calcium zusammen, vermischt mit Trübungsmitteln (Zinnoxid, Calciumfluorat oder -phosphat) und Farbstoffen (Eisenoxid, Chromoxid), die in der geschmolzenen Masse in Suspension bleiben.

Emaillierung: Ein Arbeitsvorgang zum Überziehen einer Oberfläche mit Email.

Entgraten: Entfernen der Gussnähte, welche die Oberfläche des Gussstückes umlaufen.

Entkohlen: Entfernen des Kohlenstoffs in gewissen Metallen. Der entkohlte Guss wird in Eisen und Stahl umgewandelt.

Entkohlung: Der Guss wird durch Frischen/Reduzieren entkohlt.

Entkrusten: Entfernen der Gusshaut, die nach dem Abkratzen des Sandes das Gussstück bedeckt.

Entlüftung: Kleiner Entlüftungskanal in der Giessform, durch den die Luft entweichen kann, die beim Giessen und Eindringen des flüssigen Metalls in die Form verdrängt wird.

Entsanden: Beseitigen des Sandes von einem ausgeformten Gussstück (Sand, der auch nach dem Vorputzen noch am Stück haftet).

Entschlacken: Entfernen der Schlacke und des Schmutzes, die an der Oberfläche des Schmelzbades für Metall schwimmen (siehe auch unter «Abschöpfen»).

Entschlackung: Kräftiges Hämmern der Eisenluppe mit dem Ziel, die Schlacken abzustossen und ein Reinsteisen zurückzugewinnen.

Erz: Mehr oder weniger komplexe Vereinigung einer oder mehrerer Sorten von natürlichen Mineralien.

Eutektisch: Eutektisch ist eine Legierung, deren Verfestigungtemperatur fest und tiefer als diejenige jeder Komponente ist.

Eutektoid: Ein besonderes Gemisch von zwei Typen von verschiedenen, nebeneinander liegenden Kristallen, die ähnliche Charakteristiken haben wie die der eutektischen Mischung.

Exotherm: Exotherm nennt man die chemischen Reaktionen, bei denen Wärme freigesetzt wird.

Extrudieren (Strangpressen): Das Strangpressen ist ein industrieller Prozess, mit dem eine plastische Masse mittels einer Dornstange (Stauchstempel) über eine Matrize gepresst wird, zur Herstellung von massiven oder hohlen Objekten von bestimmter Form. Das Extrudieren kann Stangen, profilierte Rohre usw. umfassen.

Fehler, interstitieller: Fehler in der Kristallstruktur der Metalle wegen eines zusätzlichen Ions zwischen zwei Gitterreihen («Lückenatom»).

Feile: Ein Werkzeug aus gehärtetem Stahl, bedeckt mit kreuzweise oder nicht kreuzweise geführten Parallelrippen (Schneiden), die eine Fertigbearbeitung des Metalls möglich machen. Der Querschnitt kann rund, quadratisch, dreieckig, flach usw. sein, damit für alle Oberflächen die geeignete Feile angewendet werden kann.

Feilen: Arbeitsgang zum Entfernen der Späne, indem die Feile tangential zur Oberfläche geführt wird. Auf diese Weise erhält man eine plane oder profilierte Oberfläche auf dem bearbeiteten Stück. Die Feile wird von Hand geführt oder auf eine Maschine, die sich Waagrechtstossmaschine oder Hobler nennt, gespannt. Die Späne heissen Feilspäne.

Ferrit: Eine der Komponenten in der Legierung von Eisen und Kohlenstoff: es handelt sich um Alpha-Eisen mit wenig aufgelöstem Kohlenstoff (weniger als 0,02 %).

Fertigbearbeitung (Finish): Die Gesamtheit der Arbeitsgänge zur Fertigbearbeitung der Oberfläche eines rohen Gussstückes. Diese Bearbeitung umfasst: die Entsandung, das Sandstrahlen, das Sandkiesstrahlen, das Schruppen, das Entgraten, das Kern-Ausstossen, das Ausbessern, das Gewindeschneiden, das Ziselieren, das Reinigen, die Montage und das Patinieren.

Feuerfest: Ein Material ist feuerfest, wenn es erhöhte Temperaturen aushält und verschiedenen chemischen Reaktionen widersteht.

Feuerraum: In der Metallurgie ist der Feuerraum der Teil des Heizsystems, in dem die Verbrennung stattfindet.

Firnis: Der Firnis, in variabler Konsistenz, in hauchdünner Schicht auf eine Oberfläche aufgetragen, trocknet im Kontakt mit dem Luftsauerstoff oder beim Verdunsten des Lösungsmittels. Was zurückbleibt ist eine dünne, widerstandsfähige und elastische Haut auf der Oberfläche. Jeder Firnis enthält ein Harz in einem oder mehreren Flüssigträgern. Es gibt fette Firnisse und solche mit einem flüchtigen Lösungsmittel.

Flussmittel: Reinigungs- und Flussmittel zur Erleichterung des Lötprozesses bei Metallen. Es gewährt eine perfekte Benutzung der zu lötenden Oberflächen, löst die vorgängigen Oxide oder diejenigen, die sich beim Erwärmen bilden und dient als Temperaturanzeiger im Laufe des Erwärmungsvorgangs. Das Flussmittel besteht in der Regel aus Borax.

Flussmittelbehandlung: Anwendung des Flussmittels auf den zu lötenden Oberflächen.

Form (Giessform): In der Giesstechnik werden Formen aus verschiedenen geeigneten Materialien für eine Anzahl Abgüsse aus einer geschmolzenen Legierung oder einem geschmolzenem Metall gefertigt. Nach der Verfestigung des Metalls erhält man das gegossene Objekt. Die Formen bestehen aus Formerde, Quarzsand, Metall, Stein, Gips, Schamotte, Kunstharzen. Sie werden nach Gebrauch zerstört oder wiederverwendet.

Formeisen (Punze): Ein Stück Stahl mit einem stumpfen Pyramidenkopf, dessen Oberfläche mit einem erhabenen Siegel, einem Buchstaben oder einer Zahl markiert ist. Man verwendet das Formeisen zur Markierung der Oberfläche eines Stücks.

Formen (zur Form bringen): In der Giesstechnik wird in einem feuerfesten Material ein Abguss (in einer wiederverwendbaren oder nichtwiederverwendbaren Form) gemacht. Auf diese Weise reproduziert man die Formen eines Modells mit Hilfe einer flüssigen Legierung oder eines flüssigen Metalls.

Formen: Die Gesamtheit der Elemente aus Sand, Metall oder anderen Materialien, welche die Hohlkörper bilden, in die das Flüssigmetall gegossen wird, zur Herstellung des gewünschten Objekts. Die Form ist in der Regel eine Matrize und ein Giesskern.

Formerde: Feuerfestes Material, das zur Herstellung von Giessformen und Giesskernen in der Wachsausschmelztechnik («verlorenes Wachs») eingesetzt wird. Die Formerde setzt sich hauptsächlich aus Gips und gestampftem Backstein zusammen.

Formgebung: Arbeitsgang des Formens.

Formkasten: Dieser rechteckige oder kubische Kasten ist oben und unten offen. Er dient zur Aufnahme von Sand und Formton, in welche die Form eingelegt und mit geschmolzenem Metall gefüllt wird. Die Formkasten sind mit Handgriffen versehen, so dass sie leicht transportiert werden können. Da sie in der Höhe nur einige Dezimeter betragen, werden zwei bis drei Kasten aufeinandergestellt, falls ein hohes Stück zu formen ist. Zur Befestigung von zwei Formkasten aneinander sind Führungslappen vorhanden; Lappen und Gegenlappen (man bezeichnet sie auch als «Ohren») passen ineinander. Sie werden mit Zapfen und Keilen verbunden.

Fräser: Kreisrundes Werkzeug mit mehreren Schneiden, angetrieben auf Elektromaschinen (Bohr- oder Fräsmaschinen). Die Fräser bestehen aus Schnellstahl oder Wolframkarbid und bezwecken, Materialspäne abzuheben.

Fräsung: Mechanische Bearbeitung mit Spanabhebung mittels eines Fräsers.

Galvanisation (Verzinkung): Die Galvanisation ist ein Überzug mit Zink eines metallischen oder nicht metallischen Objekts. Das Verfahren wird vorwiegend auf Eisen angewendet (galvanisiertes Blech).

Galvanische Ablagerung: Eine metallische, an der Oberfläche des Metalls gut haftende, elektrolytisch abgelagerte Schicht. Die so erzeugte metallische Ummantelung ist im allgemeinen sehr dünn (0,001 bis 0,03 mm).

Galvanisches Exemplar: Ein mittels Galvanoplastik hergestelltes Werk in Metall.

Galvanostegie (Metallisieren): Elektrolytischer Vorgang, der aufgrund von geeigneten Salzbädern die Ablagerung einer dünnen Metallschicht auf der Objektoberfläche ermöglicht; das Objekt ist die Kathode. Dieses Verfahren eignet sich auch als Schutz gegen Korrosion oder hat dekorativen Charakter.

Gangart: Taubes Gestein, das ein Erz im natürlichen Zustand umgibt, unter Mithilfe eines Schmelzmittels lässt es sich entfernen.

Gehalt: Anteil des nutzbaren Erzes oder des Metalls im Erz.

Getriebenes Exemplar: Ein mittels der Treibtechnik hergestelltes Werk aus Metall. Handelt es sich um ein direktes Treiben, so ist das Produkt ein Unikat und Original. Ist es dagegen ein in der Form auf der Prägemaschine (Stanze) getriebenes Werk, betrifft es ein Exemplar in der Serie.

Gewalzter Stahl: Metallurgisches Produkt in verschiedenen Formen und Abmessungen, ausgehend von einem Rohblock, der auf warmem oder kaltem Weg einer gewissen Anzahl von Walzvorgängen ausgesetzt wird. Der gewalzte Stahl kommt in Form von Stangen, Profilstahl, Draht, Blech, Baustahl usw. vor.

Gewinde: Diesem Fachausdruck kommen zwei Bedeutungen zu: a) Eine Gewindezone auf der Aussenseite eines Zylinders (es kann eine Schraube sein) oder im Innern eines Lochs (Mutter); b) Arbeitsvorgang, der zu einem Aussen- oder Innengewinde bei zylindrischer Oberfläche führt (Gewindeschneiden).

Gewindebohrer: Schneidwerkzeug zur Gewindung von zylindrischen Innenflächen.

Gewinden: Gewinden eines sogenannten Kernlochs, vorgängig gebohrt oder aufgebohrt, mit dem Gewindebohrer.

Gewindeschneidbacke: Werkzeug zum Schneiden von äusseren Gewinden.

Gezogen: Ein durch Ziehen oder Strecken erhaltenes Produkt (Rohr, Stange, Draht), charakterisiert durch die Tatsache, dass eine der Dimensionen den andern in der Qualität sehr überlegen ist.

Giessen: Der Giessvorgang hat zum Ziel, die geschmolzene Legierung oder das geschmolzene Metall im flüssigen Zustand in die Form zu giessen.

Giesserei: Werk, in dem die Metalle geschmolzen und in Spezialformen gegossen werden, zur Herstellung von Gussobjekten, die industriellen oder künstlerischen Charakter haben. Unter den am meisten verwendeten Metallen in der Giesserei nimmt der Guss den ersten Platz ein, obschon die Schmelztechnik für Stahl seit einigen Jahren stark verbessert worden ist.

Giesserei-Flammofen: Herdofen, von Henry Cort für die Erzeugung von geschmiedetem Eisen entwickelt. Ausgangsmaterial ist Guss. Das Verfahren heisst Puddeln oder im Flammofen Frischen.

Giessgrube: Eine Grube im Boden der Giesserei, in der die Form aus Formerde vor dem Giessen eingedammt wird.

Giesskern: Fester Körper aus gasdurchlässigem Feuerfestmaterial, welcher (beim Schneiden) das Originalmodell reproduziert und den man in die Giessform legt, wo er im gegossenen Objekt eine entsprechende Vertiefung aussparen lässt. Der Raum, der den Kern von der Form trennt, entspricht der Dicke, die man dem gegossenen Werk zugestehen will (Wandstärke).

Giesskernspindel: Eine mit Löchern perforierte Metallröhre, die man im Giesskern installiert (beim Giessand-Verfahren). Während des Giessvorgangs entweichen die Gase durch diese Löcher.

Giesspfanne: Mit Feuerfestmaterial ausgekleideter Blechbehälter der zum Transport von flüssigen Metallen und Legierungen, ferner zum Auffüllen der Giessformen dient.

Glänzen: Auf einer Metalloberfläche einen Glanz erzeugen.

Glättstahl: Werkzeug, das man zum Brünieren der Metalle einsetzt. Es besteht aus einem extrem harten Material (ist gehärtet, wenn es sich um Stahl handelt) und ist sehr fein poliert. Die Glättstähle, die am häufigsten verwendet werden, sind aus Achat und Hämatit. Die Vergolder verwenden auch Hunde- oder Wolfszähne.

Gleichgewichtsdiagramm: Das Diagramm stellt die Bereiche des physikalischen Zustandes – flüssig oder fest – einer binären Legierung in Funktion der Temperatur und der chemischen Zusammensetzung dar.

Grat (zum Beispiel Gussnaht): Üblicherweise bezeichnet man alles vorstehende Material, sei es auch nur sehr klein, auf einem fabrizierten Objekt als Grat. Es lässt sich durch eine mechanische Bearbeitung, zum Beispiel durch Schock- oder Vibrationsbehandlung, leicht entfernen. Auf geformten und gepressten Objekten entstehen grössere Grate.

Greifer: Aus zwei Klemmbacken, die schwenkbar sind, bestehender Greifer für die Handhabung von Tiegeln.

Grillage (Erzrösten): Ein Erz wird bei hoher Temperatur der oxidierenden Luft ausgesetzt.

Guss: Legierung von Eisen und Kohlenstoff mit mehr als 2 % Kohlenstoff. Die Gesamtheit der Arbeitsgänge, die es erlauben, ein Werk aus geschmolzenem Metall/Legierung zu schaffen. Wird das Exemplar von einer einzigen Form gezogen, spricht man «Guss aus einem Stück». Die traditionellen Giessverfahren sind der Guss nach der Wachsausschmelz- und der Guss nach der Sandmethode.

Gusshaut (Kruste): Äussere, harte und rauhe Haut eines gegossenen Rohstücks aus der Giesserei. Sie entsteht durch Infiltration der Legierung zwischen den Sandkörnern oder in der Formerde.

Gusssteiger, Anschneiden des: Entfernen der Steiger, Steigtrichter, Entlüftungskanäle und Gusszapfen beim gegossenen Rohstück.

Gusstrichter: Trichterförmige Ausweitung des hauptsächlichsten Guss-Strahls, damit das geschmolzene Metall in die Form kanalisiert werden kann.

Hammer: Ein Schlagwerkzeug, bestehend aus einer Stahlmasse, in der ein Holzstiel befestigt ist. Es existieren unzählige Varianten von Hämmern, die mehr oder weniger bestimmten Zwecken dienen.

Hämmerbarkeit (Streckbarkeit): Eigenschaft derjenigen Metalle, die sich zu dünnsten Folien hämmern lassen. Die Hämmerbarkeit variiert mit der Temperatur. So ist beispielsweise Zink zwischen 100 und 150° C hämmerbar.

Hämmern: Schlagen der Metalle, warm oder kalt, zur Verbesserung ihrer Eigenschaften oder zum Verleihen einer einfachen Form.

Hämmerung: Bearbeitung eines Metalls mit Hammerschlägen.

Härte: Ungenügend definierte Eigenschaft von Festkörpern, üblicherweise als Widerstand gegen das Eindringen ausgedrückt. Man sagt, ein Körper sei härter als ein anderer, wenn er ihn ritzen kann. Mohsísche Skala: sie bezieht sich auf 10 Mineralien mit steigender Härte. Die Härtewerte basieren nach Vereinbarung auf der Härte von Korund, die 1000 beträgt. Die Progression sieht so aus : Talk (nahe bei Null), Gips (0,004), Calcit (0,26), Fluorit (0,75), Apatit (1,23), Feldspat (25), Quarz (40), Topas (152), Korund (1000) und Diamant (wesentlich höher als 1000). Brinell-Methode (siehe Brinell): ein sehr verbreiteter Test zur Bestimmung der Härte.

Hauptrohr (Giesskanal): Es handelt sich um den Hauptkanal, der das flüssige Metall vom Giesseinfülltrichter den verschiedenen Versorgungskanälen zuführt.

Heften mit Klammern (Agraffen): Verbindung der Blechränder durch Mehrfachfalzen mit Spezialmaschinen, die ein Ineinanderstecken und Doppeltfalzen ermöglichen. Dieses Verfahren eignet sich für Metalle, die sich zu dünnen Folien (bis 1,5 mm) auswalzen lassen.

Herd/Herdsohle: Tiefgesetzter Teil eines Ofens, auf dem die Charge oder die zu behandelnden Stücke plaziert werden.

Herdofen: Ofen, bei der der Feuerraum und der Nutzraum der Wärme voneinander getrennt sind. Die Giesserei-Flammöfen und die Martinöfen gehören zu diesem Ofentyp.

Hipernick: Eisen-Nickel-Legierung mit je 50 % Fe und Ni.

Hobelmaschine: Werkzeugmaschine für das Hobeln von grossen Planflächen.

Hochglanzapplikation: Elektrolytischer oder chemischer Vorgang, nicht zu verwechseln mit dem mechanischen Polieren, obschon man manchmal von elektrolytischem oder chemischem Polieren spricht.

Hochofen: Kontinuierlich arbeitender Wannenofen für die Produktion von Guss, ausgehend von Eisenerz.

Hohlmeissel: Meissel mit gekrümmter Schneide zum Ausputzen von runden Winkeln.

Hohlraum, Lunker: Fehler beim Schmelzen, der durch Hohlstellen im Innern der giessgeformten Stücke zu Tage tritt. Dieser Fehler ist grundsätzlich auf die Bewegung des Metalls zurückzuführen, die während der Verfestigung vom Zentrum gegen die Peripherie läuft. Die Aussenpartie, die zuerst erhärtet, reisst das flüssige Metall vom Zentrum gegen sich und hinterlässt einen Hohlraum. Dieser kann jedoch auch auf Gase, die bei der Verfestigung entweichen, zurückgeführt werden.

Holzhammer: Ein Handfäustel, mit dem der Giessand beim Einfüllen nach der Giessandtechnik gestampft wird.

Inconel: Ni-Cr-Fe-Legierung mit 80 % Ni, 15 % Cr und 5 % Fe. Inconel weist eine grosse Festigkeit gegen Oxidation in der Wärme auf.

Invar: Eisen-Nickel (= 36 %)-Legierung aus der Kategorie der rostfreien Stähle.

Ion: Ein Fachausdruck, der für ein einfaches Atom oder eine Gruppe von Atomen, die eine elektrische Ladung aufweisen, steht. Diese entwickelt sich bei einem Verlust (Negativion) oder einer Zunahme (Positivion) eines oder mehrerer Elektronen.

Kadmieren: Es betrifft ein Verfahren, Stahl, Aluminium, Zink, Kupfer und deren Legierungen mit einer Cadmium-Schutzschicht zu belegen. Die Ablagerung findet in der Regel auf elektrolytischem Weg statt, indem die zu belegenden Objekte als Kathode wirken. Das Cadmium bildet die Anode.

Kaliber (Stichmass): Präzisionsinstrument zur Kontrolle der Bohrungen oder des Abstands von Parallelflächen.

Kalksteinzuschlag: Calciumcarbonat, oft als Schmelzzusatz (Flussmittel) verwendet, um die Verflüssigung der sauren Erze zu begünstigen.

Kaltschneiden: mit Handsägen, Eisensägen, Bandschleifmaschinen, Scheiben- und Schleifmaschinen, Maschinenscheren, Lochstanzen, mechanischen oder hydraulischen Pressen, mit dem Meissel, Stemmeisen oder Schneidezangen.

Kaltverfestigung: Zahlreiche Metalle, die zur Modifaktion ihrer mechanischen Eigenschaften einer permanenten Verformung in einer bestimmten Temperaturzone, in der sich das Kristallgitter nicht zu regenerieren vermag, unterzogen werden, bezeichnet man als kaltverfestigt oder federhart. Die Eigenschaften verändern sich umso mehr, als die Verformung tiefer geht. Im allgemeinen bewirkt die Kaltverfestigung eine Zunahme der Härte, der Elastizitätsgrenze, der Biegebelastung und der Bruchlast. Dagegen führt sie zu einer reduzierten Dehnung und Kontraktion. Gesamthaft ist die Festigkeit grösser und seine Hämmerbarkeit geringer. Das Risiko zu Korrosion wächst. Bei einigen Metall tritt mit der Kaltverfestigung eine beschleunigte Alterung auf. Die Kaltverfestigung kann durch Ziehen, Hämmern, Verwinden bei Temperaturen von weniger als 100° C erfolgen.

Kamin: Abzugrohr, eingerichtet auf einem feuerfesten Herd zur Evakuation der Gase bei einem Brennvorgang.

Kantenbrechen: Man lässt einen Grat weg, indem man ihn durch eine im Vergleich zur Stirnfläche geneigten Fläche zuschneidet. Man erhält auf diese Weise eine neue Fläche, die man Seitenfase nennt. Sie wird durch ihre Länge und den gebildeten Winkel zwischen Seitenfase und einer der Stirnflächen bestimmt.

Karat: Der vierundzwanzigste Teil einer Unze. Masseinheit von Gold enthaltenden Legierungen. Er gibt den Anteil Gold in 24 Teilen der Legierung an.

Karbid: Verbindung von Kohlenstoff mit einem andern einfachen Körper. Beispiele: Calciumkarbid, Siliziumkarbid.

Karbonitrierung: Verfahren zur gleichzeitigen Einsatzhärtung und Nitrierung von Stahl. Das Ziel ist eine schnellere und wichtigere Oberflächenhärtung als diejenige, die man mit der einfachen Härtung (Cementation) erzielen kann.

Karburierung (Aufkohlen): Anreicherung eines Metallkörpers mit Kohlenstoff. Dank der Karburierung entsteht aus Eisen Stahl.

Katalanischer Ofen: Primitiver Ofen, in dem durch Reduktion des Eisenerzes mit Holzkohle ein schwammartiges Eisen erzeugt wurde.

Kathode: In einem Element oder in einer elektrolytischen Zelle ist es die Elektrode, deren Potential negativ ist (man nennt sie auch negativen Pol). Sie ist der Sitz von Reduktionsvorgängen.

Kation: Elektrisch positiv aufgeladenes Ion. Unter der Wirkung eines elektrischen Feldes wandert es gegen die negative Elektrode, Kathode genannt.

Kehlhobelmeissel: Dieser eignet sich zum Ausnuten von konvexen Oberflächen.

Keil: Prismatisches Element, das die sichere totale oder teilweise Verbindung von zwei mechanischen Teilen gewährleistet (Keilverbindung). Man unterscheidet die querlaufende und längslaufende Keilverbindung.

Kerbeisen: Schmiedewerkzeug zum Ausführen von Formleisten auf den Werkstücken. Es besteht aus einer massiven Rundform am einen Ende und einer Planfläche am andern Ende zum Draufhämmern.

Kerbverbindung: Definitive Verbindung von zwei Stücken durch permanente Deformation des einen Stückes, wobei das Metall eine Verengung oder eine Ausdehnung erfährt. Diese Art Verbindung ist nur bei Stücken geringer Dicke möglich. Sie basiert auf einem Ziehvorgang oder einem Vorgang Drehen-Prägen. Man kerbt manchmal die umzufalzende Partie so ein, dass kleine Zacken entstehen, die leichter umzulegen sind.

Kern (oder Seele): Holzrohling einer Skulptur, auf dem Metallfolien, mit Nägeln oder Nieten befestigt, aufgehämmert sind.

Kern-Ausstossen: Ausstossen des Formkerns, der sich im Innern eines Gussstückes befindet, nach dem Giessen und der Verfestigung.

Kernformung: Arbeitsgang, bestehend aus der Fabrikation des Giesskerns und dessen Einführung in die Vertiefung der Giessform.

Kieselerde: Kieselsäurehydrid (SiO_2).

Klebstoff: Ein Stoff, der zwischen zwei Oberflächen gleicher oder verschiedener Art aufgetragen, die beiden Flächen fest miteinander verbindet. Gute Klebstoffe erreichen oder übertreffen manchmal sogar andere Verbindungstechniken wie das Schweissen oder die Bolzenverbindung.

Klemmvorrichtung: Werkzeug zum Festhalten der Werkstücke für Arbeitsgänge wie Justieren, Kleben, Schweissen usw. Normalerweise handelt es sich um Vorrichtungen kleiner

Dimensionen, mit einer Schraube, direkt auf dem Stück funktionierend. Diese wird gegen die Auflage des Klemmers oder zwischen zwei Backen gespannt.

Klumpen: Bezeichnung von kleinen Metallmassen im Rohzustand.

Kohle: Fester, schwarzer Brennstoff vegetabilischen Ursprungs. Man unterscheidet zwischen Holzkohle (langsame und unvollständige Verbrennung von Holz) und Steinkohle (mineralische Kohle). Siehe auch unter Steinkohle.

Kokille (Dauerform): Wiederverwendbare, zweiteilige Form, aus Stahl- oder Gussblöcken hergestellt. Diese wird in der Industrie öfters für das Einspritzgiessen eingesetzt (eine Kokille kann bis zu 600'000 Injektionen aushalten).

Koks: Fester Rückstand der Verkokung oder der Destillation von bestimmten fetten Steinkohlen.

Kontinuierliches Giessen: Ein Giessvorgang, der es möglich macht, vom Flüssigmetall direkt zu einem Halbfabrikat, wie zum Beispiel dem Vorblock (vorgewalzter Block) zu gelangen. Man umgeht auf diese Weise das Reduktionsprodukt des Eisenerzes (Luppe) und die daraus geformten Barren.

Konverter: Ofentyp ohne Feuerkammer zur Umwandlung vom flüssigen Guss in Stahl. 1856 vom Engländer Bessemer erfunden. Er erlaubt die Produktion von Stahl in flüssigem Zustand. Sein Prinzip beruht auf dem direkten Einblasen von Luft in das Gussbad. Dabei verbrennt ein Teil des Kohlenstoffs, der sich als Kohlendioxid verflüchtigt.

Korn: Aggregat von sehr kleinen, unregelmässigen Kristallen; das Korn ist verantwortlich für die Textur der festen Materialien aus Metall. Die Form der Kristalle hängt von der Geschwindigkeit der Verfestigung und den Wärmebehandlungen ab. Zwischen den Körnern unterscheidet man die Korngrenze.

Körner: Stahlwerkzeug mit spitzem Kopf zum Schlagen (mit dem Hammer) von vertieften Marken.

Korrosion: Angriff eines Materials durch chemische Mittel oder durch eine elektrochemische Reaktion. In den metallischen Materialien ruft die Korrosion die Umwandlung des Metalls selber oder der Legierung der Oxide, Hydrate oder Salze hervor.

Korund (Al_2O_3): Der gewöhnliche Korund (Normalkorund) besteht aus kristallisiertem Aluminium und wird als Schleifmittel verwendet. Seine Härte beträgt 9 auf der Mohs-Skala. Der Korund, mit Magnetit und Silikaten verunreinigt, als kompakte Masse oder als Granulat, bildet den natürlichen Schmirgel.

Kreuzmeissel: Ein Werkzeug, dessen schmale Schneide dicker ist als breit. Er dient zum Austiefen von Nuten im Metall.

Kriechen: Kriechen nennt man eine Materialdeformation im Zeitraster, wenn das Material einer konstanten und zeitlich unbegrenzten Beanspruchung ausgesetzt ist. Das Kriechen unter Zugbeanspruchung wirkt sich vor allem bei der Stahlbewehrung aus.

Kristall: Die Ionen im Innern eines festen Kristalls sind nach einem Ordnungsprinzip, das sich mit einer regelmässigen Periodizität wiederholt, angeordnet. Der grösste Teil der kristallinen Festkörper besteht aus ungezählten isolierten mehr oder weniger grossen Kristallen, die das «Korn» des polykristallinen Festkörpers bilden. Die isolierten Körner sind von einem zum andern ungeordnet orientiert, was man bei der Prüfung der Bruchfläche eines Gussstücks feststellen kann.

Kristallisation: Vorgang, bei dem ein Körper vom Flüssig- in den Kristallzustand übergeht.

Kritische Geschwindigkeit: Abkühlgeschwindigkeit von gehärtetem Stahl, die eine vollständig martensitische Struktur bewirkt.

Krume: Innere, glänzige Schicht des geschmolzenen Metalls oder der geschmolzenen Legierung, die von der Kruste überdeckt ist.

Kurbel mit Aussenvierkant: Handwerkzeug (Schraubwerkzeug), das einen Bohrer aufnehmen kann und dazu dient, Löcher zu bohren.

Kurz-(Schnell-)Hobler: Werkzeugmaschine zum Hobeln von kleinen Metallstücken.

Läppen (Feinschleifen): Feinbearbeitung eines Stückes durch Reibung, damit es perfekt zu einem andern passt.

Legierung: Ein metallischer Festkörper, bestehend aus mehreren metallischen oder nicht-metallischen Komponenten: es gibt binäre Legierungen (mit 2 Komponenten), ternäre (mit 3 Komponenten), quaternäre usw.

Leitungselektronen: Es sind alle äusseren Elektronen eines Metalls. Diese Elektronen bewegen sich frei und ihr Verhalten erklärt viele der physikalischen Eigenschaften der Metalle.

Lichtbogen: Leuchtende und anhaltende elektrische Entladung, die zwischen Elektroden erfolgt, in einem normalerweise isolierenden Milieu, in dem man die Ionisation der Partikel provoziert hat, aus denen es besteht. Die Entladung ist in der Regel von der teilweisen Verflüchtigung der Elektroden(aus Graphit, aus Kohlenstoff ...) begleitet, hervorgerufen durch die erhöhte Temperatur. Das Anzünden des Lichtbogens geschieht durch die Zündung eines Funkens.

Liquidus: Liquiduslinie im Gleichgewichtsdiagramm: Oberhalb dieser Linie ist eine Legierung ganz flüssig.

Lochstanze (Lochautomat): Werkzeugmaschine zum raschen Ausführen von Löchern in Blechen und zum Ausstanzen von Rondellen.

Lochstanzer: Meissel- bzw. Aushauwerkzeug zum Hauen von Löchern in weichen Metallen.

Lösungsmittel: Eine Flüssigkeit, in der eine andere Substanz aufgelöst wird.

Lösungsprodukt (Solutum): Das Produkt der Lösung einer Substanz in einer als Lösungsmittel wirkenden Flüssigkeit.

Löten: Vereinigen von Teilen aus demselben Metall oder verschiedenen Metallen mittels eines besser schmelzbaren Metalls (siehe auch Lötung).

Löttechnik: Ein Verfahren, das mit Löten bezeichnet wird.

Lötung: Ein gewöhnliche Schweissung. Man erhitzt die zu verbindenden Stücke, indem man zwischen ihnen eine Aufschweisslegierung zum Schmelzen bringt. Man unterscheidet zwischen der Hart- und Weichlötung je nachdem, ob der Schmelzpunkt der Schweisslösung höher oder weniger hoch ist. Die Lötung eignet sich gut , um Stücke aus Blei, Eisen, Zink, verzinktem Eisen, Kupfer, verzinntem Kupfer, aus einer Legierung Alu-Blei und Aluminium untereinander zu befestigen. Im weiteren Sinn spricht man auch von Lötung beim Aufschweissmetall oder bei der Aufschweisslegierung, die bei dieser Schweissung verwendet werden.

Lunker: Es gilt allgemein, dass das gegebene Volumen eines Metalls im festen Zustand geringer ist als im flüssigen Zustand. Bei der Verfestigung entsteht das Phänomen der Schwindung: der Lunker ist das Resultat dieses Schwunds, nämlich eine Hohlstelle im festen Metall. Um diesem Mangel vorzubeugen, hält man in der obersten Partie des Stücks eine gewisse Menge heissen Metalls, das sich zuletzt verfestigt. Man bezeichnet diese zugefügte Partie als Gusszapfen oder Steiger.

Luppe: Metallisches Produkt, das an der Basis eines Ofens, als Resultat der Reduktion des Eisenerzes, gewonnen wird.

Martensit: Komponente im gehärteten Stahl und Guss. Sie resultiert aus einer brüsken Umwandlung von Austenit unterhalb von 200° C in sehr feine Nadeln, die sehr hart und magnetisch sind. Durch Erhitzen verschwindet die martensitische Struktur. Dies ist der Anfang der thermischen Behandlung zum Weichmachen (gegen 300° C).

Maskenform: Feuerfeste, dünnwandige Form (3-12 mm), aus zwei Masken gemacht. Ihre Zusammensetzung: Mischung aus Quarzsand und einem geeigneten Binder wie Zement, Natriumsilikat oder Kunstharz (siehe Croning Verfahren).

Massehammer: Ein grosser Fäustling aus Stahl, den man auf ein Objekt fallen lässt, um durch Stosswirkung eine Deformation zu bewirken.

Massstab: Instrument zum Massnehmen und Übertragen oder zum Zeichnen von geraden Linien.

Matrize: Hohl- oder Reliefform, die mit Hilfe eines Stempels mit einer Metallfolie ausgelegt wird.

Mattierung: Verwendung einer stumpfen Ziselierpunze, deren Kopf mit Strukturkörnern oder geometrischen Motiven besetzt ist. Die Mattierung, zu ästhetischen Zwecken appliziert, dient zur Verzierung der Oberfläche eines Metalls.

Meissel: Ein Stahlinstrument, vorwiegend zur Formgebung oder zum Schneiden von Metallen. Es besteht aus einem quadratischen Schaft von 10-15 cm Länge, einem Kopf zum Draufschlagen mit dem Hammer und einem schneidenden oder zugespitzten Ende, dem aktiven Teil des Werkzeuges. Auch «Kaltmeissel» genannt, findet man dieses Werkzeug ebenfalls unter den Bezeichnungen Meissel, Kreuzmeissel, Formeisen, Lochstempel. Der Meissel wird von Hand geführt, manchmal mit der Pressluftmaschine (pneumatischer Meissel)

Messlehren: Instrumente zum Kontrollieren von bestimmten Massen im Vergleich. Man unterscheidet: Winkel-, Dicken-, Draht-, Blech-, Gewindelehren usw.

Messschraube (Mikrometer): Präzisionsinstrument für Messungen bis zu 1/100 mm.

Metastabil: Besonderer physikalischer Zustand, der theoretisch unstabil, aber unter gewissen Bedingungen über längere Zeit (ja sogar unendlich) haltbar ist. Die Abschreckhärtung beispielsweise ist ein metastabiler Zustand, der sich durch Ausglühen unterdrücken lässt.

Mineral: Jeder anorganische Stoff, der sich in der Erde oder an deren Oberfläche findet.

Mn-Metall: Legierung mit der Zusammensetzung: 74 % Ni, 20 % Fe, 5 % Cu, 1 % Mn.

Modell: Reproduktion eines Objekts, das die Form beinhaltet, die man durch Giessen herstellen will. Bei einem künstlerischen Objekt besteht das Modell aus Wachs, Ton, Modellpaste usw. Die Giesstechniken sind unterschiedlich: entweder arbeitet man mit einer Form, die zerstört wird (Wachsausschmelzverfahren, «verlorenes Wachs») oder mit einer Form, die mehrfaches Giessen ermöglicht.

Module: Fachausdruck für die Charakteristiken der Elastizität und der Festigkeit gegenüber mechanischen Kräften (Elastizitäts-, Kompressions- und Gleitmodul).

Monel: Legierung von variabler Zusammensetzung: 26-30 % Nickel, 67-70 % Eisen, 3 % Mangan, 1,5 % Silizium, 0,25 % Kohlenstoff und Spuren von Schwefel.

Montage: Zusammensetzung der verschiedenen Teile eines gegossenen Objekts in der gewünschten Reihenfolge.

Nachgiessen: Zuführen und Einfüllen des geschmolzenen Metalls in die vorgesehene Form.

Nichrom: Ternäre Legierung aus: 60 % Ni, 12 % Cr, 28 % Fe.

Niedrigofen: Metallurgischer Ofen mit in der Höhe reduziertem Feuerraum (Katalanischer Ofen).

Niellierung: In der Goldschmiedtechnik werden die mit dem Stichel geritzten Rillen mit einer schwarzen Paste, genannt Schwarzschmelz (Zusammensetzung: Cu, Ag, Pb, S und Borax) aufgefüllt. Das gravierte Metall wird dann erhitzt, wobei der Schwarzschmelz sich auflöst und in die Rillen eindringt, um nach dem Abkühlen ein glänziges, glattes Email zu bilden.

Niete: Ein Verbindungselement, bestehend aus einem zylindrischen Stift, der mit einem Kopf grösseren Durchmessers versehen ist. Beim Plazieren der Niete staucht man die dem Kopf gegenüberliegende Partie der Niete und erzeugt einen zweiten Kopf: die Vernietung ist perfekt. Das Vernieten führt zu starren Verbindungen von nicht demontierbaren Blechen und Profilen.

Nitrierung (Nitrierhärtung): Verfahren zur Einsatzhärtung von Stahl mit Stickstoff.

Ofen: Vorrichtung und Apparat, der die nötige Wärme für die physikalische oder chemische Umwandlung der Erze und der Metalle (Extraktion, Schmelze, Ausglühen, Tempern) erzeugt.

Ofentrocknen: Trocknen einer Form in einem Trocken- oder Formenofen.

Originalexemplar: Ein im Giessverfahren erzeugtes Unikat und Original nach der Wachsausschmelzmethode, unter Zerstörung des Originals aus Wachs, oder, seltener, nach der Giessmethode mit Sand, bei der das Originalmodell aus geschäumten Polystyrol zerstört wird.

Oxid: Eine Verbindung, die aus der Kombination eines Körpers mit Sauerstoff resultiert.

Paramagnetisch: Eigenschaft, magnetisch zu werden wie Eisen, jedoch viel schwächer.

Parkerisieren: Siehe Phosphatieren.

Passivierung: Das Phänomen der Passivierung tritt dann auf, wenn sich ein von einer Säure angegriffenes Metall mit einer Oxidschicht bedeckt und die Geschwindigkeit des Angriffs durch die Säure praktisch vernachlässigt werden kann. Der chemische Eingriff kommt zum Stillstand durch die Passivierung. Zudem ist die Oxidschicht, die sich während der Passivierung bildet – sei sie nun auf chemischem oder elektrochemischem Weg gebildet – sehr oft sehr korrosionsfest und weist manchmal ein äusserst ästhetisches Aussehen auf.

Passung (Sitz): Arbeitsgang oder Serie von Arbeitsgängen bei der mechanischen Fertigbearbeitung von Stücken, mit dem Ziel der genauen Anpassung an ihre Funktion im Gesamten.

Patina: Umwandlung der Oberfläche eines Werks, die vom Wetter, von irgendwelchen Berührungen, von wiederholten Reibungen oder von Oberflächenbehandlungen herrührt. Die Patina kann natürlichen oder künstlichen Ursprungs sein.

Perlit: Mikroskopischer Bestandteil des Stahls mit 0,9 % Kohlenstoff. Er verdankt seinen Namen dem perlmutterähnlichen Aussehen. Er weist im Aufbau Lamellen auf, regelmässig wechselnd als Cementit und Ferrit. Perlit findet sich in allen Stählen, die einer langsamen Abkühlung unterworfen worden sind, und stellt einen der Hauptbestandteile dar.

Permalloy: Spezialstahl mit einem Nickelgehalt von etwa 78 %.

Phosphatierung: Verfahren, mit dem auf der Oberfläche eines metallischen Materials eine nichtmetallische Schutzschicht aus Phosphat erzeugt werden kann. Diese Behandlung eignet sich für zahlreiche Metalle und Legierungen (Guss, Stahl, Zink usw.) als Korrosionsschutz. Die zu behandelnde Oberfläche ist vorgängig zu entfetten, zu reinigen und möglicherweise sandzustrahlen. Die Phosphatierung erfolgt durch Tränken des Metallstücks in einer Lösung von Metallphosphaten. Zum Phosphatieren von Eisen wendet man eine heisse Lösung (60-95° C) an, enthaltend: Saures Eisenphosphat (Walterisie-

Pat Payne. *Condor.* 1991 (USA). Stahl mit schwarzer Patina. 100 x 115 x 90 cm.

rung), Eisenphosphat und Manganphosphat (Parkerisierung), Zinkphosphat und Phosphorsäure (Verfahren nach Coslett) oder eine Lösung von Eisen- und Manganphosphat
mit Beschleunigern wie zum Beispiel Kupfersalzen, Oxidans oder gewissen Nitraten
(Bonderisierung). Das Metall wird angegriffen, es wir Wasserstoff erzeugt, unter Bildung einer Eisenphosphatschicht von der Stärke von 0,01 mm. Die Phosphatierung unterscheidet sich im wesentlichen von der Parkerisation durch die Behandlungsdauer.
Jene benötigt etwa 2 Minuten, diese jedoch 20 Minuten. Die anschliessende Behandlung umfasst ein Bad mit Chromsäure zur Verbesserung der Dauerhaftigkeit der
Schutzschicht.

Planierwerkzeug: Stichel mit einer flachen und glatten Spitze zum Planieren von Stellen,
die dem Hammer unzugänglich sind.

304

Plastisch: Körper, in dem eine permanente Deformation stattgefunden hat, zum Beispiel durch eine Überbelastung, die über die Elastizitätsgrenze hinausgeht. Die Möglichkeit, vom elastischen in den plastischen Zustand überzugehen, ist für gewisse Metalle und Legierungen charakteristisch (Blei, Aluminium, Kupfer nach dem Ausglühen).

Platinit: Handelsname für eine Legierung von folgender Zusammensetzung: 54 % Fe und 46 % Ni.

Polieren: Fertigbearbeitung (Finish), die zum Ziel hat, einer vorgängig gereinigten Oberfläche einen Spiegelglanz zu verleihen. Dabei sollen alle sichtbaren Schleifspuren verschwinden und die Rauheit soll auf Minimalwerte reduziert werden. Das mechanische Polieren wird so ausgeführt, dass das Stück gegen eine Polierscheibe oder gegen ein Polierband gehalten wird.

Die üblichen mechanischen Arbeitsgänge beim Polieren sind: Schleifen, Polieren mit Schleifmitteln, Bürsten, Polieren, Läppen. Beim elektrolytischen Polieren wird die zu polierende Oberfläche an die Anode einer Zelle angeschlossen, deren Elektrolysebad je nach dem zu behandelnden Metall variiert.

Porosität: Giessereifehler, der darin besteht, dass die Metalloberfläche ein schwammiges Aussehen hat.

Prägedruck: Mechanische Bearbeitung eines Metallblatts, um ein Relief zu schaffen. In verschiedenen Arbeitsgängen, bei denen keinerlei Späne produziert werden, wird eine Metalluppe (Rohblock) einer oder mehreren Umwandlungen unterzogen. Das Ziel ist, ein Objekt mit einer reinen geometrischen Form (plan, reliefartig oder hohl) zu bekommen. In der Praxis verwendet man Spezialformen, Matrizen genannt, die, auf Spezialmaschinen montiert, entweder einem statischen Druck (Presse) oder einem dynamischen Druck (Schmiedehammer) unterzogen werden.

Profilstahl: Längliches Metallstück, dessen Querschnitt eine geometrische Form (L, I, U, T) aufweist, die konstant bleibt.

Puddeln: Altes metallurgisches Verfahren der Entkohlung (Dekarbonisation) von flüssigem Guss durch Umrühren, unter dem Einfluss der Schlacken oder der Oxide. Frischprozess (auch Affinierung genannt) vom Guss, der auf diese Weise in ein Produkt mit niedrigem Kohlenstoffgehalt umgewandelt wird. Dieses, gepuddeltes Eisen genannt, ist widerstandsfähig und genügt höheren mechanischen Ansprüchen.

Rauheit: Giessereifehler, die sich auf der Metalloberfläche als Unebenheiten manifestieren, hervorgerufen durch den rauhen Aspekt der Giessformen-Innenflächen.

Reduktion: Eine chemische Reaktion, die eine Beseitigung des Sauerstoffs der Metalloxide anstrebt, um das reine Metall zu erhalten.

Reibahle: Werkzeug zur Ausführung einer Bohrung. Die Form des drehenden Werkzeuges entspricht genau der Innenoberfläche.

Reinigen (Dekapieren): Entfernen der Oxidschicht, die auf der Oberfläche eines Metallstücks liegt. Dies kann mit mechanischen Mitteln geschehen (Kratzen, Bürsten, Sandstrahlen, Kiessandstrahlen) oder auf chemischem Weg (Bäder mit verdünnten Säuren, Sodalösung).

Reinigung (Dekapierung): Reinigung einer Metalloberfläche, auf die eine Schweissung oder eine elektrolytische Ablagerung oder irgendeine andere Bearbeitung, die auf eine absolute Sauberkeit der Oberfkäche angewiesen ist, stattfinden soll. In der Praxis findet die Reinigung mit entfettenden oder desoxidierenden Substanzen oder mit Säuren statt. Letztere reinigen nicht nur die Oberfläche, sondern rauhen sie auch auf, was die anschliessende Bearbeitungen erleichtert.

Rekristallisation: Erscheinen von neuen Kristallen in einem federharten Material, das zu einer völlig neuen Kristallstruktur führt.

Reparieren: Fehler in der Giesserei (wo immer sie auftreten) zum Verschwinden bringen und die angeschlagenen Giessexemplare instandstellen.

Riffelfeile: Feile mit starken Einschnitten zur Grobbearbeitung von Metallen und zur Entfernung der Kruste auf den gegossenen Rohexemplaren.

Riffelung: Giessereifehler, der sich durch eine Riffelung (Falten) auf der Metalloberfläche anzeigt. Dieser Fehler geht auf einen zu langsamen Giessvorgang oder eine ungenügende Temperatur des flüssigen Metalls zurück.

Ringflausch (Collier): Ein- oder zweiteiliger Ring, der um runde, quadratische oder andere Querschnitte befestigt wird (Befestigungsschelle). Er setzt sich zusammen aus einem (Breit-)Band oder einem Metalldraht oder auch aus einem gefalzten oder gebogenen Bleck. Die Befestigung geschieht mit einer oder zwei Schrauben, mit einem Schraubbolzen, mit einem Spannstück usw. Die Ringflausche ermöglichen die Befestigung eines Rohrs oder eines Kabels auf einem Träger oder zweier Rohre aufeinander usw.

Riss: Fehler beim Giessen mit einer freigelegten Spaltenfläche, hervorgerufen durch interne Spannungen beim Schwinden.

Rohblock (gegossener Barren): Bei der Reduktion des Eisenerzes wird diesem Halbfertigprodukt die Form eines Blocks oder Barrens gegeben.

Rohguss: Gussstücke aus Metall oder einer Legierung, die nur geschruppt und sonst in keiner Weise «ausgebessert» sind.

Rost: Das Produkt der Korrosion bedeckt die Oberfläche von Objekten aus Eisenmetall, die der Feuchtigkeit ausgesetzt sind. Das Primärprodukt der Eisenoxidation ist das Eisenhydroxid ($Fe(OH)_2$), das zu $FE(OH)_3$ oxidiert. Dieses ist eine der Hauptkomponente des Rosts.

Rostnarbe: Örtliche Korrosion an gewissen Punkten der Metalloberfläche, hervorgerufen durch elektrochemische Phänomene. Die Korrosion manifestiert sich in abgelösten Rostschuppen. In der Folge zeigen sich auf der Oberfläche Vertiefungen oder sogar Löcher im Falle von dünnen Blechen.

Rostschutzmittel: Substanz oder Verfahren, welche die Metalle vor Rost schützen. Die Applikation erfolgt als chemische Behandlung, als Firnis oder durch Eintauchen in einem Schutzbad.

Säge: Ein Hand- oder mechanisches Werkzeug zum Schneiden eines Stücks in mehrere Teile. Die Säge ist mit einem langen und relativ dünnen Blatt ausgerüstet, dessen eine Seite mit Zähnen versehen ist. Das Blatt kann an den beiden Enden in einen Stahlrahmen eingespannt werden, wobei die Spannung variabel einstellbar ist. Eisensägen: Die Metallsägen können als Stich- oder Kreissäge konstruiert sein; sie sind aus besonderem Hartstahl. Die Bandsägen bestehen aus einem in sich geschlossenen Band, auf zwei Rollen laufend.

Sand: Basismaterial zur Konfektion von Giessformen und -kernen in der Giessandtechnik. Er besteht hauptsächlich aus mit Ton zusammengebackenen Quarzkörnern.

Sandstrahlen: Reinigung und erstes Polieren der Oberfläche der gegossenen, geschmiedeten oder oxidierten Stücke mittels eines kräftigen Quarzsandstrahls. Diese Arbeit wird mit Hilfe der Sandstreumaschine ausgeführt. Die Schleuderwirkung geschieht mit Pressluft, deren Druck vom Stück und vom zu behandelnden Metall abhängig ist. Allgemein gelten folgende Drücke: beim Stahl: 4-5 kg/cm^2, beim Guss: 3-4 kg/cm^2, bei den Leichtmetalllegierungen Kupfer und Bronze: 2,5-3 kg/cm^2. Anstelle von Quarzsand setzt man mehr und mehr Stahlkies oder Stahlsand ein, der aus Stahlkügelchen von 0,03 bis 3 mm im Durchmesser besteht. Das Sandstrahlen verleiht den Oberflächen aus Stahl und Guss einen silberartigen, trüben Aspekt.

Sauerstoff-Wasserstoff-Flamme: Diese Flamme erhält man beim Verbrennen einer Mischung von Sauerstoff und Wasserstoff in einem Spezialschweissbrenner. Die Verbrennung, bei der Wasserstoff erzeugt wird, erreicht eine Temperatur von 2300°C. Der Schweissbrenner setzt sich aus einer einfachen Düse zusammen, die zu den Gasversorgungsrohren führt. In diesem Fall sind keine Sicherheitsvorkehrungen zu treffen wie beim Schweissbrenner mit Acetylen, weil das Gemisch Sauerstoff/Wasserstoff weniger leicht explodiert und weil die stark komprimierten Gase beim Brenner unter ihrem eigenen Druck herangeführt werden.

Die Sauerstoff-Wasserstoff-Flamme wird wegen ihrer Sparsamkeit häufig für Schweissungen zum Schmelzen und Metallschneiden verwendet. Die Schweisselektroden führen den Strom bis zu den Teilen, die man elektrisch schweissen will. Sie liefern üblicherweise den nötigen Metallnachschub, indem sie sich im Laufe der Schweissarbeit selber aufbrauchen.

Schablone: Mit der Schablone lassen sich Linien ziehen, die weder mit dem Massstab noch mit dem Zirkel gezogen werden können. Beim Formenbau in der Giesserei ist die Schablone ein einfaches, nach der Mantellinie profiliertes oder dem Längsschnitt des Stückes gefertigtes Brettchen.

Schärfmaschine: Eine Werkzeugmaschine, die einem Werkzeug eine Schneide verleiht oder wiederverleiht, das heisst die durch den Gebrauch abgestumpfte Schneidkante schärft. Die einfachste Schärfmaschine ist der Schleifbock.

Schelleisen: Werkzeug aus Stahl, dessen konkaves Ende zum Stauchen von Nieten verwendet wird, um ihnen eine Halbkugelform zu geben.

Schieblehre (Schublehre): Präzisionsinstrument für Messungen bis zu 1/50 mm.

Schlacke von Brennstoffen: Feste und schmelzbare Rückstände von der Verbrennung feiner Steinkohle.

Schlacke (griechisch: «skoria», Eisenschaum): Die Gesamtheit des glasartigen Materials, das sich auf der Oberfläche des schmelzenden Metalls bildet und die Verunreinigung der Gangart des Erzes umfasst (in der Metallurgie des Eisens setzt man Flussmittel zu, um die Bildung der Schlacke zu erlauben).

Schlagzähigkeit: Wirkungsgrösse, die den Schockwiderstand eines Materials misst.

Schleifen: mechanischer Abtrag kleiner Splitter von der Oberfläche eines Körpers durch Reiben gegen die Oberfläche eines härteren Körpers (zum Beispiel Schleifscheiben), der abrasive Eigenschaften hat.

Schleifmittel: natürliche und vor allem synthetische Materialien, die dank ihrer Härte die Oberfläche eines Objekts zu schleifen vermögen, um präzise Dimensionen oder einen gepflegten Finish zu erzielen.

Schleifscheibe: Abrasives Werkzeug mit unzähligen Schneiden; die zahlreichen und benachbarten Schneidkanten basieren auf einer grossen Zahl von Schleifkörnern, die sehr feine Späne abheben.

Schmelze: Unter Wärmeeinfluss wird ein Festkörper in den Flüssigzustand überführt.

Schmelzen: a) Ein Metall oder eine Legierung mit Wärme vom festen in den flüssigen Zustand überführen, b) Schaffen einer Skulptur, indem eine geschmolzene Legierung oder ein geschmolzenes Metall in eine Feuerfestform gegossen und das Modell exakt reproduziert wird.

Schmelzzuschlag: Zuschlag, den man dem Eisenerz beimischt, zur Entfernung der Gangart in Form von Schlacken. Ist die Gangart kieselsäurehaltig, braucht es einen basischen Schmelzzuschlag und umgekehrt; ist sie basisch, braucht es einen sauren Zuschlag.

Schmiedbarkeit: Warmzähigkeit. Eignung eines Materials, auf warmem Weg zur Form gebracht zu werden, ohne auseinanderzubrechen.

Schmiedeblasbalg, -gebläse: Gebläse, mit dem Luft in die Schmiedeesse geblasen wird zur Aktivierung der Kohleverbrennung. Heute nimmt man mehr und mehr den elektrischen Ventilator.

Schmiedeesse (-ofen): Kleiner, fester oder beweglicher Ofen zum Direktaufheizen von kleinen Stücken, die anschliessend geschmiedet werden. In den Essen wird das Metallstück in direktem Kontakt mit dem Brennstoff plaziert. Das ist der Grund, weshalb diese Aufheizmethode weder bei heiklen Stücken noch bei solchen, die keine chemische Veränderung der Oberflächenschicht erfahren dürfen, angewendet werden kann.

Schmiedehammer: Stössel/Stempel zum Streckformen und Gesenkschmieden.

Schmieden (Warmmassivumformen): Gesamtheit der metallurgischen Arbeitsgänge, die zum Ziel haben, einer Metallmasse eine definierte Form zu geben, unter Ausnutzung ihrer Plastizität. Metalle wie Blei, Silber, Gold und gewisse Typen von Messing sind mehr oder weniger kalthämmerbar, wogegen Eisen und verschiedene Stähle nur auf warmem Weg umformbar sind.

Schmirgel: Natürlicher Korund von grauschwarzer Färbung, normalerweise mit Eisenoxid vermischt. Schmirgel wird als Schleifmittel (allerdings nur noch selten) verwendet.

Schoopsches Verfahren (Metallspritzverfahren): Ein Verfahren, nach dem ein Stück aus Metall oder Nichtmetall mit einer Schicht pulverisierten Metalls überzogen wird. Das erhitzte Zuschlagmetall wird in feinen Tröpfchen mit der Pistole (Beschickung mit Metalldraht) auf das Objekt geschleudert. Der Draht, elektrisch beheizt, wirkt als Widerstand und beginnt zu schmelzen. Die Pulverisierung bzw. die Zerstäubung kommt mit einem Inertgas (Kohlendioxid) zustande, um die Oxidation der Metallpartikel auf ihrem Weg zu verhindern. Man kann auf einmal die Schmelze und die Schleuderbewegung verwirklichen, indem man sich eines Schweissbrenners mit Knallgas oder Acetylen bedient. Das Verfahren wird in der Regel mit Hilfe von Metallen mit tiefem Schmelzpunkt (Aluminium, Zink, Blei) durchgeführt. Das zu behandelnde Stück muss eine rauhe Oberfläche haben, damit eine gute Haftung gewährleistet ist. Die erhaltene Belagsschicht ist relativ weich und porös.

Schraubbolzen: Elemente für feste, aber demontierbare Verbindungen. Der Bolzen besteht aus einer Schraube mit Kopf und einer entsprechenden Mutter. Er befestigt mechanische Stücke aneinander, indem diese zwischen Kopf und Mutter gespannt werden. Dieser Verbund bedarf keiner Gewindelöcher in einem der zu verbindenden Stücke. Der Schaft der Schraube ist teilweise gewindet und sein Kopf kann hexagonal, quadratisch, zylindrisch, rund oder gefräst sein.

Schraube: Zylindrischer oder kegelstumpfartiger Metallstift, der einen Teil mit vorstehenden Schraubengewinde aufweist. Man lässt ihn mit Drehung um sich selber in ein ebenfalls gewindetes oder auch nicht gewindetes Stück eindringen.

Schraubenmutter: Gebohrter und innen gewindeter kleiner Metallblock, der auf den Schaft oder Bolzen aufgeschraubt wird.

Schraubstock: Dieser wird an der Werkbank montiert und ist dazu bestimmt, das Werkstück während der Bearbeitung von Hand oder mit der Maschine festzuhalten. Der Schraubstock ist mit einer fixen und einer beweglichen Klemmbacke ausgerüstet, wo-

Fabian Sanchez. *Zundapp VII.*
1986 (Frankreich). Skulptur aus Metall und Holz.
183 x 90 x 150 cm.

bei diese eine Einstellvorrichtung aufweist (üblicherweise eine Schraube mit angekup-
pelter Mutter).Während der mechanischen Bearbeitung schützt man die Oberflächen
des Werkstücks, die bereits einen gewissen Finish haben, mit einem Futteral zwischen
Klemmbacken und Werkstück. Dieses besteht aus einem weichen Metall wie Kupfer,
Blei oder Aluminium.

Schrottzusatz (Gussbruch): Man nennt das Gussaltmaterial in den Giessereien nach der
Verfestigung des geschmolzenen Metalls Gussbruch oder Schrottzusatz. Er besteht
hauptsächlich aus Steigern, Gusszapfen, Abstrichrinnen, Entgratabfällen usw.

Schruppen (Verputzen): Die Schruppbearbeitung bezweckt das Entfernen von Form-
rückständen der Gussnähte, die sich beim Durchlauf von flüssigem Guss in den Fugen
bildet und den Formfehlern. Sie beinhaltet auch das Bearbeiten von Lüftungsrohren,
Ansaugstutzen und andern Fehlern an den Gussstücken. Die Arbeit wird mit Schleifscheiben, dem pneumatischen Meissel oder von Hand mit dem Meissel oder der Feile
oder der Gussputzmaschine ausgeführt.

Schulter-, Absatzbildung: Einschnürung, durch Hämmern bewerkstelligt.

Schweissbarkeit: Eigenschaft der Metalle, mittels des Schweissverfahrens miteinander vereinigt zu werden. Unter den Eisenlegierungen lassen sich die Stähle mit tiefem Kohlenstoffgehalt leicht schweissen, während diejenigen mit hohem C-Gehalt viel schwieriger schweissbar sind. Die Spezialstähle sind leicht zu schweissen, vorausgesetzt, dass der C-Gehalt ziemlich tief ist. Dagegen ist der Guss nicht schweissbar, wenn man mehrere Gussstücke unter sich verbinden will.

Schweissbrenner: Ein Brenner zum Verbrennen eines brennbaren Gases; es wird reiner Sauerstoff anstelle von Luft verwendet. Man erreicht hohe Temperaturen, die man beim Schweissen und Schneiden von Metall nutzt.

Schweissen: Ein Verfahren, um zwei oder mehrere Metallstücke, unter Anwendung von hohen Temperaturen, mit oder ohne Zusatzmetall, zu verbinden. Man nennt die Verbindungszone Schweissung.

Schweisslöten (Hartlöten): Spezielles Schweissverfahren für Eisenmetalle. Die Verbindung der Stücke erfolgt ohne deren Schmelzen, jedoch unter Einschaltens eines geschmolzenen Zusatzmetalls. Die Ränder der Stücke werden mit der Flamme eines Schweissbrenners oder mit der elektrischen Widerstandsheizung auf eine Temperatur von 900 bis 1000°C erhitzt, die niedriger ist als ihr Schmelzpunkt. Man giesst zwischen die nahe beieinander liegenden Stücke eine Legierung mit tiefem Schmelzpunkt, auf Basis von Zinn, Kupfer usw. Beim Schweisslöten verwendet man eine Zusatzlegierung, die bei einer höheren Temperatur als 400°C schmilzt.

Man wendet das Schweisslöten dann an, wenn man die Unannehmlichkeiten einer übermässigen Aufheizung vermeiden will.

Schweissung: Fachausdruck für a) Verfahren zum intimen und dauerhaften Verbinden von zwei oder mehreren Metallstücken, die einen Block bilden sollen; b) eine metallische Zusammensetzung in geschmolzenem Zustand, die man zum Vereinigen von Metallstücken anwendet; c) Arbeit desjenigen, der schweisst; d) Schweissstelle.

Schwindung: Volumenverkleinerung, die beim Verfestigen eines flüssigen Metalls eintritt.

Selbsthärtend: Bezeichnung einer Metallegierung, die durch einfache Abkühlung eine gehärtete Metallstruktur einnimmt.

Setzmeissel: Kleiner Meissel ohne Schneide, mit rundem Grat, der zum Mattieren der genieteten Blechränder, wo man mit dem Hammer nicht hinkommt, verwendet wird. Er wird für alle feinen Mattierarbeiten in der Mechanik eingesetzt.

Sherardisieren (Zinkeinbrennen): Verzinkung durch Diffusion zur Bildung einer Schutzschicht auf Stahl und Eisen. Das zu behandelnde, vorgängig sorgfältig polierte Stück wird mit Zinkpulver zusammengebracht und auf 350-400°C erhitzt. Nun geht die Diffusion von Zink ins Innere des Stücks vor sich. Es bilden sich Legierungen, deren Zusammensetzung zunehmend von aussen nach innen variiert, während auf der Oberfläche eine Schicht praktisch reinen Zinks zurückbleibt.

Sicherungsmutter (Gegenmutter): Mutter, üblicherweise mit reduzierter Dicke, hintereinander an die normale Mutter geschraubt; damit wird verhindert, dass diese sich losschrauben kann.

Silikat: Kombination der reinen Kieselerde mit verschiedenen Metalloxiden.

Sillimanit: Natürliches Aluminiumsilikat (Al_2SiO_5).

Solidusfläche, -linie: In einem Gleichgewichtsdiagramm bedeutet die Gesamtheit der Punkte (der Linie), die unterhalb dieser liegt, dass eine Legierung vollständig fest ist.

Span: Partikel oder Streifen aus Metall, die sich bei der spanabhebenden Formgebung mit einem Schneidwerkzeug vom Werkstück ablösen.

Spezialhammer: Kleiner Hammer, dessen Kopf zugespitzt, während das andere Ende mit Zähnen garniert ist. Er dient zum Abschlagen der Kruste, mit der das Rohgussstück überzogen ist.

Sphyrelaton: Technik zum Bedecken einer Seele aus Holz oder Bitumen mit einem dünnen Metallblatt, das mit Nägeln oder Nieten befestigt wird.

Splint (Fixierstift): Kleiner Bolzen, der zur Verbindung zweier gelochter Stücke dient. Der geläufigste ist der Splint, dessen Schenkel seitlich umgebogen werden.

Sprödigkeit (Zerbrechlichkeit) in der Wärme: Diese manifestiert sich, wenn die Stähle zwischen 300 und 500°C wiedererhitzt werden. Dadurch wird eine Erhöhung der Härte und eine Verminderung der Elastizität erwirkt. Das heisst nun, dass kein Interesse besteht, in diesem Temperaturbereich die Stähle zu schmieden. Die Kaltbearbeitung ist vorzuziehen.

Sprödigkeit (Zerbrechlichkeit): Eigenschaft von gewissen Körpern, ohne permanente und sichtbare Deformation zu zerbrechen, wenn sie einem Schlag ausgesetzt werden. Das heisst nichts anderes, als dass die spröden Körper nur wenig zäh oder, anders ausgedrückt, nur schwach elastisch sind.

Stahl: Eisen-Kohlenstoff-Legierung (zwischen 0,05 und 1,7 % C), zwischen Eisen und Guss liegend.

Stahlkiesstrahlen: Reinigung eines Gussstücks mittels einem Strahl von sehr kleinen Metallpartikeln (Stahlkies).

Stampfmaschine: Diese Maschine wird in der Giesserei zum Stampfen des Sandes in die Giessformen und -kasten eingesetzt. Der Sand darf dabei nicht zu dicht gestampft werden, damit er seine Durchlässigkeit nicht einbüsst. Er darf aber auch nicht zu wenig gestampft werden, weil sonst das Risiko besteht, dass der Sand beim Eingiessen des flüssigen Metalls auseinanderfällt.

Stauchung: Eine mechanische Operation, die auf eine Ausweitung eines Stückes aus Eisen abzielt.

Steiger: Gusszapfen, den man beim Giessen aus dem Metallstück hochzieht. Auf diese Weise lassen sich Fehler beim Verfestigen vermeiden.

Steinkohle: Mineralischer Brennstoff aus Sedimentablagerungen (Dichte 1,3). In der Regel schwarz mit glänzigen Einschlüssen (Facetten), enthält 75-93 % reinen Kohlenstoff. Die Kohle, eine natürliche fossile Kohle, früher Steinkohle genannt, geht auf zersetzte Pflanzen zurück.

Stichel (Ziselierpunze): Kleines Stahlwerkzeug, mit dem man die Oberfläche von Metallen schlägt, um sie auszutiefen, aber nicht zu schneiden. Der Stichel wird senkrecht zur Arbeitsoberfläche geführt und mit einem Ziselierhammer geschlagen.

Stichel, blank: Das Ende des Stichels ist plan oder bombiert, aber glatt.

Stichel, matt: Das Ende des Stichels ist mit einer bemusterten Oberfläche für Vertiefungen oder Reliefs versehen. Dieser Stichel verleiht der Metalloberfläche eine besondere Körnigkeit.

Stiftbolzen (Stiftschraube): Metallstift zur Verbindung zweier Stücke: ein Ende ist in das eine der Stücke eingeschraubt, das andere, gewindete Ende nimmt die Mutter auf. Zwischen diesen beiden Enden läuft der Stift frei zum zweiten zu verbindenden Stück.

Streckformen (Ziehen): Mechanischer Belastungsvorgang zum Erzeugen einer länglichen Form. Das Streckformen im kalten oder warmen Zustand wird als Drahtziehen bezeichnet, wenn Drähte, Kabel und Röhren, und als Walzen, wenn Bleche und Profile hergestellt werden.

Stückofen: Mittelgrosser Ofen, der bis zum Ende des 13. Jahrhunderts in Österreich gebräuchlich war.

Sulfid: Eine Schwefelverbindung mit einem Metall.

Tiefung (Tiefziehung): Metallurgischer Arbeitsvorgang zur Umwandlung eines Metallblechs in einen Hohlkörper, in einem oder mehreren Arbeitsvorgängen. Die Dicke des Blechs verändert sich dabei nicht. Die Tiefung geschieht in der Regel auf kaltem Weg.

Tiegel: Vasenförmiger Behälter für das Schmelzen von Speziallegierungen. Die Tiegel bestehen aus feuerfestem Material; ihre Fabrikation dauert lang und ist kostenaufwendig. Die in der Giesserei gebräuchlichen Tiegel haben eine Kapazität von bis zu 50-60 kg, wenn sie von Hand geführt werden. Ihre Lebensdauer ist gering.

Transporteur: Instrument zum Messen und Übertragen von Winkeln.

Treiben (Drücken): Deformieren eines Metallblatts zur Reliefform durch Bearbeitung mit dem Hammer oder mit Hammer und Stichel, je nach Verfahren (direktes Treiben, Präge-Treiben, fertig Heraustreiben).

Trennen von Metallen: Es kann sich einfach um ein Schneiden oder Abscheren eines Metallteils in zwei oder mehrere Teile handeln, auf kaltem Weg, von Hand oder mit der Maschine. Es kann ein rohes Stück aus Blech (oder nicht) betreffen, das in ein fertig geformtes und dimensionsgetreues Stück umgewandelt wird. Darunter fallen auch einfache oder komplexe Stücke, die mit der Hand- oder Bandsäge getrennt werden.

Trennfuge: Es ist die Linie, die man auf das Modell zeichnet, um die Zonen abzugrenzen, die zu den verschiedenen Teilen der Form gehören.

Tripoli (Tripelerde): Rotes, kieselsäurehaltiges Pulver, Eisenoxid enthaltend. Man wendet es beim Polieren von Metallen an.

Trockenriss: Giessereifehler, die sich als Ausstülpungen von geringer Höhe, senkrecht zur Oberfläche, manifestieren. Sie gehen auf das Eindringen von Metall in die kleineren Spalten zurück, die sich manchmal an der Innenfläche der Form, während des Giessvorgangs, bilden.

Troostit (Hartperlit): Komponente von Eisenlegierungen, mit Perlit verwandt, aber feiner.

Überarbeitung des Wachskerns: Entfernen der Fugen der Giessform, die den Wachsabguss überziehen, der dann in die Form aus Formerde eingeschoben wird. Der Künstler hat so die Möglichkeit, in diesem Stadium der Arbeit letzte Korrekturen anzubringen.

Überhärten: Paradoxes Weicherwerden von Chromstahl 10/18 beim Härten.

Überhitzung: Die Überhitzung von Stahl ist eine Fehlbehandlung beim Nachbrennen (Tempern), wenn die Ausgangsschmelztemperatur der Legierung überschritten wird. Es bildet sich am Rand der Kristallkörner eine dünne Flüssigzone, die im Kontakt mit Sauerstoff oxidiert und beim Abkühlen zu einer harten und spröden Haut führt. Die Kohäsion zwischen den Körnern geht dann verloren und das ganze Metall wird zerbrechlich und zersetzt sich unmittelbar. Das Phänomen ist irreversibel, der Stahl lässt nicht regenerieren und ist verloren.

Übersättigt: Wenn man unter gewissen Bedingungen eine gesättigte Flüssigkeit abkühlt, kann sie nicht kristallisieren. Die Flüssigkeit enthält eine grössere Menge Feststoffe in Lösung als diejenige, die sie bei der gleichen Temperatur auflösen könnte: man sagt, sie sei übersättigt.

Verbindung, Verbund: Vereinigen verschiedener Teile eines Objekts aus Metall mittels verschiedener Verfahren. Die Verbindung kann auf kaltem Weg (Bolzenverbindung, Vernieten, Versplinten) oder auf warmem Weg (Schweisstechniken) zustande kommen.

Verbleiung: Ein Verfahren zum Schutz von metallischen oder nichtmetallischen Oberflächen mit Blei. Diese werden in ein Bad mit geschmolzenem Blei bei 400-500°C getaucht oder durch Elektrolyse behandelt, mit einer Lösung Bleifluorsilikat, in Gegenwart von Gelatine oder Bleiperborat in Schwefelsäure und Tannin.

Verchromung: Elektrolytische Behandlung von Metalloberflächen zur Ablagerung einer Fertigungsschicht oder einem dauerhaften Überzug.

Vergiessbarkeit: Eigenschaft einer geschmolzenen Metallegierung, in Formen oder Blockkokillen gegossen zu werden und diese zu füllen, ohne dass sich bei der Verfestigung Gussfehler einstellen. Es sind alle Metalle schmelzbar, aber nicht alle sind in einem Strahl giessbar.

Vergoldung: Legen einer sehr feinen Goldschicht auf ein Objekt aus Holz, Keramik, Metall, Glas usw. Die Vergoldung hat in erster Linie dekorativen Charakter, kann aber auch aus Schutzgründen gegen Oxidation oder Korrosion appliziert werden. Auf metallischen Körpern wird die Vergoldung durch Galvanoplastik in speziellen elektrolytischen Bädern realisiert. Diese Methode – kalt oder warm – kann in Bädern von folgender Zusammensetzung angewendet werden: wässrige, jedoch konzentrierte Lösungen von löslichen Goldsalzen, Chromgold, Zusätzen von Cyamid oder Kaliumferrociamid (letzteres hat den Vorteil, nicht giftig zu sein).

Verkupferung: Überzug eines metallischen Objekts mit einer feinen Kupferschicht zur besseren Resistenz gegen Korrosion. Die Behandlung erfolgt meistens durch Elektrolyse, in der das Objekt die Kathode bildet, mit einem Kupfersalz enthaltenden Elektrolyten. Manchmal praktiziert man die Verkupferung, um andere metallische Ablagerungen auf der Kupferhaut zu erleichtern. So kann man beispielsweise keine Direktverchromung von Stahloberflächen bewerkstelligen: man muss sie zuerst verkupfern, dann vernikkeln und erst anschliessend verchromen.

Vernieten: Arbeitsgang zum Verbinden von verschiedenen Teilen eines Metallobjekts mit Hilfe von Nieten.

Verschiebung: Gleiten von zwei angrenzenden Ebenen von Ionen (eine mit Bezug auf die andere). Solche Gleiterscheinungen werden von Fehlern in der Kristallstruktur begünstigt: von Gitterfehlstellen und interstitiellen Fehlern.

Versilbern: Eine Behandlung, der man metallische oder nichtmetallische Objekte, die man mit einer leichten Schicht Silber überziehen will, unterzieht. Die Versilberung oder Silberbelegung erfolgt oft auf dem Weg der Elektrolyse, nach einer vorgängigen Behandlung der Verkupferung.

Versorgungssystem: Die Gesamtheit der Kanäle, die das geschmolzene Metall ins Nest der Giessform führt.

Verstärken eines Kerns (Kerneisen): In der Giesserei werden einem Kern in allen Richtungen Armiereisen eingezogen, um ihn festzuhalten.

Verzinken: Elektrolytisches Verzinken – Verzinnen: Elektrolytische Ablagerung von Zink oder Zinn oder einer Legierung (80 % Zinn und 20 % Zink) auf Nickel, um die Porosität des letzteren zu reduzieren.

Verzinnen: Auftragen einer Zinnschicht auf einen Metalluntergrund, um diesen vor Oxidation und Korrosion zu schützen. In der Regel werden Eisenmetalle (Eisen, Guss) oder Kupfermetalle (Kupfer, Messing) verzinnt, wobei die Verzinnung von Eisenmetallen schwieriger ist wegen der geringeren Bindungsfähigkeit von Zinn auf Eisen. Die Eisenobjekte werden vorgängig mit verdünnter Schwefel- oder Salzsäure abgebürstet zur Entfernung der Rostspuren. Nach dem Trocknen werden sie in ein Zinnbad getaucht.

Manchmal schaltet man zwei Bäder miteinander, damit die Zinnschicht einen besseren Schutz gewährleistet.

Vorblock: Man bezeichnet den Stahlblock, der aus dem Walzwerk kommt und grob vorgearbeitet ist, als Vorblock. Genauer bezeichnet man den Block mit quadratischem Querschnitt als Vorblock und denjenigen mit rechteckigem Querschnitt als Bramme. Die Abmessungen der Vorblöcke variieren zwischen 100 x 100 und 250 x 250 mm. Die zur Herstellung von mittleren Blechen bestimmten Brammen weisen einen Querschnitt von 500 x 80 mm auf.

Vorputzen: Ein Gussstück wird von seiner Form aus Formerde oder Sand befreit, indem man sie zerschlägt (nicht zu verwechseln mit dem Ausformen).

Wannenofen: Einfacher Hochofen, den man von oben mit alternierenden Schichten von Kohle und Eisenerz beschickt.

Warmbrüchigkeit: Die Chrom- und Ni/Cr-Stähle zeigen eine Warmbrüchigkeit, wenn sie bei 400-600° C nachgehärtet werden.

Wärmekapazität: Die Wärmekapazität eines Körpers ist die Wärmemenge, die man ihm zuführen muss, um seine Temperatur um 1° C zu erhöhen.

Warmriss: Giessereifehler, bestehend aus einem wenig tiefen Warmriss in der Wandung, hervorgerufen von einer ungleichmässigen Metallschrumpfung.

Warmschneiden: mit dem Schneiden/Gegenschneiden der Kreissäge, der Bandsäge, dem Acetylen-Schweissbrenner oder dem Lichtbogen.

Weissblech (Verzinntes Blech): Verzinntes, korrosionsfestes Eisenblech, d.h. ein mit einer Zinnschicht überzogenes Blech. Nach der gründlichen Reinigung mit Schwefelsäure durchläuft das Blech ein Bad mit geschmolzenem Zinn, das mit einer Schicht Palmöl vor der Lufteinwirkung abgeschirmt ist. Dass Weissblech kann einer zusätzlichen Behandlung mit einer Lösung Salzsäure und Salpetersäure unterworfen werden; es erhält auf diese Weise einen speziellen Glanz (moiriertes Weissblech). Es existiert auch ein Verfahren für die elektrolytische Verzinnung.

Winkelmass (Dreieck): Ein Instrument aus Stahl zur Kontrolle der Senkrechten von zwei Flächen oder zum Zeichnen von geraden Winkeln.

Winkelmass: Instrument mit zwei beweglichen Schenkeln zur Aufnahme und Übertragung von Winkeln von 0° bis und mit 180°.

Wootz-Stahl: Dieser Stahltyp wurde einst in Indien fabriziert durch Cementierung in Gegenwart von Holzkohle. Dieser an und für sich primitive Stahl soll für die Herstellung der berühmten Klingen von Damas konfektioniert worden sein.

Zähigkeit: Mechanisches Charakteristikum für die Fähigkeit eines Metalls, dem Rissbruch zu widerstehen.

Zange/Klemme, klein: Mechanisches Instrument mit zwei Schenkeln aus Hartstahl, so beweglich oder schwenkbar, dass es offen oder geschlossen sein kann. Die zwei Spitzen können auf verschiedene Weise profiliert sein, je nach Anwendung des Instruments (Aufziehen der Muttern, Schneiden der Drähte usw.).

Zange: Werkzeug aus Stahl zum Festhalten eines Werkstücks im Laufe der Arbeit. Die Zange besteht aus zwei um eine Achse schwenkbaren Armen, die durch manuelle Betätigung näher oder weiter einstellbar sind. Der kürzeste Teil wird als Klemmbacke und der längste als Arm bezeichnet. Die Schmiedezange hat lange Arme, damit die heissen Stücke auf Distanz gehalten werden können.

Zapfenlochmaschine: Werkzeugmaschine, mit der sich Zapfenlöcher, Nuten, Einkerbungen und längliche Aussparungen machen lassen.

Zentrierwinkel: Instrument, das ein schnelles Bestimmen des Zentrums einer Kreisfläche gestattet.

Zirkel: Ein Instrument aus Stahl zum Zeichnen von Kreisen (gerader Zirkel) oder zum Aufnehmen und Übertragen von Aussenmassen (Greifzirkel, Taster) oder von Innenmassen (Innentaster).

Ziselieren: Eindrücken der Metalloberfläche, ohne sie einzureissen durch Hämmern mit dem Hammer oder Handfäustel, unter Verwendung eines nicht schneidenden Werkzeugs, dem Stichel oder der Ziselierpunze.

Zunder: Oxidationsprodukt auf der Oberfläche von Metallstücken durch eine Wärmebehandlung bei hoher Temperatur, im Kontakt mit der Luft.

Zündstoff: Ein mit einem andern Stoff sich verbindender Stoff, der die Verbrennung bewirkt.

Zusammendrücken: Der in einem Formkasten befindliche Sand wird im Moment der Konfektion einer Giessform aus Sand zusammengepresst. Dies kann mit den Füssen geschehen, durch Festwalken oder von Hand mit Hilfe eines Holzhammers.

Zusatz- oder Aufschweissmetall: Zusatzmetall, das in der Regel in Form von Drähten oder Stäbchen in der Schweisstechnik angewendet wird.

Literatur

Deutsche Publikationen

Boese, Ulrich / Werner, Dittmar / Wirtz, Heribert. *Das Verhalten der Stähle beim Schweissen.*
Teil 1: Grundlagen. Teil 2: Anwendung. DVS-Verlag. 1980 und 1984
DVO-Datenverarbeitungs-Service Oberhausen GmbH (Hrsg.). *Handbuch der Kennwerte
von metallischen Werkstoffen.* Teil 1: Unlegierte und legierte Stähle.
Teil 2: Hochlegierte Stähle und NE-Metalle. DVS-Verlag. o. J.
Edelstahl-Vereinigung e. V. / Verein Deutscher Eisenhüttenleute (Hrsg.). *Nichtrostende
Stähle. Eigenschaften, Verarbeitung, Anwendung, Normen.* Stahleisen-Verlag. 1989
Friedrichs, Hans A. *Schmelzen und Lösen. Phänomenologische Grundlagen –
Abschätzen der Schmelzzeit – Anwendungen.* Stahleisen-Verlag. 1984
Grundmann, H. *Schweissen von Gusseisenwerkstoffen und Stahlguss.* DVS-Verlag. o. J.
Hartmann, Wolfgang / Pokorny, Werner. *Das Bildhauersymposium.* Verlag Gerd Hatje. 1988
Henseling, Karl O. *Bronze, Eisen, Stahl. Die Bedeutung der Metalle in der Geschichte.*
Rowohlt. 1981
Liesenberg, Otto / Wittekopf, Dieter. *Stahlguss- und Gusseisenlegierungen.*
Deutscher Verlag für Grundstoffindustrie. 1992
Lohrmann, Gert R. / Lueb, Heinrich. *Kleine Werkstoffkunde für das Schweissen
von Stahl und Eisen.* DVS-Verlag. 1984
Müller, Steffen / Reinbold, Horst / Geschke, Dieter. *Stähle und ihre Wärmebehandlung,
Werkstoffprüfung.* Deutscher Verlag für Grundstoffindustrie. 1990
Oesteren, Karl A. van. *Korrosionsschutz durch Beschichtungsstoffe. Grundlagen, Verfahren,
Anwendungen.* Hanser. 1980
Oeters, Franz. *Metallurgie der Stahlherstellung.* Stahleisen-Verlag/Springer. o. J.
Rickey, George. *Kinetische Objekte. Material und Technik.* Monographie
herausgegeben anlässlich einer Ausstellung von G. Rickey in Berlin, 1976
Ruge, J. *Handbuch der Schweisstechnik.* Springer. 1991
Scheer, L. / Berns, H. *Was ist Stahl. Eine Stahlkunde für jedermann.* Springer. 1980
Steel Sculpture. *Symposium Kleinewefers-Krefeld.* Biennale für Skulptur,
Middelheim 1987.
Strassburg, F. W. *Schweissen nichtrostender Stähle.* DVS-Verlag. 1982
Verein Deutscher Eisenhüttenleute (Hrsg.). *Stahlfibel.* Stahleisen-Verlag. 1989
Verein Deutscher Eisenhüttenleute (Hrsg.). *Werkstoffkunde Stahl.*
Band 2: Anwendung. Springer. 1985
Von Eube, J. et al. *Stahl.* Für Auswahl und Anwendung. Tabellenbuch. Beuth-Verlag. 1992
Von Herbst, Friedrich. *Die Wärmebehandlung des Stahls. Eine Einführung
in die Grundlagen für Theorie und Praxis.* Europa-Lehrmittel. 1991

Fremdsprachige Publikationen

Bainbridge, C. G. *Welding.* Hodder and Stoughton. 1977

Benthal, Jonathan. *Science and Technology in Art Today.* Thames and Hudson. 1972

Bourdais, Marcel. *Secrets d'atelier perdus et retrouvés.* Dunod. 1978

Carayon, G. *Le Travail artistique du fer et du cuivre en Algérie.* o. J.

Centre belgo-luxembourgeois d'information de l'acier (Hrsg.). *Aciers patinables.* Recommandations pour leur utilisation dans la construction. o. J.

Centre belgo-luxembourgeois d'information de l'acier et le Centrum Staal, Nederland (Hrsg.). *Précis de l'acier.* 1979.

Centre belgo-luxembourgeois d'information de l'acier (Hrsg.). *Sculptures d'acier.* 1967

Centres d'information sur l'Acier de plusieurs pays de la Communauté (Hrsg.). *Durabilité des constructions en acier.* Manuel. 1982

Darcy, Marcel. *Pour le forgeron.* Dunod. 1962-1965

Hache, André. *La Corrosion des métaux.* Collection «Que sais-je?». 1977

Hug, Jean-Claude. *Création d'une oeuvre.* Plaquette pédagogique présentant les différents stades de création d'une sculpture en acier. o. J.

Irving, Donald J. *Sculpture: material and process.* Van Nostrand Reinhold Company. 1970

Jullien, C. E. und O. *Encyclopédie Roret: Chaudronnier.* Valerio. 1981

Maryon, Herbert. *Metalwork and Enameling.* Dover Publications. 1971

Mendel, L. *Manuels pratiques de soudage aux gaz et de coupage thermique.* Manuels pratiques Dunod. 1976

Meslier, R. *La Soudure autogène, au chalumeau et à l'arc.* Éd. Eyrolles. 1980

Métaux & Civilisation. Revue. Les métaux dans l'histoire, les techniques, les arts. 1945.

Mills, John W. *The Technique of Casting for Sculpture.* Reinhold Publish. Corp. 1967

Mohen, J.-P. *Métallurgie préhistorique.* Masson, collection «Préhistoire». 1990

Oxhydrique Internationale (Hrsg.). *Le Coupage au chalumeau.* Bruxelles. o. J.

Oxhydrique Internationale (Hrsg.). *Les Applications de la soudure oxyacétylénique dans les différents domaines de la construction et de la réparation.* Bruxelles. o. J.

Peguin, Pierre. *La Physique du métal.* Collection «Que sais-je?». 1970

Read, Herbert. *Modern Sculpture.* Thames & Hudson. 1989

Renard, Jean-Claude. *L'âge de la fonte: un art, une industrie.* Les Éditions de l'amateur. o. J.

Slade, Edward. *Une métallurgie nouvelle.* Larousse, collection techniques d'aujourd'hui. 1970

Somaini, Francesco. *Erosione Accelerata.* Erklärender Text über die von F. Somaini angewendete Technik zur Fertigung von Plastiken durch Sandstrahlen von Werkstoffblöcken.

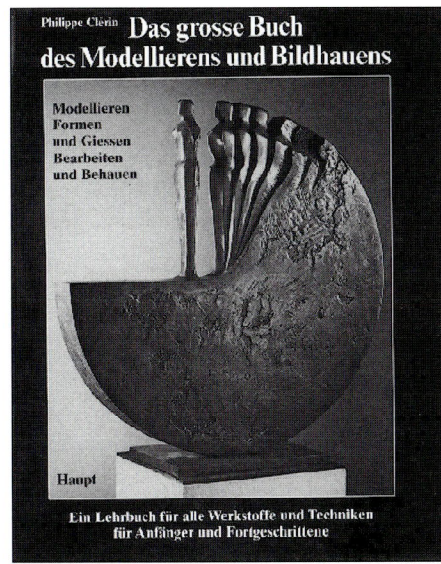

Philippe Clérin

Das grosse Buch des Modellierens und Bildhauens

Modellieren – Formen und Giessen –
Bearbeiten und Behauen

Ein Lehrbuch für alle Werkstoffe und
Techniken für Anfänger und Fortgeschrittene

2., durchgesehene Auflage 1993.
391 Seiten, 235 Abbildungen,
50 Zeichnungen, 3 grafische Darstellungen, 8 Tabellen,
gebunden Fr. 95.–/DM 109.–/öS 850.–
ISBN 3-258-04730-8

Tony Birks

Faszination Töpfern

Ein Anleitungsbuch
für einfaches und anspruchsvolles Töpfern

Das reich bebilderte Buch enthält unzählige Anregungen
für erfahrene Töpferinnen und Töpfer und ist gleichzeitig
ein Anleitungsbuch für diejenigen, die in dieses faszinie-
rende Kunsthandwerk einsteigen wollen.
Birks Interesse für anspruchsvolles Design und für Ex-
perimente mit Glasuren macht das Buch zu einem unentbehrlichen Nachschlagewerk. Für alle, die am Töpfern
interessiert sind, bietet die im ganzen Buch eingestreute
Präsentation von hervorragenden keramischen Kreationen einen aufregenden Überblick über die Spitzenkeramik
des 20. Jahrhunderts.

1994. 192 Seiten, 448 farbige Abbildungen, gebunden,
Fr. 78.–/DM 87.–/öS 679.–   ISBN 3-258-04980-7

Erhältlich in Ihrer Buchhandlung!

Verlag Paul Haupt Bern · Stuttgart · Wien